管理數學導論
管理決策的工具

陳泰佑 楊精松 編著
楊重任 博士 審訂

東華書局

國家圖書館出版品預行編目資料

管理數學導論：管理決策的工具／陳泰佑，
楊精松編著. -- 初版. -- 臺北市 ： 臺灣
東華，民 95
　　面； 　　公分
參考書目：面
含索引
ISBN 957-483-364-X（假精裝附光碟片）

1. 應用數學

319　　　　　　　　　　　　　95002719

版權所有・翻印必究

中華民國九十五年三月初版

管理數學導論
管理決策的工具

定價　新臺幣伍佰元整
（外埠酌加運費匯費）

編著者　陳　泰　佑　⊙　楊　精　松
發行人　卓　　　鑫　　　淼
出版者　臺灣東華書局股份有限公司
　　　　臺北市重慶南路一段一四七號三樓
　　　　電話：（02）2311-4027
　　　　傳眞：（02）2311-6615
　　　　郵撥：0 0 0 6 4 8 1 3
　　　　網址：http://www.bookcake.com.tw
電腦排版　玉山電腦排版事業有限公司
印刷者　昶　順　印　刷　廠

行政院新聞局登記證　局版臺業字第零柒貳伍號

序

一、資訊系統與數位化的無遠弗屆，打破了世界距離的囹圄。全球化經濟的出現，帶來前所未有的激烈競爭。管理者面對的挑戰也就日益艱鉅，因此管理者已不能應用傳統的經營法則來制定現代化的管理決策，必須藉用相關的數量方法來邏輯分析、推理判斷，並整合出各種管理模式，再藉由管理模式之討論以了解問題的特性，進而提出決策與解決問題之方法，並提高決策的準確度。管理數學是"計量管理"所採用的一種數學方法，它是管理與決策的工具。管理數學在大學的商學院列為選修，管理學院列為必修。而有關課程的內容並無一定之課程標準，完全視學生之需求與教師之專業領域來設計課程內容。

二、本書共分為八章，內容包含：矩陣與線性方程組，機率與機率分配，線性規劃，複利與年金，馬克夫鏈，對局理論。可供商管學院及技術學院二年級之商管科系學生每週三小時，一學期講授之用。

三、本書在編寫上，除了理論之介紹外，同時也強調其應用上的意涵，以及實際問題如何轉換成數學模型的方法與過程。因此本書儘量將理論與實際問題相配合，以增加教學效果。同時為了發揮教學績效，本書並附有完整的教師手冊、Power-Point，以及學生使用的部分習題解答光碟片。

四、本書在編寫的過程中，參閱國內外管理方面的相關著作，彙編成本書。以簡單易懂的方式，介紹管理數學的理論及應用。同時並感謝銘傳大學應用統計資訊學系副教授楊精松與財務金融系楊重任博士在編寫過程中所給予之建議並親自予以校訂。

五、本書雖經編者精心編著，惟謬誤之處在所難免，尚祈管理學者、企業先進大力斧正，以匡不逮。

六、本書得以順利出版，要感謝東華書局董事長卓鑫淼先生的鼓勵與支持，並承蒙編輯部全體同仁的鼎力相助，在此一併致謝。

目　　次

第一章　矩陣與線性方程組 …………………………………………… 1

1-1　矩陣的意義 ………………………………………………………… 2
1-2　矩陣的形式 ………………………………………………………… 3
1-3　矩陣之基本運算 …………………………………………………… 5
1-4　逆方陣 ……………………………………………………………… 18
1-5　矩陣的基本列運算；簡約列梯陣 ………………………………… 23
1-6　線性方程組的解法 ………………………………………………… 34
1-7　行列式 ……………………………………………………………… 45

第二章　基本機率 ……………………………………………………… 67

2-1　計數方法──排列與組合 ………………………………………… 68
2-2　隨機實驗、樣本空間與事件 ……………………………………… 74
2-3　機率的定義與基本定理 …………………………………………… 79
2-4　條件機率與獨立事件 ……………………………………………… 86
2-5　貝士定理 …………………………………………………………… 100
2-6　白努利試驗 ………………………………………………………… 108
2-7　數學期望值 ………………………………………………………… 110

第三章　隨機變數與機率分配 ………………………………………… 115

3-1　隨機變數、機率密度函數、累積分配函數 ……………………… 116
3-2　數學期望值 ………………………………………………………… 124
3-3　常用離散機率分配 ………………………………………………… 129
3-4　常用連續機率分配 ………………………………………………… 135

第四章　線性規劃 ㈠ ……………………………………… **141**

- 4-1　預備知識 (二元一次不等式) …………………………… 142
- 4-2　線性規劃之意義 ………………………………………… 146
- 4-3　線性函數與凸集合 ……………………………………… 150
- 4-4　線性規劃的基本定理與方法 (圖解法) ………………… 152
- 4-5　線性規劃問題的討論 …………………………………… 163

第五章　線性規劃 ㈡ ……………………………………… **169**

- 5-1　一般線性規劃模型之標準形式 ………………………… 170
- 5-2　線性規劃問題之基本可行解法 ………………………… 176
- 5-3　單純形法 ………………………………………………… 179
- 5-4　大 M 法 ………………………………………………… 207
- 5-5　對偶問題 ………………………………………………… 218
- 5-6　對偶問題之經濟意義 …………………………………… 231

第六章　複利與年金 ……………………………………… **241**

- 6-1　預備知識 (數列與無窮級數) …………………………… 242
- 6-2　複利理論 ………………………………………………… 249
- 6-3　年金之意義與分類 ……………………………………… 259
- 6-4　簡單年金——普通年金 ………………………………… 261
- 6-5　到期年金之終值與現值 ………………………………… 264
- 6-6　延期年金 (或遞延年金) 之終值與現值 ………………… 266
- 6-7　永續年金之現值 ………………………………………… 268
- 6-8　變額年金之終值與現值 ………………………………… 269

第七章　馬克夫鏈 ………………………………………… **279**

- 7-1　馬克夫過程之基本概念 ………………………………… 280

7-2	有限馬克夫鏈	286
7-3	k 步轉移機率	294
7-4	正規馬克夫鏈	298
7-5	吸收性馬克夫鏈	304

第八章　對局理論　321

8-1	對局理論之概念與架構	322
8-2	有鞍點的單純策略競賽 (或完全確定的對策)	330
8-3	混合策略競賽	333
8-4	2×2 矩陣型混合策略競賽	339
8-5	凌越規則	351
8-6	線性規劃法求解報酬矩陣	359

附表　379

表一	標準常態分配機率表	380
表二	本金爲 1 元之複利終值	381
表三	本金爲 1 元，期數非整數之複利終值	390
表四	複利終值爲 1 元之現值	392
表五	每期末支付 1 元之年金終值	401
表六	每期末支付 1 元之年金現值	410
表七	年金終值爲 1 元之年金額	419

習題答案　425

參考書目　439

索　引　441

第一章 矩陣與線性方程組

本章學習目標

- 了解矩陣的意義與矩陣之基本運算
- 了解逆方陣的意義及逆方陣之求法
- 能夠利用矩陣之基本列運算求方陣 A 之逆方陣 A^{-1}
- 了解線性方程組的各種解法
- 了解行列式之意義及計算
- 能夠利用克雷莫法則解線性方程組

經營工商企業的管理者，往往會遇到如何制定一最佳的決策．如今企業經營環境變得複雜，管理者須考量之因素大幅增加，對於依據過去的傳統經驗來制定決策已是不可能，管理者須藉助於企業問題的量化模型，以數學方法來求得模型的最適解，以便提供管理者最佳的決策，所用到的數學稱為管理數學，計有矩陣、最適化方法、機率、差分與差分方程、線性規劃、馬克夫鏈．我們現在先來介紹矩陣．

§1-1　矩陣的意義

矩陣在各方面的用途非常廣泛，舉凡企業管理、經濟學等，均普遍會用到矩陣的觀念．在沒有談到矩陣的定義之前，我們先看下列的數據．例如，某公司所屬兩工廠的數據如下表所示

工廠	人員	機器數	電力	生產量
A	40	10	1900 瓩/時	600 公噸
B	60	20	2500 瓩/時	900 公噸

當我們知道該表格各欄的特定意義後，根據該表格內的數字所排成的矩形陣列，就可得到所要的資料．例如上表各數字所排成的矩形陣列即為

$$\begin{bmatrix} 40 & 10 & 1900 & 600 \\ 60 & 20 & 2500 & 900 \end{bmatrix}$$

定義 1-1-1

若有 $m \times n$ 個數 a_{ij} ($i=1, 2, 3, \cdots, m$；$j=1, 2, 3, \cdots, n$) 表成下列的形式

$$A=\begin{bmatrix} a_{11} & a_{12} & \cdots & a_{1j} & \cdots & a_{1n} \\ a_{21} & a_{22} & \cdots & a_{2j} & \cdots & a_{2n} \\ \vdots & \vdots & & \vdots & & \vdots \\ a_{i1} & a_{i2} & \cdots & a_{ij} & \cdots & a_{in} \\ \vdots & \vdots & & \vdots & & \vdots \\ a_{m1} & a_{m2} & \cdots & a_{mj} & \cdots & a_{mn} \end{bmatrix} \begin{matrix} \leftarrow \text{第 1 列} \\ \\ \\ \leftarrow \text{第 } i \text{ 列} \\ \\ \leftarrow \text{第 } m \text{ 列} \end{matrix}$$

↑　　　　↑　↑
第 1 行　　第 j 行 第 n 行

其中有 m 列 (row) n 行 (column)，則它是由 a_{ij} 所組成的 **矩陣** (matrix)。矩陣中第 i 列第 j 行的數 a_{ij}，稱為此矩陣第 i 列第 j 行的 **元素** (entry)，故此矩陣中有 $m\times n$ 個元素。

　　矩陣常以大寫英文字母 A，B，C …來表示，若已知一矩陣 A 有 m 列 n 行，則稱此矩陣 A 的 **大小** (size) 為 $m\times n$，以 $A=[a_{ij}]_{m\times n}$ 表示，其中 $1\leq i\leq m$，$1\leq j\leq n$。

【例題 1】設 $A=\begin{bmatrix} 1 & 5 & 4 \\ -2 & 1 & 6 \end{bmatrix}$，$B=\begin{bmatrix} 3 & -1 & 0 \\ 4 & 1 & -1 \\ 5 & 6 & -1 \end{bmatrix}$，$C=\begin{bmatrix} 1 \\ 0 \\ 2 \end{bmatrix}$，

$D=[-1\ \ 0\ \ 4]$

則 A 是 2×3 矩陣，且 $a_{11}=1$，$a_{12}=5$，$a_{13}=4$，$a_{21}=-2$，$a_{22}=1$，$a_{23}=6$；B 是 3×3 矩陣；C 是 3×1 矩陣；D 是 1×3 矩陣。

§1-2　矩陣的形式

1. 方　陣

若列數 m 與行數 n 相等，則稱該矩陣為 n 階方陣，即

$$A=\begin{bmatrix} a_{11} & a_{12} & a_{13} & \cdots & a_{1n} \\ a_{21} & a_{22} & a_{23} & \cdots & a_{2n} \\ \vdots & \vdots & \vdots & & \vdots \\ a_{n1} & a_{n2} & a_{n3} & \cdots & a_{nn} \end{bmatrix}=[a_{ij}]\ ;\ 1\leq i,j\leq n$$

2. 行矩陣與列矩陣

定義 1-2-1

凡是只有一行的矩陣，即 $m \times 1$ 矩陣，稱為**行矩陣**。
凡是只有一列的矩陣，即 $1 \times n$ 矩陣，稱為**列矩陣**。

例如，1-1 節的例題 1 之矩陣 C 即為行矩陣，矩陣 D 即為列矩陣。

3. 對角線矩陣

若一方陣 $A=[a_{ij}]$ 中除對角線上的元素外，其餘的元素皆為 0，即 $a_{ij}=0\ (i \neq j)$，則稱它為**對角線方陣** (diagonal matrix)，通常均以 $\text{diag}(a_{11}, a_{22}, a_{33}, \cdots, a_{nn})$ 表示之。

4. 單位方陣

若一方陣 $A=[a_{ij}]$ 中，除對角線上的元素為 1 外，其餘的元素皆為 0，即

$$a_{ij} = \begin{cases} 1, & i=j \\ 0, & i \neq j \end{cases} ; 1 \leq i, j \leq n$$

則稱它為**單位方陣** (unit matrix)，記為

$$I_n = \begin{bmatrix} 1 & 0 & 0 & \cdots & 0 \\ 0 & 1 & 0 & \cdots & 0 \\ \vdots & \vdots & \vdots & & \vdots \\ 0 & 0 & 0 & \cdots & 1 \end{bmatrix}$$

或 $I_n = \text{diag}(1, 1, 1, \cdots, 1)$。

5. 零矩陣

一矩陣中的各元素均為 0，稱為**零矩陣**，以符號"$\mathbf{0}_{m \times n}$"表示各元素均為 0 的 $m \times n$ 矩陣。

6. 上三角矩陣

在方陣 $A=[a_{ij}]$ 中，當 $i > j$ 時，$a_{ij}=0$，即

$$A = \begin{bmatrix} a_{11} & a_{12} & a_{13} & \cdots & a_{1n} \\ 0 & a_{22} & a_{23} & \cdots & a_{2n} \\ 0 & 0 & a_{33} & \cdots & a_{3n} \\ \vdots & \vdots & \vdots & & \vdots \\ 0 & 0 & 0 & \cdots & a_{nn} \end{bmatrix}$$

則稱 A 為**上三角矩陣** (upper triangular matrix)。

7. 下三角矩陣

在方陣 $A=[a_{ij}]$ 中，當 $i<j$ 時，$a_{ij}=0$，即

$$A = \begin{bmatrix} a_{11} & 0 & 0 & \cdots & 0 \\ a_{21} & a_{22} & 0 & \cdots & 0 \\ a_{31} & a_{32} & a_{33} & \cdots & 0 \\ \vdots & \vdots & \vdots & & \vdots \\ a_{n1} & a_{n2} & a_{n3} & \cdots & a_{nn} \end{bmatrix}$$

則稱 A 為**下三角矩陣** (lower triangular matrix)。

§1-3　矩陣之基本運算

定義 1-3-1　轉置矩陣

已知 $A=[a_{ij}]_{m \times n}$，若 $a_{ij}^T = a_{ji}$ ($1 \leq i \leq m$, $1 \leq j \leq n$)，則矩陣 $A^T = [a_{ij}^T]_{n \times m}$ 稱為 A 的**轉置矩陣** (transpose matrix)。由此可知，A 的轉置是由 A 的行與列互換而得。

【例題 1】若 $A = \begin{bmatrix} 1 & 4 \\ 7 & -1 \\ 0 & 1 \\ 4 & 3 \end{bmatrix}$，則 $A^T = \begin{bmatrix} 1 & 7 & 0 & 4 \\ 4 & -1 & 1 & 3 \end{bmatrix}$。

定義 1-3-2　對稱矩陣

已知方陣 $A=[a_{ij}]_{n\times n}$，
(1) 若 $A=A^T$，即 $a_{ij}=a_{ji}$，$\forall\, i, j=1, 2, \cdots, n$，則稱 A 為**對稱矩陣** (symmetric matrix)。
(2) 若 $A=-A^T$，則稱 A 為**斜對稱矩陣** (skew-symmetric matrix)。

【例題 2】$A=\begin{bmatrix} 1 & 2 & 3 \\ 2 & 4 & 5 \\ 3 & 5 & 6 \end{bmatrix}$ 與 $I_3=\begin{bmatrix} 1 & 0 & 0 \\ 0 & 1 & 0 \\ 0 & 0 & 1 \end{bmatrix}$ 為對稱矩陣。

【例題 3】$A=\begin{bmatrix} 0 & 5 & 9 \\ -5 & 0 & -2 \\ -9 & 2 & 0 \end{bmatrix}$ 為斜對稱矩陣，因為此一方陣如果以對角線為對稱軸時，其相對應位置的元素相差一負號。

定義 1-3-3　子矩陣

若 A 為一矩陣，則由 A 中去掉某些行及某些列後所剩下的部分所構成的矩陣稱為 A 的**子矩陣** (submatrix)。

【例題 4】若 $A=\begin{bmatrix} 3 & 2 & 1 & 4 \\ 5 & -3 & 2 & 0 \\ 1 & 5 & 4 & 7 \end{bmatrix}$，則 $[-3]$，$\begin{bmatrix} 1 & 4 \\ 2 & 0 \end{bmatrix}$，$\begin{bmatrix} 3 & 1 & 4 \\ 5 & 2 & 0 \end{bmatrix}$，$\begin{bmatrix} 3 & 2 & 1 \\ 5 & -3 & 2 \\ 1 & 5 & 4 \end{bmatrix}$ 等等均是 A 的子矩陣，而且 A 也是其本身的子矩陣。

為了要計算矩陣，需做其數學上的運算，它包含有矩陣的加、減、實數乘以矩陣以及矩陣的乘法。首先，我們定義兩矩陣相等的觀念。

矩陣的相等

定義 1-3-4

設兩個大小相同的矩陣 $A=[a_{ij}]_{m\times n}$, $B=[b_{ij}]_{m\times n}$, $1\leq i\leq m$, $1\leq j\leq n$. 若對於任意 i 與 j, $a_{ij}=b_{ij}$, 則稱此兩矩陣為**相等矩陣**，以符號 $A=B$ 或 $[a_{ij}]_{m\times n}=[b_{ij}]_{m\times n}$ 表之.

【例題 5】設 $A=\begin{bmatrix} 2x & 1 \\ y & x-1 \end{bmatrix}$, $B=\begin{bmatrix} 4 & z \\ 2y & 1 \end{bmatrix}$, 若 $A=B$, 求 x、y 與 z.

【解】因 $A=B$, 故

$$\begin{bmatrix} 2x & 1 \\ y & x-1 \end{bmatrix}=\begin{bmatrix} 4 & z \\ 2y & 1 \end{bmatrix}$$

即 $\begin{cases} 2x=4 \\ z=1 \\ y=2y \\ x-1=1 \end{cases}$, 解得 $\begin{cases} x=2 \\ y=0 \\ z=1 \end{cases}$.

矩陣的加法

定義 1-3-5

若 $A=[a_{ij}]_{m\times n}$ 與 $B=[b_{ij}]_{m\times n}$, 則 $C=A+B$, 此處 $C=[c_{ij}]_{m\times n}$, 且定義如下

$$c_{ij}=a_{ij}+b_{ij}\ (1\leq i\leq m,\ 1\leq j\leq n)$$

由此定義，可知兩個同階矩陣方能相加，否則無意義.

定理 1-3-1

若 $A=[a_{ij}]_{m\times n}$, $B=[b_{ij}]_{m\times n}$, $C=[c_{ij}]_{m\times n}$, 則下列的性質成立。
(1) $A+B=B+A$ (加法交換律)
(2) $(A+B)+C=A+(B+C)$ (加法結合律)
(3) $\mathbf{0}_{m\times n}+A=A+\mathbf{0}_{m\times n}=A$, 此時 $\mathbf{0}_{m\times n}$ 即稱為矩陣 A 的**加法單位元素**。
(4) 對於任意的矩陣 A, 均存在矩陣 $-A$, 使得
$A+(-A)=(-A)+A=\mathbf{0}_{m\times n}$, 此 $-A$ 稱為矩陣 A 的**加法反元素**。

【例題 6】設 $A=\begin{bmatrix} -1 & 2 & 3 \\ 0 & -1 & 4 \\ 1 & 3 & 2 \end{bmatrix}$, $B=\begin{bmatrix} 0 & -1 & 2 \\ 1 & 3 & 4 \\ -1 & 2 & -1 \end{bmatrix}$, 求 $A+B$.

【解】$A+B=\begin{bmatrix} -1 & 2 & 3 \\ 0 & -1 & 4 \\ 1 & 3 & 2 \end{bmatrix}+\begin{bmatrix} 0 & -1 & 2 \\ 1 & 3 & 4 \\ -1 & 2 & -1 \end{bmatrix}$

$=\begin{bmatrix} -1+0 & 2+(-1) & 3+2 \\ 0+1 & -1+3 & 4+4 \\ 1+(-1) & 3+2 & 2+(-1) \end{bmatrix}$

$=\begin{bmatrix} -1 & 1 & 5 \\ 1 & 2 & 8 \\ 0 & 5 & 1 \end{bmatrix}$.

常數乘以矩陣

定義 1-3-6

若 $A=[a_{ij}]_{m\times n}$, 則定義數 α (有時稱為純量) 乘以矩陣的運算為 $B=\alpha A$, 其中

$B=[b_{ij}]_{m\times n}=[\alpha a_{ij}]_{m\times n}$ 或 "$b_{ij}=\alpha a_{ij}$ 對 $1\leq i\leq m$, $1\leq j\leq n$"

即, B 是由 A 的每一元素乘 α 而得。

定理 1-3-2

若 $A=[a_{ij}]_{m\times n}$, $B=[b_{ij}]_{m\times n}$, α、β 為二實數，則下列的性質成立。
(1) $\alpha(A+B)=\alpha A+\alpha B$
(2) $(\alpha+\beta)A=\alpha A+\beta A$
(3) $(\alpha\beta)A=\alpha(\beta A)=\beta(\alpha A)$
(4) $1A=A$
(5) $\alpha \mathbf{0}_{m\times n}=\mathbf{0}_{m\times n}$
(6) $0A=\mathbf{0}_{m\times n}$，其中 $0\in\mathbb{R}$。

【例題 7】設 $A=\begin{bmatrix} -1 & 1 & 2 \\ 0 & 1 & -1 \end{bmatrix}$, $B=\begin{bmatrix} 3 & 1 & 0 \\ 0 & 1 & 0 \end{bmatrix}$，求一個 2×3 矩陣 X，使滿足 $A-2B+3X=0$。

【解】 $3X=2B-A=2\begin{bmatrix} 3 & 1 & 0 \\ 0 & 1 & 0 \end{bmatrix}-\begin{bmatrix} -1 & 1 & 2 \\ 0 & 1 & -1 \end{bmatrix}$

$$=\begin{bmatrix} 6 & 2 & 0 \\ 0 & 2 & 0 \end{bmatrix}-\begin{bmatrix} -1 & 1 & 2 \\ 0 & 1 & -1 \end{bmatrix}=\begin{bmatrix} 7 & 1 & -2 \\ 0 & 1 & 1 \end{bmatrix}$$

故 $X=\dfrac{1}{3}\begin{bmatrix} 7 & 1 & -2 \\ 0 & 1 & 1 \end{bmatrix}=\begin{bmatrix} \dfrac{7}{3} & \dfrac{1}{3} & -\dfrac{2}{3} \\ 0 & \dfrac{1}{3} & \dfrac{1}{3} \end{bmatrix}$。

矩陣的乘法

我們先定義 $1\times m$ 階列矩陣乘以 $m\times 1$ 階行矩陣之積。令

$$A=[a_{11}\ \ a_{12}\ \ a_{13}\ \cdots\ a_{1m}], \qquad B=\begin{bmatrix} b_{11} \\ b_{21} \\ b_{31} \\ \vdots \\ b_{m1} \end{bmatrix}$$

則 A 乘以 B，記為 AB，為一個 1×1 階的矩陣，如下式

$$AB = [a_{11}\ a_{12}\ a_{13}\ \cdots\ a_{1m}]\begin{bmatrix} b_{11} \\ b_{21} \\ b_{31} \\ \vdots \\ b_{m1} \end{bmatrix}$$

$$= [a_{11}b_{11} + a_{12}b_{21} + a_{13}b_{31} + \cdots + a_{1m}b_{m1}]_{1\times 1}$$

$$= \left[\sum_{p=1}^{m} a_{1p}\ b_{p1}\right]_{1\times 1}.$$

【例題 8】設 A 為三種不同產品每單位之利潤向量，X 為每種產品之銷售向量

$$A = [1,\ 2,\ 2.5], \qquad X = \begin{bmatrix} x_1 \\ x_2 \\ x_3 \end{bmatrix}$$

則總利潤 y 為

$$y = AX = [1,\ 2,\ 2.5]\begin{bmatrix} x_1 \\ x_2 \\ x_3 \end{bmatrix} = x_1 + 2x_2 + 2.5x_3.$$

註：$A = [a_1,\ a_2,\ a_3]$，$X = \begin{bmatrix} x_1 \\ x_2 \\ x_3 \end{bmatrix}$ 係以矩陣記法表示向量.

【例題 9】設 A 為銷售的利潤或損失的向量，K 為存貨值對銷售值比例的向量

$$A = \left[1,\ -12,\ \frac{1}{2},\ 0\right], \qquad K = \begin{bmatrix} 1 \\ \frac{1}{12} \\ 4 \\ 5 \end{bmatrix}$$

則存貨變動的總值為

$$AK = \left[1,\ -12,\ \frac{1}{2},\ 0\right]\begin{bmatrix} 1 \\ \frac{1}{12} \\ 4 \\ 5 \end{bmatrix} = 1 - 1 + 2 + 0 = 2.$$

現在我們可將上式列矩陣與行矩陣之乘法，推廣至矩陣 A 與矩陣 B 相乘。若 A 為一 $m \times n$ 階矩陣，且 B 為一 $n \times l$ 階矩陣，則乘積 AB 為一 $m \times l$ 階矩陣，而 AB 的第 i 列第 j 行的元素為 A 矩陣的第 i 列與 B 矩陣的第 j 行之乘積，然後再將其各乘積相加。

定義 1-3-7

若 $A=[a_{ij}]_{m \times n}$, $B=[b_{ij}]_{n \times l}$，則定義矩陣 A 與 B 的乘積為 $AB=C=[c_{ij}]_{m \times l}$，即

$$C = \text{row}_i(A) \cdot \text{column}_j(B)$$

其中

$$c_{ij} = a_{i1}b_{1j} + a_{i2}b_{2j} + \cdots + a_{in}b_{nj} = \sum_{p=1}^{n} a_{ip} b_{pj}$$

$i=1, 2, \cdots, m$；$j=1, 2, \cdots, l$；$p=1, 2, \cdots, n$。

正如下列有顏色所示者，

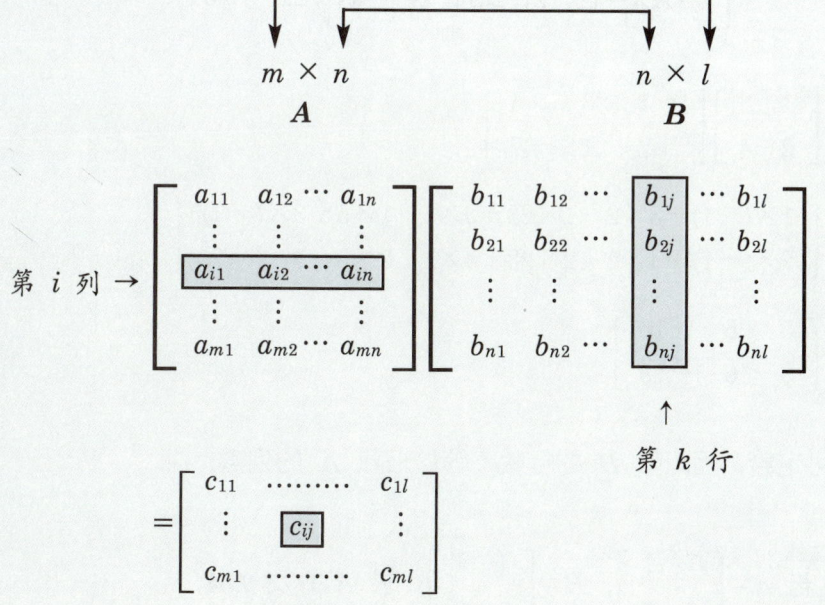

註：1. A 的行數須與 B 的列數相等始可相乘，否則 AB 無意義。
　　2. 若 A 是 $m \times n$ 矩陣，B 是 $n \times l$ 矩陣，則 AB 是 $m \times l$ 矩陣。

我們現在提供一簡便的方法來決定兩矩陣之乘積是否有意義．寫下第一因子之階，以及在其右邊寫下第二因子之階，如圖 1-1 所示，若內層數值相等，則矩陣乘積可定義，而外層數值則可決定乘積矩陣之階．

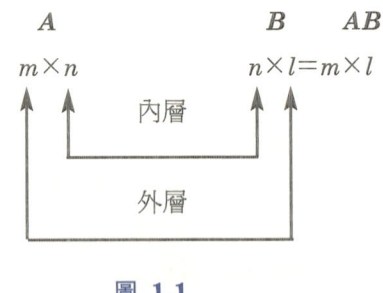

圖 1-1

【例題 10】假設 A 為 3×4 階矩陣，B 為 4×7 階矩陣，且 C 為 7×3 階矩陣．則 AB 為可定義且為 3×7 階矩陣，CA 亦為可定義且為 7×4 階矩陣，BC 亦為可定義且為 4×3 階矩陣，但乘積 AC、CB 及 BA 卻皆無意義．

【例題 11】若 $A=\begin{bmatrix} 1 & 3 \\ 2 & 4 \end{bmatrix}$, $B=\begin{bmatrix} -1 & 23 & 5 \\ 2 & 1 & -7 \end{bmatrix}$，求 AB．又 BA 是否可定義？

【解】$AB=\begin{bmatrix} 1 & 3 \\ 2 & 4 \end{bmatrix}\begin{bmatrix} -1 & 23 & 5 \\ 2 & 1 & -7 \end{bmatrix}$

$=\begin{bmatrix} 1\times(-1)+3\times 2 & 1\times 23+3\times 1 & 1\times 5+3\times(-7) \\ 2\times(-1)+4\times 2 & 2\times 23+4\times 1 & 2\times 5+4\times(-7) \end{bmatrix}$

$=\begin{bmatrix} 5 & 26 & -16 \\ 6 & 50 & -18 \end{bmatrix}$

BA 不可定義，因矩陣 B 的行數不等於矩陣 A 的列數．

【例題 12】若 $A=\begin{bmatrix} 1 & 1 \\ 0 & 0 \end{bmatrix}$, $B=\begin{bmatrix} 1 & 1 \\ 1 & 0 \end{bmatrix}$，求 AB 及 BA．

【解】$AB=\begin{bmatrix} 1 & 1 \\ 0 & 0 \end{bmatrix}\begin{bmatrix} 1 & 1 \\ 1 & 0 \end{bmatrix}=\begin{bmatrix} 1\times 1+1\times 1 & 1\times 1+1\times 0 \\ 0\times 1+0\times 1 & 0\times 1+0\times 0 \end{bmatrix}$

$$= \begin{bmatrix} 2 & 1 \\ 0 & 0 \end{bmatrix}$$

$$BA = \begin{bmatrix} 1 & 1 \\ 1 & 0 \end{bmatrix} \begin{bmatrix} 1 & 1 \\ 0 & 0 \end{bmatrix} = \begin{bmatrix} 1\times1+1\times0 & 1\times1+1\times0 \\ 1\times1+0\times0 & 1\times1+0\times0 \end{bmatrix}$$

$$= \begin{bmatrix} 1 & 1 \\ 1 & 1 \end{bmatrix}.$$

【例題 13】若 $A = \begin{bmatrix} 1 & 2 & 4 \\ -3 & 1 & 0 \\ 2 & -1 & 4 \end{bmatrix}$, $B = \begin{bmatrix} 1 & -1 & 1 \\ -2 & 1 & 1 \\ 1 & 2 & -3 \end{bmatrix}$, 求 AB.

【解】$AB = \begin{bmatrix} 1 & 2 & 4 \\ -3 & 1 & 0 \\ 2 & -1 & 4 \end{bmatrix} \begin{bmatrix} 1 & -1 & 1 \\ -2 & 1 & 1 \\ 1 & 2 & -3 \end{bmatrix}$

$$= \begin{bmatrix} 1\times1+2\times(-2)+4\times1 & 1\times(-1)+2\times1+4\times2 & 1\times1+2\times1+4\times(-3) \\ (-3)\times1+1\times(-2)+0\times1 & (-3)\times(-1)+1\times1+0\times2 & (-3)\times1+1\times1+0\times(-3) \\ 2\times1+(-1)\times(-2)+4\times1 & 2\times(-1)+(-1)\times1+4\times2 & 2\times1+(-1)\times1+4\times(-3) \end{bmatrix}$$

$$= \begin{bmatrix} 1 & 9 & -9 \\ -5 & 4 & -2 \\ 8 & 5 & -11 \end{bmatrix}.$$

定理 1-3-3

設 A、B、C 為三個矩陣，且其加法與乘法的運算皆有意義，則下列的性質成立.

(1) $(AB)C = A(BC)$
(2) $A(B+C) = AB + AC$
(3) $(A+B)C = AC + BC$
(4) $\alpha(AB) = (\alpha A)B = A(\alpha B)$，$\alpha$ 為任意數.
(5) 若 A 是 $m \times n$ 矩陣，則 $AI_n = I_m A = A$.

【例題 14】若 $A=\begin{bmatrix} 1 & 3 & 5 \\ 2 & 4 & 6 \end{bmatrix}$, $B=\begin{bmatrix} 0 & 1 & 1 & 1 \\ 1 & 0 & 1 & 1 \\ 2 & 0 & 1 & -1 \end{bmatrix}$, $C=\begin{bmatrix} 5 \\ 7 \\ 4 \\ 2 \end{bmatrix}$,

驗證 $(AB)C=A(BC)$.

【解】(i) $(AB)C=\left(\begin{bmatrix} 1 & 3 & 5 \\ 2 & 4 & 6 \end{bmatrix}\begin{bmatrix} 0 & 1 & 1 & 1 \\ 1 & 0 & 1 & 1 \\ 2 & 0 & 1 & -1 \end{bmatrix}\right)\begin{bmatrix} 5 \\ 7 \\ 4 \\ 2 \end{bmatrix}$

$=\begin{bmatrix} 13 & 1 & 9 & -1 \\ 16 & 2 & 12 & 0 \end{bmatrix}\begin{bmatrix} 5 \\ 7 \\ 4 \\ 2 \end{bmatrix}$

$=\begin{bmatrix} 106 \\ 142 \end{bmatrix}$

(ii) $A(BC)=\begin{bmatrix} 1 & 3 & 5 \\ 2 & 4 & 6 \end{bmatrix}\left(\begin{bmatrix} 0 & 1 & 1 & 1 \\ 1 & 0 & 1 & 1 \\ 2 & 0 & 1 & -1 \end{bmatrix}\begin{bmatrix} 5 \\ 7 \\ 4 \\ 2 \end{bmatrix}\right)$

$=\begin{bmatrix} 1 & 3 & 5 \\ 2 & 4 & 6 \end{bmatrix}\begin{bmatrix} 13 \\ 11 \\ 12 \end{bmatrix}$

$=\begin{bmatrix} 106 \\ 142 \end{bmatrix}$

由 (i), (ii) 知 $(AB)C=A(BC)$.

轉置矩陣

【例題 15】設 $A=\begin{bmatrix} 1 & -1 \\ 2 & 3 \end{bmatrix}$, $B=\begin{bmatrix} -1 & 3 \\ 4 & 2 \end{bmatrix}$, 驗證

(1) $(A^T)^T = A$
(2) $(AB)^T = B^T A^T$
(3) $(A+B)^T = A^T + B^T$

【解】(1) 因 $A^T = \begin{bmatrix} 1 & 2 \\ -1 & 3 \end{bmatrix}$

故 $(A^T)^T = \begin{bmatrix} 1 & -1 \\ 2 & 3 \end{bmatrix} = A$

(2) $AB = \begin{bmatrix} 1 & -1 \\ 2 & 3 \end{bmatrix} \begin{bmatrix} -1 & 3 \\ 4 & 2 \end{bmatrix} = \begin{bmatrix} -5 & 1 \\ 10 & 12 \end{bmatrix}$

$(AB)^T = \begin{bmatrix} -5 & 10 \\ 1 & 12 \end{bmatrix}$

又 $B^T A^T = \begin{bmatrix} -1 & 4 \\ 3 & 2 \end{bmatrix} \begin{bmatrix} 1 & 2 \\ -1 & 3 \end{bmatrix} = \begin{bmatrix} -5 & 10 \\ 1 & 12 \end{bmatrix}$

故 $(AB)^T = B^T A^T$

(3) $A + B = \begin{bmatrix} 1 & -1 \\ 2 & 3 \end{bmatrix} + \begin{bmatrix} -1 & 3 \\ 4 & 2 \end{bmatrix} = \begin{bmatrix} 0 & 2 \\ 6 & 5 \end{bmatrix}$

$(A+B)^T = \begin{bmatrix} 0 & 6 \\ 2 & 5 \end{bmatrix}$

又 $A^T + B^T = \begin{bmatrix} 1 & 2 \\ -1 & 3 \end{bmatrix} + \begin{bmatrix} -1 & 4 \\ 3 & 2 \end{bmatrix} = \begin{bmatrix} 0 & 6 \\ 2 & 5 \end{bmatrix}$

故 $(A+B)^T = A^T + B^T$.

參考例題 15，我們有下面的定理.

定理 1-3-4 轉置的性質

假設 $A = [a_{ij}]$ 為 $m \times p$ 矩陣，$B = [b_{ij}]$ 為 $p \times n$ 矩陣，r 為實數，則

(1) $(A^T)^T = A$
(2) $(AB)^T = B^T A^T$
(3) $(rA)^T = rA^T$
(4) 若 A 與 B 皆為 $m \times p$ 矩陣，則 $(A+B)^T = A^T + B^T$。

習題 1-1

1. 設 $A = [a_{ij}]$ 為四階方陣，且 $a_{ii} = 1$ ($i = 1, 2, 3, 4$)，當 $i \neq j$ 時，$a_{ij} = 0$，求 A。

2. 設 $A = [a_{ij}]_{3 \times 2}$，若 $a_{ij} = i^2 + j^2 - 1$，$1 \leq i \leq 3$，$1 \leq j \leq 2$，求 A。

3. 設 $A = [a_{ij}]_{3 \times 3}$，且 $a_{ij} = \begin{cases} 1, & \text{當 } i = j \\ 2, & \text{當 } i > j \\ -2, & \text{當 } i < j \end{cases}$；求 A 及 A^T。

4. 設 $A = \begin{bmatrix} 2 & 1 & 4 \\ 3 & 7 & 5 \\ 0 & -1 & 9 \end{bmatrix}$，求 A^T。

5. 下列哪一個矩陣是斜對稱矩陣？

$$A = \begin{bmatrix} 0 & 1 & 3 \\ 1 & 0 & 4 \\ 3 & -4 & 0 \end{bmatrix}, \quad B = \begin{bmatrix} 0 & -1 & -2 & -5 \\ 1 & 0 & 6 & -1 \\ 2 & -6 & 0 & 3 \\ 5 & 1 & 3 & 0 \end{bmatrix},$$

$$C = \begin{bmatrix} 0 & 3 & -4 \\ -3 & 0 & 5 \\ -4 & -5 & 0 \end{bmatrix}, \quad D = \begin{bmatrix} 0 & 2 & 3 & -4 \\ -2 & 0 & 1 & -1 \\ -3 & -1 & 0 & 6 \\ 4 & 1 & -6 & 0 \end{bmatrix}$$

6. 設 $A = \begin{bmatrix} 1 & 3 \\ 2 & 4 \end{bmatrix}$，求 A 的所有子矩陣。

7. 設 $\begin{bmatrix} 2x^2+1 & 3x+4y \\ 4x+y & y^2 \end{bmatrix} = \begin{bmatrix} 3x+15 & 2y \\ -2x-3y & 9 \end{bmatrix}$，求 x 與 y.

8. 若 $A = \begin{bmatrix} 1 & 5 & 0 \\ 2 & 6 & 7 \end{bmatrix}$, $B = \begin{bmatrix} -1 & 4 & 2 \\ 1 & -3 & 8 \end{bmatrix}$, $C = \begin{bmatrix} -7 & -22 & -31 \\ -11 & 3 & 101 \end{bmatrix}$,

   求一個 2×3 階矩陣 X，使滿足 $2A + 4X = 2B + C$.

9. 設張三至某店購買蛋、汽水各一打，醬油、味精各半打，以及梨四個，以列向量表示為 $A = [12, 12, 6, 6, 4]$. 又設蛋每個 2 元，汽水每瓶 10 元，醬油每瓶 1 元，味精每盒 20 元，梨每個 30 元. 這些單價以行向量表示為

   $X = \begin{bmatrix} 2 \\ 10 \\ 1 \\ 20 \\ 30 \end{bmatrix}$，試問張三應付的總價款.

10. 試求下列各矩陣之積.

    (1) $\begin{bmatrix} 1 & 2 \\ -3 & 1 \end{bmatrix} \begin{bmatrix} 2 & 3 \\ 1 & -2 \end{bmatrix}$

    (2) $\begin{bmatrix} 1 & 2 & 4 \\ -3 & 1 & 0 \\ 2 & -1 & 4 \end{bmatrix} \begin{bmatrix} 1 & -1 & 1 \\ -2 & 1 & 1 \\ 1 & 2 & -3 \end{bmatrix}$

    (3) $\begin{bmatrix} 3 & 4 & -1 & 5 \\ -2 & 1 & 3 & 2 \\ 4 & 5 & 6 & 7 \end{bmatrix} \begin{bmatrix} 1 & 0 \\ 3 & 4 \\ -2 & 3 \\ -1 & 2 \end{bmatrix}$

11. 設 $A = B^T = \begin{bmatrix} 2 & -3 & 1 & 1 \\ -4 & 0 & 1 & 2 \\ -1 & 3 & 0 & 1 \end{bmatrix}$，試求 AB 與 BA.

12. 設 $A = \begin{bmatrix} 1 & -3 \\ 2 & 4 \end{bmatrix}$, $B = \begin{bmatrix} 5 & 6 \\ -3 & 4 \end{bmatrix}$, $C = \begin{bmatrix} 1 & 2 \\ 5 & 6 \end{bmatrix}$，試求 $(3A-4B)C$ 及 $3AC - 4BC$，兩者是否相等？

13. 令 $A=\begin{bmatrix} 2 & -1 & 3 \\ 0 & 4 & 5 \\ -2 & 1 & 4 \end{bmatrix}$, $B=\begin{bmatrix} 8 & -3 & -5 \\ 0 & 1 & 2 \\ 4 & -7 & 6 \end{bmatrix}$, $C=\begin{bmatrix} 0 & -2 & 3 \\ 1 & 7 & 4 \\ 3 & 5 & 9 \end{bmatrix}$, 驗證：

   (1) $(A+B)^T = A^T + B^T$ (2) $(AB)^T = B^T A^T$.

14. 試解下列矩陣方程式中的 X.

$$X\begin{bmatrix} 1 & -1 & 2 \\ 3 & 0 & 1 \end{bmatrix} = \begin{bmatrix} -5 & -1 & 0 \\ 6 & -3 & 7 \end{bmatrix}$$

15. 設 A、B 是對稱矩陣，驗證：
   (1) $A+B$ 為對稱.
   (2) $AB = BA \Leftrightarrow AB$ 為對稱.

§1-4　逆方陣

　　對於每一個不等於零的數均會存在一乘法反元素，但是在矩陣之運算中，對於一非零矩陣是否會存在一矩陣，而使得此兩矩陣相乘為單位矩陣呢？這就產生了逆方陣的觀念了．我們看下面的定義．

定義 1-4-1

若 $A=[a_{ij}]_{n\times n}$，並存在另一方陣 $B=[b_{ij}]_{n\times n}$，使得 $AB=BA=I_n$ 時，則稱 B 為 A 的**逆方陣**或**反方陣** (inverse matrix)．此時，A 稱為**可逆方陣** (invertiable matrix) 或**非奇異方陣**．通常以 A^{-1} 表示 A 的逆方陣．反之，若不存在這樣的方陣 B，則稱 A 為**奇異方陣** (singular matrix)．

【例題 1】矩陣 $A=\begin{bmatrix} 1 & 2 \\ 4 & 9 \end{bmatrix}$ 的逆方陣為 $B=\begin{bmatrix} 9 & -2 \\ -4 & 1 \end{bmatrix}$，

　　因為　　　　$AB=\begin{bmatrix} 1 & 2 \\ 4 & 9 \end{bmatrix}\begin{bmatrix} 9 & -2 \\ -4 & 1 \end{bmatrix} = \begin{bmatrix} 1 & 0 \\ 0 & 1 \end{bmatrix} = I_2$

$$BA=\begin{bmatrix} 9 & -2 \\ -4 & 1 \end{bmatrix}\begin{bmatrix} 1 & 2 \\ 4 & 9 \end{bmatrix}=\begin{bmatrix} 1 & 0 \\ 0 & 1 \end{bmatrix}=I_2.$$

【例題 2】若 $A=\begin{bmatrix} 1 & 2 \\ 3 & 4 \end{bmatrix}$，則 A 的逆方陣是否存在？

【解】為了求 A 的逆方陣，我們設其逆方陣為

$$A^{-1}=\begin{bmatrix} a & b \\ c & d \end{bmatrix}$$

可得

$$AA^{-1}=\begin{bmatrix} 1 & 2 \\ 3 & 4 \end{bmatrix}\begin{bmatrix} a & b \\ c & d \end{bmatrix}=\begin{bmatrix} 1 & 0 \\ 0 & 1 \end{bmatrix}$$

所以

$$\begin{bmatrix} a+2c & b+2d \\ 3a+4c & 3b+4d \end{bmatrix}=\begin{bmatrix} 1 & 0 \\ 0 & 1 \end{bmatrix}$$

上式等號兩端的矩陣相等，故其對應元素應相等，可得下列方程組

$$\begin{cases} a+2c=1 \\ 3a+4c=0 \end{cases} \quad 與 \quad \begin{cases} b+2d=0 \\ 3b+4d=1 \end{cases}$$

解上面方程組，可得 $a=-2$, $c=\frac{3}{2}$, $b=1$, $d=-\frac{1}{2}$.

又因為方陣

$$\begin{bmatrix} a & b \\ c & d \end{bmatrix}=\begin{bmatrix} -2 & 1 \\ \frac{3}{2} & -\frac{1}{2} \end{bmatrix}$$

亦滿足下列性質

$$\begin{bmatrix} -2 & 1 \\ \frac{3}{2} & -\frac{1}{2} \end{bmatrix}\begin{bmatrix} 1 & 2 \\ 3 & 4 \end{bmatrix}=\begin{bmatrix} 1 & 0 \\ 0 & 1 \end{bmatrix}$$

因此 A 為非奇異方陣，而

$$A^{-1}=\begin{bmatrix} -2 & 1 \\ \dfrac{3}{2} & -\dfrac{1}{2} \end{bmatrix}.$$

一般而言，對方陣

$$A=\begin{bmatrix} a & b \\ c & d \end{bmatrix}$$

若 $ad-bc\neq 0$，則

$$A^{-1}=\frac{1}{ad-bc}\begin{bmatrix} d & -b \\ -c & a \end{bmatrix}=\begin{bmatrix} \dfrac{d}{ad-bc} & -\dfrac{b}{ad-bc} \\ -\dfrac{c}{ad-bc} & \dfrac{a}{ad-bc} \end{bmatrix} \qquad (1\text{-}4\text{-}1)$$

讀者要特別注意，並非每一個方陣皆有逆方陣，例如

$$A=\begin{bmatrix} 1 & 3 \\ 2 & 6 \end{bmatrix}$$

就沒有逆方陣，所以 A 是一奇異方陣．

定理 1-4-1

若 B 與 C 皆為 n 階方陣 A 的逆方陣，則 $B=C$．

證：因為 B 是 A 的逆方陣，故 $BA=I_n$．等式的兩端各乘以 C，可得

$$(BA)C=I_nC=C$$

但是，

$$(BA)C=B(AC)=BI_n=B$$

所以

$$C=B.$$

定理 1-4-2

(1) 若 A 為 n 階非奇異方陣，則存在唯一的 A^{-1}，而 A^{-1} 亦為非奇異方陣，且 $(A^{-1})^{-1}=A$。

(2) 若 c 為非零的實數，則 $(cA)^{-1}=\dfrac{1}{c}A^{-1}$。

(3) 若 A、B 皆為非奇異方陣，則 AB 亦為非奇異方陣，且 $(AB)^{-1}=B^{-1}A^{-1}$。

(4) $(A^n)^{-1}=(A^{-1})^n$

(5) 若 A 為非奇異方陣，則 A^T 亦為非奇異方陣，且 $(A^T)^{-1}=(A^{-1})^T$。

證：(3) 因為
$$(AB)(B^{-1}A^{-1})=A(BB^{-1})A^{-1}=AI_nA^{-1}=AA^{-1}=I_n$$

且
$$(B^{-1}A^{-1})(AB)=B^{-1}(A^{-1}A)B=B^{-1}I_nB=B^{-1}B=I_n$$

故 AB 為非奇異方陣，

$$AB(B^{-1}A^{-1})=A(BB^{-1})A^{-1}=(AI_n)A^{-1}=AA^{-1}=I_n$$

故
$$(AB)^{-1}=B^{-1}A^{-1}.$$

(5) 因為 $AA^{-1}=A^{-1}A=I_n$，取其轉置，可得

$$(AA^{-1})^T=(A^{-1}A)^T=I_n^T=I_n$$

$$(A^{-1})^TA^T=A^T(A^{-1})^T=I_n$$

故
$$(A^T)^{-1}=(A^{-1})^T.$$

推論：若 A_1, A_2, A_3, $\cdots$, A_n 皆為 n 階非奇異方陣，則 $A_1A_2A_3\cdots A_n$ 亦是非奇異的，且

$$(A_1A_2A_3\cdots A_n)^{-1}=A_n^{-1}A_{n-1}^{-1}\cdots A_3^{-1}A_2^{-1}A_1^{-1} \tag{1-4-2}$$

【例題 3】若 $A^{-1}=\begin{bmatrix} 2 & 3 \\ 1 & 4 \end{bmatrix}$，試求 A。

【解】利用式 (1-4-1)，知

$$(A^{-1})^{-1} = A = \frac{1}{2\times 4 - 1\times 3}\begin{bmatrix} 4 & -3 \\ -1 & 2 \end{bmatrix} = \frac{1}{5}\begin{bmatrix} 4 & -3 \\ -1 & 2 \end{bmatrix}$$

$$= \begin{bmatrix} \dfrac{4}{5} & -\dfrac{3}{5} \\ -\dfrac{1}{5} & \dfrac{2}{5} \end{bmatrix}.$$

【例題 4】若 $A^{-1} = \begin{bmatrix} 1 & 2 & -1 \\ 3 & 4 & 2 \\ 0 & 1 & -2 \end{bmatrix}$, $B^{-1} = \begin{bmatrix} 0 & 1 & 1 \\ 1 & 0 & 1 \\ -2 & 3 & 2 \end{bmatrix}$, 求 $(AB)^{-1}$.

【解】$(AB)^{-1} = B^{-1}A^{-1} = \begin{bmatrix} 0 & 1 & 1 \\ 1 & 0 & 1 \\ -2 & 3 & 2 \end{bmatrix}\begin{bmatrix} 1 & 2 & -1 \\ 3 & 4 & 2 \\ 0 & 1 & -2 \end{bmatrix} = \begin{bmatrix} 3 & 5 & 0 \\ 1 & 3 & -3 \\ 7 & 10 & 4 \end{bmatrix}.$

【例題 5】若 $A^{-1} = \begin{bmatrix} 1 & 2 & 0 \\ 0 & 1 & 0 \\ 3 & 1 & -1 \end{bmatrix}$ 與 $B = \begin{bmatrix} 2 \\ 1 \\ 3 \end{bmatrix}$, 試解 $AX=B$ 之 X.

【解】因 A^{-1} 存在, 故 $AX=B \Rightarrow (A^{-1})AX = A^{-1}B$, 則

$$X = A^{-1}B$$

所以 $X = \begin{bmatrix} 1 & 2 & 0 \\ 0 & 1 & 0 \\ 3 & 1 & -1 \end{bmatrix}\begin{bmatrix} 2 \\ 1 \\ 3 \end{bmatrix} = \begin{bmatrix} 4 \\ 1 \\ 4 \end{bmatrix}.$

【例題 6】若 A、B、C 皆為 n 階非奇異方陣，驗證

$$(ABC)^{-1} = C^{-1}B^{-1}A^{-1}.$$

【解】因
$$\begin{aligned}(ABC)(C^{-1}B^{-1}A^{-1}) &= AB(CC^{-1})B^{-1}A^{-1} \\ &= ABI_nB^{-1}A^{-1} \\ &= A(BB^{-1})A^{-1} \\ &= AI_nA^{-1} \\ &= AA^{-1} \\ &= I_n\end{aligned}$$

同理，$(C^{-1}B^{-1}A^{-1})(ABC) = C^{-1}B^{-1}(A^{-1}A)BC$
$= C^{-1}B^{-1}I_nBC$
$= C^{-1}(B^{-1}B)C$
$= C^{-1}I_nC$
$= I_n$

故　　　　　　　$(ABC)^{-1} = C^{-1}B^{-1}A^{-1}.$

習題 1-2

1. 試問下列方陣是否可逆？若為可逆，求其逆方陣．

    (1) $A = \begin{bmatrix} 3 & 1 \\ 6 & 2 \end{bmatrix}$　　(2) $B = \begin{bmatrix} 3 & -2 \\ 1 & 1 \end{bmatrix}$　　(3) $C = \begin{bmatrix} -3 & 2 \\ 4 & 1 \end{bmatrix}$

2. 試求 $A = \begin{bmatrix} \cos\theta & \sin\theta \\ -\sin\theta & \cos\theta \end{bmatrix}$ 的逆方陣．

3. 若 A 為一可逆方陣，且 $7A$ 的逆方陣為 $\begin{bmatrix} -3 & 7 \\ 1 & -2 \end{bmatrix}$，試求 A．

4. 若 A 與 B 皆為 n 階方陣，則下列關係是否成立？

    (1) $(A+B)^{-1} = A^{-1} + B^{-1}$　　(2) $(cA)^{-1} = \dfrac{1}{c}A^{-1}$ $(c \neq 0)$

5. 試求 A 使得 $(4A^T)^{-1} = \begin{bmatrix} 2 & 3 \\ -4 & -4 \end{bmatrix}$．

6. 試求 x 使得 $\begin{bmatrix} 2x & 7 \\ 1 & 2 \end{bmatrix}^{-1} = \begin{bmatrix} 2 & -7 \\ -1 & 4 \end{bmatrix}$．

7. 若 $A = \begin{bmatrix} 1 & 3 \\ 2 & 7 \end{bmatrix}$，則 $(A^T)^{-1}$、$(A^{-1})^T$ 與 A^{-1} 之關係為何？

§1-5　矩陣的基本列運算；簡約列梯陣

矩陣的基本列運算可求得一方陣的逆方陣，而簡約列梯陣又可用來解線性方程組. 首先我們先介紹三種基本列運算.

1. 將矩陣 A 中的第 i 列與第 j 列互相對調, 以 $R_i \leftrightarrow R_j$ 表示之.
2. 將矩陣 A 中的第 i 列乘非零之常數 c, 以 cR_i 表示之.
3. 將矩陣 A 中的第 i 列乘上一非零之常數 c, 然後加在另一列, 如第 j 列上. 以 $cR_i + R_j$ 表示之.

此種基本列運算只是將一矩陣變形為另一矩陣, 使所得矩陣適合某一特殊形式. 原矩陣與所得矩陣並無相等關係.

定義 1-5-1

若 $m \times n$ 矩陣 A 經由有限次數的基本列運算後變成 $m \times n$ 矩陣 B, 則稱矩陣 A 與 B 為**列同義** (row equivalent), 可寫成 $A \sim B$.

【例題 1】矩陣 $A = \begin{bmatrix} 1 & 2 & 4 & 3 \\ 2 & 1 & 3 & 2 \\ 1 & -1 & 2 & 3 \end{bmatrix}$ 列同義於 $D = \begin{bmatrix} 2 & 4 & 8 & 6 \\ 1 & -1 & 2 & 3 \\ 4 & -1 & 7 & 8 \end{bmatrix}$

因為 $A = \begin{bmatrix} 1 & 2 & 4 & 3 \\ 2 & 1 & 3 & 2 \\ 1 & -1 & 2 & 3 \end{bmatrix} \overset{2R_3+R_2}{\sim} \begin{bmatrix} 1 & 2 & 4 & 3 \\ 4 & -1 & 7 & 8 \\ 1 & -1 & 2 & 3 \end{bmatrix} \overset{R_2 \leftrightarrow R_3}{\sim}$

$\begin{bmatrix} 1 & 2 & 4 & 3 \\ 1 & -1 & 2 & 3 \\ 4 & -1 & 7 & 8 \end{bmatrix} \overset{2R_1}{\sim} \begin{bmatrix} 2 & 4 & 8 & 6 \\ 1 & -1 & 2 & 3 \\ 4 & -1 & 7 & 8 \end{bmatrix}.$ ⊿

定義 1-5-2

將單位方陣 I_n 經過基本列運算 $R_i \leftrightarrow R_j$, cR_i, $cR_i + R_j$ 後, 可得下列三種**基本矩陣** (elementary matrix).

(1) 以 $E_i \leftrightarrow E_j$ 表示 I_n 中的第 i 列與第 j 列互相對調之後所產生的基本矩陣。
(2) 若 $c \neq 0$，以 cE_i 表示 I_n 中的第 i 列乘上常數 c 後所產生的基本矩陣。
(3) 若 $c \neq 0$，以 $cE_i + E_j$ 表示 I_n 中的第 i 列乘上常數 c 後再加在第 j 列上所產生的基本矩陣。

例如 $\begin{bmatrix} 1 & 0 \\ 0 & -3 \end{bmatrix}$, $\begin{bmatrix} 1 & 0 & 0 & 0 \\ 0 & 0 & 0 & 1 \\ 0 & 0 & 1 & 0 \\ 0 & 1 & 0 & 0 \end{bmatrix}$, $\begin{bmatrix} 1 & 0 & 3 \\ 0 & 1 & 0 \\ 0 & 0 & 1 \end{bmatrix}$ 皆為基本矩陣。

⇩ ⇩ ⇩

I_2 的第 2 列乘上 -3 ； I_4 的第 2 列與第 4 列互調； I_3 的第 3 列乘上 3 加到第 1 列

定理 1-5-1

若 $A = [a_{ij}]_{m \times n}$, $B = [b_{ij}]_{m \times n}$, $E_i \leftrightarrow E_j$, cE_i, $cE_i + E_j$ 為 $m \times m$ 基本矩陣，則

(1) $A \overset{R_i \leftrightarrow R_j}{\sim} B \Leftrightarrow B = (E_i \leftrightarrow E_j) A$

(2) $A \overset{cR_i}{\sim} B \Leftrightarrow B = cE_i A$

(3) $A \overset{cR_i + R_j}{\sim} B \Leftrightarrow B = (cE_i + E_j) A$

【例題 2】考慮矩陣

$$A = \begin{bmatrix} 1 & 0 & 2 & 3 \\ 2 & -1 & 3 & 6 \\ 1 & 4 & 4 & 0 \end{bmatrix} \overset{3R_1 + R_3}{\sim} B = \begin{bmatrix} 1 & 0 & 2 & 3 \\ 2 & -1 & 3 & 6 \\ 4 & 4 & 10 & 9 \end{bmatrix}$$

另一基本矩陣　　$\overline{E}_1 = \begin{bmatrix} 1 & 0 & 0 \\ 0 & 1 & 0 \\ 3 & 0 & 1 \end{bmatrix}$　（註：$3E_1 + E_3 = \overline{E}_1$）

則　　$\overline{E}_1 A = \begin{bmatrix} 1 & 0 & 0 \\ 0 & 1 & 0 \\ 3 & 0 & 1 \end{bmatrix} \begin{bmatrix} 1 & 0 & 2 & 3 \\ 2 & -1 & 3 & 6 \\ 1 & 4 & 4 & 0 \end{bmatrix} = B.$

【例題 3】若 $A = \begin{bmatrix} 1 & -1 & 2 \\ 2 & 0 & 1 \\ -3 & 4 & 5 \end{bmatrix}$，$B$ 為 A 經過基本列運算 $2R_1 + R_2$，$1R_2 + R_3$，

$1R_1 + R_3$ 後所求得的矩陣，則 B 為何？

【解】　　$A = \begin{bmatrix} 1 & -1 & 2 \\ 2 & 0 & 1 \\ -3 & 4 & 5 \end{bmatrix} \underset{\sim}{\overset{2R_1+R_2}{}} \begin{bmatrix} 1 & -1 & 2 \\ 4 & -2 & 5 \\ -3 & 4 & 5 \end{bmatrix} \underset{\sim}{\overset{1R_2+R_3}{}}$

$\begin{bmatrix} 1 & -1 & 2 \\ 4 & -2 & 5 \\ 1 & 2 & 10 \end{bmatrix} \underset{\sim}{\overset{1R_1+R_3}{}} \begin{bmatrix} 1 & -1 & 2 \\ 4 & -2 & 5 \\ 2 & 1 & 12 \end{bmatrix}$

即　　$B = \begin{bmatrix} 1 & -1 & 2 \\ 4 & -2 & 5 \\ 2 & 1 & 12 \end{bmatrix}.$

【例題 4】利用上面的例題，求出基本矩陣 $\overline{E}_1$、$\overline{E}_2$、$\overline{E}_3$，使得 $B = \overline{E}_3 \overline{E}_2 \overline{E}_1 A$.

【解】$\overline{E}_1 = \begin{bmatrix} 1 & 0 & 0 \\ 2 & 1 & 0 \\ 0 & 0 & 1 \end{bmatrix}$，$\overline{E}_2 = \begin{bmatrix} 1 & 0 & 0 \\ 0 & 1 & 0 \\ 0 & 1 & 1 \end{bmatrix}$，$\overline{E}_3 = \begin{bmatrix} 1 & 0 & 0 \\ 0 & 1 & 0 \\ 1 & 0 & 1 \end{bmatrix}$

（註：$2E_1 + E_2 = \overline{E}_1$，$1E_2 + E_3 = \overline{E}_2$，$1E_1 + E_3 = \overline{E}_3$）

則 $\overline{E}_3 \overline{E}_2 \overline{E}_1 A = \begin{bmatrix} 1 & 0 & 0 \\ 0 & 1 & 0 \\ 1 & 0 & 1 \end{bmatrix} \begin{bmatrix} 1 & 0 & 0 \\ 0 & 1 & 0 \\ 0 & 1 & 1 \end{bmatrix} \begin{bmatrix} 1 & 0 & 0 \\ 2 & 1 & 0 \\ 0 & 0 & 1 \end{bmatrix} \begin{bmatrix} 1 & -1 & 2 \\ 2 & 0 & 1 \\ -3 & 4 & 5 \end{bmatrix}$

$$= \begin{bmatrix} 1 & 0 & 0 \\ 0 & 1 & 0 \\ 1 & 0 & 1 \end{bmatrix} \begin{bmatrix} 1 & 0 & 0 \\ 0 & 1 & 0 \\ 0 & 1 & 1 \end{bmatrix} \begin{bmatrix} 1 & -1 & 2 \\ 4 & -2 & 5 \\ -3 & 4 & 5 \end{bmatrix}$$

$$= \begin{bmatrix} 1 & 0 & 0 \\ 0 & 1 & 0 \\ 1 & 0 & 1 \end{bmatrix} \begin{bmatrix} 1 & -1 & 2 \\ 4 & -2 & 5 \\ 1 & 2 & 10 \end{bmatrix}$$

$$= \begin{bmatrix} 1 & -1 & 2 \\ 4 & -2 & 5 \\ 2 & 1 & 12 \end{bmatrix} = B.$$

定理 1-5-2

每一基本矩陣皆是可逆矩陣，且
(1) $(E_i \leftrightarrow E_j)^{-1} = E_i \leftrightarrow E_j$
(2) $(cE_i)^{-1} = \dfrac{1}{c} E_i$
(3) $(cE_i + E_j)^{-1} = -cE_i + E_j$

由前一題知 $\overline{E}_1^{-1} = \begin{bmatrix} 1 & 0 & 0 \\ -2 & 1 & 0 \\ 0 & 0 & 1 \end{bmatrix}$, $\overline{E}_2^{-1} = \begin{bmatrix} 1 & 0 & 0 \\ 0 & 1 & 0 \\ 0 & -1 & 1 \end{bmatrix}$, $\overline{E}_3^{-1} = \begin{bmatrix} 1 & 0 & 0 \\ 0 & 1 & 0 \\ -1 & 0 & 1 \end{bmatrix}$

分別為 $\overline{E}_1$, $\overline{E}_2$, $\overline{E}_3$ 的基本逆方陣，而

$$\overline{E}_1^{-1} \overline{E}_2^{-1} \overline{E}_3^{-1} B = \begin{bmatrix} 1 & 0 & 0 \\ -2 & 1 & 0 \\ 0 & 0 & 1 \end{bmatrix} \begin{bmatrix} 1 & 0 & 0 \\ 0 & 1 & 0 \\ 0 & -1 & 1 \end{bmatrix} \begin{bmatrix} 1 & 0 & 0 \\ 0 & 1 & 0 \\ -1 & 0 & 1 \end{bmatrix} \begin{bmatrix} 1 & -1 & 2 \\ 4 & -2 & 5 \\ 2 & 1 & 12 \end{bmatrix}$$

$$= \begin{bmatrix} 1 & 0 & 0 \\ -2 & 1 & 0 \\ 0 & 0 & 1 \end{bmatrix} \begin{bmatrix} 1 & 0 & 0 \\ 0 & 1 & 0 \\ 0 & -1 & 1 \end{bmatrix} \begin{bmatrix} 1 & -1 & 2 \\ 4 & -2 & 5 \\ 1 & 2 & 10 \end{bmatrix}$$

$$= \begin{bmatrix} 1 & 0 & 0 \\ -2 & 1 & 0 \\ 0 & 0 & 1 \end{bmatrix} \begin{bmatrix} 1 & -1 & 2 \\ 4 & -2 & 5 \\ -3 & 4 & 5 \end{bmatrix}$$

$$= \begin{bmatrix} 1 & -1 & 2 \\ 2 & 0 & 1 \\ -3 & 4 & 5 \end{bmatrix} = A$$

故 $B \sim A$。

由例題 4 之討論可推得下面的定理。

定理 1-5-3

若 A 與 B 均為 $m \times n$ 矩陣，則 B 與 A 列同義的充要條件為存在有限個 $m \times m$ 基本矩陣，$\overline{E}_1, \overline{E}_2, \overline{E}_3, \cdots, \overline{E}_l$，使得

$$B = \overline{E}_l \overline{E}_{l-1} \cdots \overline{E}_3 \overline{E}_2 \overline{E}_1 A。$$

推論：若 $A \sim B$，則 $B \sim A$。

但讀者應注意，若 A 與 B 皆為 n 階方陣且 $A \sim B$，則 A 與 B 同時為可逆方陣或同時為不可逆方陣。

定理 1-5-4

n 階方陣 A 為可逆方陣的充要條件為 $A \sim I_n$。

由此定理得知，必存在有限個基本矩陣 $\overline{E}_1, \overline{E}_2, \cdots, \overline{E}_l$，使得

$$\overline{E}_l \overline{E}_{l-1} \cdots \overline{E}_3 \overline{E}_2 \overline{E}_1 A = I_n \tag{1-5-1}$$

上式兩端同乘以 A^{-1}，則得

$$\overline{E}_l \overline{E}_{l-1} \cdots \overline{E}_3 \overline{E}_2 \overline{E}_1 I_n = I_n A^{-1} = A^{-1} \tag{1-5-2}$$

因為一矩陣乘上一基本矩陣就等於該矩陣施行一次基本列運算，故我們可利用下式將

I_n 化至 A

$$\overline{E}_1^{-1} \overline{E}_2^{-1} \cdots \overline{E}_{l-1}^{-1} \overline{E}_l^{-1} I_n = A \tag{1-5-3}$$

由以上之討論，我們很容易了解，若想求一可逆方陣 A 的逆方陣 A^{-1}，我們只要做 $n \times 2n$ 矩陣 $[A \vdots I_n]$，然後利用矩陣的基本列運算將 $[A \vdots I_n]$ 化為 $[I_n \vdots B]$ 的形式，則 B 即為所求的逆方陣 A^{-1}。

【例題 5】試利用矩陣之基本列變換求 $A = \begin{bmatrix} 1 & 3 \\ 2 & 5 \end{bmatrix}$ 的逆方陣。

【解】我們做 2×4 矩陣 $[A \vdots I_2]$ 並將它化成 $[I_2 \vdots B]$。

$$\begin{bmatrix} 1 & 3 & \vdots & 1 & 0 \\ 2 & 5 & \vdots & 0 & 1 \end{bmatrix} \underset{\sim}{-2R_1+R_2} \begin{bmatrix} 1 & 3 & \vdots & 1 & 0 \\ 0 & -1 & \vdots & -2 & 1 \end{bmatrix} \underset{\sim}{3R_2+R_1}$$

$$\begin{bmatrix} 1 & 0 & \vdots & -5 & 3 \\ 0 & -1 & \vdots & -2 & 1 \end{bmatrix} \underset{\sim}{(-1)R_2} \begin{bmatrix} 1 & 0 & \vdots & -5 & 3 \\ 0 & 1 & \vdots & 2 & -1 \end{bmatrix}$$

故 $A^{-1} = \begin{bmatrix} -5 & 3 \\ 2 & -1 \end{bmatrix}$

【例題 6】求 $A = \begin{bmatrix} 1 & -2 & 1 \\ -1 & 3 & 2 \\ 2 & -2 & 7 \end{bmatrix}$ 的逆方陣。

【解】我們做 3×6 矩陣 $[A \vdots I_3]$ 並將它化成 $[I_3 \vdots B]$。

$$\begin{bmatrix} 1 & -2 & 1 & \vdots & 1 & 0 & 0 \\ -1 & 3 & 2 & \vdots & 0 & 1 & 0 \\ 2 & -2 & 7 & \vdots & 0 & 0 & 1 \end{bmatrix} \underset{\sim}{1R_1+R_2} \begin{bmatrix} 1 & -2 & 1 & \vdots & 1 & 0 & 0 \\ 0 & 1 & 3 & \vdots & 1 & 1 & 0 \\ 2 & -2 & 7 & \vdots & 0 & 0 & 1 \end{bmatrix}$$

$$\underset{\sim}{-2R_1+R_3} \begin{bmatrix} 1 & -2 & 1 & \vdots & 1 & 0 & 0 \\ 0 & 1 & 3 & \vdots & 1 & 1 & 0 \\ 0 & 2 & 5 & \vdots & -2 & 0 & 1 \end{bmatrix} \underset{\sim}{-2R_2+R_3} \begin{bmatrix} 1 & -2 & 1 & \vdots & 1 & 0 & 0 \\ 0 & 1 & 3 & \vdots & 1 & 1 & 0 \\ 0 & 0 & -1 & \vdots & -4 & -2 & 1 \end{bmatrix}$$

$$\underset{2R_2+R_1}{\sim} \begin{bmatrix} 1 & 0 & 7 & \vdots & 3 & 2 & 0 \\ 0 & 1 & 3 & \vdots & 1 & 1 & 0 \\ 0 & 0 & -1 & \vdots & -4 & -2 & 1 \end{bmatrix} \underset{-1R_3}{\sim} \begin{bmatrix} 1 & 0 & 7 & \vdots & 3 & 2 & 0 \\ 0 & 1 & 3 & \vdots & 1 & 1 & 0 \\ 0 & 0 & 1 & \vdots & 4 & 2 & -1 \end{bmatrix} \underset{-3R_3+R_2}{\sim}$$

$$\begin{bmatrix} 1 & 0 & 7 & \vdots & 3 & 2 & 0 \\ 0 & 1 & 0 & \vdots & -11 & -5 & 3 \\ 0 & 0 & 1 & \vdots & 4 & 2 & -1 \end{bmatrix} \underset{-7R_3+R_1}{\sim} \begin{bmatrix} 1 & 0 & 0 & \vdots & -25 & -12 & 7 \\ 0 & 1 & 0 & \vdots & -11 & -5 & 3 \\ 0 & 0 & 1 & \vdots & 4 & 2 & -1 \end{bmatrix}$$

故 $A^{-1} = \begin{bmatrix} -25 & -12 & 7 \\ -11 & -5 & 3 \\ 4 & 2 & -1 \end{bmatrix}$.

下面我們再討論一種非常有用的矩陣形式，稱為**簡約列梯陣** (reduced rowechelon matrix)。

定義 1-5-3

若一個矩陣滿足下列的性質，則稱為**簡約列梯陣**。
(1) 矩陣中全為 0 之所有的列 (如果有的話) 皆置於矩陣的底層。
(2) 非全為 0 的每一列中"從左邊數來"之第一個非 0 元素為 1，稱為此列的首項。
(3) 若第 i 列與第 $i+1$ 列是兩個非全為 0 的連續列，則第 $i+1$ 列之首項應置於第 i 列之首項的右方。
(4) 若一行含有某列的首項，則此行的其他元素皆為 0。

【例題 7】 $\begin{bmatrix} 1 & 0 & 0 & 0 & 3 \\ 0 & 0 & 1 & 0 & 4 \\ 0 & 0 & 0 & 1 & 1 \end{bmatrix}$ 與 $\begin{bmatrix} 1 & 0 & 0 & -2 \\ 0 & 1 & 2 & 1 \\ 0 & 0 & 0 & 0 \end{bmatrix}$ 為簡約列梯陣，但

$\begin{bmatrix} 1 & 0 & 1 & -1 \\ 0 & 1 & -2 & 1 \\ 0 & 1 & 1 & 0 \\ 0 & 0 & 0 & 0 \end{bmatrix}$ 與 $\begin{bmatrix} 1 & 1 & 0 & 1 \\ 0 & 1 & 2 & -1 \\ 0 & 0 & 1 & 0 \end{bmatrix}$ 為非簡約列梯陣。

【例題 8】試將矩陣 $A=\begin{bmatrix} 0 & 0 & -2 & 0 & 7 & 12 \\ 2 & 4 & -10 & 6 & 12 & 28 \\ 2 & 4 & -5 & 6 & -5 & -1 \end{bmatrix}$ 化為簡約列梯陣.

【解】$A=\begin{bmatrix} 0 & 0 & -2 & 0 & 7 & 12 \\ 2 & 4 & -10 & 6 & 12 & 28 \\ 2 & 4 & -5 & 6 & -5 & -1 \end{bmatrix} \underset{\sim}{R_1 \leftrightarrow R_2}$

$\begin{bmatrix} 2 & 4 & -10 & 6 & 12 & 28 \\ 0 & 0 & -2 & 0 & 7 & 12 \\ 2 & 4 & -5 & 6 & -5 & -1 \end{bmatrix} \underset{\sim}{\frac{1}{2}R_1}$

$\begin{bmatrix} 1 & 2 & -5 & 3 & 6 & 14 \\ 0 & 0 & -2 & 0 & 7 & 12 \\ 2 & 4 & -5 & 6 & -5 & -1 \end{bmatrix} \underset{\sim}{-2R_1+R_3}$

$\begin{bmatrix} 1 & 2 & -5 & 3 & 6 & 14 \\ 0 & 0 & -2 & 0 & 7 & 12 \\ 0 & 0 & 5 & 0 & -17 & -29 \end{bmatrix} \underset{\sim}{-\frac{1}{2}R_2}$

$\begin{bmatrix} 1 & 2 & -5 & 3 & 6 & 14 \\ 0 & 0 & 1 & 0 & -\frac{7}{2} & -6 \\ 0 & 0 & 5 & 0 & -17 & -29 \end{bmatrix} \underset{\sim}{-5R_2+R_3}$

$\begin{bmatrix} 1 & 2 & -5 & 3 & 6 & 14 \\ 0 & 0 & 1 & 0 & -\frac{7}{2} & -6 \\ 0 & 0 & 0 & 0 & \frac{1}{2} & 1 \end{bmatrix} \underset{\sim}{2R_3}$

$\begin{bmatrix} 1 & 2 & -5 & 3 & 6 & 14 \\ 0 & 0 & 1 & 0 & -\frac{7}{2} & -6 \\ 0 & 0 & 0 & 0 & 1 & 2 \end{bmatrix} \underset{\sim}{\frac{7}{2}R_3+R_2}$

$$\begin{bmatrix} 1 & 2 & -5 & 3 & 6 & 14 \\ 0 & 0 & 1 & 0 & 0 & 1 \\ 0 & 0 & 0 & 0 & 1 & 2 \end{bmatrix} \underset{\sim}{-6R_3+R_1}$$

$$\begin{bmatrix} 1 & 2 & -5 & 3 & 0 & 2 \\ 0 & 0 & 1 & 0 & 0 & 1 \\ 0 & 0 & 0 & 0 & 1 & 2 \end{bmatrix} \underset{\sim}{5R_2+R_1} \begin{bmatrix} 1 & 2 & 0 & 3 & 0 & 7 \\ 0 & 0 & 1 & 0 & 0 & 1 \\ 0 & 0 & 0 & 0 & 1 & 2 \end{bmatrix}.$$

習題 1-3

1. 下列何者為基本矩陣？

(1) $\begin{bmatrix} 1 & 0 \\ -9 & 1 \end{bmatrix}$　　(2) $\begin{bmatrix} -8 & 1 \\ 1 & 0 \end{bmatrix}$　　(3) $\begin{bmatrix} 1 & 0 & 0 \\ 0 & 0 & 1 \\ 0 & 1 & 0 \end{bmatrix}$

(4) $\begin{bmatrix} 1 & 0 & 0 \\ 0 & 1 & 7 \\ 0 & 0 & 1 \end{bmatrix}$　　(5) $\begin{bmatrix} 3 & 0 & 0 & 3 \\ 0 & 1 & 0 & 0 \\ 0 & 0 & 1 & 0 \\ 0 & 0 & 0 & 1 \end{bmatrix}$

2. 試決定列運算以還原下面各基本矩陣為單位矩陣。

(1) $\begin{bmatrix} 1 & 0 \\ -7 & 1 \end{bmatrix}$　　(2) $\begin{bmatrix} 1 & 0 & 0 \\ 0 & 1 & 0 \\ 0 & 0 & 6 \end{bmatrix}$

(3) $\begin{bmatrix} 0 & 0 & 0 & 1 \\ 0 & 1 & 0 & 0 \\ 1 & 0 & 0 & 0 \\ 0 & 0 & 1 & 0 \end{bmatrix}$　　(4) $\begin{bmatrix} 1 & 0 & -\frac{1}{5} & 0 \\ 0 & 1 & 0 & 0 \\ 0 & 0 & 1 & 0 \\ 0 & 0 & 0 & 1 \end{bmatrix}$

3. 考慮下列的矩陣

$$A=\begin{bmatrix} 3 & 4 & 1 \\ 2 & -7 & -1 \\ 8 & 1 & 5 \end{bmatrix},\ B=\begin{bmatrix} 8 & 1 & 5 \\ 2 & -7 & -1 \\ 3 & 4 & 1 \end{bmatrix},\ C=\begin{bmatrix} 3 & 4 & 1 \\ 2 & -7 & -1 \\ 2 & -7 & 3 \end{bmatrix}$$

求基本矩陣 $\overline{E}_1$、$\overline{E}_2$、$\overline{E}_3$ 與 $\overline{E}_4$，使得
(1) $\overline{E}_1 A = B$ (2) $\overline{E}_2 B = A$ (3) $\overline{E}_3 A = C$ (4) $\overline{E}_4 C = A$

4. 求下列方陣的逆方陣.

(1) $A=\begin{bmatrix} 1 & 3 \\ 2 & 7 \end{bmatrix}$

(2) $B=\begin{bmatrix} 3 & -2 & 1 \\ 1 & 4 & 3 \\ 0 & 2 & 2 \end{bmatrix}$

(3) $C=\begin{bmatrix} 1 & 2 & -1 \\ 0 & 1 & 1 \\ 1 & 0 & -1 \end{bmatrix}$

(4) $D=\begin{bmatrix} 1 & 0 & 1 & 0 \\ -1 & 1 & 1 & 0 \\ 0 & 1 & 0 & 1 \\ 1 & -1 & 1 & 0 \end{bmatrix}$

5. 下列的方陣是否可逆？若可逆，則求其逆方陣.

(1) $A=\begin{bmatrix} 1 & -1 & 3 \\ 1 & 2 & -3 \\ 2 & 1 & 0 \end{bmatrix}$

(2) $B=\begin{bmatrix} -3 & 1 & 1 & 1 \\ 1 & -3 & 1 & 1 \\ 1 & 1 & -3 & 1 \\ 1 & 1 & 1 & -3 \end{bmatrix}$

6. 下列各矩陣中，哪些為簡約列梯陣？

$A=\begin{bmatrix} 1 & 0 & 0 & 0 & -3 \\ 0 & 0 & 1 & 0 & 4 \\ 0 & 0 & 0 & 1 & 2 \end{bmatrix}$

$B=\begin{bmatrix} 1 & 0 & 0 & 0 & 2 \\ 0 & 0 & 1 & 0 & 0 \\ 0 & 0 & 0 & 1 & 3 \\ 0 & 0 & 0 & 0 & 0 \end{bmatrix}$

$C=\begin{bmatrix} 0 & 1 & 0 & 0 & 5 \\ 0 & 0 & 1 & 0 & -4 \\ 0 & 0 & 0 & -1 & 3 \end{bmatrix}$

$D=\begin{bmatrix} 0 & 0 & 0 & 0 & 0 \\ 0 & 0 & 1 & 2 & -3 \\ 0 & 0 & 0 & 1 & 0 \\ 0 & 0 & 0 & 0 & 0 \end{bmatrix}$

7. 若 $A=\begin{bmatrix} 0 & 0 & -1 & 2 & 3 \\ 0 & 2 & 3 & 4 & 5 \\ 0 & 1 & 3 & -1 & 2 \\ 0 & 3 & 2 & 4 & 1 \end{bmatrix}$，求出一簡約列梯陣 C 使其列同義於 A.

8. 試求出方陣 A 的逆方陣存在時之所有 a 值，若 $A=\begin{bmatrix} 1 & 1 & 0 \\ 1 & 0 & 0 \\ 1 & 2 & a \end{bmatrix}$，$A^{-1}$ 為何？

§1-6　線性方程組的解法

由 n 個未知數、m 個線性方程式所組成之系統稱為**線性系統** (linear system) 或聯立線性方程組，如下

$$\begin{cases} a_{11}x_1+a_{12}x_2+a_{13}x_3+\cdots+a_{1n}x_n=b_1 \\ a_{21}x_1+a_{22}x_2+a_{23}x_3+\cdots+a_{2n}x_n=b_2 \\ \vdots \qquad \vdots \qquad \vdots \qquad \vdots \qquad \vdots \\ a_{m1}x_1+a_{m2}x_2+a_{m3}x_3+\cdots+a_{mn}x_n=b_m \end{cases} \qquad (1\text{-}6\text{-}1)$$

式 (1-6-1) 可以寫成

$$AX=b \qquad (1\text{-}6\text{-}2)$$

其中，$A=\begin{bmatrix} a_{11} & a_{12} & a_{13} & \cdots & a_{1n} \\ a_{21} & a_{22} & a_{23} & \cdots & a_{2n} \\ \vdots & \vdots & \vdots & & \vdots \\ a_{m1} & a_{m2} & a_{m3} & \cdots & a_{mn} \end{bmatrix}$ 稱為**係數矩陣** (coefficient matrix)，

$X=[x_1 \; x_2 \; x_3 \; \cdots \; x_n]^T$ 為 $n\times 1$ 矩陣，而 $b=[b_1 \; b_2 \; b_3 \; \cdots \; b_m]^T$ 為 $m\times 1$ 矩陣，又

$$[A \;\vdots\; b]=\begin{bmatrix} a_{11} & a_{12} & a_{13} & \cdots & a_{1n} & \vdots & b_1 \\ a_{21} & a_{22} & a_{23} & \cdots & a_{2n} & \vdots & b_2 \\ \vdots & \vdots & \vdots & & \vdots & & \vdots \\ a_{m1} & a_{m2} & a_{m3} & \cdots & a_{mn} & \vdots & b_m \end{bmatrix} \qquad (1\text{-}6\text{-}3)$$

稱為**擴增矩陣** (augmented matrix)。

首先，我們介紹一種**高斯後代法** (Gauss backward-substitution) 化簡程序．

【例題 1】解線性方程組
$$\begin{cases} x_1 - x_2 + x_3 = 4 \\ 3x_1 + 2x_2 + x_3 = 2 \\ 4x_1 + 2x_2 + 2x_3 = 8 \end{cases}$$

【解】聯立方程式的擴增矩陣為

$$\begin{bmatrix} 1 & -1 & 1 & \vdots & 4 \\ 3 & 2 & 1 & \vdots & 2 \\ 4 & 2 & 2 & \vdots & 8 \end{bmatrix} \xrightarrow{-3R_1+R_2} \begin{bmatrix} 1 & -1 & 1 & \vdots & 4 \\ 0 & 5 & -2 & \vdots & -10 \\ 4 & 2 & 2 & \vdots & 8 \end{bmatrix} \xrightarrow{-4R_1+R_3}$$

$$\begin{bmatrix} 1 & -1 & 1 & \vdots & 4 \\ 0 & 5 & -2 & \vdots & -10 \\ 0 & 6 & -2 & \vdots & -8 \end{bmatrix} \xrightarrow{-\frac{6}{5}R_2+R_3} \begin{bmatrix} 1 & -1 & 1 & \vdots & 4 \\ 0 & 5 & -2 & \vdots & -10 \\ 0 & 0 & \frac{2}{5} & \vdots & 4 \end{bmatrix}$$

$$\xrightarrow{\frac{1}{5}R_2} \begin{bmatrix} 1 & -1 & 1 & \vdots & 4 \\ 0 & 1 & -\frac{2}{5} & \vdots & -2 \\ 0 & 0 & \frac{2}{5} & \vdots & 4 \end{bmatrix}$$

至此，擴增矩陣所對應的線性方程組為

$$\begin{cases} x_1 - x_2 + x_3 = 4 \quad \cdots\cdots ① \\ x_2 - \frac{2}{5}x_3 = -2 \quad \cdots\cdots ② \\ \frac{2}{5}x_3 = 4 \quad \cdots\cdots ③ \end{cases}$$

故由 ③ 式解得 $x_3 = 10$，代入 ② 式得 $x_2 = -2 + \frac{2}{5}x_3 = -2 + 4 = 2$．最後將 x_3 與 x_2 再代入 ① 式得 $x_1 = 4 + x_2 - x_3 = 4 + 2 - 10 = -4$．

但讀者應注意由原係數矩陣的擴增矩陣經由有限次之基本列運算後，其係數矩陣列同義於一上三角矩陣，故由後代法依序解得 x_3、x_2 與 x_1 之值．如果我們再繼續矩陣的基本列運算，使係數矩陣列同義於一單位矩陣，則可直接求得 x_1、x_2 與 x_3 之值，而不必去使用後代法的運算步驟，再繼續矩陣的基本列運算。

$$\begin{bmatrix} 1 & -1 & 1 & \vdots & 4 \\ 0 & 1 & -\frac{2}{5} & \vdots & -2 \\ 0 & 0 & \frac{2}{5} & \vdots & 4 \end{bmatrix} \underset{\frac{5}{2}R_3}{\sim} \begin{bmatrix} 1 & -1 & 1 & \vdots & 4 \\ 0 & 1 & -\frac{2}{5} & \vdots & -2 \\ 0 & 0 & 1 & \vdots & 10 \end{bmatrix} \underset{1R_2+R_1}{\sim}$$

$$\begin{bmatrix} 1 & 0 & \frac{3}{5} & \vdots & 2 \\ 0 & 1 & -\frac{2}{5} & \vdots & -2 \\ 0 & 0 & 1 & \vdots & 10 \end{bmatrix} \underset{-\frac{3}{5}R_3+R_1}{\sim} \begin{bmatrix} 1 & 0 & 0 & \vdots & -4 \\ 0 & 1 & -\frac{2}{5} & \vdots & -2 \\ 0 & 0 & 1 & \vdots & 10 \end{bmatrix}$$

$$\underset{\frac{2}{5}R_3+R_2}{\sim} \begin{bmatrix} 1 & 0 & 0 & \vdots & -4 \\ 0 & 1 & 0 & \vdots & 2 \\ 0 & 0 & 1 & \vdots & 10 \end{bmatrix}$$

即 $\begin{bmatrix} 1 & -1 & 1 & \vdots & 4 \\ 3 & 2 & 1 & \vdots & 2 \\ 4 & 2 & 2 & \vdots & 8 \end{bmatrix}$ 與 $\begin{bmatrix} 1 & 0 & 0 & \vdots & -4 \\ 0 & 1 & 0 & \vdots & 2 \\ 0 & 0 & 1 & \vdots & 10 \end{bmatrix}$ 為列同義

而矩陣 $\begin{bmatrix} 1 & 0 & 0 & \vdots & -4 \\ 0 & 1 & 0 & \vdots & 2 \\ 0 & 0 & 1 & \vdots & 10 \end{bmatrix}$ 所表示的就是線性方程組 $\begin{cases} 1x_1+0x_2+0x_3=-4 \\ 0x_1+1x_2+0x_3=2 \\ 0x_1+0x_2+1x_3=10 \end{cases}$

因此，方程組有唯一解為

$$\begin{cases} x_1=-4 \\ x_2=2 \\ x_3=10 \end{cases}$$

此方法稱為<u>高斯-約旦消去法</u> (Gauss-Jordan elimination)。

由上面的例題我們得知任何線性方程組的解不外乎有唯一解、無限多組解，或無解。對於線性方程組若為無解，我們稱此方程組為<u>矛盾的</u> (inconsistent)，否則此線

性方程組爲相容的 (consistent)。

在式 (1-6-1) 中，若 $b_1=b_2=b_3=\cdots=b_m=0$，則稱爲齊次方程組 (homogeneous system)，我們亦可用矩陣形式寫成

$$AX=0 \tag{1-6-4}$$

式 (1-6-4) 中的一組解

$$x_1=x_2=x_3=\cdots=x_n=0$$

稱爲必然解 (trivial solution)。另外，若齊次方程組的解 x_1, x_2, x_3, $\cdots$, x_n 並非全爲 0，則稱爲非必然解 (nontrivial solution)。

定理 1-6-1

若 $n>m$，則 n 個未知數及 m 個線性方程式的齊次方程組有一組非必然解。

定理 1-6-2

若 A 爲 n 階方陣，$X=[x_1\ x_2\ x_3\ \cdots\ x_n]^T$，則齊次方程組

$$AX=0$$

有一組非必然解的充要條件是 A 爲奇異方陣。

證：假設 A 爲非奇異方陣，則 A^{-1} 存在，然後將 $AX=0$ 的左右兩邊乘上 A^{-1}，可得

$$A^{-1}(AX)=A^{-1}\mathbf{0}$$
$$(A^{-1}A)X=\mathbf{0}$$
$$I_nX=\mathbf{0}$$
$$X=\mathbf{0}$$

所以，$AX=0$ 的唯一解爲 $X=0$。

留給讀者去證明：假設 A 爲奇異方陣，則 $AX=0$ 有一組非必然解。

定理 1-6-3

若 $A=[a_{ij}]_{n\times n}$，則下列的敘述為同義．
(1) A 為可逆方陣．
(2) $AX=0$ 僅有**必然解**．
(3) A 是列同義於 I_n．

推論：一 n 階方陣為**非奇異**的充要條件是其為列同義於 I_n．

【例題 2】考慮齊次方程組 $AX=0$，其中 $A=\begin{bmatrix} 6 & -2 & -3 \\ -1 & 1 & 0 \\ -1 & 0 & 1 \end{bmatrix}$．

因為 A 是非奇異方陣，所以，

$$X=[x_1 \ x_2 \ x_3]^T=A^{-1}\mathbf{0}=\mathbf{0}$$

我們也可用**高斯-約旦消去法**來求解原來的方程組．此時，我們可求出與原方程組的擴增矩陣

$$\begin{bmatrix} 6 & -2 & -3 & \vdots & 0 \\ -1 & 1 & 0 & \vdots & 0 \\ -1 & 0 & 1 & \vdots & 0 \end{bmatrix}$$

為列同義的簡約列梯陣．

$$\begin{bmatrix} 6 & -2 & -3 & \vdots & 0 \\ -1 & 1 & 0 & \vdots & 0 \\ -1 & 0 & 1 & \vdots & 0 \end{bmatrix} \underset{\sim}{R_1\leftrightarrow R_3} \begin{bmatrix} -1 & 0 & 1 & \vdots & 0 \\ -1 & 1 & 0 & \vdots & 0 \\ 6 & -2 & -3 & \vdots & 0 \end{bmatrix} \underset{\sim}{-1R_1} \begin{bmatrix} 1 & 0 & -1 & \vdots & 0 \\ -1 & 1 & 0 & \vdots & 0 \\ 6 & -2 & -3 & \vdots & 0 \end{bmatrix}$$

$$\underset{\sim}{-6R_1+R_3} \begin{bmatrix} 1 & 0 & -1 & \vdots & 0 \\ -1 & 1 & 0 & \vdots & 0 \\ 0 & -2 & 3 & \vdots & 0 \end{bmatrix} \underset{\sim}{1R_1+R_2} \begin{bmatrix} 1 & 0 & -1 & \vdots & 0 \\ 0 & 1 & -1 & \vdots & 0 \\ 0 & -2 & 3 & \vdots & 0 \end{bmatrix}$$

$$\underset{3R_2+R_3}{\sim} \begin{bmatrix} 1 & 0 & -1 & \vdots & 0 \\ 0 & 1 & -1 & \vdots & 0 \\ 0 & 1 & 0 & \vdots & 0 \end{bmatrix} \underset{-1R_2+R_3}{\sim} \begin{bmatrix} 1 & 0 & -1 & \vdots & 0 \\ 0 & 1 & -1 & \vdots & 0 \\ 0 & 0 & 1 & \vdots & 0 \end{bmatrix}$$

$$\underset{1R_3+R_2}{\sim} \begin{bmatrix} 1 & 0 & -1 & \vdots & 0 \\ 0 & 1 & 0 & \vdots & 0 \\ 0 & 0 & 1 & \vdots & 0 \end{bmatrix} \underset{1R_3+R_1}{\sim} \begin{bmatrix} 1 & 0 & 0 & \vdots & 0 \\ 0 & 1 & 0 & \vdots & 0 \\ 0 & 0 & 1 & \vdots & 0 \end{bmatrix}$$

由上式最後矩陣可得出此解爲 $X=[x_1\ x_2\ x_3]^T=\mathbf{0}.$ 』

【例題 3】考慮齊次方程組 $AX=\mathbf{0}$，其中 $A=\begin{bmatrix} 1 & 2 & -3 \\ 1 & -2 & 1 \\ 5 & -2 & -3 \end{bmatrix}$ 爲一奇異方陣.

此時，與原方程組的擴增矩陣

$$\begin{bmatrix} 1 & 2 & -3 & \vdots & 0 \\ 1 & -2 & 1 & \vdots & 0 \\ 5 & -2 & -3 & \vdots & 0 \end{bmatrix}$$

爲列同義的簡約列梯陣爲

$$\begin{bmatrix} 1 & 2 & -3 & \vdots & 0 \\ 1 & -2 & 1 & \vdots & 0 \\ 5 & -2 & -3 & \vdots & 0 \end{bmatrix} \underset{-1R_1+R_2}{\overset{-5R_1+R_3}{\sim}} \begin{bmatrix} 1 & 2 & -3 & \vdots & 0 \\ 0 & -4 & 4 & \vdots & 0 \\ 0 & -12 & 12 & \vdots & 0 \end{bmatrix} \underset{\frac{1}{12}R_3}{\overset{\frac{1}{4}R_2}{\sim}}$$

$$\begin{bmatrix} 1 & 2 & -3 & \vdots & 0 \\ 0 & -1 & 1 & \vdots & 0 \\ 0 & -1 & 1 & \vdots & 0 \end{bmatrix} \underset{2R_2+R_1}{\sim} \begin{bmatrix} 1 & 0 & -1 & \vdots & 0 \\ 0 & -1 & 1 & \vdots & 0 \\ 0 & -1 & 1 & \vdots & 0 \end{bmatrix} \underset{-1R_2+R_3}{\sim}$$

$$\begin{bmatrix} 1 & 0 & -1 & \vdots & 0 \\ 0 & -1 & 1 & \vdots & 0 \\ 0 & 0 & 0 & \vdots & 0 \end{bmatrix} \underset{-1R_2}{\sim} \begin{bmatrix} 1 & 0 & -1 & \vdots & 0 \\ 0 & 1 & -1 & \vdots & 0 \\ 0 & 0 & 0 & \vdots & 0 \end{bmatrix}$$

上式最後矩陣隱含著

$$\begin{cases} x_1 = t \\ x_2 = t \\ x_3 = t \end{cases}$$

其中 t 爲任意實數. 因此, 原方程組有一組**非必然解**.

【例題 4】解齊次方程組

$$\begin{cases} x_1 + x_2 + x_3 + x_4 = 0 \\ x_1 \qquad\qquad + x_4 = 0 \\ x_1 + 2x_2 + x_3 \qquad = 0 \end{cases}$$

【解】此方程組的擴增矩陣爲

$$\begin{bmatrix} 1 & 1 & 1 & 1 & \vdots & 0 \\ 1 & 0 & 0 & 1 & \vdots & 0 \\ 1 & 2 & 1 & 0 & \vdots & 0 \end{bmatrix} \xrightarrow{-1R_1+R_2} \begin{bmatrix} 1 & 1 & 1 & 1 & \vdots & 0 \\ 0 & -1 & -1 & 0 & \vdots & 0 \\ 0 & 1 & 0 & -1 & \vdots & 0 \end{bmatrix}$$

$$\xrightarrow{1R_2+R_1} \begin{bmatrix} 1 & 0 & 0 & 1 & \vdots & 0 \\ 0 & -1 & -1 & 0 & \vdots & 0 \\ 0 & 1 & 0 & -1 & \vdots & 0 \end{bmatrix}$$

$$\xrightarrow{1R_2+R_3} \begin{bmatrix} 1 & 0 & 0 & 1 & \vdots & 0 \\ 0 & -1 & -1 & 0 & \vdots & 0 \\ 0 & 0 & -1 & -1 & \vdots & 0 \end{bmatrix}$$

$$\xrightarrow{-1R_3} \begin{bmatrix} 1 & 0 & 0 & 1 & \vdots & 0 \\ 0 & -1 & -1 & 0 & \vdots & 0 \\ 0 & 0 & 1 & 1 & \vdots & 0 \end{bmatrix} \xrightarrow{1R_3+R_2} \begin{bmatrix} 1 & 0 & 0 & 1 & \vdots & 0 \\ 0 & -1 & 0 & 1 & \vdots & 0 \\ 0 & 0 & 1 & 1 & \vdots & 0 \end{bmatrix}$$

$$\xrightarrow{-1R_2} \begin{bmatrix} 1 & 0 & 0 & 1 & \vdots & 0 \\ 0 & 1 & 0 & -1 & \vdots & 0 \\ 0 & 0 & 1 & 1 & \vdots & 0 \end{bmatrix}$$

最後矩陣所表示的方程組就是

$$\begin{cases} x_1 + \cdots\cdots\cdots + x_4 = 0 \\ \quad x_2 + \cdots\cdots - x_4 = 0 \\ \qquad\qquad x_3 + x_4 = 0 \end{cases}$$

故方程組的解為

$$\begin{cases} x_1 = -t \\ x_2 = t \\ x_3 = -t \\ x_4 = t \end{cases}, \quad t \in I\!R.$$

由以上之討論得知齊次線性方程組可能有解，如果有解，可能只有一組解，也可能有無限多組解。所以，對於齊次線性方程組必為相容的。

現在，我們再考慮 n 個未知數及 n 個方程式的線性方程組 $AX = B$ 的解。

定理 1-6-4

令 $AX = B$ 為具有 n 個變數及 n 個一次方程式的方程組。若 A^{-1} 存在，則此方程組之解為唯一，且 $X = A^{-1}B$。

證：我們首先證明 $X = A^{-1}B$ 為方程組的解。將 $X = A^{-1}B$ 代入矩陣方程式中，並利用矩陣之性質，我們得到

$$AX = A(A^{-1}B) = (AA^{-1})B = I_n B = B$$

$X = A^{-1}B$ 滿足方程式；於是 $X = A^{-1}B$ 為方程組之解。

我們現在再證明解的唯一性。令 X_1 亦為其一解，則 $AX_1 = B$。此式等號兩端同乘 A^{-1}，可得

$$A^{-1}AX_1 = A^{-1}B$$
$$I_n X_1 = A^{-1}B$$
$$X_1 = A^{-1}B = X$$

於是，證得方程組有唯一解。

【例題 5】解下列線性方程組

$$AX = B$$

其中 $A = \begin{bmatrix} 2 & 3 \\ 4 & 5 \end{bmatrix}$, $X = \begin{bmatrix} x_1 \\ x_2 \end{bmatrix}$, $B = \begin{bmatrix} 4 \\ 1 \end{bmatrix}$.

【解】 $X = A^{-1}B = -\dfrac{1}{2}\begin{bmatrix} 5 & -3 \\ -4 & 2 \end{bmatrix}\begin{bmatrix} 4 \\ 1 \end{bmatrix} = \begin{bmatrix} -\dfrac{5}{2} & \dfrac{3}{2} \\ 2 & -1 \end{bmatrix}\begin{bmatrix} 4 \\ 1 \end{bmatrix}$

$= \begin{bmatrix} -\dfrac{17}{2} \\ 7 \end{bmatrix}.$

【例題 6】解方程組

$$\begin{cases} x_1 -2x_3 = 1 \\ 4x_1 - 2x_2 + x_3 = 2 \\ x_1 + 2x_2 - 10x_3 = -1 \end{cases}.$$

【解】此線性方程組的矩陣形式為

$$\begin{bmatrix} 1 & 0 & -2 \\ 4 & -2 & 1 \\ 1 & 2 & -10 \end{bmatrix}\begin{bmatrix} x_1 \\ x_2 \\ x_3 \end{bmatrix} = \begin{bmatrix} 1 \\ 2 \\ -1 \end{bmatrix}$$

先求出 $A = \begin{bmatrix} 1 & 0 & -2 \\ 4 & -2 & 1 \\ 1 & 2 & -10 \end{bmatrix}$ 的逆方陣.

$[A \vdots I_n] = \begin{bmatrix} 1 & 0 & -2 & \vdots & 1 & 0 & 0 \\ 4 & -2 & 1 & \vdots & 0 & 1 & 0 \\ 1 & 2 & -10 & \vdots & 0 & 0 & 1 \end{bmatrix} \underset{\sim}{-4R_1+R_2}$

$\begin{bmatrix} 1 & 0 & -2 & \vdots & 1 & 0 & 0 \\ 0 & -2 & 9 & \vdots & -4 & 1 & 0 \\ 1 & 2 & -10 & \vdots & 0 & 0 & 1 \end{bmatrix} \underset{\sim}{-1R_1+R_3}$

$$\begin{bmatrix} 1 & 0 & -2 & \vdots & 1 & 0 & 0 \\ 0 & -2 & 9 & \vdots & -4 & 1 & 0 \\ 0 & 2 & -8 & \vdots & -1 & 0 & 1 \end{bmatrix} \underset{\sim}{1R_2+R_3}$$

$$\begin{bmatrix} 1 & 0 & -2 & \vdots & 1 & 0 & 0 \\ 0 & -2 & 9 & \vdots & -4 & 1 & 0 \\ 0 & 0 & 1 & \vdots & -5 & 1 & 1 \end{bmatrix} \underset{\sim}{-9R_3+R_2}$$

$$\begin{bmatrix} 1 & 0 & -2 & \vdots & 1 & 0 & 0 \\ 0 & -2 & 0 & \vdots & 41 & -8 & -9 \\ 0 & 0 & 1 & \vdots & -5 & 1 & 1 \end{bmatrix} \underset{\sim}{-\frac{1}{2}R_2}$$

$$\begin{bmatrix} 1 & 0 & -2 & \vdots & 1 & 0 & 0 \\ 0 & 1 & 0 & \vdots & -\dfrac{41}{2} & 4 & \dfrac{9}{2} \\ 0 & 0 & 1 & \vdots & -5 & 1 & 1 \end{bmatrix} \underset{\sim}{2R_3+R_1}$$

$$\begin{bmatrix} 1 & 0 & 0 & \vdots & -9 & 2 & 2 \\ 0 & 1 & 0 & \vdots & -\dfrac{41}{2} & 4 & \dfrac{9}{2} \\ 0 & 0 & 1 & \vdots & -5 & 1 & 1 \end{bmatrix}$$

故 $$\boldsymbol{A}^{-1} = \begin{bmatrix} -9 & 2 & 2 \\ -\dfrac{41}{2} & 4 & \dfrac{9}{2} \\ -5 & 1 & 1 \end{bmatrix}$$

方程組的解為

$$\begin{bmatrix} x_1 \\ x_2 \\ x_3 \end{bmatrix} = \begin{bmatrix} -9 & 2 & 2 \\ -\dfrac{41}{2} & 4 & \dfrac{9}{2} \\ -5 & 1 & 1 \end{bmatrix} \begin{bmatrix} 1 \\ 2 \\ -1 \end{bmatrix}$$

$$= \begin{bmatrix} -7 \\ -17 \\ -4 \end{bmatrix}.$$

習題 1-4

1. 試利用**高斯後代法**解下列方程組。

(1) $\begin{cases} x_1 - 2x_2 + x_3 = 5 \\ -2x_1 + 3x_2 + x_3 = 1 \\ x_1 + 3x_2 + 2x_3 = 2 \end{cases}$
(2) $\begin{cases} 2x_1 - 3x_2 + x_3 = 1 \\ -x_1 + 2x_3 = 0 \\ 3x_1 - 3x_2 - x_3 = 1 \end{cases}$

(3) $\begin{cases} x_2 - 2x_3 + x_4 = 1 \\ 2x_1 - x_2 - x_4 = 0 \\ 4x_1 + x_2 - 6x_3 + x_4 = 3 \end{cases}$
(4) $\begin{cases} x_1 + 2x_2 + x_3 = 7 \\ 2x_1 + x_3 = 4 \\ x_1 + 2x_3 = 5 \\ x_1 + 2x_2 + 3x_3 = 11 \\ 2x_1 + x_2 + 4x_3 = 12 \end{cases}$

2. 試利用**高斯-約旦消去法**解下列方程組。

(1) $\begin{cases} x_1 - 2x_2 + x_3 = 5 \\ -2x_1 + 3x_2 + x_3 = 1 \\ x_1 + 3x_2 + 2x_3 = 2 \end{cases}$
(2) $\begin{cases} -x_2 + x_3 = 3 \\ x_1 - x_2 - x_3 = 0 \\ -x_1 - x_3 = -3 \end{cases}$

3. 就下列方程組：(1) 沒有解，(2) 有唯一解，(3) 有無限多解，求所有 a 的值。

$$\begin{cases} x_1 + x_2 - x_3 = 3 \\ x_1 - x_2 + 3x_3 = 4 \\ x_1 + x_2 + (a^2 - 10)x_3 = a \end{cases}$$

4. 方陣 A 列同義於 $I \Leftrightarrow AX = 0$ 僅有必然解，試利用此觀念判斷下列哪一個方程組有一組非必然解。

(1) $\begin{cases} x_1 + 2x_2 + 3x_3 = 0 \\ 2x_2 + 2x_3 = 0 \\ x_1 + 2x_2 + 3x_3 = 0 \end{cases}$
(2) $\begin{cases} x_1 + x_2 + 2x_3 = 0 \\ 2x_1 + x_2 + x_3 = 0 \\ 3x_1 - x_2 + x_3 = 0 \end{cases}$

(3) $\begin{cases} 2x_1 + x_2 - x_3 = 0 \\ x_1 - 2x_2 - 3x_3 = 0 \\ -3x_1 - x_2 + 2x_3 = 0 \end{cases}$

5. 求出下列各線性方程組係數矩陣的逆方陣以解方程組．

(1) $\begin{cases} 6x_1 - 2x_2 - 3x_3 = 1 \\ -x_1 + x_2 = -1 \\ -x_1 + x_3 = 2 \end{cases}$ (2) $\begin{cases} x_1 + 2x_2 - x_3 = 1 \\ x_2 + x_3 = 2 \\ x_1 - x_3 = 0 \end{cases}$

6. 試解下列齊次方程組

$$\begin{cases} x_1 - x_2 + x_3 = 0 \\ 2x_1 + x_2 = 0 \\ 2x_1 - 2x_2 + 2x_3 = 0 \end{cases}$$

7. 解下面矩陣方程式中的 X．

$$\begin{bmatrix} 1 & -1 & 1 \\ 2 & 3 & 0 \\ 0 & 2 & -1 \end{bmatrix} X = \begin{bmatrix} 2 & -1 & 5 & 7 & 8 \\ 4 & 0 & -3 & 0 & 1 \\ 3 & 5 & -7 & 2 & 1 \end{bmatrix}$$

8. 若 $A = \begin{bmatrix} -1 & -2 \\ -2 & 2 \end{bmatrix}$ 且 λ 為一常數，求滿足齊次方程組 $(\lambda I_2 - A)X = 0$ 有非必然解的所有 λ 值．

§1-7　行列式

　　每一個方陣皆可定義一個數與其對應，這個數就是**行列式** (determinant)．行列式在解線性方程組時有其重要性．

若 　　$A = \begin{bmatrix} a_{11} & a_{12} & a_{13} \cdots a_{1n} \\ a_{21} & a_{22} & a_{23} \cdots a_{2n} \\ \vdots & \vdots & \vdots & \vdots \\ a_{n1} & a_{n2} & a_{n3} \cdots a_{nn} \end{bmatrix}$

則其行列式記爲 $|A|$ 或 $\det(A)$.

定義 1-7-1

(1) 若 A 爲一階方陣，即 $A=[a_{11}]$，則定義 $\det(A)=a_{11}$.

(2) 若 A 爲二階方陣，即 $A=\begin{bmatrix} a_{11} & a_{12} \\ a_{21} & a_{22} \end{bmatrix}$，則定義

$$\det(A)=\begin{vmatrix} a_{11} & a_{12} \\ a_{21} & a_{22} \end{vmatrix}$$
$$=a_{11}a_{22}-a_{12}a_{21}$$

定義 1-7-2

設 A 爲 n 階方陣，且令 M_{ij} 爲 A 中除去第 i 列及第 j 行後的 $(n-1)\times(n-1)$ 子矩陣，則子矩陣 M_{ij} 的行列式 $|M_{ij}|$ 稱爲元素 a_{ij} 的**子行列式** (minor). 令 $A_{ij}=(-1)^{i+j}|M_{ij}|$，則 A_{ij} 稱爲 a_{ij} 的**餘因式** (cofactor).

若 A 爲三階方陣，即 $A=\begin{bmatrix} a_{11} & a_{12} & a_{13} \\ a_{21} & a_{22} & a_{23} \\ a_{31} & a_{32} & a_{33} \end{bmatrix}$，我們依定義 1-7-2 可求得 $\det(A)$ 之值，如下

$$\det(A)=a_{11}\begin{vmatrix} a_{22} & a_{23} \\ a_{32} & a_{33} \end{vmatrix}-a_{12}\begin{vmatrix} a_{21} & a_{23} \\ a_{31} & a_{33} \end{vmatrix}+a_{13}\begin{vmatrix} a_{21} & a_{22} \\ a_{31} & a_{32} \end{vmatrix}$$

或

$$\det(A)=a_{11}(a_{22}a_{33}-a_{23}a_{32})-a_{12}(a_{21}a_{33}-a_{23}a_{31})$$
$$+a_{13}(a_{21}a_{32}-a_{22}a_{31})$$
$$=a_{11}a_{22}a_{33}+a_{12}a_{23}a_{31}+a_{13}a_{21}a_{32}-a_{13}a_{22}a_{31}$$
$$-a_{12}a_{21}a_{33}-a_{11}a_{32}a_{23}$$

【例題 1】令 $A = \begin{bmatrix} 2 & -1 & 4 \\ 0 & 1 & 5 \\ 0 & 3 & -4 \end{bmatrix}$，求 A_{32}.

【解】
$$A_{32} = (-1)^{3+2} |M_{32}| = -\begin{vmatrix} 2 & 4 \\ 0 & 5 \end{vmatrix}$$
$$= -10.$$

定理 1-7-1　餘因子展開式

一個 n 階方陣 A 的行列式值可用任一列（或行）之每一元素乘其餘因子後相加來計算，即

$$\det(A) = a_{i1}A_{i1} + a_{i2}A_{i2} + \cdots + a_{in}A_{in}$$
$$= \sum_{j=1}^{n} a_{ij}A_{ij} \quad (對第\ i\ 列展開)$$

或

$$\det(A) = a_{1j}A_{1j} + a_{2j}A_{2j} + \cdots + a_{nj}A_{nj}$$
$$= \sum_{i=1}^{n} a_{ij}A_{ij} \quad (對第\ j\ 行展開)$$

如果以子行列式表示，則為

$$\det(A) = \sum_{j=1}^{n} (-1)^{i+j} a_{ij} |M_{ij}| \tag{1-7-1}$$

或

$$\det(A) = \sum_{i=1}^{n} (-1)^{i+j} a_{ij} |M_{ij}| \tag{1-7-2}$$

【例題 2】已知行列式 $\det(A) = \begin{vmatrix} a & b & c & d \\ e & f & g & h \\ i & j & k & l \\ m & n & o & p \end{vmatrix}$，對第一列展開，可得

$$\det(\boldsymbol{A}) = a\begin{vmatrix} f & g & h \\ j & k & l \\ n & o & p \end{vmatrix} - b\begin{vmatrix} e & g & h \\ i & k & l \\ m & o & p \end{vmatrix} + c\begin{vmatrix} e & f & h \\ i & j & l \\ m & n & p \end{vmatrix} - d\begin{vmatrix} e & f & g \\ i & j & k \\ m & n & o \end{vmatrix}$$

亦可對第二列展開，則

$$\det(\boldsymbol{A}) = -e\begin{vmatrix} b & c & d \\ j & k & l \\ n & o & p \end{vmatrix} + f\begin{vmatrix} a & c & d \\ i & k & l \\ m & o & p \end{vmatrix} - g\begin{vmatrix} a & b & d \\ i & j & l \\ m & n & p \end{vmatrix} + h\begin{vmatrix} a & b & c \\ i & j & k \\ m & n & o \end{vmatrix}$$

同時亦可分別對第三列、第四列、第一行、第二行、第三行、第四行展開，所得的行列式值皆相同. ⤶

【例題 3】若 $\boldsymbol{A} = \begin{bmatrix} 1 & 0 & 1 & 1 \\ 2 & 1 & 0 & -1 \\ 3 & -1 & 1 & 1 \\ 0 & 1 & 0 & 1 \end{bmatrix}$，求 $\det(\boldsymbol{A})$.

【解】由於第四列含有兩個 0 及兩個 1，我們考慮按第四列各元素展開，可得

$$\det(\boldsymbol{A}) = (1)(-1)^{4+2}\begin{vmatrix} 1 & 1 & 1 \\ 2 & 0 & -1 \\ 3 & 1 & 1 \end{vmatrix} + (1)(-1)^{4+4}\begin{vmatrix} 1 & 0 & 1 \\ 2 & 1 & 0 \\ 3 & -1 & 1 \end{vmatrix}$$

$$= (1)(-1)^{1+2}\begin{vmatrix} 2 & -1 \\ 3 & 1 \end{vmatrix} + (1)(-1)^{3+2}\begin{vmatrix} 1 & 1 \\ 2 & -1 \end{vmatrix}$$

$$+ (1)(-1)^{2+2}\begin{vmatrix} 1 & 1 \\ 3 & 1 \end{vmatrix} + (-1)(-1)^{3+2}\begin{vmatrix} 1 & 1 \\ 2 & 0 \end{vmatrix}$$

$$= -(2+3) - (-1-2) + (1-3) + (0-2)$$
$$= -6. \quad ⤶$$

當方陣 $\boldsymbol{A}$ 的階數很大時，行列式的計算工作相當複雜．但若能善加利用行列式的特性，往往可將計算工作予以簡化．茲列舉一些行列式的性質如下

性質 1　設方陣 A 任何一列 (或行) 的元素全為零，則 $\det(A)=0$。

性質 2　A 中某一列 (或行) 乘以常數 k 後的行列式為原行列式乘上 k。

性質 3　若 B 為方陣 A 中某兩列或某兩行互相對調後所得的方陣，則 $\det(B)=-\det(A)$。

性質 4　設

$$A=\begin{bmatrix} a_{11} & a_{12} & \cdots & a_{1j} & \cdots & a_{1n} \\ a_{21} & a_{22} & \cdots & a_{2j} & \cdots & a_{2n} \\ \vdots & \vdots & & \vdots & & \vdots \\ a_{n1} & a_{n2} & \cdots & a_{nj} & \cdots & a_{nn} \end{bmatrix}, \quad B=\begin{bmatrix} a_{11} & a_{12} & \cdots & \alpha_{1j} & \cdots & a_{1n} \\ a_{21} & a_{22} & \cdots & \alpha_{2j} & \cdots & a_{2n} \\ \vdots & \vdots & & \vdots & & \vdots \\ a_{n1} & a_{n2} & \cdots & \alpha_{nj} & \cdots & a_{nn} \end{bmatrix}$$

$$C=\begin{bmatrix} a_{11} & a_{12} & \cdots & a_{1j}+\alpha_{1j} & \cdots & a_{1n} \\ a_{21} & a_{22} & \cdots & a_{2j}+\alpha_{2j} & \cdots & a_{2n} \\ \vdots & \vdots & & \vdots & & \vdots \\ a_{n1} & a_{n2} & \cdots & a_{nj}+\alpha_{nj} & \cdots & a_{nn} \end{bmatrix}$$

則 $\quad\det(C)=\det(A)+\det(B)$ 　　　　　　　　　　　　　　(1-7-3)

【例題 4】設 $A=\begin{bmatrix} 1 & -1 & 2 \\ 3 & 1 & 4 \\ 0 & -2 & 5 \end{bmatrix}$, $\quad B=\begin{bmatrix} 1 & -6 & 2 \\ 3 & 2 & 4 \\ 0 & 4 & 5 \end{bmatrix}$,

$C=\begin{bmatrix} 1 & -1-6 & 2 \\ 3 & 1+2 & 4 \\ 0 & -2+4 & 5 \end{bmatrix}=\begin{bmatrix} 1 & -7 & 2 \\ 3 & 3 & 4 \\ 0 & 2 & 5 \end{bmatrix}$

則 $\quad\det(A)=16,\quad \det(B)=108$

且 $\quad\det(C)=124=\det(A)+\det(B)$. 　　　　■

性質 5　若方陣 A 中有兩行或兩列相同，則 $\det(A)=0$。

性質 6　若 B 為方陣 A 中某一列 (或行) 乘上常數 k 後加在另一列 (或行) 上所得的矩陣，則 $\det(B)=\det(A)$。

【例題 5】設 $A=\begin{bmatrix} 1 & -1 & 2 \\ 3 & 1 & 4 \\ 0 & -2 & 5 \end{bmatrix}$，則 det($A$)=16。如果我們將第三列各元素乘以 4 後加到第二列，我們求得一新矩陣 B 為

$$B=\begin{bmatrix} 1 & -1 & 2 \\ 3+4(0) & 1+4(-2) & 4+5(4) \\ 0 & -2 & 5 \end{bmatrix}=\begin{bmatrix} 1 & -1 & 2 \\ 3 & -7 & 24 \\ 0 & -2 & 5 \end{bmatrix}$$

且 $\det(B)=16=\det(A)$.

性質 7 若一方陣 A 中的某一列 (或行) 為另外一列 (或行) 的常數倍，則 det(A)=0.

【例題 6】已知 $A=\begin{bmatrix} 2 & 4 & 1 & 12 \\ -1 & 1 & 0 & 3 \\ 0 & -1 & 9 & -3 \\ 7 & 3 & 6 & 9 \end{bmatrix}$，因第四行各元素為第二行各元素的 3 倍，故 det(A)=0.

性質 8 若 A 與 B 均為 n 階方陣，則

$$\det(AB)=\det(A)\det(B). \tag{1-7-4}$$

【例題 7】令 $A=\begin{bmatrix} 1 & -1 & 2 \\ 3 & 1 & 4 \\ 0 & -2 & 5 \end{bmatrix}$, $B=\begin{bmatrix} 1 & -2 & 3 \\ 0 & -1 & 4 \\ 2 & 0 & -2 \end{bmatrix}$

則 $\det(A)=\begin{vmatrix} 1 & -1 & 2 \\ 3 & 1 & 4 \\ 0 & -2 & 5 \end{vmatrix}=16$, $\det(B)=\begin{vmatrix} 1 & -2 & 3 \\ 0 & -1 & 4 \\ 2 & 0 & -2 \end{vmatrix}=-8$

而 $AB=\begin{bmatrix} 1 & -1 & 2 \\ 3 & 1 & 4 \\ 0 & -2 & 5 \end{bmatrix}\begin{bmatrix} 1 & -2 & 3 \\ 0 & -1 & 4 \\ 2 & 0 & -2 \end{bmatrix}=\begin{bmatrix} 5 & -1 & -5 \\ 11 & -7 & 5 \\ 10 & 2 & -18 \end{bmatrix}$

故 $\det(AB)=\begin{vmatrix} 5 & -1 & -5 \\ 11 & -7 & 5 \\ 10 & 2 & -18 \end{vmatrix}=-128=(16)(-8)$

$=\det(A)\det(B).$

性質 9 若 $A=[a_{ij}]_{n\times n}$ 為一上（下）三角矩陣，則其行列式為其對角線上各元素的乘積，即 $\det(A)=a_{11}a_{22}a_{33}\cdots a_{nn}$。此一性質可推廣為"若 $A=\text{diag}(a_{11}, a_{22}, \cdots, a_{nn})$ 為一對角線方陣，則 $\det(A)=a_{11}a_{22}\cdots a_{nn}$。"

【例題 8】求行列式 $\begin{vmatrix} 4 & 3 & 2 \\ 3 & -2 & 5 \\ 2 & 4 & 6 \end{vmatrix}$ 的值.

【解】$\begin{vmatrix} 4 & 3 & 2 \\ 3 & -2 & 5 \\ 2 & 4 & 6 \end{vmatrix}=2\begin{vmatrix} 4 & 3 & 2 \\ 3 & -2 & 5 \\ 1 & 2 & 3 \end{vmatrix}=-2\begin{vmatrix} 1 & 2 & 3 \\ 3 & -2 & 5 \\ 4 & 3 & 2 \end{vmatrix}\times(-3)$

$=-2\begin{vmatrix} 1 & 2 & 3 \\ 0 & -8 & -4 \\ 4 & 3 & 2 \end{vmatrix}\times(-4)=-2\begin{vmatrix} 1 & 2 & 3 \\ 0 & -8 & -4 \\ 0 & -5 & -10 \end{vmatrix}$

$=(-2)(4)\begin{vmatrix} 1 & 2 & 3 \\ 0 & -2 & -1 \\ 0 & -5 & -10 \end{vmatrix}$

$=(-2)(4)(5)\begin{vmatrix} 1 & 2 & 3 \\ 0 & -2 & -1 \\ 0 & -1 & -2 \end{vmatrix}\times\left(-\dfrac{1}{2}\right)$

$$= (-2)(4)(5) \begin{vmatrix} 1 & 2 & 3 \\ 0 & -2 & -1 \\ 0 & 0 & -\dfrac{3}{2} \end{vmatrix}$$

$$= (-2)(4)(5)(1)(-2)\left(-\dfrac{3}{2}\right)$$
$$= -120.$$ ㄌ

性質 10 若 A 為 n 階可逆方陣，A^{-1} 為其逆方陣，且 $\det(A) \neq 0$，則

$$\det(A^{-1}) = \dfrac{1}{\det(A)}. \tag{1-7-5}$$

【例題 9】令 $A = \begin{bmatrix} 1 & 2 \\ 4 & 6 \end{bmatrix}$，則 $A^{-1} = \dfrac{1}{6-8}\begin{bmatrix} 6 & -2 \\ -4 & 1 \end{bmatrix} = \begin{bmatrix} -3 & 1 \\ 2 & -\dfrac{1}{2} \end{bmatrix}$

而 $\det(A^{-1}) = \begin{vmatrix} -3 & 1 \\ 2 & -\dfrac{1}{2} \end{vmatrix} = \dfrac{3}{2} - 2 = -\dfrac{1}{2}$

$$\det(A) = \begin{vmatrix} 1 & 2 \\ 4 & 6 \end{vmatrix} = 6 - 8 = -2$$

故 $\det(A^{-1}) = \dfrac{1}{\det(A)}.$ ㄌ

性質 11 設 $A = [a_{ij}]_{n \times n}$，則

$$a_{i1}A_{j1} + a_{i2}A_{j2} + a_{i3}A_{j3} + \cdots + a_{in}A_{jn} = 0 \ (若 \ i \neq j). \tag{1-7-6}$$

性質 12 設 A 為 n 階方陣，則

$$\det(A) = \det(A^T). \tag{1-7-7}$$

【例題 10】令 $A = \begin{bmatrix} 1 & 0 & -2 & -1 \\ 2 & 4 & 1 & 3 \\ 5 & -2 & 3 & -1 \\ 1 & -4 & 3 & -5 \end{bmatrix}$，試驗證 $\det(A) = \det(A^T)$.

【解】因為 $A^T = \begin{bmatrix} 1 & 2 & 5 & 1 \\ 0 & 4 & -2 & -4 \\ -2 & 1 & 3 & 3 \\ -1 & 3 & -1 & -5 \end{bmatrix}$

$$\det(A) = (1)(-1)^{1+1} \begin{vmatrix} 4 & 1 & 3 \\ -2 & 3 & -1 \\ -4 & 3 & -5 \end{vmatrix} + (-2)(-1)^{1+3} \begin{vmatrix} 2 & 4 & 3 \\ 5 & -2 & -1 \\ 1 & -4 & -5 \end{vmatrix}$$

$$+ (-1)(-1)^{1+4} \begin{vmatrix} 2 & 4 & 1 \\ 5 & -2 & 3 \\ 1 & -4 & 3 \end{vmatrix}$$

$$= 1(-60 + 4 - 18 + 36 - 10 + 12) - 2(20 - 4 - 60 + 6 + 100 - 8)$$
$$+ 1(-12 + 12 - 20 + 2 - 60 + 24)$$
$$= (-36) - 2(54) + (-54)$$
$$= -198$$

$$\det(A^T) = (1)(-1)^{1+1} \begin{vmatrix} 4 & -2 & -4 \\ 1 & 3 & 3 \\ 3 & -1 & -5 \end{vmatrix} + (2)(-1)^{1+2} \begin{vmatrix} 0 & -2 & -4 \\ -2 & 3 & 3 \\ -1 & -1 & -5 \end{vmatrix}$$

$$+ 5(-1)^{1+3} \begin{vmatrix} 0 & 4 & -4 \\ -2 & 1 & 3 \\ -1 & 3 & -5 \end{vmatrix} + (1)(-1)^{1+4} \begin{vmatrix} 0 & 4 & -2 \\ -2 & 1 & 3 \\ -1 & 3 & -1 \end{vmatrix}$$

$$= 1(-60 - 18 + 4 + 36 - 10 + 12) - 2(0 + 6 - 8 - 12 + 20 + 0)$$
$$+ 5(0 - 12 + 24 - 4 - 40 + 0) - 1(0 - 12 + 12 - 2 - 8 + 0)$$
$$= (-36) - 2(6) + 5(-32) - (-10)$$
$$= -198$$

54 管理數學導論 (管理決策的工具)

故 $$\det(A)=\det(A^T)=-198.$$

【例題 11】試證明 $\det(A^TB^T)=(\det(A))(\det(B^T))=(\det(A^T))(\det(B))$.

【解】(i) $\det(A^TB^T)=(\det(A^T))(\det(B^T))=(\det(A))(\det(B^T))$
(因 $\det(A)=\det(A^T)$)

(ii) $\det(A^TB^T)=(\det(A^T))(\det(B^T))=(\det(A^T))(\det(B))$
(因 $\det(B)=\det(B^T)$)

故由 (i), (ii) 得

$$\det(A^TB^T)=(\det(A))(\det(B^T))$$
$$=(\det(A^T))(\det(B)).$$

【例題 12】若 $A=\begin{bmatrix} -2 & 1 & 0 & 4 \\ 3 & -1 & 5 & 2 \\ -2 & 7 & 3 & 1 \\ 3 & -7 & 2 & 5 \end{bmatrix}$, 求 $\det(A)$.

【解】$\det(A)=\begin{vmatrix} -2 & 1 & 0 & 4 \\ 3 & -1 & 5 & 2 \\ -2 & 7 & 3 & 1 \\ 3 & -7 & 2 & 5 \end{vmatrix}$ $\begin{pmatrix} \text{第二行乘以 } 2 \text{ 加至第一行} \\ \text{第二行乘以 } -4 \text{ 加至第四行} \end{pmatrix}$

$=\begin{vmatrix} 0 & 1 & 0 & 0 \\ 1 & -1 & 5 & 6 \\ 12 & 7 & 3 & -27 \\ -11 & -7 & 2 & 33 \end{vmatrix}$ (第一行與第二行互換)

$=-\begin{vmatrix} 1 & 0 & 0 & 0 \\ -1 & 1 & 5 & 6 \\ 7 & 12 & 3 & -27 \\ -7 & -11 & 2 & 33 \end{vmatrix}$ $\begin{pmatrix} \text{第二行乘以 } -5 \text{ 加至第三行} \\ \text{第二行乘以 } -6 \text{ 加至第四行} \end{pmatrix}$

$$= - \begin{vmatrix} 1 & 0 & 0 & 0 \\ -1 & 1 & 0 & 0 \\ 7 & 12 & -57 & -99 \\ -7 & -11 & 57 & 99 \end{vmatrix}$$

$$= 0 \left(因第四行 = \frac{99}{57} \times 第三行 \right).$$

　　我們在 1-5 節中曾經利用矩陣的基本列運算去求一可逆方陣的逆方陣，但是當方陣的階數不太大時 (一般爲 3 階)，我們可以利用行列式的方法求逆方陣. 首先考慮一個 3 階方陣

$$A = \begin{bmatrix} 1 & 2 & -1 \\ 5 & 3 & 4 \\ -2 & 0 & 1 \end{bmatrix}$$

並發現

$$a_{21}A_{21} + a_{22}A_{22} + a_{23}A_{23} = (5)(-2) + (3)(-1) + (4)(-4)$$
$$= -29 = \det(A)$$

與

$$a_{31}A_{21} + a_{32}A_{22} + a_{33}A_{23} = (-2)(-2) + (0)(-1) + (1)(-4)$$
$$= 0$$

以及

$$a_{11}A_{11} + a_{21}A_{21} + a_{31}A_{31} = (1)(3) + (5)(-2) + (-2)(11)$$
$$= -29 = \det(A)$$

與

$$a_{11}A_{12} + a_{21}A_{22} + a_{31}A_{32} = (1)(-13) + (5)(-1) + (-2)(-9)$$
$$= 0$$

綜合以上的結果可得下面之結論.

定理 1-7-2

若 $A = [a_{ij}]$ 爲 $n \times n$ 方陣，則下列兩式成立

(1) $a_{i1}A_{k1} + a_{i2}A_{k2} + \cdots + a_{in}A_{kn} = \begin{cases} \det(A), & 若 \ i = k \\ 0, & 若 \ i \neq k \end{cases}$

(2) $a_{1j}A_{1k}+a_{2j}A_{2k}+\cdots+a_{nj}A_{nk}=\begin{cases} \det(A), & \text{若 } j=k \\ 0, & \text{若 } j\neq k \end{cases}$

定義 1-7-3

已知方陣 $A=[a_{ij}]_{n\times n}$，且 A_{ij} 為 a_{ij} 的餘因式，則方陣 adj $A=[A_{ij}]^T$ 稱為 A 的伴隨矩陣 (adjoint of A)。

【例題 13】設 $A=\begin{bmatrix} 3 & -2 & 1 \\ 5 & 6 & 2 \\ 1 & 0 & -3 \end{bmatrix}$，計算 adj A.

【解】A 的餘因式如下

$A_{11}=(-1)^{1+1}\begin{vmatrix} 6 & 2 \\ 0 & -3 \end{vmatrix}=-18$, $\qquad A_{12}=(-1)^{1+2}\begin{vmatrix} 5 & 2 \\ 1 & -3 \end{vmatrix}=17$,

$A_{13}=(-1)^{1+3}\begin{vmatrix} 5 & 6 \\ 1 & 0 \end{vmatrix}=-6$, $\qquad A_{21}=(-1)^{2+1}\begin{vmatrix} -2 & 1 \\ 0 & -3 \end{vmatrix}=-6$,

$A_{22}=(-1)^{2+2}\begin{vmatrix} 3 & 1 \\ 1 & -3 \end{vmatrix}=-10$, $\qquad A_{23}=(-1)^{2+3}\begin{vmatrix} 3 & -2 \\ 1 & 0 \end{vmatrix}=-2$,

$A_{31}=(-1)^{3+1}\begin{vmatrix} -2 & 1 \\ 6 & 2 \end{vmatrix}=-10$, $\qquad A_{32}=(-1)^{3+2}\begin{vmatrix} 3 & 1 \\ 5 & 2 \end{vmatrix}=-1$,

$A_{33}=(-1)^{3+3}\begin{vmatrix} 3 & -2 \\ 5 & 6 \end{vmatrix}=28$

則 adj $A=\begin{bmatrix} A_{11} & A_{21} & A_{31} \\ A_{12} & A_{22} & A_{32} \\ A_{13} & A_{23} & A_{33} \end{bmatrix}=\begin{bmatrix} -18 & -6 & -10 \\ 17 & -10 & -1 \\ -6 & -2 & 28 \end{bmatrix}$.

定理 1-7-3

已知 $A = [a_{ij}]_{n \times n}$，則

$$A(\text{adj } A) = (\text{adj } A)(A) = \det(A)I_n.$$

【例題 14】設 $A = \begin{bmatrix} -1 & 2 & 3 \\ 0 & -1 & 4 \\ 1 & 3 & 2 \end{bmatrix}$，試驗證定理 (1-7-3)。

【解】先求 A 之餘因式，因 $A_{ij} = (-1)^{i+j}|M_{ij}|$，故

$$A_{11} = (-1)^{1+1}\begin{vmatrix} -1 & 4 \\ 3 & 2 \end{vmatrix} = -2 - 12 = -14, \quad A_{12} = (-1)^{1+2}\begin{vmatrix} 0 & 4 \\ 1 & 2 \end{vmatrix} = -(-4) = 4,$$

$$A_{13} = (-1)^{1+3}\begin{vmatrix} 0 & -1 \\ 1 & 3 \end{vmatrix} = -(-1) = 1, \quad A_{21} = (-1)^{2+1}\begin{vmatrix} 2 & 3 \\ 3 & 2 \end{vmatrix} = -(4-9) = 5,$$

$$A_{22} = (-1)^{2+2}\begin{vmatrix} -1 & 3 \\ 1 & 2 \end{vmatrix} = -2 - 3 = -5, \quad A_{23} = (-1)^{2+3}\begin{vmatrix} -1 & 2 \\ 1 & 3 \end{vmatrix} = -(-3-2) = 5,$$

$$A_{31} = (-1)^{3+1}\begin{vmatrix} 2 & 3 \\ -1 & 4 \end{vmatrix} = 8 + 3 = 11, \quad A_{32} = (-1)^{3+2}\begin{vmatrix} -1 & 3 \\ 0 & 4 \end{vmatrix} = -(-4-0) = 4,$$

$$A_{33} = (-1)^{3+3}\begin{vmatrix} -1 & 2 \\ 0 & -1 \end{vmatrix} = 1 - 0 = 1$$

又 $\det(A) = \begin{vmatrix} -1 & 2 & 3 \\ 0 & -1 & 4 \\ 1 & 3 & 2 \end{vmatrix}$

$$= (-1)(-1)(2) + (2)(4)(1) + (3)(3)(0) - (3)(-1)(1) - (2)(0)(2) - (-1)(3)(4)$$
$$= 2 + 8 + 3 + 12$$
$$= 25$$

所以，$A(\text{adj } A) = \begin{bmatrix} -1 & 2 & 3 \\ 0 & -1 & 4 \\ 1 & 3 & 2 \end{bmatrix} \begin{bmatrix} -14 & 5 & 11 \\ 4 & -5 & 4 \\ 1 & 5 & 1 \end{bmatrix}$

$= \begin{bmatrix} 25 & 0 & 0 \\ 0 & 25 & 0 \\ 0 & 0 & 25 \end{bmatrix} = \det(A) I_3$

$(\text{adj } A) A = \begin{bmatrix} -14 & 5 & 11 \\ 4 & -5 & 4 \\ 1 & 5 & 1 \end{bmatrix} \begin{bmatrix} -1 & 2 & 3 \\ 0 & -1 & 4 \\ 1 & 3 & 2 \end{bmatrix}$

$= \begin{bmatrix} 25 & 0 & 0 \\ 0 & 25 & 0 \\ 0 & 0 & 25 \end{bmatrix} = \det(A) I_3$

最後知，$A(\text{adj } A) = (\text{adj } A) A = \det(A) I_3$.

定理 1-7-4

若 A 為一可逆方陣，則

$$A^{-1} = \frac{1}{\det(A)} \text{ adj } A.$$

證：由定理 1-7-3 知，$A(\text{adj } A) = \det(A) I_n$，所以，若 $\det(A) \neq 0$，則

$$A \frac{1}{\det(A)} (\text{adj } A) = \frac{1}{\det(A)} [A(\text{adj } A)]$$

$$= \frac{1}{\det(A)} (\det(A) I_n)$$

$$= I_n$$

所以，矩陣 $\left(\dfrac{1}{\det(A)}\right)(\text{adj } A)$ 為 A 的逆方陣.

因此，
$$A^{-1}=\dfrac{1}{\det(A)}\,(\text{adj }A).$$

推論 1 方陣 A 為可逆方陣的充要條件為 $\det(A)\neq 0$.

推論 2 若 A 為方陣，則齊次方程組 $AX=0$ 有一組非必然解的充要條件為 $\det(A)=0$.

【例題 15】求 $A=\begin{bmatrix} 3 & -2 & 1 \\ 5 & 6 & 2 \\ 1 & 0 & -3 \end{bmatrix}$ 的逆方陣，並驗證 $AA^{-1}=I_3$.

【解】利用例題 13 所求得的 adj A，

$$\text{adj }A=\begin{bmatrix} -18 & -6 & -10 \\ 17 & -10 & -1 \\ -6 & -2 & 28 \end{bmatrix}$$

且 $\det(A)=\begin{vmatrix} 3 & -2 & 1 \\ 5 & 6 & 2 \\ 1 & 0 & -3 \end{vmatrix}=3\begin{vmatrix} 6 & 2 \\ 0 & -3 \end{vmatrix}-(-2)\begin{vmatrix} 5 & 2 \\ 1 & -3 \end{vmatrix}+1\begin{vmatrix} 5 & 6 \\ 1 & 0 \end{vmatrix}$

$=3(-18)-(-2)(-15-2)+(-6)=-94$

故 $A^{-1}=\dfrac{1}{\det(A)}\text{ adj }A=-\dfrac{1}{94}\begin{bmatrix} -18 & -6 & -10 \\ 17 & -10 & -1 \\ -6 & -2 & 28 \end{bmatrix}$

$=\begin{bmatrix} \dfrac{9}{47} & \dfrac{3}{47} & \dfrac{5}{47} \\ -\dfrac{17}{94} & \dfrac{5}{47} & \dfrac{1}{94} \\ \dfrac{3}{47} & \dfrac{1}{47} & -\dfrac{14}{47} \end{bmatrix}$

$$AA^{-1} = \begin{bmatrix} 3 & -2 & 1 \\ 5 & 6 & 2 \\ 1 & 0 & -3 \end{bmatrix} \begin{bmatrix} \dfrac{9}{47} & \dfrac{3}{47} & \dfrac{5}{47} \\ -\dfrac{17}{94} & \dfrac{5}{47} & \dfrac{1}{94} \\ \dfrac{3}{47} & \dfrac{1}{47} & -\dfrac{14}{47} \end{bmatrix}$$

$$= \begin{bmatrix} \dfrac{27}{47}+\dfrac{34}{94}+\dfrac{3}{47} & \dfrac{9}{47}-\dfrac{10}{47}+\dfrac{1}{47} & \dfrac{15}{47}-\dfrac{2}{94}-\dfrac{14}{47} \\ \dfrac{45}{47}-\dfrac{102}{94}+\dfrac{6}{47} & \dfrac{15}{47}+\dfrac{30}{47}+\dfrac{2}{47} & \dfrac{25}{47}+\dfrac{6}{94}-\dfrac{28}{47} \\ \dfrac{9}{47}+0-\dfrac{9}{47} & \dfrac{3}{47}+0-\dfrac{3}{47} & \dfrac{5}{47}+0+\dfrac{42}{47} \end{bmatrix}$$

$$= \begin{bmatrix} 1 & 0 & 0 \\ 0 & 1 & 0 \\ 0 & 0 & 1 \end{bmatrix}.$$

定理 1-7-5　克雷莫法則 (Cramer's Rule)

設
$$\begin{cases} a_{11}x_1+a_{12}x_2+a_{13}x_3+\cdots+a_{1n}x_n=b_1 \\ a_{21}x_1+a_{22}x_2+a_{23}x_3+\cdots+a_{2n}x_n=b_2 \\ \vdots \quad \vdots \quad \vdots \quad \vdots \quad \vdots \\ a_{n1}x_1+a_{n2}x_2+a_{n3}x_3+\cdots+a_{nn}x_n=b_n \end{cases}$$

我們可將此線性方程組寫成 $AX=B$，其中係數矩陣爲

$$A=[a_{ij}]_{n \times n}, \qquad B=[b_1 \; b_2 \; \cdots \; b_n]^T$$

若 $\det(A) \neq 0$，則此線性方程組有一組唯一解

$$x_1=\dfrac{\det(A_1)}{\det(A)}, \; x_2=\dfrac{\det(A_2)}{\det(A)}, \; \cdots, \; x_n=\dfrac{\det(A_n)}{\det(A)}$$

其中 A_i 是以 B 取代 A 的第 i 行而得.

證：若 $\det(A) \neq 0$，則 A^{-1} 存在，且線性方程組的解為

$$X = \begin{bmatrix} x_1 \\ x_2 \\ \vdots \\ x_n \end{bmatrix} = A^{-1}B = \left(\frac{1}{\det(A)} \operatorname{adj} A \right) B$$

$$= \begin{bmatrix} \dfrac{A_{11}}{\det(A)} & \dfrac{A_{21}}{\det(A)} & \cdots & \dfrac{A_{n1}}{\det(A)} \\ \dfrac{A_{12}}{\det(A)} & \dfrac{A_{22}}{\det(A)} & \cdots & \dfrac{A_{n2}}{\det(A)} \\ \vdots & \vdots & & \vdots \\ \dfrac{A_{1i}}{\det(A)} & \dfrac{A_{2i}}{\det(A)} & \cdots & \dfrac{A_{ni}}{\det(A)} \\ \vdots & \vdots & & \vdots \\ \dfrac{A_{1n}}{\det(A)} & \dfrac{A_{2n}}{\det(A)} & \cdots & \dfrac{A_{nn}}{\det(A)} \end{bmatrix} \begin{bmatrix} b_1 \\ b_2 \\ \vdots \\ b_i \\ \vdots \\ b_n \end{bmatrix}$$

即 $x_i = \dfrac{1}{\det(A)}(b_1 A_{1i} + b_2 A_{2i} + b_3 A_{3i} + \cdots + b_n A_{ni})$；$i = 1, 2, 3, \cdots, n$

假設

第 i 行

$$A_i = \begin{bmatrix} a_{11} & a_{12} & a_{13} & \cdots & a_{1i-1} & b_1 & a_{1i+1} & \cdots & a_{1n} \\ a_{21} & a_{22} & a_{23} & \cdots & a_{2i-1} & b_2 & a_{2i+1} & \cdots & a_{2n} \\ \vdots & \vdots & \vdots & & \vdots & \vdots & \vdots & & \vdots \\ a_{n1} & a_{n2} & a_{n3} & \cdots & a_{ni-1} & b_n & a_{ni+1} & \cdots & a_{nn} \end{bmatrix}$$

若我們按第 i 行各元素展開以求 $\det(A_i)$ 的值，則可得

$$\det(A_i) = b_1 A_{1i} + b_2 A_{2i} + b_3 A_{3i} + \cdots + b_n A_{ni}$$

故

$$x_i = \frac{\det(A_i)}{\det(A)} \; ; \; i = 1, 2, 3, \cdots, n.$$

【例題 16】解方程組

$$\begin{cases} 2x_1 + x_2 + x_3 = 0 \\ 4x_1 + 3x_2 + 2x_3 = 2 \\ 2x_1 - x_2 - 3x_3 = 0 \end{cases}$$

【解】$\det(A) = \begin{vmatrix} 2 & 1 & 1 \\ 4 & 3 & 2 \\ 2 & -1 & -3 \end{vmatrix} = -18 + 4 - 4 - 6 - (-4) - (-12)$

$$= -8 \neq 0$$

故方程組有唯一解，其解為

$$x_1 = -\frac{1}{8} \begin{vmatrix} 0 & 1 & 1 \\ 2 & 3 & 2 \\ 0 & -1 & -3 \end{vmatrix} = -\frac{1}{8}(0 + 0 - 2 - 0 - 0 - (-6)) = -\frac{1}{2}$$

$$x_2 = -\frac{1}{8} \begin{vmatrix} 2 & 0 & 1 \\ 4 & 2 & 2 \\ 2 & 0 & -3 \end{vmatrix} = \frac{-16}{-8} = 2$$

$$x_3 = -\frac{1}{8} \begin{vmatrix} 2 & 1 & 0 \\ 4 & 3 & 2 \\ 2 & -1 & 0 \end{vmatrix} = -\frac{8}{8} = -1.$$

計算行列式是件相當複雜的工作，故當 n 很小時（例如 $n \leq 4$）**克雷莫法則**尚可使用，但當 $n > 4$ 時，我們利用矩陣列運算的方法來解方程組。

讀者應注意，利用克雷莫法則求解線性方程組時，

1. 若 $\det(A) \neq 0$，則 n 元一次方程組為相容方程組，其唯一解為

$$x_1 = \frac{\det(A_1)}{\det(A)}, \; x_2 = \frac{\det(A_2)}{\det(A)}, \; \cdots, \; x_n = \frac{\det(A_n)}{\det(A)}$$

2. 若 $\det(A) = \det(A_1) = \det(A_2) = \cdots = \det(A_n) = 0$，則 n 元一次方程組為相依方程組，其有無限多組解。

3. 若 $\det(A) = 0$，而 $\det(A_1) \neq 0$，或 $\det(A_2) \neq 0$，$\cdots$，或 $\det(A_n) \neq 0$，則 n 元一次方程組為矛盾方程組，其為無解。

【例題 17】解一次方程組

$$\begin{cases} x_1 - x_2 + 2x_3 = 4 \\ 2x_1 - x_2 + 2x_3 = 1 \\ 5x_1 - 3x_2 + 6x_3 = 6 \end{cases}$$

【解】方程組的係數矩陣為

$$\boldsymbol{A} = \begin{bmatrix} 1 & -1 & 2 \\ 2 & -1 & 2 \\ 5 & -3 & 6 \end{bmatrix}$$

而

$$\det(\boldsymbol{A}) = \begin{vmatrix} 1 & -1 & 2 \\ 2 & -1 & 2 \\ 5 & -3 & 6 \end{vmatrix} = -2 \begin{vmatrix} 1 & 1 & 1 \\ 2 & 1 & 1 \\ 5 & 3 & 3 \end{vmatrix} = 0$$

又

$$\det(\boldsymbol{A}_1) = \begin{vmatrix} 4 & -1 & 2 \\ 1 & -1 & 2 \\ 6 & -3 & 6 \end{vmatrix} = -2 \begin{vmatrix} 4 & 1 & 1 \\ 1 & 1 & 1 \\ 6 & 3 & 3 \end{vmatrix} = 0$$

$$\det(\boldsymbol{A}_2) = \begin{vmatrix} 1 & 4 & 2 \\ 2 & 1 & 2 \\ 5 & 6 & 6 \end{vmatrix} = 6 + 40 + 24 - 10 - 12 - 48 = 0$$

$$\det(\boldsymbol{A}_3) = \begin{vmatrix} 1 & -1 & 4 \\ 2 & -1 & 1 \\ 5 & -3 & 6 \end{vmatrix} = -6 - 24 - 5 + 20 + 12 + 3 = 0$$

所以，此方程組有無限多組解．

習題 1-5

1. 在下列各題中，選定一行或列，以餘因子展開求行列式的值．

(1) $A = \begin{bmatrix} -3 & 0 & 7 \\ 2 & 5 & 1 \\ -1 & 0 & 5 \end{bmatrix}$
(2) $A = \begin{bmatrix} 3 & 3 & 1 \\ 1 & 0 & -4 \\ 1 & -3 & 5 \end{bmatrix}$

(3) $A = \begin{bmatrix} 3 & 3 & 0 & 5 \\ 2 & 2 & 0 & -2 \\ 4 & 1 & -3 & 0 \\ 2 & 10 & 3 & 2 \end{bmatrix}$

2. 利用行列式的性質求下列各行列式的值.

(1) $\begin{vmatrix} 5 & 2 & 10 & -3 \\ 1 & -4 & -9 & 6 \\ -7 & 14 & 6 & -21 \\ 9 & 8 & 15 & -12 \end{vmatrix}$
(2) $\begin{vmatrix} -4 & -10 & 8 & 5 \\ -5 & -9 & 9 & 4 \\ -3 & -11 & 7 & 6 \\ 8 & 7 & 6 & 5 \end{vmatrix}$

(3) $\begin{vmatrix} 2 & -1 & 5 & 8 \\ 3 & 3 & 3 & 10 \\ 2 & 3 & 1 & 6 \\ 5 & 7 & 4 & 2 \end{vmatrix}$
(4) $\begin{vmatrix} 2 & -3 & 2 & 5 & 3 \\ -3 & 4 & -2 & -5 & -4 \\ 2 & -2 & 6 & 2 & -5 \\ 5 & -5 & 2 & 8 & -6 \\ 3 & -4 & -5 & 6 & 10 \end{vmatrix}$

3. 設 $A = \begin{bmatrix} 1 & 0 & 3 & 0 \\ 2 & 1 & 4 & -1 \\ 3 & 2 & 4 & 0 \\ 0 & 3 & -1 & 0 \end{bmatrix}$, 計算第三行的元素的所有餘因式.

4. 求所有 λ 值使其滿足 $\begin{vmatrix} \lambda+2 & -1 & 3 \\ 2 & \lambda-1 & 2 \\ 0 & 0 & \lambda+4 \end{vmatrix} = 0$.

5. 若 $A = \begin{bmatrix} 1+x & 2 & 3 & 4 \\ 1 & 2+x & 3 & 4 \\ 1 & 2 & 3+x & 4 \\ 1 & 2 & 3 & 4+x \end{bmatrix}$, 試證 $\det(A) = (10+x)x^3$.

6. 設 P 為可逆方陣，試證：若 $B = PAP^{-1}$，則 $\det(B) = \det(A)$.

7. 設 $A = \begin{bmatrix} 3 & -1 & 2 \\ 0 & 4 & 5 \\ 1 & 3 & 2 \end{bmatrix}$.

   (1) 求 adj A.   (2) 計算 $\det(A)$.
   (3) 證明 $A(\text{adj } A) = (\det(A))I_3$.

8. 設 $A = \begin{bmatrix} -3 & -1 & -3 \\ 0 & 3 & 0 \\ -2 & -1 & -2 \end{bmatrix}$，若 $\det(\lambda I_3 - A) = 0$，求 λ 的值.

9. λ 為何值時，可使得齊次方程組 $\begin{cases} (\lambda-2)x + 2y = 0 \\ 2x + (\lambda-2)y = 0 \end{cases}$ 有一組非必然解.

10. 試解下列之線性方程組

    $\begin{cases} 3x_1 - x_2 + 2x_3 = 1 \\ 4x_2 + 5x_3 = -1 \\ x_1 + 3x_2 + 2x_3 = 0 \end{cases}$

11. 下列的齊次方程組是否有非必然解？

    (1) $\begin{cases} x_1 - 2x_2 + x_3 = 0 \\ 2x_1 + 3x_2 + x_3 = 0 \\ 3x_1 + x_2 + 2x_3 = 0 \end{cases}$ (2) $\begin{cases} x_1 + 2x_2 + x_4 = 0 \\ x_1 + 2x_2 + 3x_3 = 0 \\ x_3 + 2x_4 = 0 \\ x_2 + 2x_3 - x_4 = 0 \end{cases}$

12. 利用克雷莫法則解下列各方程組.

    (1) $\begin{cases} x_1 - 2x_2 + x_3 = 7 \\ 2x_1 - 5x_2 + 2x_3 = 6 \\ 3x_1 + x_2 - x_3 = 1 \end{cases}$ (2) $\begin{cases} x_1 + x_2 + x_3 + x_4 = 4 \\ x_1 - 2x_3 + x_4 = 3 \\ x_2 + 3x_3 - x_4 = -1 \\ 2x_1 + x_2 + x_4 = 6 \end{cases}$

第二章

基本機率

本章學習目標

- 計數方法──排列與組合
- 隨機實驗、樣本空間與事件
- 了解機率的定義與基本性質
- 認識條件機率與獨立事件
- 了解貝士定理及其應用
- 了解數學期望值之意義

§2-1 計數方法——排列與組合

排列組合是學習機率的基礎，而排列組合之理論是建立在基本計數原理，也稱為乘法原理。

定理 2-1-1 乘法原理

若完成某件事要經 k 個步驟依序完成，而
完成第 1 個步驟有 m_1 種方法，
完成第 2 個步驟有 m_2 種方法，
$\vdots$
完成第 k 個步驟有 m_k 種方法，
則完成該件事共有 $m_1 \times m_2 \times \cdots \times m_k$ 種方法。

定理 2-1-2 加法原理

若完成某件事有 n 種途徑，但這 n 種途徑當中只能擇一進行，而完成這 n 種途徑的方法，依次有 $m_1, m_2, \cdots, m_n$ 種，則完成該件事的方法共有 $m_1 + m_2 + \cdots + m_n$ 種。

定理 2-1-3 直線排列

由 n 件完全不同的相異物中，自其中任取 m 件加以排列，則其排列總數以符號 P_m^n 表之，若 $m \leq n$，則

$$P_m^n = n \cdot (n-1) \cdot (n-2) \cdot \cdots \cdot (n-m+1) \tag{2-1-1}$$

又

$$P_m^n = \frac{n!}{(n-m)!} \tag{2-1-2}$$

註：規定 $0!=1$.

定理 2-1-4

當 $m=n$ 時，則 $P_n^n = n \cdot (n-1) \cdot (n-2) \cdots 3 \cdot 2 \cdot 1 = n!$，即 n 個相異物排成一列，共有 $n!$ 種，$P_0^n = 0$，$P_1^n = n$。

【例題 1】計算 P_3^{16} 及 P_6^6。

【解】$P_3^{16} = 16 \times 15 \times 14 = 3360$

$P_6^6 = 6! = 6 \times 5 \times 4 \times 3 \times 2 \times 1 = 720$.

【例題 2】從字母 A、B、C、D、E 中，任選 3 個排成一列，問共有多少種排法？

【解】此問題為從五個不同事物中任選 3 個的排列，故排列總數為

$$P_3^5 = \frac{5!}{(5-3)!} = \frac{5!}{2!} = 5 \times 4 \times 3$$
$$= 60 \text{ 種}.$$

【例題 3】從字母 A、B、C、D、E 中，全取排成一列，問共有多少種排法？

【解】此問題為從 5 個不同事物中，全取排成一列的排列，故排列總數為

$$P_5^5 = 5! = 5 \times 4 \times 3 \times 2 \times 1$$
$$= 120 \text{ 種}.$$

【例題 4】男生 3 人及女生 2 人排成一列合拍團體照，女生 2 人希望相鄰並排，共有多少種排法？

【解】因為女生 2 人要相鄰並排，所以可將女生 2 人看成 1 人，而變成 4 人的排列問題，共有 $P_4^4 = 4!$ 種方法。又女生 2 人之間有 $P_2^2 = 2!$ 種排法。故有

$$P_4^4 \times P_2^2 = 4! \times 2!$$
$$= 48$$

種的排法。

定理 2-1-5　不盡相異物的排列

設 n 個物件中，共有 k 種不同種類，第一類有 m_1 個相同，第二類有 m_2 個相同，…，第 k 類有 m_k 個相同，且 $n = m_1 + m_2 + \cdots + m_k$，則將此 n 個不完全相異的物件排成一列的排列總數為

$$\frac{n!}{m_1! \, m_2! \cdots m_k!} \tag{2-1-3}$$

以符號 $\begin{pmatrix} n \\ m_1, m_2, \cdots, m_k \end{pmatrix}$ 表示。

【例題 5】"banana" 一字的各字母任意排成一列，共有多少種排列法？

【解】banana 中有相同字母 "a, a, a" 及 "n, n"，故排列數為

$$\frac{6!}{3! \, 2! \, 1!} = 60 \text{ 種.}$$

【例題 6】相同的鉛筆 5 枝，與相同的原子筆 3 枝，分給 8 個小孩，每人各得 1 枝，共有多少種分法？

【解】此題為有些相同的全排情形，所以共有

$$\frac{8!}{5! \, 3!} = 56$$

種分法.

定理 2-1-6　環狀排列

從 n 個不同物件中任取 m 個（$m \leq n$ 且不重複）作環狀排列，則其排列總數為

$$\frac{P^n_m}{m} = \frac{1}{m} \cdot \frac{n!}{(n-m)!} \tag{2-1-4}$$

【例題 7】從 7 個人中選出 5 個人圍著圓桌而坐，共有多少種不同的坐法？

【解】從 7 個人選出 5 個人的直線排列數為 P_5^7。每次選定 5 個人作環狀排列時，每一種環狀排列對應了 5 種直線排列，故坐法共有

$$\frac{P_5^7}{5}=\frac{7\times 6\times 5\times 4\times 3}{5}=504 \text{ 種}.$$

【例題 8】4 男 4 女圍著圓桌而坐，若同性不相鄰，則共有幾種坐法？

【解】先考慮一男一女相隔排成一列，設男生排在 1，3，5，7 位，則有 $P_4^4=4!$ 種排法，女生排在 2，4，6，8 位，也有 4! 種排法，故共有 $4!\times 4!$ 種排法。但男生也可排在 2，4，6，8 位，女生排在 1，3，5，7 位，因而此時又有 $4!\times 4!$ 種排法。總共有 $4!\times 4!+4!\times 4!=2\times 4!\times 4!$ 種排法。然後改成環狀排列，可得

$$\frac{2\times 4!\times 4!}{8}=3!\times 4!=144 \text{ 種}.$$

定理 2-1-7

若有 n 個完全相異物體，自其中任取 m 個加以組合。其組合數以 C_m^n 表之，而

$$C_m^n=\frac{n!}{m!(n-m)!} \quad (m\leq n) \tag{2-1-5}$$

式 (2-1-5) 可以分解成下面兩個步驟來求

1. 先自 n 中選取 m 個出來 (此即組合數 C_m^n)。
2. 然後將取出的 m 個物件任意去排列 (總數為 $m!$)。

根據乘法原理，

$$C_m^n\times m!=P_m^n$$

因此，我們得到組合數公式如下：從 n 個不同物件中，每次不重複地取 m 個為一組，則其組合數為

$$C_m^n = \frac{P_m^n}{m!} = \frac{n!}{m!(n-m)!} \qquad (m \leq n)$$

定理 2-1-8

$$C_m^n = C_{n-m}^n, \quad 0 \leq m \leq n$$

證：
$$C_m^n = \frac{n!}{m!(n-m)!} = \frac{n!}{[n-(n-m)]!(n-m)!} = C_{n-m}^n$$

定理 2-1-8 告訴我們，從 n 個不同物件中不重複的任意選取 m 個後，則必留下 $n-m$ 個，每次取 m 個的組合數 C_m^n 與每次取 $n-m$ 個的組合數 C_{n-m}^n 相等。

註：當 $m > \dfrac{n}{2}$ 時，通常不直接計算 C_m^n，而是改為計算 C_{n-m}^n，這樣比較簡便。

【例題 9】某乒乓球校隊共有 8 人，今自該隊遴選 5 人充任國手。
(1) 共有多少種選法？
(2) 若某兩人為當然國手，則有多少種選法？

【解】

(1) $C_5^8 = C_3^8 = \dfrac{8 \times 7 \times 6}{3 \times 2 \times 1} = 56$ 種

(2) 因某兩人為當然國手，故只需從剩下的 6 人中任選 3 人即可。所以共有

$$C_3^6 = \frac{6 \times 5 \times 4}{3 \times 2 \times 1} = 20 \text{ 種。}$$

【例題 10】自 5 冊不同的英文書與 4 冊不同的數學書，取 2 冊英文書與 3 冊數學書排放在書架上，共有多少種排法？

【解】取 2 冊英文書、3 冊數學書的方法有

$$C_2^5 \times C_3^4 = 40 \text{ 種}$$

將取好的 5 冊書排放在書架上，變成排列問題，因而有 5! 種排法，故共有

$$C_2^5 \times C_3^4 \times 5! = 4800$$

種排法。

習題 2-1

1. 甲、乙、丙三人在排成一列的 8 個座位中選坐相連的 3 個座位，共有多少種坐法？

2. 15 本不同的書，10 人去借，每人借 1 本，共有多少種借法？

3. 10 本不同的書，15 人去借，每人至多借 1 本，每次都將書借完，共有多少種借法？

4. 今有 6 種工作分配給 6 人擔任，每個人只擔任一種工作，但某甲不能擔任其中的某兩種工作，問共有幾種分配法？

5. 將不同的鉛筆 10 枝，不同的原子筆 8 枝，不同的鋼筆 10 枝，分給 5 人，每人只能分得鉛筆、原子筆、鋼筆各 1 枝，共有幾種分法？

6. 7 人站成一排照像，求
   (1) 某甲必須站在中間，有多少種站法？
   (2) 某甲、乙兩人必須站在兩端，有多少種站法？
   (3) 某甲既不能站在中間，也不能站在兩端，有多少種站法？

7. 將 "SCHOOL" 的各字母排成一列，求下列各排列數．
   (1) 全部任意排列　　(2) 兩個 "O" 不相鄰

8. 將 2 本相同的書及 3 枝相同的筆分給 7 人，每人至多 1 件，共有多少種分法？

9. 把 "庭院深深深幾許" 七個字重行排列，使三個 "深" 字不完全連在一起，其排法共有幾種？

10. 5 男 5 女圍一圓桌而坐，依下列各種情形，求排列數．
    (1) 5 男全部相鄰　　(2) 同性不相鄰

11. 五對夫婦圍著一圓桌而坐，求下列各種坐法．
    (1) 任意圍坐　　　　(2) 每對夫婦相鄰
    (3) 男女相隔　　　　(4) 男女相隔且夫婦相鄰

12. 男生 7 名，女生 6 名，從中選 4 名委員，依下列條件有幾種選法？
    (1) 男生 2 名，女生 2 名　　(2) 女生最少 1 名

13. 將 8 本不同的書分給甲、乙、丙三人，甲得 4 本，乙得 2 本，丙得 2 本，共有若干種分法？

14. 設書架上有 12 本不同的中文書，5 本不同的英文書．若想從書架上選取 6 本書，其中 3 本為中文書，3 本為英文書，問有多少種選法？

15. 自 10 男 8 女中，男、女各 4 人，配成一男一女四對拍擋，則配對法共若干種？

§2-2　隨機實驗、樣本空間與事件

　　人們常用數學方法來描述一些現象，對於若干問題可以依據已知的條件，列出方程式而求得問題的確實答案。但是有一些現象卻無法以一個適當的等式來說明這現象的因果關係，亦無從得知問題的結果會是什麼。例如，擲一枚結構均勻對稱的硬幣，儘管每次擲出的手法相同，卻會得到有時正面朝上有時反面朝上的不同結果，顯然沒有一個合適的等式可以說明它的因果關係。因此擲一枚硬幣，到底會是那面朝上就無法預先求得確定的結果。同樣的，對於一些物理現象、社會現象，或商業現象，我們所能探討的是某種結果發生的可能性大小。擲一枚硬幣出現正面的可能性有多大？某公司股票明天的行情可能會漲、會跌、持平而不漲不跌，究竟這股票明天會漲的可能性是多少？對於這些現象有系統的研究，就是所謂的**機率論**。

定義 2-2-1　隨機試驗

> 觀察一可產生各種**可能結果**或**出象**的過程，稱為試驗；而若各種可能結果的**出象**（或發生）具有不確定性，則此一過程便稱為**隨機試驗** (random experiment).

【例題 1】有二袋分別裝黃、紅球，第一袋有 2 黃球 1 紅球，第二袋有 1 黃球 2 紅球，今由二袋的任意一袋依次取出一球，共兩次，其結果怎樣？

【解】由題意得知，在這種實驗中，假設任意選取一袋是第一袋，而後每次取出一球，共兩次，先是黃球，後也是黃球；或先是黃球，後是紅球；或先是紅球，後是黃球；就有三種不同的結果。如果任意選取一袋是第二袋，而後每次取出一球，共兩次，先是黃球，後是紅球；或先是紅球，後是黃球；或先是紅球，後也是紅球；又有三種不同的結果。這種任意由一袋中，每次取出一球，共兩次，其結果可能是上述六種情形中的一種，這就是隨機實驗。其結果雖然不能確定，但可以推定這實驗的可能結果，今將可能的結果列表如下

	1	2	3	4	5	6
袋	I	I	I	II	II	II
第一球	黃	黃	紅	黃	紅	紅
第二球	黃	紅	黃	紅	黃	紅

有時，常將這種隨機實驗所經歷的過程，以樹形圖表示出，就很方便的看出其可能的結果．如圖 2-1．

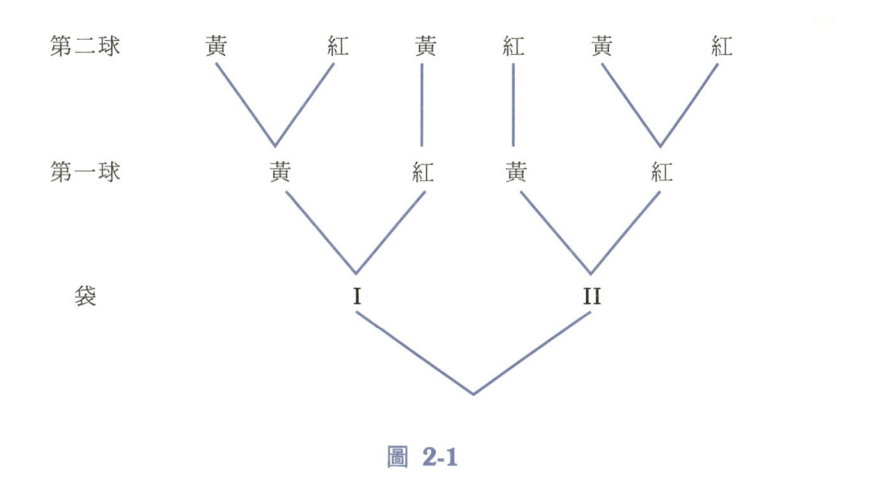

圖 2-1

定義 2-2-2

一隨機試驗之各種可能結果的集合，稱為此實驗的樣本空間 (sample space)，通常以 S 表示之．樣本空間內的每一元素，亦即每一個可能出現的結果，稱為樣本點 (sample point)．

定義 2-2-3　有限樣本空間與無限樣本空間

僅含有限個樣本點的樣本空間，稱為有限樣本空間；含有無限多個樣本點的樣本空間，稱為無限樣本空間．

【例題 2】調查某班級近視人數 (設有 50 名學生)，則其樣本空間為 $S=\{0, 1, 2, 3, \cdots, 50\}$，此一樣本空間為有限樣本空間。

【例題 3】觀察某一燈管之使用壽命，其樣本空間為 $S=\{t|t>0\}$，t 表壽命時間，此一樣本空間為無限樣本空間。

定義 2-2-4 事件

事件 (event) 是樣本空間的**子集**；只有一個樣本點的事件稱為**基本事件**或**簡單事件**；而含有兩個以上的樣本點之事件，稱為**複合事件**。

依據上面的定義，**空集合** (ϕ) 與樣本空間本身 (S) 乃是二個特殊的子集，故亦為事件，但對此二事件有其特別的涵義。空集合所代表的事件，因它不含任何樣本點，故一般稱為**不可能事件**；而事件 S 包含了樣本空間內的所有樣本點，必然會發生，故一般稱為**必然事件**。

【例題 4】擲一骰子，觀察其出現在上方的點數結果，則此隨機實驗的樣本空間為 $S=\{1, 2, 3, 4, 5, 6\}$，而子集

$E_1=\{1, 3, 5\}$ 表出現奇數點的事件。
$E_2=\{2, 4, 6\}$ 表出現偶數點的事件。
$E_3=\{1, 2, 3, 4\}$ 表出現的點數不超過 5 的事件。
$E_4=\{5, 6\}$ 表出現的點數至少為 5 的事件。

【例題 5】投擲三枚硬幣，求其樣本空間及出現二正面的事件。

【解】(1) 樣本空間為

$S=\{$(正，正，正), (正，正，反), (正，反，正), (反，正，正), (正，反，反), (反，正，反), (反，反，正), (反，反，反)$\}$

(2) 而出現二正面的事件為

$E=\{$(正，正，反), (正，反，正), (反，正，正)$\}$。

定義 2-2-5

事件 A 關於 S 的 補集合 (complement)，是不在 A 內所有 S 元素的子集。A 的補集合以符號 A' 表示。我們稱 A' 為 A 之 餘事件，或稱 A 和 A' 為 互補事件。

【例題 6】若以某公司的所有員工作為樣本空間 S，令所有男性員工所成的子集對應於一事件 A，則對應於另一事件 A' 表所有女性員工，亦為 S 的一個子集，且為男性員工事件 A 的餘事件。

現在我們考慮對事件來進行運算，使其形成一新的事件。這些新的事件會跟已知事件一樣是同一個樣本空間的子集。假設 A 與 B 是兩個與隨機實驗有關的事件，也就是說，A 與 B 是同一樣本空間 S 的子集。例如擲骰子的時候可以讓 A 是出現奇數點的事件，而 B 是點數大於 2 的事件，則子集 $A=\{1, 3, 5\}$ 與 $B=\{3, 4, 5, 6\}$ 都是同一個樣本空間

$$S=\{1, 2, 3, 4, 5, 6\}$$

的子集。但讀者應注意：如果出象是子集 $\{3, 5\}$ 的元素之一，A 與 B 兩個事件都會在同一個已知的投擲中發生。這個子集 $\{3, 5\}$ 就是 A 與 B 的 交集。

定義 2-2-6

事件 A 與 B 的 交集是包含 A 與 B 所有共同元素的事件，以符號 $A \cap B$ 表示，稱之為 A 與 B 之 積事件。

定義 2-2-7 互斥事件

如果 $A \cap B = \phi$ 的話，事件 A 與 B 就是 互斥 (mutually exclusive) 或 不相連 (disjoint)。也就是說，A 與 B 沒有相同元素。

一般與隨機實驗有關的二個事件中,我們會對其中至少一個事件是否發生而感興趣。因此,在擲骰子的實驗裡,如果

$$A=\{2, 4, 6\} \text{ 且 } B=\{4, 5, 6\}$$

我們想知道的可能是:不是 A 發生就是 B 發生,或者是兩個事件都發生。此類事件叫做 A 和 B 的聯集,如果出象是子集 $\{2, 4, 5, 6\}$ 的元素之一的話,即發生這個事件。

定義 2-2-8　和事件

事件 A 與 B 的聯集 (union) 是包含所有屬於 A 或 B 或兩者都擁有之元素的事件,以符號 $A \cup B$ 來表示,稱之為 A 與 B 之和事件。

定義 2-2-9　聯合事件

所謂聯合事件乃是兩個或以上的事件,透過交集或聯集之運算所構成的事件。

【例題 7】擲一骰子,其樣本空間為 $S=\{1, 2, 3, 4, 5, 6\}$。令 A 表示奇數點的事件,B 表示偶數點的事件,C 表示小於 4 點的事件,亦即

$$A=\{1, 3, 5\}, \qquad B=\{2, 4, 6\}, \qquad C=\{1, 2, 3\}$$

於是可得出下列的聯合事件

$A \cup B = \{1, 2, 3, 4, 5, 6\} = S$

$A \cap B = \phi$

$A \cup C = \{1, 2, 3, 5\}$

$A \cap C = \{1, 3\}$

$B' \cap C' = \{1, 3, 5\} \cap \{4, 5, 6\} = \{5\}$。

§2-3 機率的定義與基本定理

有了樣本空間與事件的觀念之後，我們再來探討什麼叫做機率.

定義 2-3-1

機率是衡量某一事件可能發生的程度 (機會大小)，並針對此一不確定事件發生之可能性賦予一量化的數值.

由以上的定義得知，機率是一個介於 0 和 1 之間的實數，當機率為 0 時，表示這項事件絕不可能發生；而機率為 1 時，則表示這項事件必定發生.

機率測度的方法

1. 古典方法的機率測度

在一有限的樣本空間 S 中，某一事件 E 的機率 $P(E)$ 定義為

$$P(E) = \frac{n(E)}{n(S)} \tag{2-3-1}$$

式中的 $n(S)$ 與 $n(E)$ 分別代表樣本空間與事件所包含的樣本點個數.

【例題 1】一袋中有 3 黑球 2 白球，自其中任取 2 球，則此 2 球為一黑、一白的機率為何？

【解】自 5 個球 (3 黑，2 白) 中任取 2 球的可能結果有 $C_2^5 = 10$ 種. 故樣本空間 S 之元素個數為 $n(S) = 10$.
設取出一黑球、一白球的事件為 A，則因 1 黑球一定是由 3 黑球中取出，故有 $C_1^3 = 3$ 種可能. 同理，1 白球是由 2 白球中取出，故有 $C_1^2 = 2$ 種可能. 由乘法原理知取出一黑球、一白球的可能情形有 $C_1^3 \cdot C_1^2 = 3 \times 2 = 6$ 種，故 $n(A) = 6$，因此，

$$P(A) = \frac{n(A)}{n(S)} = \frac{6}{10} = \frac{3}{5}.$$

【例題 2】 用 teacher 一字的七個字母作種種排列，試求相同二字母相鄰之機率．

【解】 teacher 一字的字母中有二個 e，所以這七個字母任意排列的所有可能情形共有 $\frac{7!}{2!}=2520$ 種．故樣本空間 S 之元素個數為 $n(S)=2520$．

設相同二字母相鄰之事件為 A．二個字母 e 相鄰的排法有 $6!=720$ 種可能，故

$$P(A)=\frac{n(A)}{n(S)}=\frac{720}{2520}=\frac{2}{7}.$$ ⊒

【例題 3】 某銀行徵求兩位行員，應徵者有 20 位，其中有 8 位為男性，有 12 位為女性．如果該銀行之經理想由其中隨意任選兩位任用，試求恰好選出兩位是一男一女的機率為何？

【解】 由 20 位應徵者任選兩位任用之方法共有 C_2^{20} 種選法，故樣本空間 S 之元素個數為 $n(S)=C_2^{20}$．假設恰好選出的兩位是一男一女的事件為 E，故 $n(E)=C_1^8 \cdot C_1^{12}$．因此，恰好選出兩位是一男一女的機率為

$$P(E)=\frac{n(E)}{n(S)}=\frac{C_1^8 \cdot C_1^{12}}{C_2^{20}}=\frac{48}{95}.$$ ⊒

2. 相對次數方法之機率測度

一隨機試驗重複進行 N 次，若事件 E 出現 n 次，則其機率 $P(E)$ 約為

$$P(E) \approx \frac{n}{N} \tag{2-3-2}$$

式 (2-3-2) 中，$\frac{n}{N}$ 實際上即代表**相對次數**，而相對次數方法的重要觀念即在於，當試驗次數 N 趨於無限大時，則相對次數之極限值 (穩定的趨勢值) 可作為事件機率的測度，亦即

$$P(E)=\lim_{N\to\infty}\frac{n}{N} \tag{2-3-3}$$

【例題 4】 令 E 代表擲一骰子而得到 3 點的事件，如果擲一骰子 100 次，而出現 3 點共 25 次，則 E 的相對次數為 $\frac{25}{100}=0.25$，此即事件 E 之機率的估計值．同樣的，若再擲此骰子 100 次，其中 3 點出現 15 次，則此時 $P(E) \approx \frac{15}{100}$ $=0.15$．如果將此前後兩次的實驗結合之，則 $N=200$，其中 3 點出現之相對次

數為 $\dfrac{25+15}{200}=\dfrac{40}{200}=0.2$，亦即可將之視為事件 E 之機率的估計值.

機率之性質

定義 2-3-2

設 S 表示**樣本空間**，E 為任一事件，則

(1) $P(S)=1$；$P(\phi)=0$

(2) $0 \leqslant P(E) \leqslant 1$

(3) 設事件 E_1, E_2, E_3, $\cdots$, E_n 為**互斥事件**，則

$$P(E_1 \cup E_2 \cup E_3 \cup \cdots \cup E_n) = P(E_1) + P(E_2) + P(E_3) + \cdots + P(E_n)$$

定理 2-3-1　加法律

(1) 如果 A 和 B 是任意兩個事件，則

$$P(A \cup B) = P(A) + P(B) - P(A \cap B)$$

推論 1：如果 A 和 B **互斥**，則

$$P(A \text{ 或 } B) = P(A \cup B) = P(A) + P(B)$$

推論 2：如果 A_1, A_2, A_3, $\cdots$, A_n **互斥**，則

$$P(A_1 \cup A_2 \cup A_3 \cup \cdots \cup A_n) = P(A_1) + P(A_2) + P(A_3) + \cdots + P(A_n)$$

如果 A_1, A_2, A_3, $\cdots$, A_n 互斥且 $A_1 \cup A_2 \cup A_3 \cup \cdots \cup A_n = S$，則樣本空間 S 的事件 $\{A_1, A_2, A_3, \cdots, A_n\}$ 稱為 S 的一個**分割**.

推論 3：如果 A_1, A_2, A_3, $\cdots$, A_n 是樣本空間 S 的一個**分割**，則

$$\begin{aligned}P(A_1 \cup A_2 \cup A_3 \cup \cdots \cup A_n) &= P(A_1) + P(A_2) + P(A_3) + \cdots + P(A_n) \\ &= P(S)\end{aligned}$$

$$=1$$

(2) 對於三個事件 A、B 和 C 而言，

$$P(A \cup B \cup C)$$
$$= P(A) + P(B) + P(C) - P(A \cap B) - P(A \cap C) - P(B \cap C) + P(A \cap B \cap C)$$

(3) 對於任一事件 A，則 $P(A') = 1 - P(A)$。

定理 2-3-2

若 A、B 為 S 中的兩事件，則 $P(B) = P(A \cap B) + P(A' \cap B)$。

【例題 5】某投資機構選擇一個適當的投資機會，預估第一年可獲得利潤的可能年利率及其出現的機率如下表所示：

可能的年利率 (%)	5	6	7	8	9	10	11	12	13	14	15
每個年利率會出現的機率	0.04	0.06	0.10	0.15	0.18	0.20	0.12	0.06	0.03	0.05	0.01

試問第一年可獲得利潤的年利率至少為 9% 的機率為多少？

【解】設 A 為第一年可獲得利潤之年利率至少為 9% 的事件，則

$$A = \{9, 10, 11, 12, 13, 14, 15\}$$

其機率為

$$P(A) = 0.18 + 0.20 + 0.12 + 0.06 + 0.03 + 0.05 + 0.01 = 0.65$$

【例題 6】金橡公司每次之媒體廣告都是透過台視、TVBS、東森等三台，以及正聲廣播公司、工商時報、經濟日報、自由時報播報或刊登，其可能之機率如下：

樣本空間 S	台視	TVBS	東森	正聲	工商時報	經濟日報	自由時報
機　率	0.16	0.14	0.16	0.09	0.21	0.14	0.10

若目前金橡公司想提升業績，又想刊登一次廣告，其可能透過上述相關媒體的機率仍與上表相同，試問這次會透過電視台播報或經濟日報刊登的機率為多少？

【解】設 A 為透過電視台播報廣告的事件，B 為透過經濟日報刊登廣告的事件。由於透過電視台播報廣告就不會在經濟日報刊登廣告，反之亦然。因而 A 與 B 為互斥事件，故欲求的機率為

$$P(A \cup B) = P(A) + P(B)$$
$$= (0.16 + 0.14 + 0.16) + 0.14$$
$$= 0.6$$

【例題 7】設 S 為樣本空間 $A \subset S$，$B \subset S$，$C \subset S$，$P(A) = P(B) = P(C) = \frac{1}{4}$，$P(A \cap B) = \frac{1}{5}$，$P(A \cap C) = P(B \cap C) = 0$，求

(1) $P(A \cup B \cup C)$　　(2) $P(A' \cap B')$

【解】(1) 因 $P(A \cap C) = 0$，$P(B \cap C) = 0$，所以，$P(A \cap B \cap C) = 0$

$$P(A \cup B \cup C) = P(A) + P(B) + P(C) - P(A \cap B) - P(A \cap C)$$
$$- P(B \cap C) + P(A \cap B \cap C)$$
$$= \frac{1}{4} + \frac{1}{4} + \frac{1}{4} - \frac{1}{5}$$
$$= \frac{11}{20}$$

(2) $P(A' \cap B') = P(A \cup B)' = 1 - P(A \cup B)$
$$= 1 - [P(A) + P(B) - P(A \cap B)]$$
$$= 1 - \left[\frac{1}{4} + \frac{1}{4} - \frac{1}{5}\right] = \frac{7}{10}.$$

【例題 8】設 A、B 表示兩事件，且 $P(A) = \frac{1}{3}$，$P(B) = \frac{1}{4}$，$P(A \cup B) = \frac{2}{5}$，

求 (1) $P(A \cap B)$　　(2) $P(A' \cap B)$　　(3) $P(A' \cup B)$

【解】(1) 因　　　$P(A \cup B) = P(A) + P(B) - P(A \cap B)$
　　則　　　　$P(A \cap B) = P(A) + P(B) - P(A \cup B)$

　　故　　　　$P(A \cap B) = \frac{1}{3} + \frac{1}{4} - \frac{2}{5} = \frac{11}{60}$

(2) 由 $P(B)=P(B\cap A)+P(B\cap A')$

則 $P(A'\cap B)=P(B)-P(B\cap A)=\dfrac{1}{4}-\dfrac{11}{60}=\dfrac{1}{15}$

(3) $P(A'\cup B)=P(A')+P(B)-P(A'\cap B)$
$=(1-P(A))+P(B)-P(A'\cap B)$
$=\left(1-\dfrac{1}{3}\right)+\dfrac{1}{4}-\dfrac{1}{15}=\dfrac{17}{20}.$

【例題 9】甲、乙兩人手槍射擊，甲的命中率為 0.8，乙的命中率為 0.7，兩人同時的命中率為 0.6，求

(1) 兩人均未命中的機率.　　(2) 乙命中但甲未命中的機率.

【解】設 A 與 B 分別表示甲與乙命中的事件，則

$$P(A)=0.8, \quad P(B)=0.7, \quad P(A\cap B)=0.6$$

(1) 因 $A'\cap B'=(A\cup B)'$

故 $P(A'\cap B')=P((A\cup B)')=1-P(A\cup B)$
$=1-P(A)-P(B)+P(A\cap B)$
$=1-0.8-0.7+0.6$
$=0.1$

(2) 因 $P(B)=P(B\cap A)+P(B\cap A')$

故 $P(A'\cap B)=P(B)-P(A\cap B)$
$=0.7-0.6$
$=0.1$

【例題 10】農林水菓行將水蜜桃與梨子兩種水果合裝成一箱出售，每箱都以 40 個裝成，其中大小均有，且個數如下：

	大	小	合計
梨子	16	14	30
水蜜桃	6	4	10
合計	22	18	40

現有某一位客人擬購買一箱 40 個裝的大梨子，老闆拿了一箱已包裝好的水果給他．該客人為了慎重起見就隨意由箱中抽出一個，如果發現是水蜜桃或小梨子就不買，試問這位客人抽出的一個恰好是水蜜桃或小梨子的機率為多少？

【解】設 B 為該位客人隨意抽出一個水果是水蜜桃的事件，C 為抽出小水果的事件．由上表的資料，得

$$P(B) = \frac{10}{40}, \quad P(C) = \frac{18}{40}, \quad P(B \cap C) = \frac{4}{40}$$

因此，所欲求的機率為

$$P(B \cup C) = P(B) + P(C) - P(B \cap C)$$
$$= \frac{10}{40} + \frac{18}{40} - \frac{4}{40} = \frac{24}{40} = \frac{3}{5}$$

習題 2-2

1. 一枚品質均勻的硬幣，向空投擲三次，俟落地後，觀察其正面 (H) 或反面 (T) 出現在地面上，試寫出此隨機實驗之樣本空間，並做此隨機實驗的樹形圖．
2. 投擲一黑一白兩骰子，試寫出其樣本空間．
3. 在第 2 題中，試描述下列各事件．
   (1) 兩骰子點數和為 7． (2) 兩骰子點數和大於等於 10．
   (3) 最大點數等於 2．   (4) 最小點數等於 1．
4. 試求一電燈泡使用壽命所構成的樣本空間及此電燈泡使用壽命在十年以內的事件．
5. 設某隨機實驗的樣本空間為 S，而 A、$B \subset S$．若某次實驗產生的樣本為 a．試解釋下列各問題．
   (1) $a \in A'$ (2) $a \in A \cup B$ (3) $a \in A \cap B$
   (4) $A \subset B$ (5) $A = \phi$
6. 設 A、B 為兩事件，且 $P(A \cup B) = \frac{3}{4}$，$P(A') = \frac{2}{3}$，$P(A \cap B) = \frac{1}{4}$．求
   (1) $P(B)$ (2) $P(A - B)$
7. 設 A、B、C 為三事件，且 $P(A) = P(B) = P(C) = \frac{1}{5}$，$P(A \cap B) = \frac{1}{10}$，$P(B \cap C) = P(C \cap A) = 0$．求

(1) $P(A \cup B \cup C)$　　　(2) $P(A' \cap B')$

8. 設 A、B、C 為三事件，$P(A)=P(B)=P(C)=\dfrac{1}{4}$，$P(A \cap B)=P(B \cap C)=0$，$P(C \cap A)=\dfrac{1}{8}$．求

   (1) A、B、C 三事件之中至少發生一件的機率．
   (2) A、B、C 均不發生的機率．

9. 某公司有二個缺，應徵者有 15 男，17 女，今在此 32 人中任取 2 位，求剛好得到一男一女的機率．

10. A、B、C、D、E 五個字母中，任取 2 個 (每字被取之機會均等)．試求
    (1) 此二字母均為子音的機率．
    (2) 此二字母恰有一個為母音的機率．

11. 有六對夫婦，自其中任選 2 人．求
    (1) 此 2 人恰好是夫婦的機率．
    (2) 此 2 人為一男一女的機率．

12. 將 "probability" 的 11 個字母重新排成一列，求相同字母不能排在相鄰位置的機率．

13. 甲袋中有 5 個紅球、4 個白球，乙袋中有 4 個紅球、5 個白球，今從甲、乙兩袋各任取 2 球，求所取得的 4 球均為同色的機率．

14. 某人擲一骰子 100 次，其中出現 6 點共 23 次，若再擲此骰子 100 次，其中出現 6 點共 18 次，試問 6 點出現之相對次數為多少？

§2-4　條件機率與獨立事件

　　一事件發生的機率常因另一事件的發生與否而有所改變．例如：某校學生人數 1000 人中，男生 600 人，近視者 200 人，近視中女生佔 50 人．今從全體學生 (看成樣本空間 S) 任選一人，設 B、G、E 分別表示選上"男生"、"女生"、"近視"的事件，則選上近視者的機率為 $P(E)=\dfrac{200}{1000}=\dfrac{1}{5}$，但如果已知選上男生 ($B$ 事件已發生)，此人是近視的機率就變成 $\dfrac{150}{600}=\dfrac{1}{4}$ (見圖 2-2)．換句話說，B 事件的發生影響到 E 事件的機率，這就是條件機率的概念．

　　當樣本空間 S 中某一事件 B 已發生，而欲求事件 A 發生的機率，這種機率稱

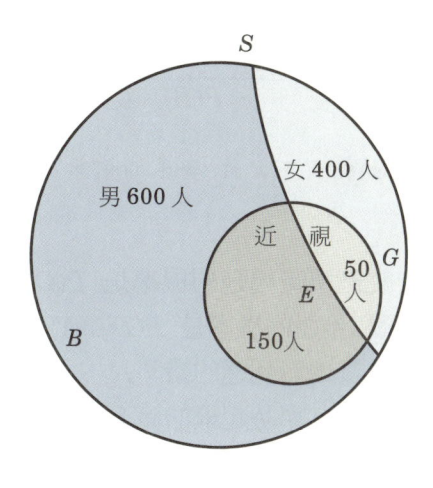

圖 2-2

為事件 A 的條件機率，以符號 $P(A|B)$ 表示。條件機率就是要處理"已得知實驗的部分"結果 (事件 B 發生) 下，重新估計另一事件 A 發生的機率。

在前例 (圖 2-2) 中，已知選上男生正表示實驗的結果是 B 事件發生，因此樣本空間 S 中的樣本點可以剔除女生，而 B 事件看成新的樣本空間 (該實驗的所有可能結果)，然後在新的樣本空間 B 上求近視的機率，圖 2-2 中只需在 B 的範圍內 (600 人) 挑選近視者 (150 人) 即可。

所以 $P(E|B) = \dfrac{150}{600} = \dfrac{1}{4}$，同理，$P(E|G) = \dfrac{50}{400} = \dfrac{1}{8}$ (在 G 的範圍內求 E 的機率)，$P(B|E) = \dfrac{150}{200} = \dfrac{3}{4}$ (在 E 的範圍內求 B 的機率)。又

$$P(E|B) = \dfrac{n(E \cap B)}{n(B)} = \dfrac{\dfrac{n(E \cap B)}{n(S)}}{\dfrac{n(B)}{n(S)}} = \dfrac{P(E \cap B)}{P(B)}$$

我們現在定義條件機率如下。

定義 2-4-1

設 A、B 為樣本空間 S 中的兩事件，且 $P(B) > 0$，則在事件 B 發生的情況下，事件 A 的條件機率 $P(A|B)$ 為

$$P(A|B) = \frac{P(A \cap B)}{P(B)}$$

$P(A|B)$ 讀作 "在 B 發生的情況下, A 發生的機率".

【例題 1】一個定期飛行的航班準時起飛的機率是 $P(D)=0.83$, 準時到達的機率是 $P(A)=0.82$, 而準時起飛和到達的機率是 $P(D \cap A)=0.78$. 試求下列機率
(1) 已知飛機準時起飛後, 其準時到達的機率.
(2) 已知它已經準時到達時, 其準時起飛的機率.

【解】(1) 已知飛機準時起飛後, 其準時到達的機率是

$$P(A|D) = \frac{P(D \cap A)}{P(D)} = \frac{0.78}{0.83} = 0.94$$

(2) 已知飛機已經準時到達時, 其準時起飛的機率是

$$P(A|D) = \frac{P(D \cap A)}{P(A)} = \frac{0.78}{0.82} = 0.95.$$

【例題 2】某位顧客向大維公司購買 100 個電子零件, 該公司之職員以 8 個不合格品與 92 個合格品混合裝成一箱, 這位顧客隨意由其中抽取兩個電子零件檢查. 如果發現是不合格品, 則拒收該箱電子零件, 試問這位顧客抽出兩個電子零件均為合格品的機率為多少?

【解】設 A 與 B 分別為第一個與第二個抽出的電子零件均為合格品的事件, 則兩個電子零件均為合格品的事件即為 $A \cap B$, 因為

$$P(A) = \frac{92}{100}, \quad P(B|A) = \frac{91}{99}$$

故所求之機率為

$$P(A \cap B) = P(A)P(B|A) = \frac{92}{100} \times \frac{91}{99} = \frac{2093}{2475}$$

【例題 3】擲一枚公正硬幣 3 次, 令 A 表示第一次出現正面的事件, B 表示 3 次中至少 2 次出現正面的事件, 求 $P(B|A)$ 及 $P(A|B)$.

【解】$A = \{$正正正, 正正反, 正反正, 正反反$\}$
$B = \{$正正正, 正正反, 正反正, 反正正$\}$

$A \cap B = \{正正正，正正反，正反正\}$

$$P(B|A)=\frac{P(A \cap B)}{P(A)}=\frac{\frac{3}{8}}{\frac{4}{8}}=\frac{3}{4}, \quad P(A|B)=\frac{P(A \cap B)}{P(B)}=\frac{\frac{3}{8}}{\frac{4}{8}}=\frac{3}{4}.$$

定理 2-4-1　條件機率之性質

設 A、B、C 為樣本空間 S 中的任意三事件，且 $P(C)>0$，$P(B)>0$，則有
(1) $P(\phi|C)=0$
(2) $P(C|C)=1$
(3) $0 \leq P(A|C) \leq 1$
(4) $P(A'|C)=1-P(A|C)$
(5) $P(A \cup B|C)=P(A|C)+P(B|C)-P(A \cap B|C)$
(6) $P(A)=P(A|B)P(B)+P(A|B')P(B')$

證：(3) 因 $(A \cap C) \subset C$，可知，$0 \leq n(A \cap C) \leq n(C)$，故

$$0 \leq \frac{n(A \cap C)}{n(C)} \leq 1$$

又

$$0 \leq \frac{\frac{n(A \cap C)}{n(S)}}{\frac{n(C)}{n(S)}} \leq 1$$

即

$$0 \leq \frac{P(A \cap C)}{P(C)} \leq 1$$

故

$$0 \leq P(A|C) \leq 1$$

其餘留給讀者自證.

【例題 4】設 A 與 B 為同一樣本空間的兩事件，且 $P(A)=\frac{1}{3}$，$P(B)=\frac{1}{4}$，$P(A \cap B)=\frac{1}{6}$. 求

(1) $P(A|B)$ (2) $P(B|A)$ (3) $P(A'|B')$ (4) $P(B'|A')$.

【解】(1) $P(A|B) = \dfrac{P(A \cap B)}{P(B)} = \dfrac{\frac{1}{6}}{\frac{1}{4}} = \dfrac{2}{3}$

(2) $P(B|A) = \dfrac{P(B \cap A)}{P(A)} = \dfrac{\frac{1}{6}}{\frac{1}{3}} = \dfrac{1}{2}$

(3) $P(A' \cap B') = P((A \cup B)') = 1 - P(A \cup B) = 1 - [P(A) + P(B) - P(A \cap B)]$

$$= 1 - \left(\dfrac{1}{3} + \dfrac{1}{4} - \dfrac{1}{6} \right) = \dfrac{7}{12}$$

故 $P(A'|B') = \dfrac{P(A' \cap B')}{P(B')} = \dfrac{\frac{7}{12}}{1 - \frac{1}{4}} = \dfrac{7}{9}$

(4) $P(B'|A') = \dfrac{P(B' \cap A')}{P(A')} = \dfrac{\frac{7}{12}}{1 - \frac{1}{3}} = \dfrac{7}{8}$.

【例題 5】擲一骰子 (各點出現機會均等),若出現 1 點、2 點則自 {a, b, c, d, e} 中任取一字母,若出現 3、4、5、6 點則自 {f, g, h, i} 中任取一字母,求取到子音之機率.

【解】令 A 表骰子出現 1 點或 2 點之事件,A' 表骰子出現 3、4、5、6 點之事件,B 表取到子音之事件. 見圖 2-3.

故 $P(B) = P(A) \cdot P(B|A) + P(A') \cdot P(B|A')$

$$= \dfrac{2}{6} \times \dfrac{3}{5} + \dfrac{4}{6} \times \dfrac{3}{4} = \dfrac{7}{10}.$$

設 A、B 為任意兩事件,若 $P(A) > 0$, $P(B) > 0$,則條件機率的式子可以寫成

$$P(A \cap B) = P(A)P(B|A) = P(B)P(A|B) \tag{2-4-1}$$

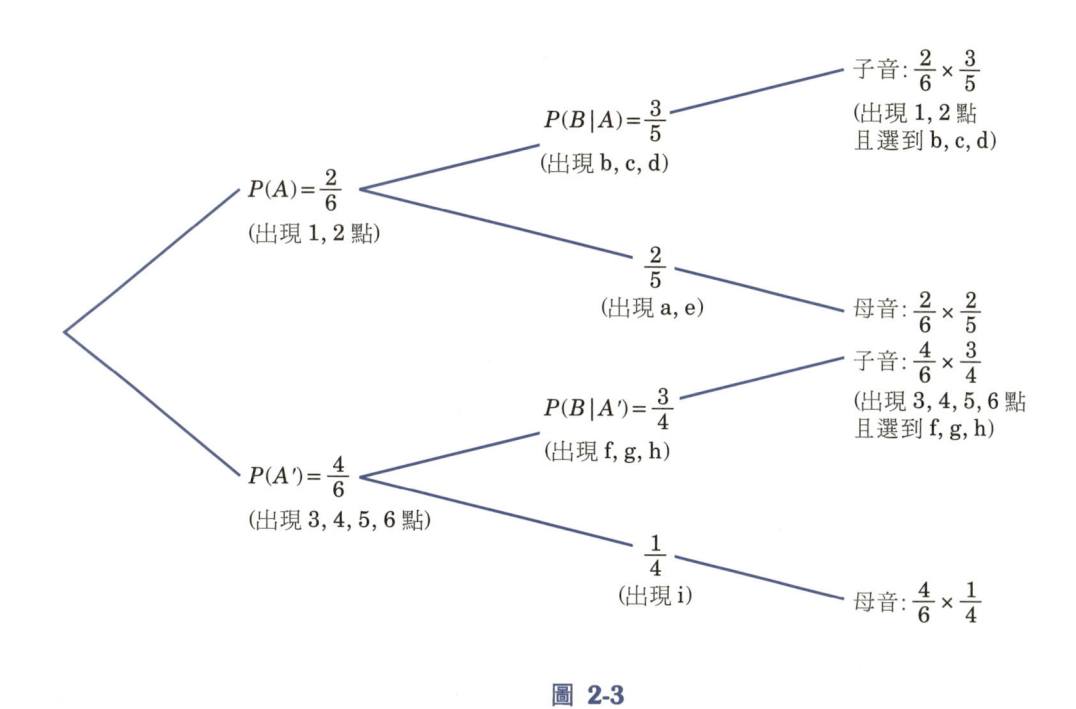

```
        P(B|A)=3/5           子音: 2/6 × 3/5
        (出現 b, c, d)       (出現 1, 2 點
P(A)=2/6                      且選到 b, c, d)
(出現 1, 2 點)
             2/5             母音: 2/6 × 2/5
             (出現 a, e)

        P(B|A')=3/4          子音: 4/6 × 3/4
        (出現 f, g, h)       (出現 3, 4, 5, 6 點
P(A')=4/6                     且選到 f, g, h)
(出現 3, 4, 5, 6 點)
             1/4             母音: 4/6 × 1/4
             (出現 i)
```

圖 2-3

此式稱為條件機率的乘法公式，它告訴我們如何去求兩個事件 A 與 B 同時發生的機率．

定理 2-4-2

若 $P(A)>0$, $P(A \cap B)>0$，則

$$P(A \cap B \cap C) = P(A)P(B|A)P(C|A \cap B)$$

證：由條件機率定義可得

$$P(C|A \cap B) = \frac{P(A \cap B \cap C)}{P(A \cap B)}$$

$$P(B|A) = \frac{P(A \cap B)}{P(A)}$$

故

$$P(A \cap B \cap C) = P(A \cap B)P(C|A \cap B)$$
$$= P(A)P(B|A)P(C|A \cap B)$$

一般，我們可將定理 2-4-2 推廣到 n 個事件，而得到下面的定理，稱為條件機

率的乘法定理，它告訴我們如何去求 n 個事件同時發生的機率。

定理 2-4-3　條件機率的乘法定理

設 A_i, $i=1, 2, 3, \cdots, n$, 為 n 個事件，且已知 $P(A_1)>0$, $P(A_1 \cap A_2)>0$, $\cdots$, $P(A_1 \cap A_2 \cap A_3 \cap \cdots \cap A_{n-1})>0$, 則

$$P(A_1 \cap A_2 \cap A_3 \cap \cdots \cap A_n) = P(A_1)P(A_2|A_1)P(A_3|A_1 \cap A_2) \cdots P(A_n|A_1 \cap A_2 \cap A_3 \cap \cdots \cap A_{n-1})$$

下面的例題就是有關條件機率乘法定理的應用。

【例題 6】袋中有 7 個紅球、4 個白球、2 個黑球。若各球被抽中的機會均等，試求第一、二、三次均抽到白球的機率 (設取出三球不放回)。

【解】設 A_1、A_2、A_3 分別表第一、二、三次抽到白球的事件，依機會均等及條件機率之定義，得

$$P(A_1)=\frac{4}{13}, \quad P(A_2|A_1)=\frac{3}{12}, \quad P(A_3|A_1 \cap A_2)=\frac{2}{11}$$

由定理 2-4-2 知

$$P(A_1 \cap A_2 \cap A_3) = P(A_1)P(A_2|A_1)P(A_3|A_1 \cap A_2)$$

$$=\frac{4}{13} \cdot \frac{3}{12} \cdot \frac{2}{11}$$

$$=\frac{2}{143}.$$

如果在一隨機實驗中，有 A、B 兩個事件，可能"事件 A 的發生既不減少也不增加事件 B 發生的機會"，換句話說，"A 與 B 兩事件無關"。

設 A 與 B 為樣本空間 S 中的任二事件，且 $P(A)>0$, $P(B)>0$。若 $P(A)=P(A|B)$, 則稱 A 與 B 無關。若 A 與 B 無關，則

$$P(A)=P(A|B)$$

即

$$P(A)=\frac{P(A \cap B)}{P(B)}$$

$$P(A \cap B) = P(A)P(B)$$

$$P(B) = \frac{P(A \cap B)}{P(A)}$$

即
$$P(B) = P(B|A)$$
因此 B 與 A 無關．

定義 2-4-2

若且唯若

$$P(B|A) = P(B) \text{ 且 } P(A|B) = P(A)$$

則二事件 A 與 B 為**獨立事件**，否則為**相關事件**．

定理 2-4-4　獨立事件之機率乘法法則

若 A 和 B 為二獨立事件，則

$$P(A \cap B) = P(A) \cdot P(B|A) = P(A) \cdot P(B)$$

證：因 A、B 為二獨立事件，則

$$P(A|B) = P(A)$$

由條件機率定義知

$$P(A|B) = \frac{P(A \cap B)}{P(B)}, \quad P(B) \neq 0$$

故得
$$\frac{P(A \cap B)}{P(B)} = P(A)$$

即
$$P(A \cap B) = P(A) \cdot P(B)$$

綜合上述，欲判斷兩事件 A 和 B 是否獨立，則可驗證下列三式中是否有任一

式成立

1. $P(A|B)=P(A)$
2. $P(B|A)=P(B)$ (2-4-2)
3. $P(A \cap B)=P(A) \cdot P(B)$

在此，特別提醒讀者切勿將"互斥事件"與"獨立事件"混淆，這是兩個完全不相同的觀念。當事件 A 與 B 之交集為空集合，即 $P(A \cap B)=0$ 時，我們稱 A 與 B 為互斥事件。然而，如果 A 與 B 為獨立事件，則 $P(A \cap B)=P(A) \cdot P(B)$。

由此可知，只要事件 A 與 B 其中任一事件之機率不為 0，則此兩種特性不可能同時存在。故式 (2-4-2) 之第 3 式為 A、B 二事件為獨立事件之充分必要條件。

【例題 7】某公司徵求一位職員，有 18 位應徵者，其中有 6 位是女性，9 位至少有三年工作經驗，女性應徵者中有 3 位至少有三年工作經驗，該公司決定由這 18 位應徵者中隨意任用一位，試問任用女性的事件與任用至少有三年工作經驗的事件是否獨立？

【解】設 A 為任用至少有三年工作經驗的事件，B 為任用女性的事件，則

$$P(A)=\frac{9}{18}=\frac{1}{2}, \qquad P(B)=\frac{6}{18}=\frac{1}{3}$$

$$P(A \cap B)=\frac{3}{18}=\frac{1}{6}$$

因此，$$P(A|B)=\frac{P(A \cap B)}{P(B)}=\frac{\frac{1}{6}}{\frac{1}{3}}=\frac{1}{2}=P(A)$$

所以，A 與 B 為獨立事件，但讀者亦可利用

$$P(A \cap B)=\frac{1}{6}=P(A) \cdot P(B)$$

來判斷 A、B 為獨立事件。

【例題 8】一個小鎮有一輛消防車和一輛救護車可供發生緊急事件使用。需要消防車的時候其可用機率為 0.98，需要救護車時其可用機率是 0.92，假設大樓火災裡

有一人受傷，試求救護車和消防車都立即可用的機率．

【解】設 A 與 B 分別代表消防車和救護車立即可用的事件，則

$$P(A \cap B) = P(A) \cdot P(B) = (0.98)(0.92) = 0.9016.$$

由 A、B 二事件獨立之條件，我們可以推廣到 A、B、C 三事件獨立之條件如下．

定義 2-4-3

設 A、B、C 均為同一樣本空間的三個事件，若
(1) $P(A \cap B) = P(A)P(B)$
(2) $P(B \cap C) = P(B)P(C)$
(3) $P(C \cap A) = P(C)P(A)$
(4) $P(A \cap B \cap C) = P(A)P(B)P(C)$
則稱 A、B、C 三事件獨立．

【例題 9】袋中有 60 個同樣的球，分別記以 1, 2, 3, …, 60 號．自袋中任取一球，設每球被取到的機會均等，且設 A、B、C 分別表示取出球號為 2 的倍數、3 的倍數、5 的倍數的事件，試證 A、B、C 為獨立事件．

【解】$P(A) = \dfrac{30}{60} = \dfrac{1}{2}$, $P(B) = \dfrac{20}{60} = \dfrac{1}{3}$, $P(C) = \dfrac{12}{60} = \dfrac{1}{5}$

(i) $P(A \cap B) = \dfrac{10}{60} = \dfrac{1}{6} = P(A)P(B)$

(ii) $P(B \cap C) = \dfrac{4}{60} = \dfrac{1}{15} = P(B)P(C)$

(iii) $P(C \cap A) = \dfrac{6}{60} = \dfrac{1}{10} = P(C)P(A)$

(iv) $P(A \cap B \cap C) = \dfrac{2}{60} = \dfrac{1}{30} = P(A)P(B)P(C)$

故 A，B，C 為獨立事件．

利用獨立事件機率之乘法法則，可將 A 與 B 聯集之機率以下列定理表示．

定理 2-4-5

設 A 與 B 為樣本空間中的兩個獨立事件，則
$$P(A \cup B) = P(A) + P(B) - P(A) \cdot P(B)$$

證：因 A 與 B 為獨立事件，得
$$P(A \cap B) = P(A) \cdot P(B)$$

又由和事件之機率知
$$P(A \cup B) = P(A) + P(B) - P(A \cap B)$$

故得，
$$P(A \cup B) = P(A) + P(B) - P(A) \cdot P(B)$$

【例題 10】某零售商向日光燈製造商購買兩箱 120 支裝的日光燈，每箱都有 6 個不良品。該零售商的購買人決定由每箱各隨意取出一支日光燈出來檢查，問至少有一個是不良品的機率為多少。

【解】設 A 與 B 分別代表由第一箱與第二箱抽出的日光燈為不良品的事件。由於從第一箱抽出與從第二箱抽出互不影響，所以 A 與 B 為獨立事件，故
$$P(A) = P(B) = \frac{6}{120}$$

因此，此問題的機率為
$$\begin{aligned}P(A \cup B) &= P(A) + P(B) - P(A)P(B) \\ &= \frac{6}{120} + \frac{6}{120} - \frac{6}{120} \cdot \frac{6}{120} \\ &= 0.0975.\end{aligned}$$

如果 A 與 B 為兩獨立事件，則事件 A、B 與它們的餘事件或兩餘事件 A'、B' 之間是否獨立呢？可由下述定理得知。

定理 2-4-6

設 A 與 B 為獨立事件，則
(1) A 與 B' 亦為獨立事件，同理，A' 與 B 亦為獨立事件。
(2) A' 與 B' 亦為獨立事件。

【例題 11】甲、乙兩人各進行一次射擊，如果兩人的命中率均為 0.6，計算
(1) 兩人均命中的機率。
(2) 恰有一人命中的機率。
(3) 至少有一人命中的機率。

【解】以 A 表示甲命中的事件，以 B 表示乙命中的事件。
(1) 兩人均命中的事件為 $A \cap B$，又 A 與 B 為獨立事件，故所求機率為

$$P(A \cap B) = P(A)P(B)$$
$$= 0.6 \times 0.6$$
$$= 0.36$$

(2) "兩人各射擊一次，恰有一人命中"包括兩種情況：一種是甲命中、乙未命中 (事件 $A \cap B'$ 發生)；另一種是甲未命中、乙命中 (事件 $A' \cap B$ 發生)。根據題意，這兩種情況在各射擊一次時不可能同時發生，即 $A \cap B'$ 與 $A' \cap B$ 互斥，故所求機率為

$$P(A \cap B') + P(A' \cap B) = P(A)P(B') + P(A')P(B)$$
$$= 0.6 \times (1-0.6) + (1-0.6) \times 0.6$$
$$= 0.24 + 0.24$$
$$= 0.48$$

(3) 兩人均未命中的機率為

$$P(A' \cap B') = P(A')P(B') = (1-0.6) \times (1-0.6)$$
$$= 0.16$$

因此，至少有一人命中的機率為

$$P(A \cup B) = 1 - P(A' \cap B')$$
$$= 1 - 0.16$$
$$= 0.84。$$

習題 2-3

1. 設 A 與 B 為兩事件，$P(A)=\dfrac{1}{3}$，$P(B)=\dfrac{1}{5}$，$P(A\cup B)=\dfrac{1}{2}$。求

    (1) $P(B|A)$　　(2) $P(A|B)$　　(3) $P(A|B')$

2. 設 A 與 B 為兩事件，$P(A')=\dfrac{1}{3}$，$P(B)=\dfrac{1}{4}$，$P(A\cup B)=\dfrac{3}{5}$，求 $P(A|B')$。

3. 擲一公正骰子兩次，以 A 表示第一次點數大於第二次點數的事件，B 表示兩次點數和為偶數的事件，求 $P(B|A)$ 及 $P(A|B)$。

4. 擲一公正硬幣三次，以 A 表示第一次出現正面的事件，B 表示三次中至少兩次出現正面的事件，求 $P(B|A)$ 及 $P(A|B)$。

5. 擲一公正骰子兩次，以 A 表示第一次出現的點數為偶數的事件，B 表示兩次點數和為 8 點的事件，求 $P(B|A)$ 及 $P(A|B)$。

6. 由 1 到 60 的自然數中任取一數，以 A、B、C 分別表示取到的數為 2 的倍數、3 的倍數、5 的倍數的事件，求 $P(B|A)$ 及 $P(C|A\cap B)$。

7. 擲三枚均勻的硬幣，求至少出現兩正面的事件下，第一個出現正面的機率為多少？

8. 設某班級共有 100 人，其中有色盲者 20 人，100 人中有男生 70 人，女生 30 人，而有色盲之女生共 5 人。求下列各機率

    (1) 100 人中選一人，求選中女生的條件下，被選者有色盲之機率。

    (2) 100 人中選一人，求選中男生的條件下，被選者無色盲之機率。

9. 設一袋中有 7 個紅球、5 個白球、4 個黃球，今連續取三次，每次取一球，若取後再放回袋中，求依次取得紅球、白球、黃球之機率。

10. 將 "seesaw" 一字任意排成一列，已知 s 排在最左邊，求 2 個 e 相鄰的機率。

11. 將 5 個球任意放入 A、B、C 三個袋子中，在 A、B 兩袋總共放入 3 個球的條件下，求 A 袋中恰好放入 1 個球的機率。

12. 擲一公正硬幣 6 次，令 A 表示 6 次中至少 4 次出現正面的事件，B 表示 6 次中至少 4 次連續出現正面的事件。求

    (1) 事件 A 發生的機率。

    (2) 在事件 A 發生的條件下，事件 B 發生的機率。

13. 袋中有 7 個紅球、4 個白球、2 個黑球，每次任取一球，取後不放回，共取三次，求三次均抽到白球的機率。

14. 袋中有 3 個紅球、4 個白球、5 個黃球，共 12 個球，每次任取一球，取後不

放回，共取三次．求

(1) 取出的球依次為紅、白、黃色的機率．

(2) 第二次取出白球的機率．

15. A 袋中有 1 個黃球、2 個白球，B 袋中有 2 個黃球、3 個白球，C 袋中有 3 個黃球、5 個白球．今自各袋中任取一球．求

(1) 3 個球均為黃球的機率．

(2) 3 個球中恰有 1 個黃球的機率．

16. 甲袋中有 3 個白球、2 個紅球，乙袋中有 2 個白球、4 個紅球，丙袋中有 1 個白球、2 個紅球，今任選一袋，再自袋中任取一球，求取得白球的機率．

17. 一袋中裝有紅、黃、藍、白四球，今由袋中任取一球，設 A 表取到紅球或藍球之事件，B 表取到紅球或白球之事件．若各球被取到之機會均等，試問 A 與 B 為獨立事件抑或相依事件？

18. 由一副撲克牌中隨機抽取一張，令 A 代表抽出黑桃的事件，B 代表抽出老 K 的事件，試問 A 與 B 是否為統計獨立？

19. 某君平時均固定搭乘公司的交通車上班，該交通車每次會準時到候車處的機率為 80%，而此君會準時趕到候車處的機率為 60%．若交通車與此君均同時準時到達的機率為 48%，試問該交通車準時到達的現象與此君準時到達是否為獨立事件？

20. 設 A、B 為二統計獨立事件，且 $P(A)=\dfrac{1}{2}$，$P(A \cup B)=\dfrac{2}{3}$．試求

(1) $P(B)$ (2) $P(A|B)$ (3) $P(B'|A)$

21. 設 A 與 B 分別表示甲、乙活過十年以上的事件，且 $P(A)=\dfrac{1}{4}$，$P(B)=\dfrac{1}{3}$．若 A 與 B 為獨立事件，求

(1) 兩人都活十年以上的機率．

(2) 至少有一人活十年以上的機率．

(3) 沒有一人活十年以上的機率．

22. 設 A 與 B 為獨立事件，$P(A)=0.4$，$P(A' \cap B')=0.18$，求 $P(B)$．

23. 某人向水果店購買兩盒各裝有 40 個奇異果的禮盒，每盒中均有 3 個不良品，他決定從每盒隨意取出 1 個出來檢查，問

(1) 至少有 1 個是不良品的機率為多少？

(2) 取出的 2 個均非不良品的機率為多少？

§2-5　貝士定理

在條件機率之應用上有一個很重要的定理稱為貝士定理 (Bayes Theorem)。貝士定理之應用，係當我們了解母體的特性之後，便可依據機率法則求出某一事件出現的機率，這種機率稱為事前機率。然而，若我們能設法取得有關事件之額外資訊 (additional information，以條件機率形式出現)，則可對原先的事前機率加以修正，故貝士定理即是說明如何由額外資訊修正事前機率而得到事後機率 (posterior probability) 的方法。上述這種結合事前機率與條件機率 (額外資訊)，以導出事後機率的過程，即為貝士定理的應用。簡單型的貝士法則如下

若 $P(A) \neq 0$，$P(B) \neq 0$，則　　$P(A|B) = \dfrac{P(B|A)P(A)}{P(B)}$

$P(A)$ 稱為事前機率，$P(B|A)$ 為條件機率，$P(A|B)$ 稱為事後機率。在應用貝士定理時，必須要知道其事前機率，舉例說明如下。

某公司有位祕書向其主管報告有位顧客的信用欠佳。由於報告顧客的信用問題應持謹慎的態度，於是這位主管決定再進一步的加以判斷，是否這位顧客真的信用欠佳。假設 A 代表顧客信用欠佳的事件，B 代表顧客被認定為信用欠佳的事件。這位主管再加以進一步研判的目的，即要了解這位顧客被認為信用欠佳之條件下，確實信用欠佳的機率是多少？假設由以往的資料顯示

(1) 凡是信用欠佳的顧客被這位祕書認出來的機率是 92%。
(2) 所有顧客中有 6% 被這位祕書認為信用欠佳。
(3) 這位祕書所調查的顧客中的確信用欠佳的佔 4%。

即　　　　$P(B|A) = 0.92$，　　$P(B) = 0.06$，　　$P(A) = 0.04$

則

$$P(A|B) = \frac{P(B|A)\,P(A)}{P(B)} = \frac{0.92 \times 0.04}{0.06} = 0.613$$

(事後機率)　　　　　　　(事前機率)

這個機率值並不高，因此祕書的報告可信度不高。於是這位主管再進一步收集有關顧客被認為信用欠佳的資料，若取 $P(B) = 0.04$，則

$$P(A|B) = \frac{P(B|A)P(A)}{P(B)} = \frac{0.92 \times 0.04}{0.04} = 0.92$$

此機率值已很高，因此，這位主管就可以相信祕書的報告了．

由簡單型之貝士法則，可推廣為一般形式之貝士定理，首先我們介紹樣本空間 S 的分割觀念．

定義 2-5-1

設 $A_1, A_2, A_3, \cdots, A_n$ 為樣本空間 S 中的 n 個事件，若 $A_1, A_2, A_3, \cdots, A_n$ 滿足
(1) $A_1 \cup A_2 \cup A_3 \cup \cdots \cup A_n = S$
(2) $A_i \cap A_j = \phi$, $i \neq j$, $i, j = 1, 2, 3, \cdots, n$
則稱 $\{A_1, A_2, A_3, \cdots, A_n\}$ 為樣本空間 S 的一個分割．

如圖 2-4 所示．

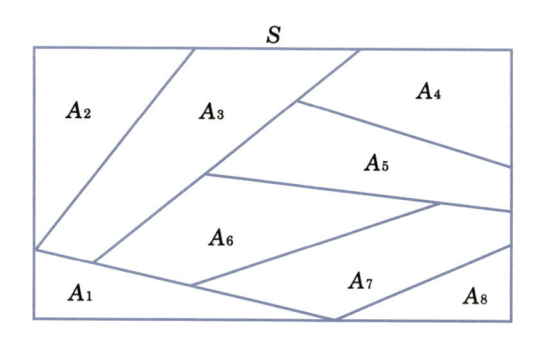

圖 2-4

有時，要求某一事件 B 的機率，必須將 B 先分割，再一小塊一小塊的求，最後拼湊 (相加) 成 B 的機率．根據機率性質的加法性及條件機率的乘法定理，可以導出下面的分割定理．

定理 2-5-1 機率總和定理

設 $\{A_1, A_2, A_3, \cdots, A_n\}$ 為樣本空間 S 的一個分割，$P(A_i) > 0$, $i = 1, 2, 3, \cdots, n$，B 為 S 中的任一事件，則

$$P(B) = \sum_{i=1}^{n} P(B \cap A_i) = \sum_{i=1}^{n} P(A_i)P(B|A_i)$$

有關於機率總和定理，我們可以用樹狀圖 (圖 2-5) 來加以表示如下：

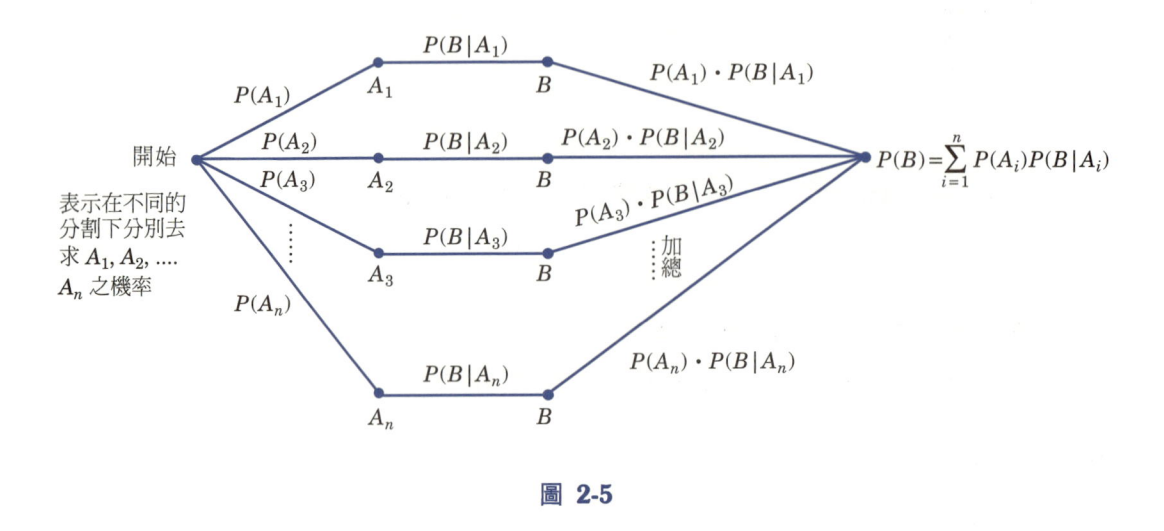

圖 2-5

【例題 1】一樹狀圖如圖 2-6 所示，試求 (1) $P(A)$，(2) $P(B|A)$，(3) $P(B'|A)$。

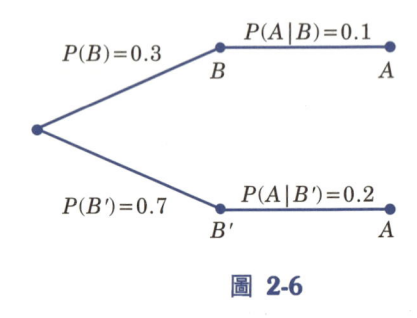

圖 2-6

【解】(1) $P(A) = P(B) \cdot P(A|B) + P(B')P(A|B')$
$= 0.3 \times 0.1 + 0.7 \times 0.2 = 0.03 + 0.14$
$= 0.17$

(2) $P(B|A) = \dfrac{0.3 \times 0.1}{0.17} \approx 0.176$

(3) $P(B'|A) = \dfrac{0.7 \times 0.2}{0.17} \approx 0.823$

【例題 2】某校社團中，高一學生佔 60%，高二學生佔 30%，高三學生佔 10%，高一學生中戴眼鏡者佔 20%，高二學生中戴眼鏡者佔 25%，高三學生中戴眼鏡者佔 30%．自該社團中任意叫出一位社員，求此社員為戴眼鏡者的機率．

【解】設 A_1、A_2、A_3 分別表示他是高一、高二、高三學生的事件，又設 B 為"叫出一社員他是戴眼鏡者的事件"．

由題意知全部社員的 60% 是高一學生，故自全部社員中任意叫出一人是高一學生的機率為 60%，即 $P(A_1)=60\%$．

同理可知：$P(A_2)=30\%$，$P(A_3)=10\%$．

再由題意知高一學生中戴眼鏡的人佔 20%，換句話說，在我們知道一社員是高一學生的條件下，他是"戴眼鏡的人"的機率是 20%，即 $P(B|A_1)=20\%$．

同理可知：$P(B|A_2)=25\%$，$P(B|A_3)=30\%$．

因 $\{A_1, A_2, A_3\}$ 為樣本空間 S 的一分割，故依定理 2-5-1，知

$$P(B)=\sum_{i=1}^{3} P(A_i)P(B|A_i)$$
$$=P(A_1)P(B|A_1)+P(A_2)P(B|A_2)+P(A_3)P(B|A_3)$$
$$=60\%\times 20\%+30\%\times 25\%+10\%\times 30\%$$
$$=\frac{3}{5}\times\frac{1}{5}+\frac{3}{10}\times\frac{1}{4}+\frac{1}{10}\times\frac{3}{10}=\frac{49}{200}.$$

讀者應注意該題計算之過程如下：各步驟間相乘，各類 (互斥) 相加．

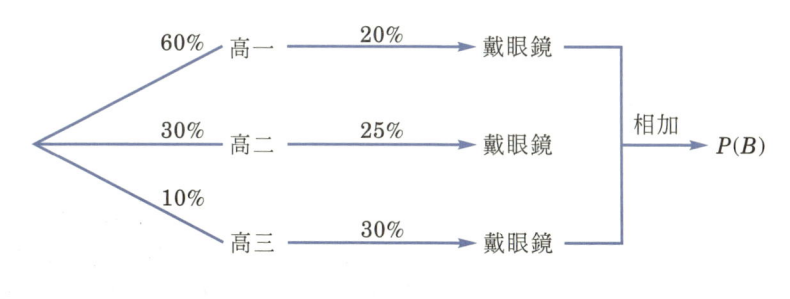

圖 2-7

定理 2-5-2　貝士一般定理

設 $\{A_1, A_2, A_3, \cdots, A_n\}$ 為樣本空間 S 的一個分割，B 為 S 中的任意事件，若 $P(B)>0$，$P(A_i)>0$，$i=1, 2, 3, \cdots, n$，則對每一自然數 k，$1\leq k\leq n$，我們有

$$P(A_k|B)=\frac{P(A_k)P(B|A_k)}{\sum_{i=1}^{n}P(A_i)P(B|A_i)}$$

證：由條件機率的定義可得

$$P(A_k|B)=\frac{P(B\cap A_k)}{P(B)}=\frac{P(A_k)P(B|A_k)}{P(B)}$$

又由定理 2-5-1 可知

$$P(B)=\sum_{i=1}^{n}P(A_i)P(B|A_i)$$

故

$$P(A_k|B)=\frac{P(A_k)P(B|A_k)}{\sum_{i=1}^{n}P(A_i)P(B|A_i)}$$

其實，貝士定理就是分割定理與乘法定理的組合.

乘法定理

$$P(A_k|B)=\frac{P(B\cap A_k)}{P(B)}=\frac{P(A_k)P(B|A_k)}{\sum_{i=1}^{n}P(A_i)P(B|A_i)}$$

分割定理

【例題 3】某人欲從三家租車公司租借汽車：60% 從租車公司 A，30% 從租車公司 B，10% 從租車公司 C. 但從租車公司 A 租借的車有 9% 需做引擎調整，從租車公司 B 租借的車有 20% 需做引擎調整，從租車公司 C 租借的車有 6% 需做引擎調整. 試問

(1) 此人租借的車需做引擎調整的機率有多少？
(2) 此車從租車公司 B 租借的機率有多少？

【解】設 E 表示租借的車需做引擎調整的事件，而 B_1、B_2 和 B_3 分別表示汽車從租車公司 A、B、C 租借的事件，則由貝士定理知

(1) $P(E)=P(B_1)P(E|B_1)+P(B_2)P(E|B_2)+P(B_3)P(E|B_3)$
$=(0.6)(0.09)+(0.3)(0.2)+(0.1)(0.06)$

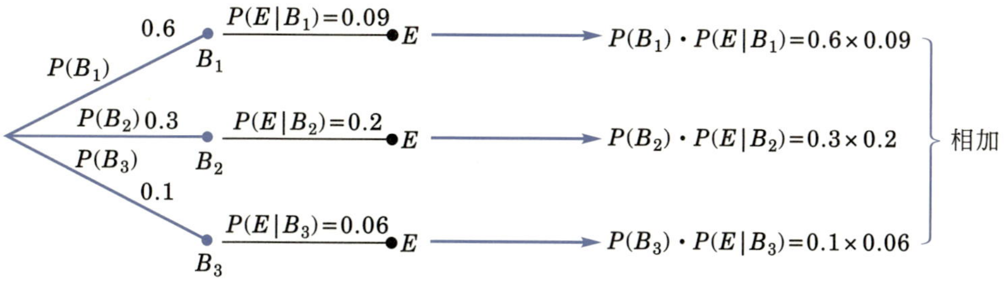

$$\begin{array}{l}
P(B_1) \xrightarrow{0.6} B_1 \xrightarrow{P(E|B_1)=0.09} E \longrightarrow P(B_1)\cdot P(E|B_1)=0.6\times 0.09 \\
P(B_2) \xrightarrow{0.3} B_2 \xrightarrow{P(E|B_2)=0.2} E \longrightarrow P(B_2)\cdot P(E|B_2)=0.3\times 0.2 \\
P(B_3) \xrightarrow{0.1} B_3 \xrightarrow{P(E|B_3)=0.06} E \longrightarrow P(B_3)\cdot P(E|B_3)=0.1\times 0.06
\end{array} \right\} \text{相加}$$

圖 2-8

$$= 0.12$$

(2) $P(B_2|E) = \dfrac{P(B_2)P(E|B_2)}{P(E)} = \dfrac{(0.3)(0.2)}{0.12} = 0.5.$

【例題 4】某燈泡公司有北、中、南三家製造廠，各廠產量的比率佔總產量分別為 30%、30%、40%，各廠不合格的產品佔該廠產量的比率依次為 1.5%、1.2%、1%．今董事長親臨視察，在總倉庫 (三廠的產品集中一處) 中任意挑出一個產品，經檢驗結果是不合格的產品，問此產品是北、中、南三廠製造的機率各為多少？

【解】分別以 A、B、C 表示產品是由北廠、中廠、南廠製造的事件，以 D 表示不合格產品的事件，則 $\{A, B, C\}$ 為樣本空間的一個分割，且 $P(A)=0.3$, $P(B)=0.3$, $P(C)=0.4$, $P(D|A)=0.015$, $P(D|B)=0.012$, $P(D|C)=0.01$．

$$P(A|D) = \frac{P(A \cap D)}{P(D)} = \frac{P(A)P(D|A)}{P(A)P(D|A)+P(B)P(D|B)+P(C)P(D|C)}$$

$$= \frac{0.3 \times 0.015}{0.3 \times 0.015 + 0.3 \times 0.012 + 0.4 \times 0.01}$$

$$= \frac{0.0045}{0.0121} = \frac{45}{121}$$

$$P(B|D) = \frac{P(B)P(D|B)}{P(D)} = \frac{0.0036}{0.0121} = \frac{36}{121}$$

$$P(C|D) = \frac{P(C)P(D|C)}{P(D)} = \frac{0.004}{0.0121} = \frac{40}{121}.$$

【例題 5】A_1、A_2 及 A_3 都是研究股票的理論，在某一羣投資人中，相信這三種理

論的機率分佈大約是

$$P(A_1)=\frac{1}{2},\ P(A_2)=\frac{1}{3},\ P(A_3)=\frac{1}{6}$$

現在用 A_1、A_2 及 A_3 三種理論，分別對下一季股票之漲跌作出下列之預測：

理論	股票預測		
	A：上漲	B：持平	C：下跌
A_1	$\frac{1}{5}$	$\frac{3}{5}$	$\frac{1}{5}$
A_2	$\frac{1}{5}$	$\frac{1}{5}$	$\frac{3}{5}$
A_3	$\frac{4}{5}$	$\frac{1}{10}$	$\frac{1}{10}$

如果下一季之股票真的上漲，試求在預測上漲的條件下，相信這三種理論而獲利的投資者的機率分佈。

【解】假如下一季股票真的上漲了，則事件 A 確定發生，現分別將 $P(A|A_1)=\frac{1}{5}$、$P(A|A_2)=\frac{1}{5}$ 及 $P(A|A_3)=\frac{4}{5}$ 代入貝士定理

$$P(A_i|A)=\frac{P(A_i)P(A|A_i)}{\sum_{j=1}^{3}P(A_j)P(A|A_j)}\qquad (i=1,\ 2,\ 3)$$

所以，

$$P(A_1|A)=\frac{\frac{1}{2}\times\frac{1}{5}}{\frac{1}{2}\times\frac{1}{5}+\frac{1}{3}\times\frac{1}{5}+\frac{1}{6}\times\frac{4}{5}}=\frac{1}{3}$$

$$P(A_2|A)=\frac{\frac{1}{3}\times\frac{1}{5}}{\frac{1}{2}\times\frac{1}{5}+\frac{1}{3}\times\frac{1}{5}+\frac{1}{6}\times\frac{4}{5}}=\frac{2}{9}$$

$$P(A_3|A)=\frac{\frac{1}{6}\times\frac{4}{5}}{\frac{1}{2}\times\frac{1}{5}+\frac{1}{3}\times\frac{1}{5}+\frac{1}{6}\times\frac{4}{5}}=\frac{4}{9}$$

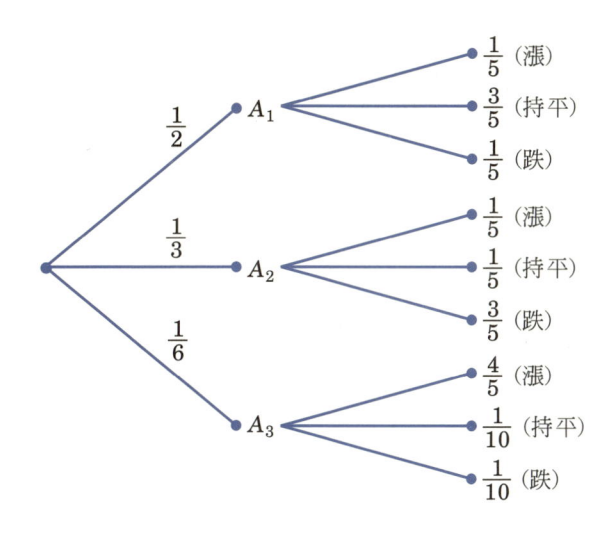

```
            1/5 (漲)
      ·A₁— 3/5 (持平)
   1/2      1/5 (跌)

            1/5 (漲)
   1/3 ·A₂— 1/5 (持平)
            3/5 (跌)
   1/6
            4/5 (漲)
      ·A₃— 1/10 (持平)
            1/10 (跌)
```

圖 2-9

我們亦可以用樹狀圖 (圖 2-9) 說明上面的情形.

由於相信 A_1 理論, 知下一季股票上漲之機率為 $\dfrac{1}{2}\times\dfrac{1}{5}=\dfrac{1}{10}$. 同理, 由於相信 A_2、A_3 理論而知下一季股票上漲的機率分別為

$$\frac{1}{3}\times\frac{1}{5}=\frac{1}{15} \quad \text{及} \quad \frac{1}{6}\times\frac{4}{5}=\frac{2}{15}$$

由 A_1、A_2、A_3 理論得到下一季股票上漲的總機率為

$$\frac{1}{10}+\frac{1}{15}+\frac{2}{15}=\frac{9}{30}$$

所以,

$$P(A_1|A)=\frac{P(A|A_1)}{P(A)}=\frac{\dfrac{1}{10}}{\dfrac{9}{30}}=\frac{1}{3}$$

$$P(A_2|A)=\frac{P(A|A_2)}{P(A)}=\frac{\dfrac{1}{15}}{\dfrac{9}{30}}=\frac{2}{9}$$

$$P(A_3|A)=\frac{P(A|A_3)}{P(A)}=\frac{\frac{2}{15}}{\frac{9}{30}}=\frac{4}{9}$$

§2-6　白努利試驗

　　如果我們進行一系列的隨機試驗，在每次試驗中，事件 A 或者發生，或者不發生，假設每次試驗的結果與其他各次的試驗結果無關，這樣的一系列重複試驗，就稱為白努利試驗。

定理 2-6-1　白努利定理

如果在白努利試驗中，事件 A 發生之機率為 p $(0<p<1)$，則在 n 次試驗中，事件 A 恰巧發生 k 次的機率是 $C_k^n p^k q^{n-k}$，其中 $p+q=1$，這個機率通常記為 $b(k, n, p)$。

　　我們不直接證明該定理是成立的，我們可以藉助下面的例子來說明白努利定理。

　　某射手射擊一次，擊中目標的機率是 p，且各次射擊是否擊中相互之間沒有影響，那麼，他射擊四次恰好擊中三次的機率是多少？

　　設此射手在第一、二、三、四次射擊中，擊中目標的事件分別記為 A_1, A_2, A_3, A_4，則未擊中目標的事件為 A_1', A_2', A_3', A_4'。他射擊四次恰好擊中三次，共有下面四種情況

$$A_1 \cap A_2 \cap A_3 \cap A_4', \qquad A_1 \cap A_2 \cap A_3' \cap A_4,$$
$$A_1 \cap A_2' \cap A_3 \cap A_4, \qquad A_1' \cap A_2 \cap A_3 \cap A_4$$

上述每一種情況都可看成是在四個位置上選三個寫上 A，另一個寫上 A'，所以這些情況的總數等於從四個元素中取出三個的組合數 C_3^4，即 4 個。

　　由於各次射擊是否擊中相互之間沒有影響，故

$$P(A_1 \cap A_2 \cap A_3 \cap A_4')=P(A_1)P(A_2)P(A_3)P(A_4')$$
$$=p \times p \times p \times (1-p)=p^3(1-p)$$

$$P(A_1 \cap A_2 \cap A_3' \cap A_4)=P(A_1)P(A_2)P(A_3')P(A_4)$$

$$=p \times p \times (1-p) \times p = p^3(1-p)$$
$$P(A_1 \cap A_2' \cap A_3 \cap A_4) = P(A_1)P(A_2')P(A_3)P(A_4)$$
$$=p \times (1-p) \times p \times p = p^3(1-p)$$
$$P(A_1' \cap A_2 \cap A_3 \cap A_4) = P(A_1')P(A_2)P(A_3)P(A_4)$$
$$=(1-p) \times p \times p \times p = p^3(1-p)$$

這就是說，在上面射擊四次恰好擊中三次的情況中，每一種情況發生的機率均是 $p^3(1-p)$．因這四種情況彼此互斥，故所求的機率為

$$P(A_1 \cap A_2 \cap A_3 \cap A_4') + P(A_1 \cap A_2 \cap A_3' \cap A_4) + P(A_1 \cap A_2' \cap A_3 \cap A_4) + P(A_1' \cap A_2 \cap A_3 \cap A_4)$$
$$= 4p^3(1-p)$$
$$= C_3^4 \, p^3(1-p)$$

在上面的例子中，四次射擊可以看成是進行四次獨立重複實驗．

一般而言，在一隨機實驗中，設事件 A 發生的機率為 p，若 n 次實驗互不影響，則在此 n 次實驗中，事件 A 恰好發生 k 次的機率為

$$C_k^n \, p^k(1-p)^{n-k} = C_k^n \, p^k \, q^{n-k} \qquad (0 \leq k \leq n)$$

所以，
$$b(k, n, p) = C_k^n \, p^k \, q^{n-k}$$

故白努利定理又稱為**二項式分佈定理**，因為容易看出，機率 $b(k, n, p)$ 等於二項式 $(q+px)^n$ 的展開式中 x^k 的係數．

推論：在 n 次的試驗中，事件 A 至少發生 k 次的機率為

$$C_k^n \, p^k(1-p)^{n-k} + C_{k+1}^n \, p^{k+1}(1-p)^{n-k-1} + \cdots + C_n^n \, p^n$$

【例題 1】袋中有 2 個白球、3 個紅球，今自袋中每次任取一球，取後放回，連續取五次，求
  (1) 恰有三次取得白球的機率．
  (2) 三次取得白球 (但最後一次是白球) 的機率．

【解】每次取得白球的機率為 $\dfrac{2}{5}$，取得紅球的機率為 $\dfrac{3}{5}$．

  (1) 所求的機率為 $C_3^5 \left(\dfrac{2}{5}\right)^3 \left(\dfrac{3}{5}\right)^2 = \dfrac{144}{625}$

(2) 所求的機率為 $C_2^4 \left(\dfrac{2}{5}\right)^2 \left(\dfrac{3}{5}\right)^2 \left(\dfrac{2}{5}\right) = \dfrac{432}{3125}$.

【例題 2】某次考試，共有選擇題十題，某生決定不唸書，單憑猜測去答問題，他自信對每題的猜測有 $\dfrac{1}{2}$ 的把握，問他猜中最少七題的機率是多少？

【解】因該生對這十題選擇題的猜測可以視為一系列的重複試驗，因此，該生答中 k 題目的機率是 $C_k^{10} p^k q^{10-k}$.

因為 $p = \dfrac{1}{2}$，所以，

$$C_k^{10} p^k q^{10-k} = C_k^{10} \left(\dfrac{1}{2}\right)^k \left(\dfrac{1}{2}\right)^{10-k}$$

故該生答中最少七題的機率是

$$p(k \geq 7) = C_7^{10}\left(\dfrac{1}{2}\right)^{10} + C_8^{10}\left(\dfrac{1}{2}\right)^{10} + C_9^{10}\left(\dfrac{1}{2}\right)^{10} + C_{10}^{10}\left(\dfrac{1}{2}\right)^{10}$$

$$= \left(\dfrac{1}{2}\right)^{10} [120 + 45 + 10 + 1]$$

$$= \dfrac{176}{2^{10}} = \dfrac{11}{64} \approx 0.172.$$

§2-7 數學期望值

為了說明數學期望值這個觀念，我們先考慮下面的例子：假設投擲一顆骰子，出現了 2 點得 20 元，出現其他的點失去 1 元，討論投擲一次的得失情形．事實上，投擲骰子一次，可能得 20 元，亦可能失去 1 元，究竟是得 20 元還是失去 1 元，並不清楚，但將這個試驗做 100 次，假如 2 點出現了 15 次，其他點出現了 85 次，所得的結果是 $20 \times 15 - 1 \times 85 = 215$ 元，即平均每次約得 2 元左右．這種平均值就是投擲骰子一次的期望值．當試驗 N 的次數增大，期望值就愈穩定，在 N 次試驗中，2 點出現了 a 次，其他點出現了 b 次，則一次的平均得失是

$$\dfrac{20a - b}{N} = 20 \left(\dfrac{a}{N}\right) - 1 \cdot \left(\dfrac{b}{N}\right)$$

如果骰子點數出現的機會均等，當 N 增大時，$\dfrac{a}{N} \to \dfrac{1}{6}$，$\dfrac{b}{N} \to \dfrac{5}{6}$，即

$$20 \times \dfrac{1}{6} - 1 \times \dfrac{5}{6} = 2.5$$

這個值就稱為**數學期望值**.

定義 2-7-1

設一實驗的樣本空間為 S，$\{A_1, A_2, A_3, \cdots, A_n\}$ 為 S 的一個分割，若事件 A_i 發生，可得 m_i 元，$i = 1, 2, 3, \cdots, n$，則稱

$$\sum_{i=1}^{n} m_i\, P(A_i)$$

為此實驗的**數學期望值**，簡稱為**期望值**.

【例題 1】擲一顆公正骰子，出現么點可得 300 元，出現偶數點可得 200 元，出現其他各點可得 60 元，求擲一次骰子所得金額的期望值.

【解】擲一顆骰子，出現么點的機率為 $\dfrac{1}{6}$，出現偶數點的機率為 $\dfrac{1}{2}$，出現 3 點、5 點的機率為 $\dfrac{1}{3}$，故所求的期望值為

$$300\text{ 元} \times \dfrac{1}{6} + 200\text{ 元} \times \dfrac{1}{2} + 60\text{ 元} \times \dfrac{1}{3} = 170\text{ 元}.$$

【例題 2】袋中有五十元、十元硬幣各 3 枚，今自袋中任取 2 枚，求所得總金額之期望值.

【解】自袋中任取 2 枚硬幣，共有 $C_2^6 = 15$ 種方法

取到 2 枚五十元硬幣的機率為 $\dfrac{C_2^3}{15} = \dfrac{3}{15}$

取到 2 枚十元硬幣的機率為 $\dfrac{C_2^3}{15} = \dfrac{3}{15}$

取到 1 枚五十元、1 枚十元硬幣的機率為 $\dfrac{C_1^3 \times C_1^3}{15} = \dfrac{9}{15}$

故期望值為

$$100 \text{ 元} \times \frac{3}{15} + 20 \text{ 元} \times \frac{3}{15} + 60 \text{ 元} \times \frac{9}{15} = 60 \text{ 元}.$$

在例題 2 中，袋中兩種硬幣的平均價值為

$$\frac{50 \text{ 元} \times 3 + 10 \text{ 元} \times 3}{6} = 30 \text{ 元}$$

取二枚硬幣的平均價值為 30 元×2＝60 元，即期望值等於平均價值。

習題 2-4

1. 某校圍棋社由甲、乙、丙三班同學組成，各佔 60%、30%、10%。社員中甲班人數的 $\frac{1}{5}$，乙班人數的 $\frac{1}{5}$，丙班人數的 $\frac{1}{4}$ 亦為排球隊員。某次圍棋社推選新社長，每人當選的機會均等，求排球隊員當選的機率。

2. 某校高三學生中，第一類組佔 40%，第二類組佔 10%，第三類組佔 20%，第四類組佔 30%。已知第一類組學生中喜歡數學的人佔 90%，第二類組學生中喜歡數學的人佔 20%，第三類組學生中喜歡數學的人佔 75%，第四類組學生中喜歡數學的人佔 80%；今自該校高三學生中任選一人，試求此人喜歡數學的機率。

3. 某工廠有 A、B、C 三部機器，各機器之產品依序分別佔總產量之 50%、30% 和 20%，但 A 機器之產品中有 4% 不合格，B 機器之產品中有 5% 不合格，C 機器之產品中有 6% 不合格。
   (1) 若自所有產品中任選一件產品，求此產品為不合格品之機率。
   (2) 若自所有產品中任選一件產品，發現此件產品為不合格品，求此不合格產品為 C 機器所生產之機率。

4. 某項胸部 X 光檢查的可靠程度如下：對於有肺結核病者 95% 可發現，對於無肺結核病者有 4% 會被誤判為有病。設某地區人口中患肺結核病者佔 1%，若其中任意一人經 X 光檢驗出為肺結核病患者，問此人確有肺結核病的機率。

5. 某校橋藝社由高一、高二、高三學生組成，各佔 35%、30%、35%，而社員中高一人數的 $\frac{1}{5}$，高二人數的 $\frac{2}{5}$，高三人數的 $\frac{1}{7}$ 亦為合唱團團員。今橋藝社改選新社長，每人當選的機會均等，已知新當選的社長是合唱團團員，求此社長是高二學生的機率。

6. 設某工廠由甲、乙、丙三部機器製造某一零件,其產量分別佔總產量的 50%、30%、20%,而產品中依次有 3%、4%、5% 的不良品.今從產品中任取一個,
   (1) 求取出的產品為不良品的機率.
   (2) 若該產品為不良品,求它分別由甲、乙、丙製造的機率.

7. 某大學學生的分布及戴眼鏡的百分比如下表.今自全部學生中任選一人,求
   (1) 該生戴眼鏡的機率若干?
   (2) 若被選上的學生是戴眼鏡者,則此人是大四學生的機率若干?

年級　　　　百分比	大一學生	大二學生	大三學生	大四學生
佔學生的百分比	35%	25%	20%	20%
戴眼鏡者佔該年級學生的百分比	35%	35%	40%	50%

8. 有 A_1、A_2、A_3 三個袋子,A_1 袋中裝有 1 個白球、2 個黑球、3 個紅球,A_2 袋中裝有 2 個白球、1 個黑球、1 個紅球,A_3 袋中裝有 4 個白球、5 個黑球、3 個紅球.今任意從一袋隨機抽取 1 個紅球及 1 個白球,求此二球來自 A_3 袋的機率為多少?

9. 袋中有 7 個白球、3 個紅球,今自袋中每次任取 1 球,取後放回,連取 4 次,求取得 2 次紅球的機率.

10. 某地區 B 血型的人佔全人口的 25%,
    (1) 任取 24 人,求此 24 人全部都不是 B 血型的機率.($\log 2 = 0.301$,$\log 3 = 0.477$)
    (2) 任取 26 人,求其中恰有 2 人為 B 血型的機率.

11. 某公司發行每張 100 元的彩券 2000 張,其中有 2 張獎金各 50,000 元,有 8 張獎金各 10,000 元,有 10 張獎金各 1000 元.試問購買此彩券是否有利?

12. 假設某期彩券發行 1000 萬張,每張 10 元,獎額分配如下

第一特獎	1 張	獎金 2000 萬元
頭　　獎	1 張	獎金　100 萬元
二　　獎	1 張	獎金　 50 萬元
三　　獎	100 張	獎金　 10 萬元
四　　獎	1000 張	獎金　 1 萬元
五　　獎	10000 張	獎金 1000 元

試問買一張彩券的期望值有多少？購買此彩券是否有利？

13. 同時擲兩顆公正的骰子，所得點數和的期望值為多少？
14. 袋中有十元、五元硬幣各 4 枚，今自袋中任取 3 枚，則期望值為多少？
15. 設 $S=\{1, 2, 3, 4, 5, 6, 7, 8, 9, 10\}$，今自 S 中任選一數 (機會均等)，求其正因數個數的期望值．

第三章

隨機變數與機率分配

本章學習目標

- 了解隨機變數與機率密度函數
- 了解隨機變數 X 的數學期望值
- 認識離散機率分配
- 認識連續機率分配

§3-1　隨機變數、機率密度函數、累積分配函數

我們在基本機率中曾經提到隨機實驗的結果可以用樣本空間來表示。例如投擲一銅幣兩次，若以"H"表示正面，以"T"表示反面，則投擲銅幣兩次的樣本空間為 $S=\{(H, H), (H, T), (T, H), (T, T)\}$。若定義一隨機函數 X，且令 $X(H, H)=2$, $X(H, T)=1$, $X(T, H)=1$, $X(T, T)=0$，則函數 X 將樣本空間內的元素對應至一實數集合 $\mathscr{A}=\{0, 1, 2\}$，則函數 X 稱為樣本空間 S 的一隨機變數，其對應的關係如圖 3-1 所示。

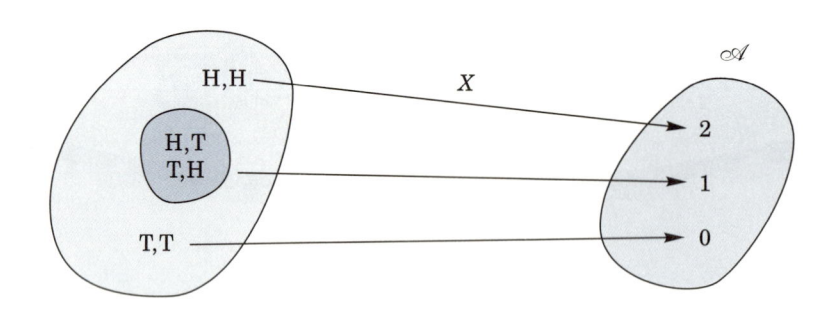

圖 3-1

定義 3-1-1

設 S 為一樣本空間，若存在一函數 X 將樣本空間中的每一個樣本點 s, $s \in S$，對應至唯一的實數值 x，即 $X(s)=x$，則函數 X 稱為樣本空間 S 的一個隨機變數 (random variable)。X 的值域為一實數集合 R_x，

$$R_x = \{x\,;\,X(s)=x\,;\,s \in S\}$$

一般皆以大寫字母 X, Y, …等表示隨機變數，而以小寫字母 x, y, …等表示隨機變數所取的值。依值域的情形，隨機變數有兩種類型：離散與連續。若隨機變數的值域為有限或為可數的無限，則稱該隨機變數為離散隨機變數；若隨機變數的值域構成一區間，則稱該隨機變數為連續隨機變數。

【例題 1】電子元件檢驗的結果只有合格品與不合格品等兩類，因此樣本空間 $S=$

{合格品，不合格品}．今在生產線上檢驗甲、乙兩電子元件的結果，若以 A 代表合格品，B 代表不合格品，則樣本空間可表成

$$S=\{AA, AB, BA, BB\}$$

若隨機變數 X 代表不合格品的個數，則

$$X(AA)=0$$
$$X(AB)=X(BA)=1$$
$$X(BB)=2$$

故 $\quad R_x=\{0, 1, 2\}$

由於樣本空間 S 裡的出象結果皆具有相同之機率，即

$$P(AA)=P(AB)=P(BA)=P(BB)=\frac{1}{4}$$

R_x 中事件 $\{X=0\}$ 的機率，由定義知：

$$P(X=0)=P(AA)=\frac{1}{4}$$

又， $\quad P(X=1)=P(\{AB, BA\})=\frac{2}{4}=\frac{1}{2}$

$$P(X=2)=P(BB)=\frac{1}{4}$$

其機率可表示如圖 3-2 所示．

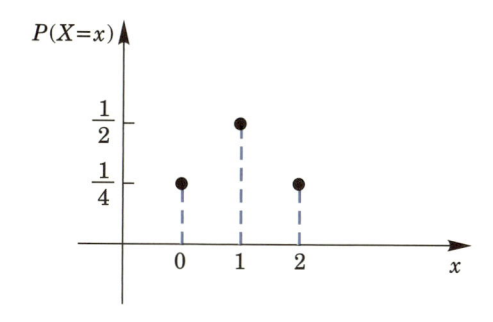

圖 3-2

定義 3-1-2

設 X 為離散隨機變數，若對每一個 x 的可能結果均滿足

(1) $f(x) \geq 0$

(2) $\sum_x f(x) = 1$

(3) $P(X=x) = f(x)$

則稱 $f(x)$ 為**機率函數**或**機率質量函數**。有序數對 $(x, f(x))$ 的集合為 X 的**機率分配**。

【例題 2】一電腦經銷商共有 10 台同型筆記型電腦，其中 3 台是有瑕疵的，如果某公司隨機購買 2 台，求瑕疵品的機率分配．

【解】令 X 為隨機變數，其值 x 表公司所購買筆記型電腦中具有瑕疵的電腦數，則 x 可能為 0, 1, 2．

$$f(0) = P(X=0) = \frac{C_0^3 C_2^7}{C_2^{10}} = \frac{7}{15}$$

$$f(1) = P(X=1) = \frac{C_1^3 C_1^7}{C_2^{10}} = \frac{7}{15}$$

$$f(2) = P(X=2) = \frac{C_2^3 C_0^7}{C_2^{10}} = \frac{1}{15}$$

因此，X 的機率分配為

x	0	1	2
$f(x)$	$\frac{7}{15}$	$\frac{7}{15}$	$\frac{1}{15}$

若連續隨機變數 X 的值域為有限區間，則機率函數 f 在該區間外之所有點的值定義為 0，這可以推廣到無限區間的情形．假定 X 的值域為 $[a, b]$，則其機率 $P(a \leq X \leq b)$ 相當於在機率函數 f 的圖形下方以及區間 $[a, b]$ 上方之部分的面積 (見圖 3-3)，亦即，

$$P(a \leq X \leq b) = \int_a^b f(x)\, dx$$

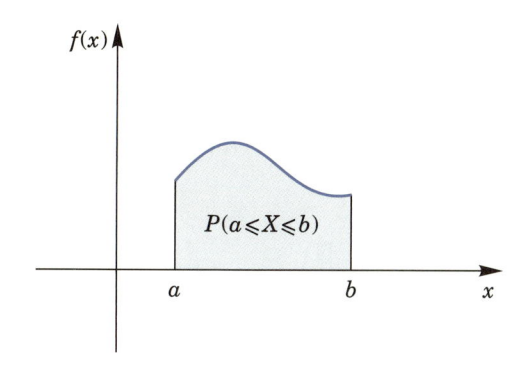

圖 3-3

定義 3-1-3

設 X 為連續隨機變數，若滿足
(1) $f(x) \geq 0$ 對所有 $x \in (-\infty, \infty)$ 皆成立．

(2) $\int_{-\infty}^{\infty} f(x)\, dx = 1$

(3) $P(a \leq X \leq b) = \int_a^b f(x)\, dx$

則稱 $f(x)$ 為 X 的**機率密度函數**．

若 X 為連續隨機變數，則

$$P(a \leq X \leq b) = P(a < X \leq b) = P(a \leq X < b) = P(a < X < b).$$

【例題 3】令連續隨機變數 X 的機率密度函數為

$$f(x) = \begin{cases} \dfrac{x^2}{3}, & -2 \leq x \leq 1 \\ 0, & \text{其他} \end{cases}$$

(1) 試證 f 滿足定義 3-1-3 的條件 (2)．
(2) 計算 $P(0 < X \leq 1)$．

【解】(1) $\int_{-\infty}^{\infty} f(x)\,dx = \int_{-2}^{1} \dfrac{x^2}{3}\,dx = \dfrac{x^3}{9}\bigg|_{-2}^{1} = \dfrac{1}{9} - \left(-\dfrac{8}{9}\right) = 1$

(2) $P(0 < X \leqslant 1) = P(0 \leqslant X \leqslant 1) = \int_{0}^{1} \dfrac{x^2}{3}\,dx = \dfrac{x^3}{9}\bigg|_{0}^{1} = \dfrac{1}{9}.$

【例題 4】令 X 為連續隨機變數，且

$$f(x) = \begin{cases} kx, & 1 \leqslant x \leqslant 3 \\ 0, & \text{其他} \end{cases}$$

(1) 決定常數 k 的值使 f 為 X 的機率密度函數.
(2) 計算 $P(2.1 \leqslant X \leqslant 2.5)$.

【解】(1) 在 f 之圖形下方的面積必等於 1，因而

$$1 = \int_{1}^{3} kx\,dx = \dfrac{k}{2} x^2 \bigg|_{1}^{3} = k\left(\dfrac{9}{2} - \dfrac{1}{2}\right) = 4k$$

故 $k = \dfrac{1}{4}$.

(2) $P(2.1 \leqslant X \leqslant 2.5) = \int_{2.1}^{2.5} \dfrac{1}{4} x\,dx = \dfrac{1}{8} x^2 \bigg|_{2.1}^{2.5} = \dfrac{1}{8}(6.25 - 4.41) = 0.23.$

定義 3-1-4

設離散隨機變數 X 的機率函數為 $f(x)$，且對任一實數 x，令

$$F(x) = P(X \leqslant x) = \sum_{t \leqslant x} f(t)$$

則稱 $F(x)$ 為 X 的**累積分配函數**.

【例題 5】投擲一枚均勻的銅板，樣本空間 $S = \{\text{H}, \text{T}\}$. 設 $P(\text{H}) = p$, $P(\text{T}) = 1 - p$. 若隨機變數 X 的定義如下：

$$X(\text{H}) = 1, \quad X(\text{T}) = 0$$

則此隨機變數 X 的累積分配函數為何？

【解】我們導出 X 的累積分配函數 $F(x)$ 如下：

首先，當 $x<0$ 時，$\{X\leqslant x\}$ 為空集合，故

$$F(x)=P(X\leqslant x)=P(\phi)=0$$

當 $0\leqslant x<1$ 時，

$$F(x)=P(X\leqslant x)=P(X=0)=1-p$$

當 $x\geqslant 1$ 時，

$$F(x)=P(X\leqslant x)=P(X=0)+P(X=1)$$
$$=1-p+p=1$$

故得

$$F(x)=\begin{cases} 0 &, x<0 \\ 1-p &, 0\leqslant x<1 \\ 1 &, x\geqslant 1 \end{cases}$$

其圖形為階梯狀，如圖 3-4 所示。

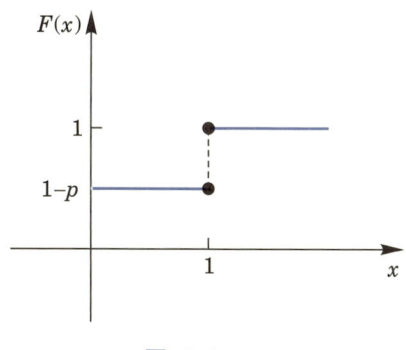

圖 3-4

【例題 6】求例題 2 之隨機變數 X 的累積分配函數，並利用 $F(x)$ 證明 $f(1)=\dfrac{7}{15}$.

【解】X 的機率分配為

x	0	1	2
$f(x)$	$\dfrac{7}{15}$	$\dfrac{7}{15}$	$\dfrac{1}{15}$

$$F(0)=P(X\leqslant 0)=f(0)=\frac{7}{15}$$

$$F(1)=P(X\leqslant 1)=f(0)+f(1)=\frac{14}{15}$$

$$F(2)=P(X\leqslant 2)=f(0)+f(1)+f(2)=1$$

所以，

$$F(x)=\begin{cases} 0 & ,\ x<0 \\ \dfrac{7}{15} & ,\ 0\leqslant x<1 \\ \dfrac{14}{15} & ,\ 1\leqslant x<2 \\ 1 & ,\ x\geqslant 2 \end{cases}$$

$$f(1)=F(1)-F(0)=\frac{14}{15}-\frac{7}{15}=\frac{7}{15}.$$

今給出下列的基本性質

1. $P(X>a)=1-P(X\leqslant a)=1-F(a)$
2. $P(a<X\leqslant b)=P(X\leqslant b)-P(X\leqslant a)=F(b)-F(a)$
3. $f(x)=P(X=x)=P(X\leqslant x)-P(X<x)=F(x)-P(X<x)$

【例題 7】已知離散隨機變數 X 的累積分配函數如下

$$F(x)=\begin{cases} 0 & ,\ x<1 \\ \dfrac{1}{4} & ,\ 1\leqslant x<3 \\ \dfrac{1}{2} & ,\ 3\leqslant x<5 \\ \dfrac{3}{4} & ,\ 5\leqslant x<7 \\ 1 & ,\ x\geqslant 7 \end{cases}$$

求 X 的機率函數 $f(x)$.

【解】由 $F(x)$ 得知，機率函數僅在 $1, 3, 5, 7$ 有機率，

$$f(1)=P(X\leqslant 1)-P(X<1)=F(1)-P(X<1)=\frac{1}{4}$$

$$f(3)=F(3)-P(X<3)=\frac{1}{2}-\frac{1}{4}=\frac{1}{4}$$

$$f(5)=F(5)-P(X<5)=\frac{3}{4}-\frac{1}{2}=\frac{1}{4}$$

$$f(7)=F(7)-P(X<7)=1-\frac{3}{4}=\frac{1}{4}$$

故機率函數列表如下

x	1	3	5	7
$f(x)$	$\frac{1}{4}$	$\frac{1}{4}$	$\frac{1}{4}$	$\frac{1}{4}$

定義 3-1-5

設連續隨機變數 X 的機率密度函數為 $f(x)$，且對任一實數 x，令

$$F(x)=P(X\leqslant x)=\int_{-\infty}^{x}f(t)\,dt$$

則稱 $F(x)$ 為 X 的**累積分配函數**.

在定義 3-1-5 中，利用微積分基本定理可知

$$F'(x)=f(x).$$

【例題 8】設連續隨機變數 X 的機率密度函數為

$$f(x)=\begin{cases}\dfrac{x^2}{3}, & -2\leqslant x\leqslant 1\\ 0, & \text{其他}\end{cases}$$

(1) 求 $F(x)$.
(2) 計算 $P(0 < X \leq 1)$.

【解】(1) 當 $x < -2$ 時,　　$F(x) = \int_{-\infty}^{-2} 0 \, dt = 0$

當 $-2 \leq x \leq 1$ 時,　　$F(x) = \int_{-2}^{x} \dfrac{t^2}{3} \, dt = \dfrac{x^3 + 8}{9}$

當 $x > 1$ 時,　　$F(x) = \int_{-\infty}^{-2} 0 \, dt + \int_{-2}^{1} \dfrac{t^2}{3} \, dt + \int_{1}^{x} 0 \, dt = 1$

所以,　　$F(x) = \begin{cases} 0 &, x < -2 \\ \dfrac{x^3 + 8}{9} &, -2 \leq x \leq 1 \\ 1 &, x > 1 \end{cases}$

(2) $P(0 < X \leq 1) = F(1) - F(0) = 1 - \dfrac{8}{9} = \dfrac{1}{9}$.

累積分配函數 $F(x)$ 有下列的特性

1. $0 \leq F(x) \leq 1$.
2. $F(x)$ 為非遞減函數, 即, 若 $a < b$, 則 $F(a) \leq F(b)$.
3. $\lim\limits_{x \to -\infty} F(x) = 0$, $\lim\limits_{x \to \infty} F(x) = 1$.

§3-2　數學期望值

隨機變數的一個重要的特色是它的"平均"值. 統計學者通常將隨機變數 X 的平均值稱為 X 的**數學期望值**或**期望值**, 記為 $E(X)$ 或 μ_x; 但是, 當我們所討論的隨機變數是十分明確時, 可將 μ_x 簡寫為 μ.

定義 3-2-1

令 X 表機率函數是 $f(x)$ 的隨機變數。
若 X 為離散，則 X 的期望值為

$$\mu = E(X) = \sum_x x\,f(x)$$

若 X 為連續，則 X 的期望值為

$$\mu = E(X) = \int_{-\infty}^{\infty} x\,f(x)\,dx$$

【例題 1】設連續隨機變數 X 的機率密度函數為

$$f(x) = \begin{cases} e^{-x}, & x \geq 0 \\ 0, & x < 0 \end{cases}$$

求 X 的期望值。

【解】期望值為

$$E(X) = \int_{-\infty}^{\infty} x\,f(x)\,dx = \int_{0}^{\infty} x e^{-x}\,dx = 1.$$

定理 3-2-1

若 a 與 b 均為常數，則

$$E(aX+b) = a\,E(X) + b$$

註：若 $X_1, X_2, X_3, \cdots, X_n$ 為樣本空間 S 上的隨機變數，則

$$E(X_1+X_2+X_3+\cdots+X_n) = E(X_1)+E(X_2)+E(X_3)+\cdots+E(X_n).$$

定義 3-2-2

令 X 表機率函數是 $f(x)$ 的隨機變數．
若 X 爲離散，則隨機變數 $g(X)$ 的期望值爲

$$\mu_{g(X)} = E[g(X)] = \sum_x g(x) f(x)$$

若 X 爲連續，則

$$\mu_{g(X)} = E[g(X)] = \int_{-\infty}^{\infty} g(x) f(x) \, dx$$

定理 3-2-2

若 a 與 b 均爲常數，則

$$E[a \, g(X) + b \, h(X)] = a \, E[g(X)] + b \, E[h(X)]$$

【例題 2】設隨機變數 X 的機率密度函數爲

$$f(x) = \begin{cases} 2(1-x), & 0 < x < 1 \\ 0, & \text{其他} \end{cases}$$

求 $E(2X + 3X^2)$．

【解】

$$E(X) = \int_{-\infty}^{\infty} x f(x) \, dx = \int_0^1 2x(1-x) \, dx = \frac{1}{3}$$

$$E(X^2) = \int_{-\infty}^{\infty} x^2 f(x) \, dx = \int_0^1 2x^2(1-x) \, dx = \frac{1}{6}$$

所以，

$$E(2X + 3X^2) = 2E(X) + 3E(X^2)$$

$$= \frac{2}{3} + \frac{3}{6} = \frac{7}{6}.$$

定理 3-2-3

若 X 與 Y 為兩個獨立的隨機變數，則

$$E(XY) = E(X)\,E(Y)$$

　　隨機變數的平均值或期望值在統計學中特別重要，因為它描述了機率分配的中心點。可是，平均值本身卻未給予此分配的形狀作適當的描述，而我們需要知道觀測值如何由平均值延伸。因此，為了研判分配的外形的散佈程度，有必要考量觀測值的變異性。

定義 3-2-3

令 X 為具有機率函數 $f(x)$ 及平均值 μ 的隨機變數。
若 X 為離散，則 X 的變異數為

$$\sigma_X^2 = \text{Var}(X) = E[(X-\mu)^2] = \sum_x (x-\mu)^2 f(x)$$

若 X 為連續，則 X 的變異數為

$$\sigma_X^2 = \text{Var}(X) = E[(X-\mu)^2] = \int_{-\infty}^{\infty} (x-\mu)^2 f(x)\, dx$$

變異數的正平方根 $\sqrt{\text{Var}(X)}$ 稱為 X 的標準差，記為 σ_X。

　　若 X 散佈得離平均值 μ 愈遠，則其變異數就會愈大；若皆集中於 μ 附近，則其變異數就會較小。與變異數一樣，從標準差也可以看出機率分配的散佈程度。
　　求 $\text{Var}(X)$ 有另一個比較好用的公式，因為它經常可以簡化計算過程。

定理 3-2-4

隨機變數 X 的變異數為

$$\text{Var}(X) = E(X^2) - [E(X)]^2$$

定理 3-2-5

設隨機變數 X 的機率函數為 $f(x)$。

若 X 為離散，則隨機變數 $g(X)$ 的變異數為

$$\sigma^2_{g(X)} = \text{Var}[g(X)] = E\{[g(X) - \mu_{g(X)}]^2\} = \sum_x [g(x) - \mu_{g(X)}]^2 f(x)$$

若 X 為連續，則 $g(X)$ 的變異數為

$$\sigma^2_{g(X)} = \text{Var}[g(X)] = E\{[g(X) - \mu_{g(X)}]^2\} = \int_{-\infty}^{\infty} [g(x) - \mu_{g(X)}]^2 f(x)\, dx$$

定理 3-2-6

若 a 與 b 均為常數，則

$$\text{Var}(aX+b) = a^2 \text{Var}(X)$$

證：
$$\begin{aligned}
\text{Var}(aX+b) &= E\{[(aX+b) - E(aX+b)]^2\} \\
&= E\{[aX+b-aE(X)-b]^2\} \\
&= E\{a^2[X-E(X)]^2\} \\
&= a^2 E[(X-\mu)^2] \\
&= a^2 \text{Var}(X)
\end{aligned}$$

下面定理提供了對於隨機變數的值在其平均值左右 k 個標準差內出現的機率，做一個保守的估計。

定理 3-2-7 柴比雪夫定理

任何隨機變數 X 的值在其平均值 μ 左右 k 個標準差 σ 之區間內出現的機率至少為 $1 - \dfrac{1}{k^2}$，即，

$$P(\mu - k\sigma < X < \mu + k\sigma) \geqslant 1 - \dfrac{1}{k^2}$$

【例題 3】隨機變數 X 的平均值 $\mu=10$，變異數 $\sigma^2=9$，其機率分配未知，求

(1) $P(-2<X<22)$

(2) $P(|X-10|\geq 6)$

【解】(1) $P(-2<X<22)=P[10-(4)(3)<X<10+(4)(3)]$

$$\geq 1-\frac{1}{4^2}=\frac{15}{16}$$

(2) $P(|X-10|\geq 6)=1-P(|X-10|<6)=1-P(-6<X-10<6)$
$$=1-P[10-(2)(3)<X<10+(2)(3)]$$
$$\leq \frac{1}{4}.$$

§3-3　常用離散機率分配

離散機率分配不論是用直方圖、列表，或公式表示，都可描述其情形。

均勻分配

最簡單的離散機率分配為隨機變數的每一個值具有相等的機率，這樣的機率分配稱為**離散均勻分配**。

定義 3-3-1

若一隨機變數 X 的所有可能值 $x_1, x_2, x_3, \cdots, x_k$ 具有相同的機率，則其離散均勻分配為

$$f(x\,;\,k)=\frac{1}{k},\ x=x_1,\ x_2,\ x_3,\ \cdots,\ x_k$$

我們用符號 $f(x\,;\,k)$ 取代 $f(x)$，表示均勻分配決定於參數 k。

【例題 1】從一個裝有 5 瓩、40 瓩、60 瓩，和 100 瓩各一個燈泡的盒子中，隨機選取一燈泡，因而樣本空間 $S=\{5, 40, 60, 100\}$ 中每一元素發生的機率均為

$\frac{1}{4}$。所以，均勻分配為

$$f(x\,;\,4)=\frac{1}{4},\ x=5,\ 40,\ 60,\ 100.$$

【例題 2】擲一公正骰子，其樣本空間 $S=\{1,\ 2,\ 3,\ 4,\ 5,\ 6\}$ 中每一元素出現的機率均為 $\frac{1}{6}$，因此，均勻分配為

$$f(x\,;\,6)=\frac{1}{6},\ x=1,\ 2,\ 3,\ 4,\ 5,\ 6.$$

定理 3-3-1

離散均勻分配 $f(x\,;\,k)$ 的平均值為

$$\mu=\frac{\sum_{i=1}^{k}x_i}{k}$$

變異數為

$$\sigma^2=\frac{\sum_{i=1}^{k}(x_i-\mu)^2}{k}$$

【例題 3】參考例題 2，可得

$$\mu=\frac{1+2+3+4+5+6}{6}=3.5$$

$$\sigma^2=\frac{(1-3.5)^2+(2-3.5)^2+\cdots+(6-3.5)^2}{6}=\frac{35}{12}.$$

定理 3-3-2

若隨機變數 X 的離散均勻分配為 $f(x\,;\,k)=\frac{1}{k}$, $x=1,\ 2,\ 3,\ \cdots,\ k$, 則

$$E(X)=\frac{k+1}{2},\quad \mathrm{Var}(X)=\frac{k^2-1}{12}.$$

證：$E(X) = \sum_{x=1}^{k} x \cdot \frac{1}{k} = \frac{1}{k} \cdot \frac{k(k+1)}{2} = \frac{k+1}{2}$

$$E(X^2) = \sum_{x=1}^{k} x^2 \cdot \frac{1}{k} = \frac{1}{k} \cdot \frac{k(k+1)(2k+1)}{6} = \frac{(k+1)(2k+1)}{6}$$

$$\text{Var}(X) = E(X^2) - [E(X)]^2 = \frac{(k+1)(2k+1)}{6} - \left(\frac{k+1}{2}\right)^2 = \frac{k^2-1}{12}$$

【例題 4】參考例題 2，利用定理 3-3-2，可得

$$E(X) = \frac{1+6}{2} = 3.5$$

$$\text{Var}(X) = \frac{6^2-1}{12} = \frac{35}{12}.$$

【例題 5】若隨機變數 X 的機率分配為

$$f(x\,;\,8) = \frac{1}{8},\ x=1,\ 2,\ 3,\ \cdots,\ 8$$

求 (1) $P(X \geq 5)$
　　(2) $E(X)$ 與 $\text{Var}(X)$。

【解】(1) $P(X \geq 5) = \sum_{x=5}^{8} f(x\,;\,8) = \sum_{x=5}^{8} \frac{1}{8} = \frac{1}{2}$

(2) $E(X) = \frac{1+8}{2} = 4.5$，$\text{Var}(X) = \frac{8^2-1}{12} = \frac{21}{4}$。

二項分配

若一個隨機試驗只有兩個可能的結果，一者視為"成功"，另一者視為"失敗"，則稱此試驗為**白努利試驗**。若隨機變數 X 表示白努利試驗的兩個結果，則通常以"$X=1$"表示成功，而以"$X=0$"表示失敗。假如成功的機率為 $p = P(X=1)$，失敗的機率為 $q = P(X=0)$，且 $p+q=1$，則白努利試驗的機率函數為

$$f(x)=\begin{cases} p^x(1-p)^{1-x}, & x=0,\ 1\ ;\ 0\leqslant p\leqslant 1 \\ 0, & \text{其他} \end{cases}$$

此時我們稱 X 的分配為白努利分配，簡記為 $X\sim B(1,\ p)$。

如果一個實驗是由 n 次重複的白努利試驗所構成，每次成功的機率皆為 p，且每次試驗皆為獨立，則這樣的實驗被稱為二項實驗，n 次試驗的成功數 X 稱為二項隨機變數，此離散隨機變數的機率分配稱為二項分配。

定義 3-3-2

在一個獨立試驗 n 次之二項實驗中，若成功機率是 p，且其二項隨機變數 X 的機率函數為

$$f(x)=P(X=x)=\begin{cases} \binom{n}{x} p^x(1-p)^{n-x}, & x=0,\ 1,\ 2,\ 3,\ \cdots,\ n\ ;\ 0\leqslant p\leqslant 1 \\ 0, & \text{其他} \end{cases}$$

則稱 X 的分配為二項分配，簡記為 $X\sim B(n,\ p)$。

【例題 6】假設某校有三分之一的學生患近視，今任選 10 位學生，求至少 2 人患近視的機率為何？

【解】設 X 表 10 位學生中有近視的人數，則 X 的分配為 $B\left(10,\ \dfrac{1}{3}\right)$，故 10 人中恰有 k 人患近視的機率為

$$P(X=k)=\binom{10}{k}\left(\dfrac{1}{3}\right)^k\left(\dfrac{2}{3}\right)^{10-k}$$

至少有 2 人患近視的機率為

$$P(X\geqslant 2)=1-P(X<2)=1-P(X=0)-P(X=1)$$

$$=1-\left(\dfrac{2}{3}\right)^{10}-10\left(\dfrac{1}{3}\right)\left(\dfrac{2}{3}\right)^9$$

$$=1-\left(\frac{2}{3}\right)^9\left[\frac{2}{3}+10\cdot\frac{1}{3}\right].$$

定理 3-3-3

若 $X \sim B(n, p)$，則

$$E(X)=np, \quad \mathrm{Var}(X)=np(1-p)$$

波瓦松分配

波瓦松分配主要是描述在某單位時間區間內發生某事件之次數的機率分配.

定義 3-3-3

若隨機變數 X 的機率函數為

$$f(x)=P(X=x)=\begin{cases} \dfrac{e^{-\lambda}\lambda^x}{x!}, & x=0, 1, 2, 3, \cdots \\ 0, & \text{其他} \end{cases}$$

則稱 X 的分配為**波瓦松分配**，其中 λ 表示單位時間內發生某事件的平均次數.

定理 3-3-4

若 X 的分配為波瓦松分配，則 $E(X)=\lambda$，$\mathrm{Var}(X)=\lambda$.

在二項分配 $B(n, p)$ 中取 $np=\lambda$（常數），並令 $n\to\infty$，則 $B(n, p)$ 的極限為波瓦松分配；換句話說，我們可用波瓦松分配來估計二項分配.

【例題 7】 設某機器發生故障的機率為 0.002，今運轉該機器 100 次，則其發生故障 2 次的機率為何？

【解】
$$\lambda = np = 100 \times 0.002 = 0.2$$

$$P(X=2) = e^{-0.2} \frac{(0.2)^2}{2!}$$

$$= 0.01638.$$

【例題 8】 某汽車停車場管理員觀察汽車以平均每小時 360 輛進入停車場，求
(1) 1 分鐘內至多 2 輛汽車進入停車場的機率。
(2) 2 分鐘內至少 3 輛汽車進入停車場的機率。

【解】(1) 設隨機變數 X 表示 1 分鐘內進入停車場的車輛數，則

$$\lambda = \frac{360}{60} \times 1 = 6 \times 1 = 6 \text{ (1 分鐘平均有 6 輛汽車進入)}$$

故

$$P(X \leq 2) = \sum_{x=0}^{2} \frac{e^{-6} 6^x}{x!} = e^{-6}(1+6+18)$$

$$= 0.062$$

(2) 設隨機變數 X 表示 2 分鐘內進入停車場的車輛數，則

$$\lambda = \frac{360}{60} \times 2 = 12$$

故
$$P(X \geq 3) = 1 - P(X \leq 2)$$

$$= 1 - \sum_{x=0}^{2} \frac{e^{-12}(12)^x}{x!}$$

$$= 1 - e^{-12}(1+12+\frac{144}{2})$$

$$= 1 - 85e^{-12}$$

$$= 1 - 0.0006$$

$$= 0.9994.$$

§3-4　常用連續機率分配

在整個統計學的領域裡，最重要的連續機率分配是常態分配，也常被稱為高斯分配。

定義 3-4-1

若連續隨機變數 X 的機率密度函數為

$$f(x)=\frac{1}{\sigma\sqrt{2\pi}}\,e^{-\frac{1}{2}\left(\frac{x-\mu}{\sigma}\right)^2},\ -\infty<x<\infty$$

其中 μ 與 σ 為參數，分別代表平均值與標準差，則稱 X 的分配為常態分配，簡記為 $X\sim N(\mu,\sigma^2)$，而 X 被稱為常態隨機變數。

在定義 3-4-1 中，函數 f 的圖形為對稱於直線 $x=\mu$ 的鐘形曲線，又常稱為常態曲線。此曲線在 $x=\mu\pm\sigma$ 處有反曲點，曲線在 $\mu-\sigma<x<\mu+\sigma$ 的範圍內下凹，而在其他地方則上凹；其最高點的座標為 $\left(\mu,\ \dfrac{1}{\sigma\sqrt{2\pi}}\right)$。由參數 σ 可以看出此曲線的廣狹：若 σ 值小，則曲線高而狹；若 σ 值大，則曲線低而廣。另外，一旦 μ 及 σ 確定後，常態分配即完全決定，如圖 3-5 所示。

若 $X\sim N(0,1)$，即 $\mu=0$，$\sigma^2=1$，則稱 X 的分配為標準常態分配，其機率密度函數常寫成

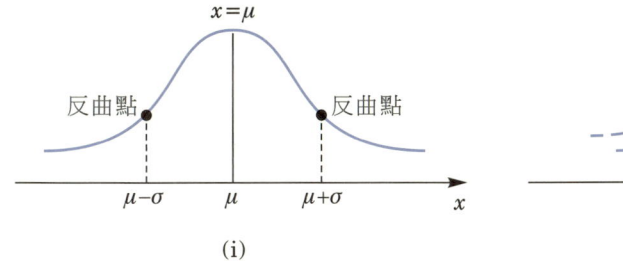

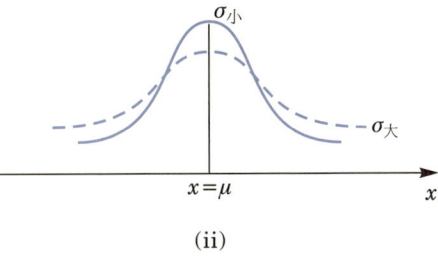

圖 3-5

$$\phi(x) = \frac{1}{\sqrt{2\pi}} e^{-\frac{x^2}{2}}, \quad -\infty < x < \infty$$

定理 3-4-1

令 $X \sim N(\mu, \sigma^2)$.
(1) 若 $Z = aX + b$, 則 $Z \sim N(a\mu + b, a^2\sigma^2)$.
(2) 若 $Z = \dfrac{x - \mu}{\sigma}$, 則 $Z \sim N(0, 1)$.

定理 3-4-1(2) 中的變換

$$Z = \frac{x - \mu}{\sigma}$$

常稱為**標準化**.

設 $Z \sim N(0, 1)$, 則

$$\phi(z) = \frac{1}{\sqrt{2\pi}} e^{-\frac{z^2}{2}}$$

其累積分配函數為

$$\Phi(z) = P(Z \leq z) = \int_{-\infty}^{z} \frac{1}{\sqrt{2\pi}} e^{-\frac{t^2}{2}} dt$$

因 $\phi(z)$ 的圖形對稱於直線 $z = 0$, 故

$$\Phi(-z) = \phi(z)$$

因此, 在 $-z$ 左邊而位於曲線下方的面積與在 z 右邊而位於曲線下方的面積相等, 即,

$$\int_{-\infty}^{-z} \phi(t) \, dt = \int_{z}^{\infty} \phi(t) \, dt$$

又

$$\int_{z}^{\infty} \phi(t) \, dt = 1 - \int_{-\infty}^{z} \phi(t) \, dt$$

可得
$$\Phi(-z)=1-\Phi(z) \qquad (3\text{-}4\text{-}1)$$

若 $X \sim N(\mu, \sigma^2)$，μ 與 σ 為已知常數，則可利用定理 3-4-1(2) 將其標準化，即，令 $Z=\dfrac{X-\mu}{\sigma}$，使得 $Z \sim N(0, 1)$。然後，由

$$\begin{aligned}F(x) &= P(X \leqslant x)\\ &= P\left(\frac{X-\mu}{\sigma} \leqslant \frac{x-\mu}{\sigma}\right)\\ &= P\left(Z \leqslant \frac{x-\mu}{\sigma}\right)\\ &= \Phi\left(\frac{x-\mu}{\sigma}\right)\end{aligned}$$

以附表查出所欲求的值。

【例題 1】設 $X \sim N(100, 100)$，求
(1) $P(X \leqslant 120)$
(2) $P(|X-100| \leqslant 20)$

【解】(1) $P(X \leqslant 120) = F(120) = \Phi\left(\dfrac{120-100}{10}\right) = \Phi(2) = 0.9772$

(2) $\begin{aligned}P(|X-100| \leqslant 20) &= P(80 \leqslant X \leqslant 120)\\ &= P(X \leqslant 120) - P(X \leqslant 80)\\ &= \Phi\left(\frac{120-100}{10}\right) - \Phi\left(\frac{80-100}{10}\right)\\ &= \Phi(2) - \Phi(-2)\\ &= \Phi(2) - (1-\Phi(2))\\ &= 2\Phi(2) - 1\\ &= 0.9544。\end{aligned}$

定理 3-4-2

若隨機變數 X 的分配為二項分配 $B(n, p)$，則當 n 足夠大時，

$$Z = \frac{X - np}{\sqrt{npq}}$$

之分配的極限形式為標準常態分配 $N(0, 1)$。

實際上，當 $np \geq 5$ 且 $n(1-p) \geq 5$ 時，就可利用定理 3-4-2，其主要的功能為利用常態分配來近似二項分配，可以省掉許多繁瑣的計算。

定理 3-4-2 在應用時的形式可表示如下：當 $n \to \infty$ 且 $a < b$ 時，

$$P(a \leq X \leq b) \approx P\left(\frac{a - 0.5 - np}{\sqrt{npq}} < Z < \frac{b + 0.5 - np}{\sqrt{npq}}\right)$$

$$= \Phi\left(\frac{b + 0.5 - np}{\sqrt{npq}}\right) - \Phi\left(\frac{a - 0.5 - np}{\sqrt{npq}}\right)$$

上式中，$X \sim B(n, p)$，$Z \sim N(0, 1)$。

定理 3-4-3

(1) 設 $X \sim B(n, p)$，$Y \sim B(m, p)$，若 X 與 Y 獨立，則

$$X + Y \sim B(n+m, p)$$

(2) 設 $X \sim N(\mu_X, \sigma_X^2)$，$Y \sim N(\mu_Y, \sigma_Y^2)$，若 X 與 Y 獨立，則

$$aX + bY \sim N(a\mu_X + b\mu_Y, a^2\sigma_X^2 + b^2\sigma_Y^2)$$

其中 a 與 b 均為常數。

習題 3-1

1. 在投擲一公平骰子的實驗中，定義隨機變數 X 如下：
$$X(i)=10i, \ i=1, 2, 3, 4, 5, 6 \in S$$
試求此隨機變數 X 的累積分配函數。

2. 設隨機變數 X 具有下面的機率分配

x	1	2	3	4
$f(x)$	0.1	0.2	0.3	0.4

   (1) 計算 X 的平均值 μ 及標準差 σ。
   (2) 求標準化隨機變數 $Z=\dfrac{X-\mu}{\sigma}$ 的機率分配，並證明 $\mu_z=0$，$\sigma_z=1$。

3. 設隨機變數 X 具有下面的機率分配

x	2	4	6	8
$p(x)$	0.4	0.3	0.2	0.1

   (1) 求 X 的平均值 μ 及標準差 σ。
   (2) 求標準化隨機變數 $Z=\dfrac{X-\mu}{\sigma}$ 的機率分配，並證明 $\mu_z=0$，$\sigma_z=1$。

4. 設隨機變數 X 的平均值 $\mu=100$，標準差 $\sigma=5$。
   (1) 利用柴比雪夫不等式 (定理 3-2-7) 求 $P(80 \leqslant X \leqslant 120)$。
   (2) 對平均值 $\mu=100$，找出一區間使得 X 在該區間內的機率至少 0.99。

5. 假設隨機變數 X 的平均值為 $\mu=30$，標準差為 $\sigma=2$，利用柴比雪夫不等式求
   (1) $P(X \leqslant 40)$
   (2) $P(X \geqslant 20)$

6. 若隨機變數 X 的平均值為 $\mu=40$，標準差為 $\sigma=5$，利用柴比雪夫不等式求 b 的值使得 $P(40-b \leqslant X \leqslant 40+b) \geqslant 0.96$。

7. 設隨機變數 X 的平均值為 $\mu=80$，標準差 σ 未知，利用柴比雪夫不等式求 σ 的值使得 $P(75 \leqslant X \leqslant 85) \geqslant 0.96$。

8. 設隨機變數 X 的機率密度函數 f 的圖形中有一部分在區間 $[0, 2]$ 上方之一等腰三角形的兩腰，而其他部分在 x 軸上．
   (1) 求函數 f．
   (2) 求 X 的平均值 μ．

9. 若隨機變數 X 的機率函數為
$$f(x) = \begin{cases} p(1-p)^x, & x = 0, 1, 2, 3, \cdots ; 0 < p \leq 1 \\ 0, & \text{其他} \end{cases}$$

則稱 X 的分配為**幾何分配**．

   (1) 試證：$E(X) = \dfrac{1-p}{p}$，$\mathrm{Var}(X) = \dfrac{1-p}{p^2}$．

   (2) 求幾何分配的累積分配函數．

10. 若 X 為波瓦松分配，且 $P(X=0) = P(X=1)$，求 $E(X)$．

11. 若 X 為二項分配 $b(n, p)$，且 $E(X) = 5$，$\mathrm{Var}(X) = 4$，求 n 與 p．

12. 若隨機變數 X 的機率函數為
$$f(x) = \begin{cases} \lambda e^{-\lambda x}, & x \geq 0, \lambda > 0 \\ 0, & x < 0 \end{cases}$$

則稱 X 的分配為**指數分配**．

   (1) 試證：$E(X) = \dfrac{1}{\lambda}$，$\mathrm{Var}(X) = \dfrac{1}{\lambda^2}$．

   (2) 求指數分配的累積分配函數．

13. 設 X 為常態分配，其平均值為 100，標準差為 10，求
   (1) $P(X < 95)$
   (2) $P(X > 90)$
   (3) $P(80 < X < 85)$
   (4) $P(|X - 100| < 20)$

14. 設 X 為常態分配，其平均值為 100，標準差為 10．
   (1) 當 a 為何值時，$P(X < a) = 0.95$．
   (2) 當 b 為何值時，$P(X > b) = 0.90$．
   (3) 當 c 為何值時，$P(|X - 100| < c) = 0.90$．

15. 設 X 為常態分配，X 值小於 60 者佔 10%，大於 90 者佔 5%，求 X 的平均值與變異數．

第四章
線性規劃 ㈠

本章學習目標
- 了解二元一次不等式的解法
- 了解線性規劃的意義
- 了解線性規劃的方法 (圖解法)

§4-1　預備知識 (二元一次不等式)

設 a、b、$c \in \mathbb{R}$，且 $a^2+b^2 \neq 0$ 則型如下列的不等式，稱為**二元一次不等式**.

$$ax+by+c>0$$
$$ax+by+c<0$$
$$ax+by+c\geq 0$$
$$ax+by+c\leq 0$$
(4-1-1)

求式 (4-1-1) 的解以圖解方式為宜. 就 xy-平面上的點 (x_0, y_0)，若以 $x=x_0$ 及 $y=y_0$ 代入式 (4-1-1) 能使不等式 (4-1-1) 成立，則稱點 (x_0, y_0) 為式 (4-1-1) 的解. 所有滿足式 (4-1-1) 的解所成的集合稱為不等式 (4-1-1) 的解集合.

在 xy-平面上，直線 L 的方程式為 $ax+by+c=0$，它將座標平面分割成三部分：$\Gamma_+ = \{(x, y) | ax+by+c>0\}$，$\Gamma_- = \{(x, y) | ax+by+c<0\}$，$L = \{(x, y) | ax+by+c=0\}$. 茲將它們圖形的位置，詳述如下：

1. 當 $b>0$ 時，$L: y=-\dfrac{a}{b}x-\dfrac{c}{b}$，此時不等式 $ax+by+c>0$ 或 $y>-\dfrac{a}{b}x-\dfrac{c}{b}$ 的圖形表示 L 的上側部分. 同理，當 $b>0$，則 $ax+by+c<0$ 或 $y<-\dfrac{a}{b}x-\dfrac{c}{b}$ 的圖形表示 L 的下側部分. 如圖 4-1 所示.

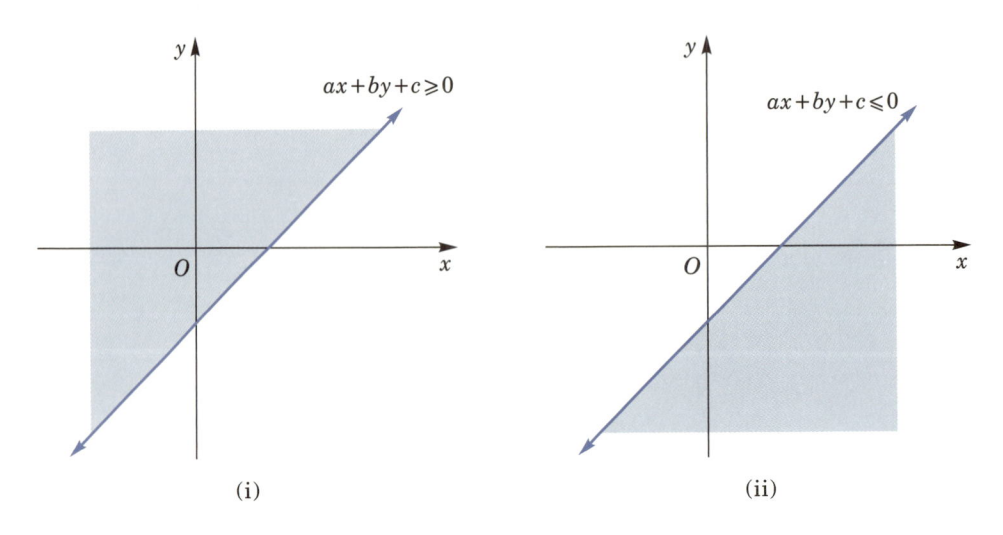

圖 4-1

2. 當 $b=0$ 時，$L：x=-\dfrac{c}{a}$ $(a\neq 0)$，此時不等式 $x>-\dfrac{c}{a}$ 與 $x<-\dfrac{c}{a}$ 的圖形分別表示 L 的右方部分與左方部分。如圖 4-2 所示。

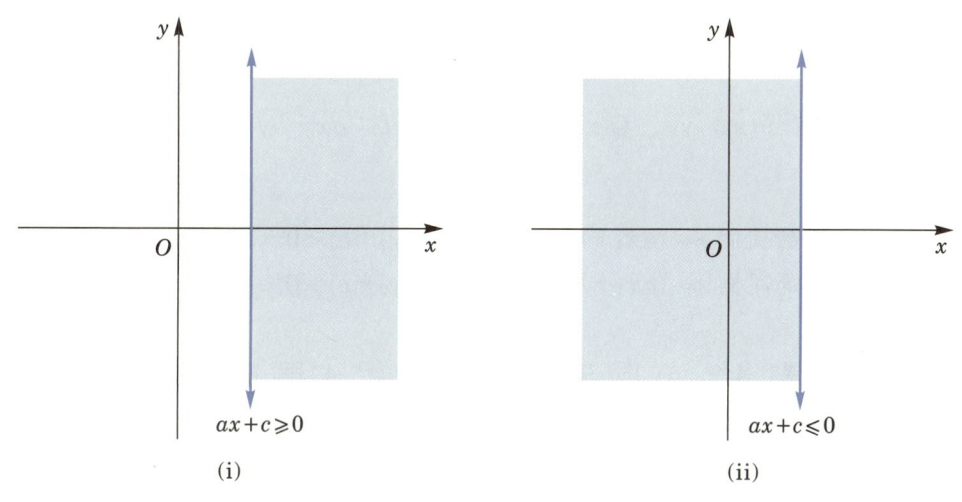

(i) $ax+c\geqslant 0$ ／ (ii) $ax+c\leqslant 0$

圖 4-2

3. 當 $a=0$ 時，$L：y=-\dfrac{c}{b}$ $(b\neq 0)$，此時不等式 $y>-\dfrac{c}{b}$ 與 $y<-\dfrac{c}{b}$ 的圖形分別表示 L 的上方部分與下方部分。如圖 4-3 所示。

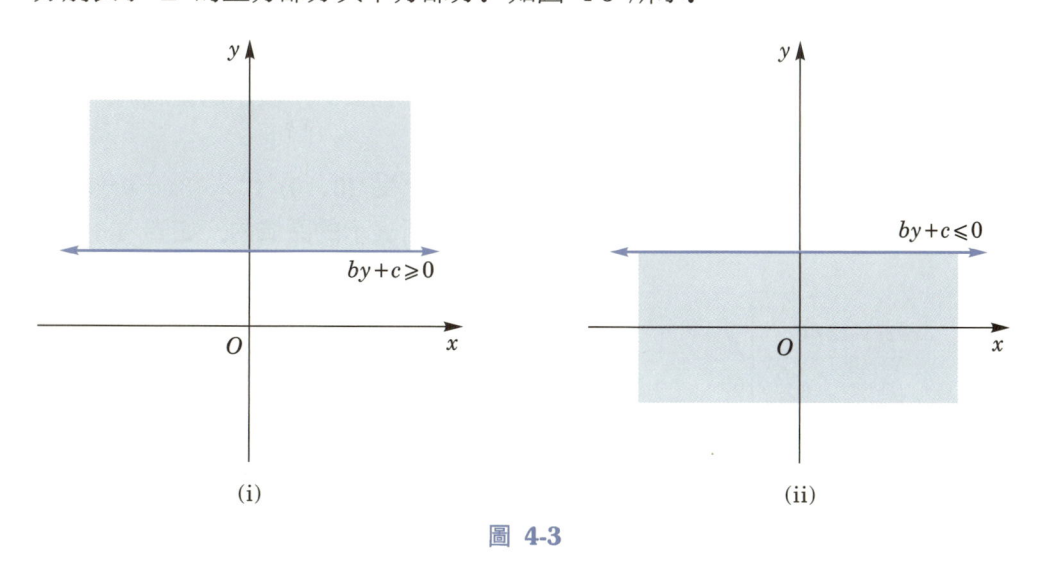

(i) $by+c\geqslant 0$ ／ (ii) $by+c\leqslant 0$

圖 4-3

註：當不等式為 $\geqslant$ 或 $\leqslant$ 型時，其圖形為半平面且包含直線 $ax+by+c=0$；若不等式為 >0 或 <0 型時，其圖形為一半平面但不含直線 $ax+by+c=0$。(此時將直線繪成虛線，表示不等式的圖形不含此直線。)

144 管理數學導論 (管理決策的工具)

讀者應注意：欲判斷不等式 $ax+by+c>0$ 或 $ax+by+c<0$ 所表示的區域是在直線 $ax+by+c=0$ 的哪一側，通常可用某一側的一固定點的座標代入 $ax+by+c$：

1. 若其值大於 0，則該側的區域就是由 $ax+by+c>0$ 所確定。
2. 若其值小於 0，則該側的區域就是由 $ax+by+c<0$ 所確定。

如果已知兩點 $P(x_1, y_1)$、$Q(x_2, y_2)$ 及直線 $L：ax+by+c=0$，我們有下列的性質：

1. P 與 Q 在 L 的反側 $\Leftrightarrow (ax_1+by_1+c)(ax_2+by_2+c)<0$
2. P 與 Q 在 L 的同側 $\Leftrightarrow (ax_1+by_1+c)(ax_2+by_2+c)>0$

【例題 1】已知兩點 $A(2, 5)$ 與 $B(4, -1)$。試判斷 A 與 B 在直線 $L：2x-y+6=0$ 的同側或反側？

【解】以 $A(2, 5)$ 代入方程式等號的左邊，可得 $4-5+6=5>0$。以 $B(4, -1)$ 代入方程式等號的左邊，可得 $8+1+6=15>0$。A、B 的座標均使 $2x-y+6>0$，故 A 與 B 在 L 的同側。

【例題 2】圖示下列各線性不等式的解。

(1) $3x-2y+12<0$ (2) $3x+y-5\geq 0$

【解】(1) 作直線 $3x-2y+12=0$ (以虛線表示)。以原點 $(0, 0)$ 代入 $3x-2y+12$，可得 $0-0+12>0$，故原點不在 $3x-2y+12<0$ 所表示的區域內。如圖 4-4 所示。

(2) 作直線 $3x+y-5=0$ (以實線表示)。以原點 $(0, 0)$ 代入 $3x+y-5$，可得 $0+0-5<0$，故原點不在 $3x+y-5\geq 0$ 所表示的區域內。如圖 4-5 所示。

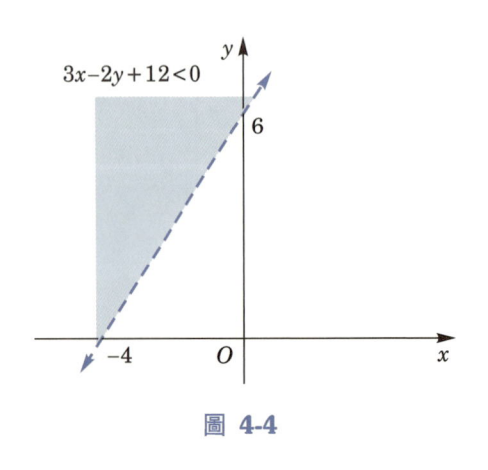

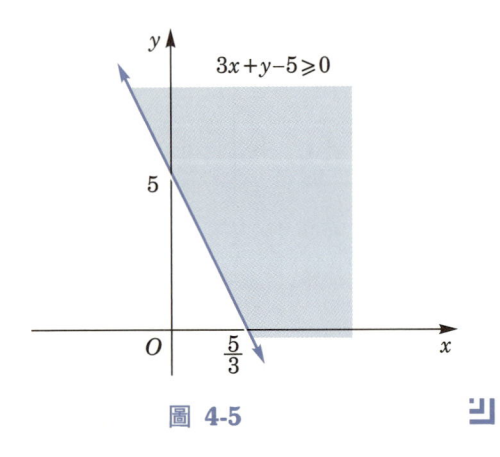

圖 4-4

圖 4-5

對於聯立不等式而言，其解集合為各個不等式之解集合的交集，見下面例子．

【例題 3】圖示下列各聯立不等式的解．

(1) $\begin{cases} x-3y-9<0 \\ 2x+3y-6>0 \end{cases}$
(2) $\begin{cases} -2x+y \geq 2 \\ x-3y \leq 6 \\ x<1 \end{cases}$

【解】(1) 不等式 $x-3y-9<0$ 的解為直線 $x-3y-9=0$ 的左上側，不等式 $2x+3y-6>0$ 的解為直線 $2x+3y-6=0$ 的右上側，而兩者的共同部分就是原聯立不等式的解．如圖 4-6 所示．

(2) $-2x+y \geq 2$ 的解集合為直線 $-2x+y=2$ 的左上側加上直線 $-2x+y=2$ 本身．$x-3y \leq 6$ 的解集合為直線 $x-3y=6$ 的左上側加上直線 $x-3y=6$ 本身．$x<1$ 的解集合為直線 $x=1$ 的左側．所求聯立不等式的解集合為上述三個解集合的交集．如圖 4-7 所示．

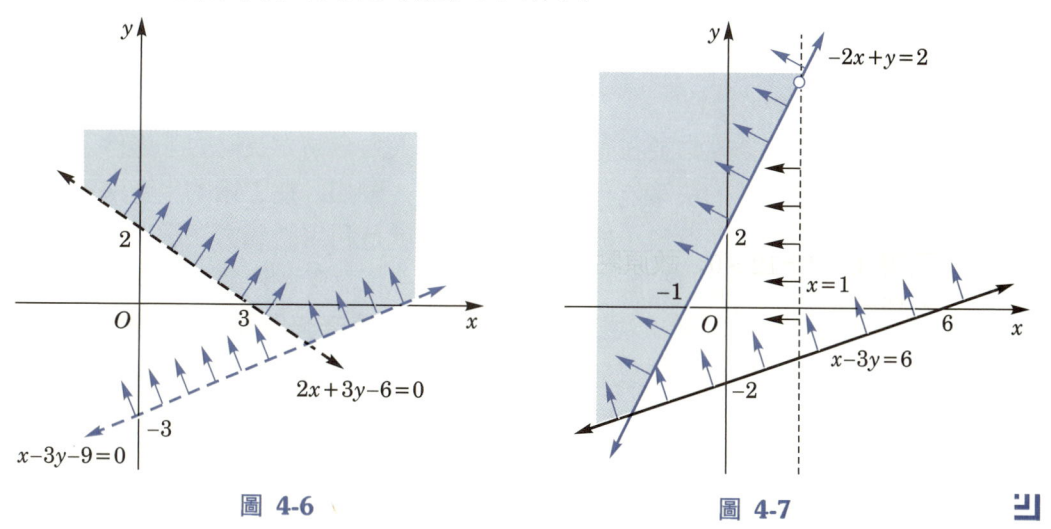

圖 4-6

圖 4-7

【例題 4】作不等式組

$$\begin{cases} 2x+y-2<0 \\ x-y>0 \\ 2x+3y+9>0 \end{cases}$$

的圖形．

【解】$2x+y-2<0$ 的解集合為 $2x+y-2=0$ 的左下側部分，$x-y>0$ 的解集合為 $x-y=0$ 的右下側部分，$2x+3y+9>0$ 的解集合為 $2x+3y+9=0$ 的右上側部

分，所以，顏色部分的圖形即為所求，如圖 4-8 所示。

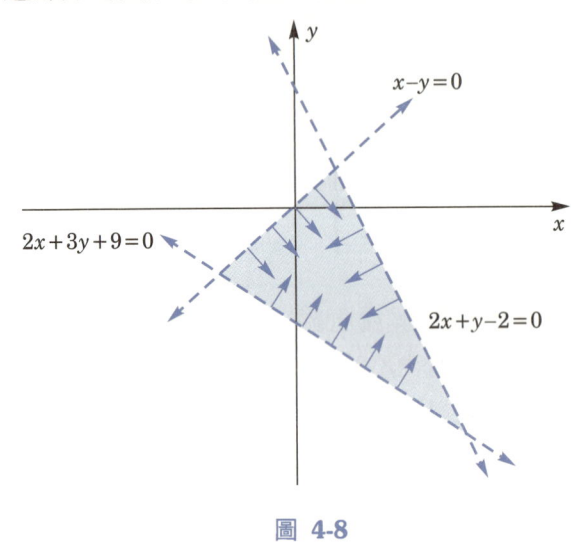

圖 4-8

§4-2 線性規劃之意義

　　當我們在做決策時，經常要在有限的資源，如人力、物力及財力等條件下，做出最適當的決定，以使所做的決策能獲得最佳的利用。譬如，在工廠的生產決策中，我們希望能獲得最大利潤或花費最小成本。線性規劃就是利用數學方法解決此種決策問題的一種簡單而又挺好的工具。所以，線性規劃是一種計量的決策工具，主要是用於研究經濟資源的分配問題，藉以決定如何將有限的經濟資源做最有效的調配與運用，以求發揮資源的最高效能，俾能以最低的代價，獲取最高的效益。因此，如何將一個決策問題轉換成線性規劃問題，以及如何求解線性規劃問題將是一個非常重要的工作。

　　許多數學應用問題皆與二元一次聯立不等式有關，而聯立不等式的解答往往相當的多。在 xy-平面上，由某些直線所圍成區域內的每一點 (x, y) 若適合題意，則稱為該問題的<u>可行解</u>，而該區域稱為該問題的<u>可行解區域</u>。

　　對於一個線性規劃問題，我們如何將該問題用數學式子來表示呢？先看看下面的例子。

　　某製帽公司擬推出甲、乙二款男士帽子，其可用資源之資料及每種產品每頂帽子所需消耗之機器時間如下表。

機器類別	每頂產品所需耗用之機器小時數		可用機器時數(時/月)
	產品甲	產品乙	
機器 A	2	4	100
機器 B	5	3	215

若已知甲、乙產品每頂帽子的利潤分別為 100 元、150 元，試求各產品每月應各生產多少數量？公司可獲得最大利潤．

設 x、y 分別代表產品甲、乙每月之生產量．對機器 A 而言，其限制式應為

$$2x+4y \leqslant 100 \qquad (4\text{-}2\text{-}1)$$

對機器 B 而言，其限制式應為

$$5x+3y \leqslant 215 \qquad (4\text{-}2\text{-}2)$$

又因產量無負值，故

$$x, y \geqslant 0, \ x, y \text{ 是整數} \qquad (4\text{-}2\text{-}3)$$

而我們的目的乃在上面之限制條件下，求利潤 $z=100x+150y$ 的最大值．

這是一個典型線性規劃的例子，其中式 (4-2-1)、(4-2-2) 稱為限制條件，式 (4-2-3) 稱為非負條件，而 z 稱為目標函數．滿足限制條件與非負條件的所有點所成的集合，稱為可行解區域．由此一例子得知，線性規劃問題其解法如下

1. 依題意列出限制式及目標函數．
2. 根據限制式畫出限制區域 (稱為可行解區域)．
3. 找出滿足目標函數的最適當解 (稱為最適解)．

今舉一些例子以說明如何求目標函數之極大值或極小值．

【例題 1】已知可行解區域如圖 4-9 所示，試利用此一區域決定目標函數 $P=2x+3y$ 之極大值與極小值．

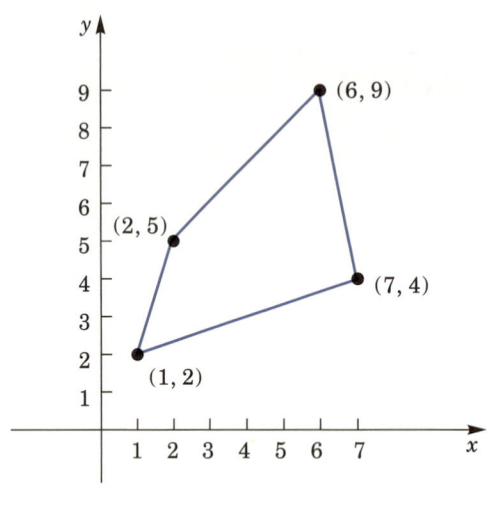

圖 4-9

【解】

(x, y)	$P = 2x + 3y$	
(1, 2)	8	←最小值
(2, 5)	19	
(6, 9)	39	←最大值
(7, 4)	26	

【例題 2】試求目標函數 $P = 2x_1 + x_2$ 之極大值與極小值受限制於下列之條件

$$\begin{cases} x_1 + x_2 \geq 2 \\ 6x_1 + 4x_2 \leq 36 \\ 4x_1 + 2x_2 \leq 20 \\ x_1 \geq 0, \ x_2 \geq 0 \end{cases}$$

【解】步驟 1：先繪出下列可行解區域，如圖 4-10 所示。
步驟 2：極點如圖 4-10 所示，有四個極點的 x 座標及 y 座標分別為 x-軸及 y-軸上的截距，第五個極點為下列方程組之解：

$$\begin{cases} 6x_1 + 4x_2 = 36 \\ 4x_1 + 2x_2 = 20 \end{cases}$$

$x_1 = 2, \ x_2 = 6$。

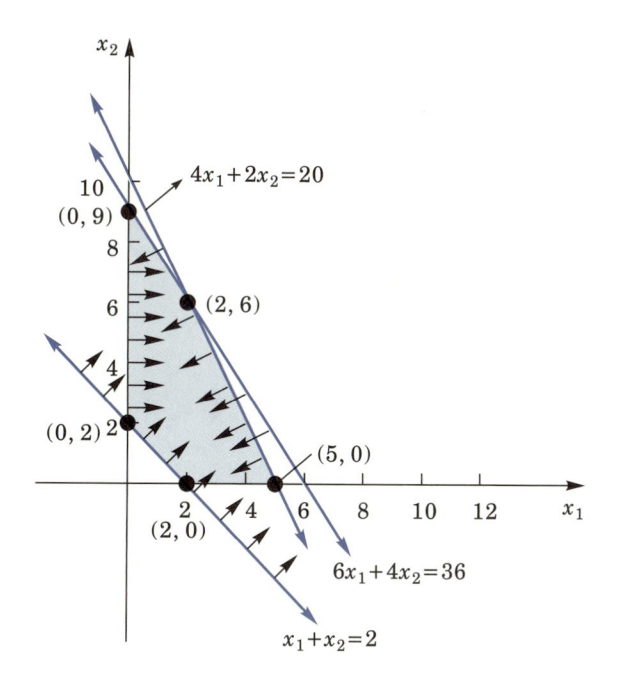

圖 4-10

步驟 3：我們計算目標函數 $P=2x_1+x_2$ 在每個極點之值．

極點	$P=2x_1+x_2$	
(5, 0)	$2\times(5)+0=10$	← 最大值
(2, 0)	$2\times(2)+0=4$	
(0, 2)	$2\times(0)+2=2$	← 最小值
(0, 9)	$2\times(0)+9=9$	
(2, 6)	$2\times(2)+6=10$	← 最大值

步驟 4：$P=2x_1+x_2$ 的最小值為 2 發生在極點 (0, 2)．

$P=2x_1+x_2$ 的最大值為 10 發生在極點 (5, 0) 與 (2, 6)．此為**多重最適解**，在連接 (5, 0) 與 (2, 6) 之線段上的任意點也會產生 $P=2x_1+x_2$ 之最大值．

我們知道求此類線性規劃問題的解時，係依據限制條件 (線性不等式) 畫出其可行解區域，此可行解區域是一**多面凸集合**，然後由多面凸集合的頂點所對應的**目標函數值**去找到**最適解** (optimum solution) (或**最佳解**)．那麼，什麼叫做**凸集合**呢？我們將會在下兩節中來介紹一些有關線性規劃之數理知識.

§4-3 線性函數與凸集合

定義 4-3-1 線性函數

設 f 是定義在 n 維空間 $\mathbb{R}^n$ 上的函數，如果對 $\mathbb{R}^n$ 中的任意點 $X=(x_1, x_2, x_3, \cdots, x_n)$ 而言，$f(X)$ 可以寫成

$$f(X)=a_1x_1+a_2x_2+a_3x_3+\cdots+a_nx_n \tag{4-3-1}$$

的形式，其中 a_i $(i=1, 2, 3, \cdots, n)$ 都是常數。那麼，函數 f 就稱之爲**線性函數**.

定義 4-3-2

設 S 是 n 維空間 $\mathbb{R}^n$ 的一個子集。假如聯結 S 中的任意兩點 A 與 B，若 $\overline{AB}$ 全部都落在集合 S 上。換而言之，對集合 S 上的任意兩點 A、B 而言，如果所有的點

$$C=(1-t)A+tB \subset S \ (0 \leq t \leq 1)$$

則稱 S 爲一個**凸集合** (convex set).

圖 4-11(i) 與 (ii) 都是凸集合，但 (iii) 與 (iv) 顯然不是凸集合，因為 (iii) 與 (iv) 中，$\overline{AB}$ 並非全部落在圖形之內.

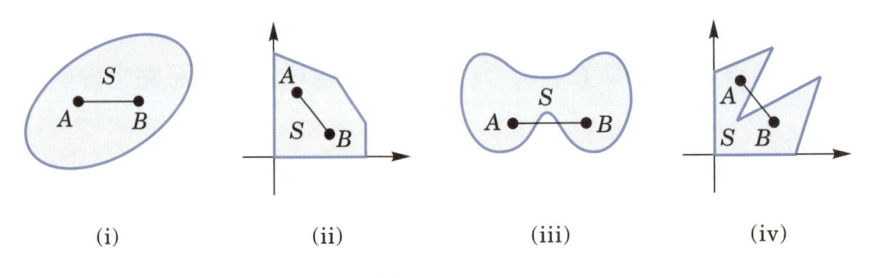

圖 4-11

定義 4-3-3

凸集合 S 中的一個點 $X \in \mathbb{R}^n$，若不為 S 中任意一個線段的**內點** (interior point)，則稱 X 為**極點** (extreme point) 或**頂點**。

定理 4-3-1

線性不等式方程組 $AX \leq B$，其中 $A = [a_{ij}]_{m \times n}$, $X = [x_1, x_2, x_3, \cdots, x_n]^T$, $B = [b_1, b_2, b_3, \cdots, b_m]^T$ 的解集合必然是**多面凸集合**。

【例題 1】試用圖解法求線性不等式方程組 $AX \leq B$ 的解集合，其中

$$A = \begin{bmatrix} 1 & 1 \\ -1 & 1 \\ -2 & -1 \end{bmatrix}, \quad X = \begin{bmatrix} x_1 \\ x_2 \end{bmatrix}, \quad B = \begin{bmatrix} 2 \\ -2 \\ -2 \end{bmatrix}$$

【解】問題中共有三個線性不等式

$$\begin{cases} x_1 + x_2 \leq 2 \\ -x_1 + x_2 \leq -2 \\ -2x_1 - x_2 \leq -2 \end{cases}$$

先繪出直線 $x_1 + x_2 = 2$，$-x_1 + x_2 = -2$，$-2x_1 - x_2 = -2$．，如圖 4-12 所示．因為原點 (0, 0) 不在直線 $x_1 + x_2 = 2$ 之上，並且 (0, 0) 滿足不等式 $x_1 + x_2 \leq 2$，所以這個線性方程式的解集合必須包括原點 (0, 0)，因此這個解集合必須是以直線 $x_1 + x_2 = 2$ 為邊界的左半平面。

同理，可求得 $-x_1 + x_2 \leq -2$ 的解集合是以直線 $-x_1 + x_2 = -2$ 為邊界的右半平面，$-2x_1 - x_2 \leq -2$ 的解集合是以直線 $-2x_1 - x_2 = -2$ 為邊界的右半平面．這三個解集合的交集，如圖 4-12 中繪有顏色的部分，就是這三個線性不等式的共同解．顯然這一個集合是多面凸集合，它的頂點分別是 $(2, 0)$ 與 $\left(\dfrac{4}{3}, -\dfrac{2}{3}\right)$。

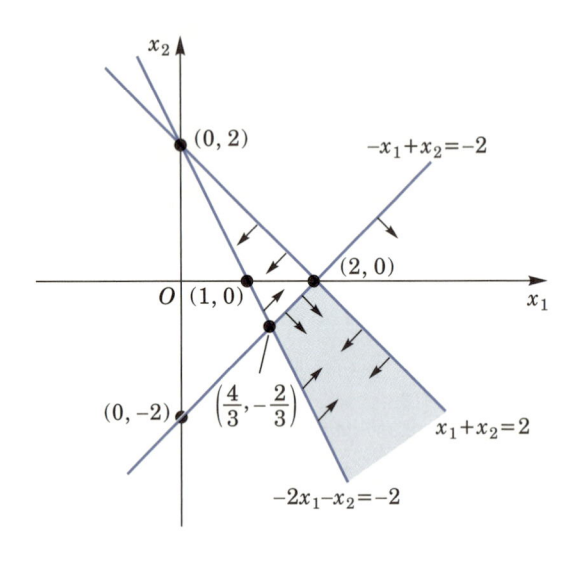

圖 4-12

§4-4 線性規劃的基本定理與方法（圖解法）

線性規劃的問題，是研究在一系列線性不等式的限制條件下，線性函數

$$f(X)=c_1x_1+c_2x_2+c_3x_3+\cdots+c_nx_n \tag{4-4-1}$$

何時會取得**極大值**（或**極小值**）．這個給定的線性函數 $f(X)$，通常稱為**目標函數**（objective function），我們現在寫出線性規劃的一般"數學模式"如下

$$\text{Max. or Min.} \quad f(X)=c_1x_1+c_2x_2+c_3x_3+\cdots+c_nx_n$$

$$\text{受制於} \begin{cases} a_{11}x_1+a_{12}x_2+a_{13}x_3+\cdots+a_{1n}x_n \leqslant (或 \geqslant 或 =) b_1 \\ a_{21}x_1+a_{22}x_2+a_{23}x_3+\cdots+a_{2n}x_n \leqslant (或 \geqslant 或 =) b_2 \\ \vdots \quad \vdots \quad \vdots \quad \vdots \quad \vdots \quad \vdots \\ a_{m1}x_1+a_{m2}x_2+a_{m3}x_3+\cdots+a_{mn}x_n \leqslant (或 \geqslant 或 =) b_m \end{cases} \tag{4-4-2}$$

$$x_i \geqslant 0, \ i=1, \ 2, \ 3, \ \cdots, \ n$$

如果有一 $X=(x_1, \ x_2, \ x_3, \ \cdots, \ x_n)$ 滿足式 (4-4-2) 的所有限制條件，就稱 X 為線性規劃式 (4-4-2) 的一個**可行解**（feasible function）．所有可行解所成的集合稱之為可行解集合．該可行解集合必然是一個多面凸集合 S．我們一般稱此集合為**可行解區域**．

所以線性規劃的問題，是探討目標函數 $f(X)$，何時會在多面凸集合 S 上取得最大值 (或最小值)。多面凸集合 S 上的每一個點，都是滿足所有限制條件的一個 可行解。如果在多面凸集合 S 上的某點，恰好使目標函數 $f(X)$ 在這個點上取得最大值 (或最小值)，那麼，這個點就稱為目標函數在限制條件下的一個 最適解 (或 最佳解)。一般而言，最適解並不是唯一的。

下面的定理，是線性規劃的基本定理，它說明最適解必然會在多面凸集合 S 上的頂點處出現。

定理 4-4-1　基本定理

設 $f(X)$ 是定義在有界多面凸集合 S 上的線性函數，則 $f(X)$ 的極大值或極小值 (如果存在) 必出現在 S 上的頂點處。

定理 4-4-1 是線性規劃的理論基礎，以後有廣泛的應用。一般，若限制條件比較少，而決策變數不多於二個的問題都採用圖解法求解，利用該方法求線性規劃問題最適解的步驟如下

1. 繪出多面凸集合 (可行解區域)。
2. 找出可行解區域頂點 (或極點) 的座標。
3. 比較目標函數 $f(X)$ 在各頂點 (或極點) 的值。

【例題 1】給出限制條件

$$\begin{cases} x_1 + 2x_2 \leq 2 \\ 2x_1 + x_2 \leq 2 \\ x_1 \geq 0 \\ x_2 \geq 0 \end{cases}$$

試用圖解法，求 $f(X) = 5x_1 + x_2$ 的最大值與最小值。

【解】可行解區域 $x_1 \geq 0$，$x_2 \geq 0$，$x_1 + 2x_2 - 2 \leq 0$，$2x_1 + x_2 - 2 \leq 0$ 的圖形如圖 4-13 所示。

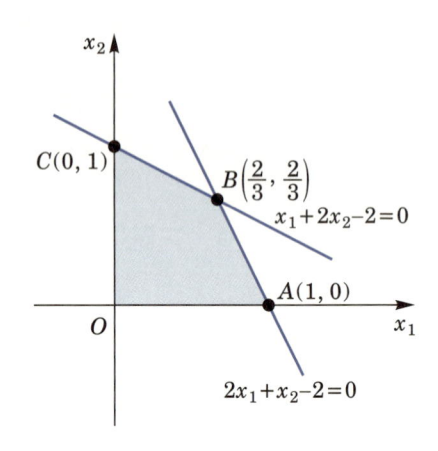

圖 4-13

頂點 (極點)	$f(X)=5x_1+x_2$	
$(0, 0)$	0	← 最小值
$(1, 0)$	5	← 最大值
$\left(\dfrac{2}{3}, \dfrac{2}{3}\right)$	4	
$(0, 1)$	1	

故 $5x_1+x_2$ 的最大值為 5，最小值為 0。

【例題 2】某工廠生產甲、乙兩種產品，已知甲產品每噸需用 9 噸的煤，4 瓩的電，3 個工作日 (一個工人工作一天等於 1 個工作日)；乙產品每噸需用 4 噸的煤，5 瓩的電，10 個工作日．又知甲產品每噸可獲利 7 萬元，乙產品每噸可獲利 12 萬元，且每天供煤最多 360 噸，用電最多 200 瓩，勞動人數最多 300 人．試問每天生產甲、乙兩種產品各多少噸，才能獲利最高？又最大利潤是多少？

【解】

	煤	電	工作日	利潤
甲	9 噸	4 瓩	3 個	7 萬
乙	4 噸	5 瓩	10 個	12 萬
限制	360 噸	200 瓩	300 個	

設每天生產甲產品 x_1 噸，乙產品 x_2 噸，則

$$\begin{cases} 9x_1 + 4x_2 \leq 360 \\ 4x_1 + 5x_2 \leq 200 \\ 3x_1 + 10x_2 \leq 300 \\ x_1 \geq 0,\ x_2 \geq 0 \end{cases}$$

利潤為 $(7x_1 + 12x_2)$ 萬元．可行解區域如圖 4-14 所示．

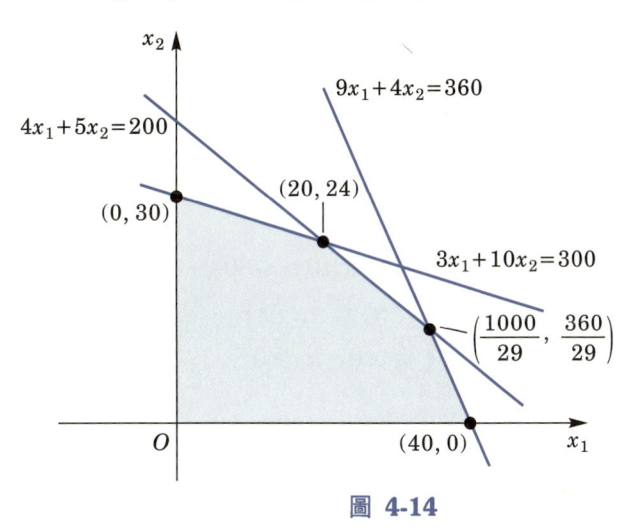

圖 4-14

$(x_1,\ x_2)$	$7x_1 + 12x_2$	
$(0,\ 0)$	0	
$(40,\ 0)$	280	
$\left(\dfrac{1000}{29},\ \dfrac{360}{29}\right)$	$\dfrac{11320}{29}$	
$(20,\ 24)$	428	← 最大值
$(0,\ 30)$	360	

故每天生產甲產品 20 噸，乙產品 24 噸，可獲最大利潤 428 萬元．

【例題 3】電視台由國華廣告公司特約播出國片與西洋片兩種影片，其中國片播映時間 20 分鐘，廣告時間 1 分鐘，收視觀眾為 60 萬人．另外西洋片播映時間為 10 分鐘，廣告時間 1 分鐘，收視觀眾為 20 萬人．國華廣告公司規定每星期最

少要有 6 分鐘廣告，而電視台每週只能為國華廣告公司提供不多於 80 分鐘的節目時間．試問在國華公司與節目時間的限制條件下，電視台應每週播映國片與西洋片多少次，以期維持最高的收視率．

【解】將上述資料，寫成下面的方案表

電視＼時間＼片集	國片	西洋片	要求
節目時間	20 分鐘	10 分鐘	不超過 80 分鐘
廣告時間	1 分鐘	1 分鐘	最少 6 分鐘
收看觀眾	60 萬人	20 萬人	Max. $f(X)$

設 x_1 是國片每週播映的次數，x_2 是西洋片每週播映的次數．根據上面的資料，可得出下面的限制條件．

$$\begin{cases} 20x_1+10x_2 \leq 80 \\ x_1+x_2 \geq 6 \\ x_1 \geq 0, \ x_2 \geq 0 \end{cases}$$

收看這兩個節目的觀眾人數為 $600,000x_1+200,000x_2$，所以目標函數為

$$f(X)=600,000x_1+200,000x_2$$

故得線性規劃的數學模式為

$$\text{Max.} \quad f(X)=600,000x_1+200,000x_2$$

$$\text{受制於} \begin{cases} 20x_1+10x_2 \leq 80 \\ x_1+x_2 \geq 6 \\ x_1 \geq 0 \\ x_2 \geq 0 \end{cases}$$

依限制條件繪出可行解區域，如圖 4-15 所示．

頂點（極點）	$f(X)$	
$A(0, 8)$	1,600,000	
$B(0, 6)$	1,200,000	
$C(2, 4)$	2,000,000	← 最大值

图 4-15

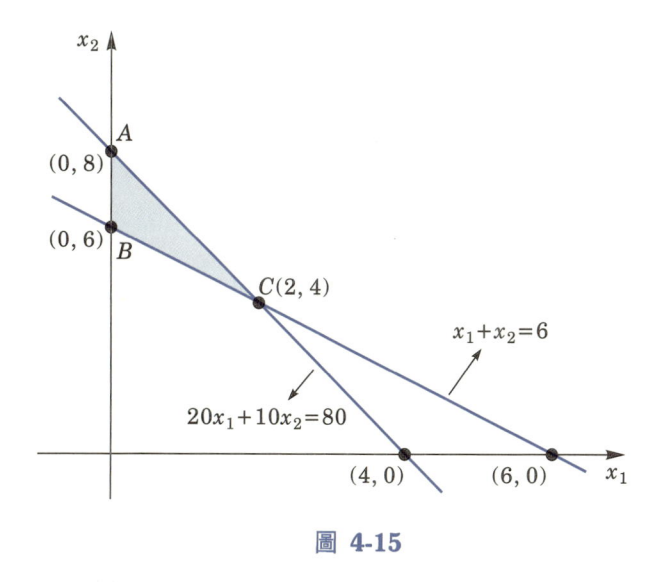

故電視台每週應播映國片兩次，西洋片四次．每週吸引二百萬觀眾 (收視次數) 收看電視台這兩部影片．

在比較可行解區域的頂點 (或極點) 所對應的目標函數值去找最適解時，要注意有時符合題意的解僅限於可行解區域內的格子點 (即，可行解的 x_1 與 x_2 值必須是整數)，此時，如果有的頂點並非格子點，則它就不符合題意．今舉例說明其解法．

【例題 4】某家貨運公司有載重 4 噸的 A 型貨車 7 輛，載重 5 噸的 B 型貨車 4 輛，及 9 名司機．今受託每天至少要運送 30 噸的煤，試問這家公司有多少種調度車輛的辦法？又設 A 型貨車開一趟需要費用 500 元，B 型貨車需要費用 800 元，則怎樣才能最節省？

【解】設調度 A 型貨車 x_1 輛，B 型貨車 x_2 輛，依題意得，

$$\text{Min.} \quad f(X) = 500x_1 + 800x_2$$

$$\text{受制於} \begin{cases} 0 \leq x_1 \leq 7 \\ 0 \leq x_2 \leq 4 \\ x_1 + x_2 \leq 9 \\ 4x_1 + 5x_2 \geq 30 \\ x_1, x_2 \text{ 是整數} \end{cases}$$

找出可行解區域的格子點 (x_1, x_2 均是整數的點)，如圖 4-16 所示．

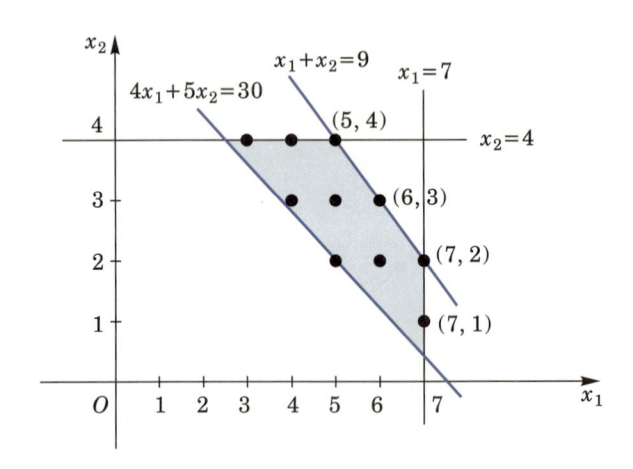

圖 4-16

x_2	1	2	3	4
x_1	7	5, 6, 7	4, 5, 6	3, 4, 5

註：$\left(7, \dfrac{2}{5}\right)$ 與 $\left(\dfrac{5}{2}, 4\right)$ 非格子點.

故共有 10 種調度法.

	(x_1, x_2)	$f(X)$	(x_1, x_2)	$f(X)$
	(7, 1)	4300	(5, 3)	4900
最小 →	(5, 2)	4100	(6, 3)	5400
	(6, 2)	4600	(3, 4)	4700
	(7, 2)	5100	(4, 4)	5200
	(4, 3)	4400	(5, 4)	5700

故 A 型貨車 5 輛，B 型貨車 2 輛時，會最節省.

【例題 5】試求目標函數 $P = 2x_1 + x_2$ 之極大值受限制於下列之條件

$$\begin{cases} x_1 + x_2 \leqslant 6 \\ x_1 - x_2 \leqslant 2 \\ x_1 \geqslant 0, \ x_2 \geqslant 0 \end{cases}$$

【解】我們首先繪出線性不等式方程組之**可行解區域**。由圖 4-17 中知，點 A、B、C、D 位於直線相交之邊界上，這些點稱之為**極點**。我們可以立即發現這些極點決定了目標函數之極大值或極小值。

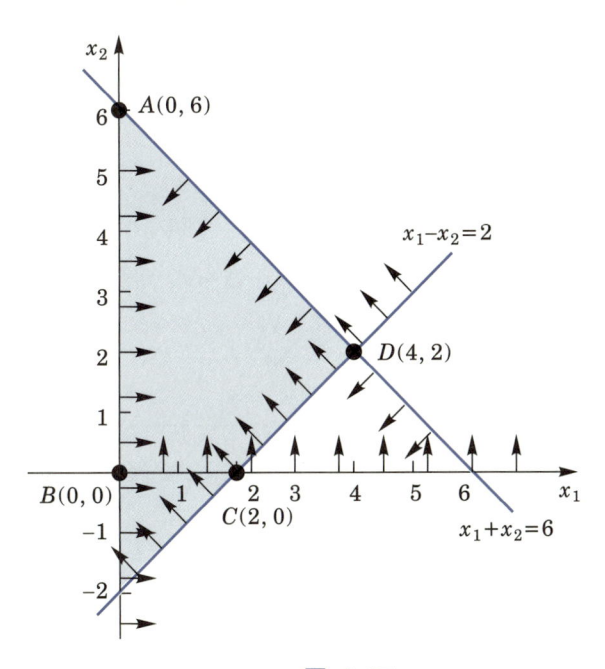

圖 4-17

現在位於可行解區域中之每一點皆滿足線性不等式方程組之限制式。然而，若想要求得一點，且在該點上具有目標函數之最大值，我們可以在圖 4-17 中加繪一些直線，它代表目標函數 $P=2x_1+x_2$ 中不同的 P 值。我們任意選取 P 的值為 0，4，8 與 12。這就產生方程式

$$0=2x_1+x_2,\ 4=2x_1+x_2,\ 8=2x_1+x_2,\ 12=2x_1+x_2$$

在圖 4-17 中所加繪的四條直線如圖 4-18 所示。因為它們的斜率均為 -2，故四條直線皆互相平行。由觀察得知 P 的值顯然不能等於 12，因為 $P=12$ 之圖形位於可行解區域之外部。可是，在直線 $P=8$ 上且位於可行解區域之內部的每一點，由這些點所決定的 x_1 與 x_2 之值能使 $2x_1+x_2=8$ 成立。

顯然，當 $P=8$ 與 $P=12$ 之間的某一條平行於這四條線之直線就可以代表目標函數，這將產生 P 的最大值。因此，使 P 最大化之 x_1 與 x_2 之值並且仍然可滿足所有限制式，將是這些平行直線族平行移動時，恰好接觸到可行解區域之極點的座標 (x_1, x_2)。如圖 4-18 繪虛線者。顯然該點發生在極點 $(4, 2)$，故在

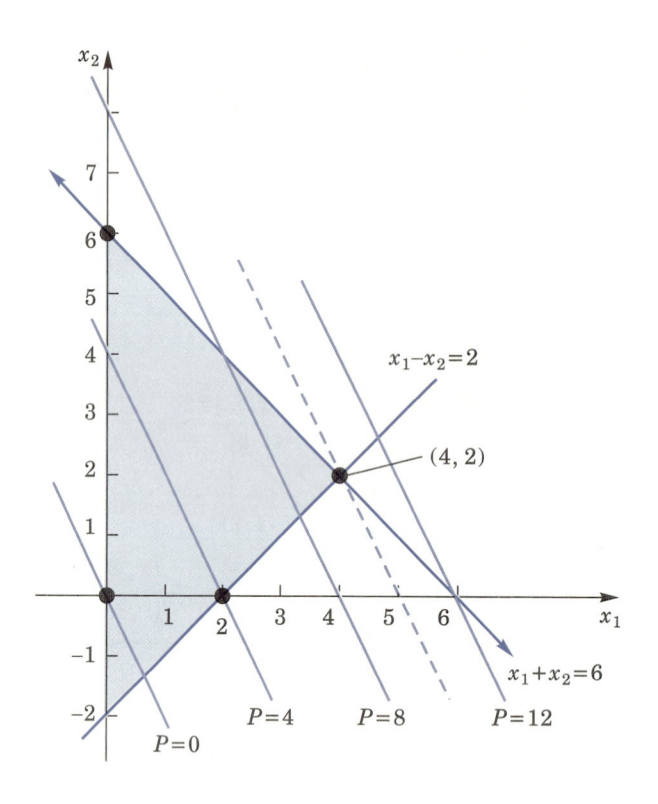

圖 4-18

該點 P 的值為

$$P=2x_1+x_2=2(4)+2=10$$

由以上之討論，在圖解法中，兩個決策變數的目標函數實際上是一斜率為定值的直線族，隨著直線平移，$f(X)$ 值也隨之改變．設目標函數為 $f(X)=a_1x_1+a_2x_2$，我們有下述之平移情況

1. 當 x_1 之係數 $a_1>0$，直線愈往右移，$f(X)$ 值愈大 (愈往左移 $f(X)$ 值愈小)．
2. 當 x_1 之係數 $a_1<0$，直線愈往左移，$f(X)$ 值愈大 (愈往右移 $f(X)$ 值愈小)．
3. 當 x_2 之係數 $a_2>0$，直線愈往上移，$f(X)$ 值愈大 (愈往下移 $f(X)$ 值愈小)．
4. 當 x_2 之係數 $a_2<0$，直線愈往下移，$f(X)$ 值愈大 (愈往上移 $f(X)$ 值愈小)．

由以上四種情況，我們得知以圖解法求最適解時，若將目標函數 $f(X)$ 視為一參數，就可以得到一組斜率為 $-\dfrac{a_1}{a_2}$ 的直線族．將限制條件作圖，得出可行解區域，以 $-\dfrac{a_1}{a_2}$ 為斜率的直線與可行解區域相交於區域的某一頂點 (或極點) X_1，若 X_1 離原點最近，則 $f(X_1)$ 就是目標函數 $f(X)$ 的最小值；若該頂點離原點最遠，則 $f(X_1)$ 就是目標函數 $f(X)$ 的最大值。在本節例題 5 中，如果我們將目標函數 $f(X)=600,000x_1+200,000x_2$ 繪圖，如圖 4-19 所示，就得圖中之虛線是目標函數 $f(X)$ 的直線集合，它們的斜率皆為 -3，其中與可行解區域相交於 $C(2,4)$ 的虛線就是離開原點最遠而又與可行解區域相交的目標函數，所以 $f(X)$ 在點 C 上的值就是所求的最大值。

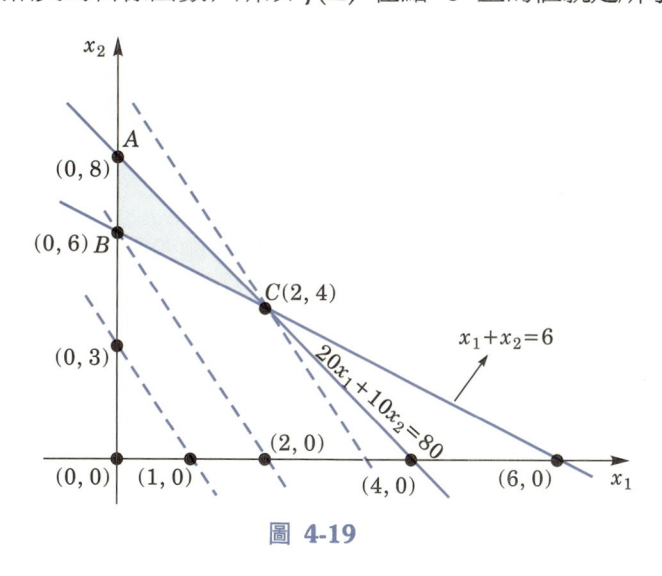

圖 4-19

下面的例子說明當可行解區域是無限時，亦可求得目標函數的最小值。

【例題 6】最小成本問題

公賣局台北酒廠有兩部蓋瓶機器，分別將陳年紹興、高粱酒、米酒蓋瓶，該兩部機器每天的生產力及開動成本如下表

品種 \ 機器	甲	乙
陳年紹興	300 瓶/天	400 瓶/天
高粱酒	100 瓶/天	100 瓶/天
米酒	100 瓶/天	500 瓶/天
開動成本	300 元/天	500 元/天

現在台北酒廠接獲出口訂單，需要陳年紹興 34,000 瓶、高粱酒 10,000 瓶、米酒 15,000 瓶，為了要將機器的開動成本減到最少，每部機器應分別開動多少

天？

【解】設 x_1 是機器甲開動的日數，x_2 是機器乙開動的日數.
依題意得出下列線性規劃的數學模式

$$\text{Min.} \quad C(X) = 300x_1 + 500x_2 \text{ 元}$$

$$\text{受制於} \begin{cases} 300x_1 + 400x_2 \geq 34{,}000 \\ 100x_1 + 100x_2 \geq 10{,}000 \\ 100x_1 + 500x_2 \geq 15{,}000 \\ x_1 \geq 0, \ x_2 \geq 0 \end{cases}$$

將限制條件繪圖，得到可行解區域，顯然，目標函數 $C(X)$ 的斜率為 $-\dfrac{3}{5}$. 這個可行解區域是無界的集合，離原點最近而斜率為 $-\dfrac{3}{5}$ 的直線與可行解區域相交於一點 C，這點 C 的值就是目標函數 (成本函數) $C(X)$ 滿足限制條件的最小值. 由圖 4-20 得知，離原點最近而斜率為 $-\dfrac{3}{5}$ 的直線，交可行解區域於點 $C(100, 10)$. 即機器甲需開動 100 天，機器乙需開動 10 天，最少的成本為

$$300 \times 100 + 500 \times 10 = 35{,}000 \text{ 元.}$$

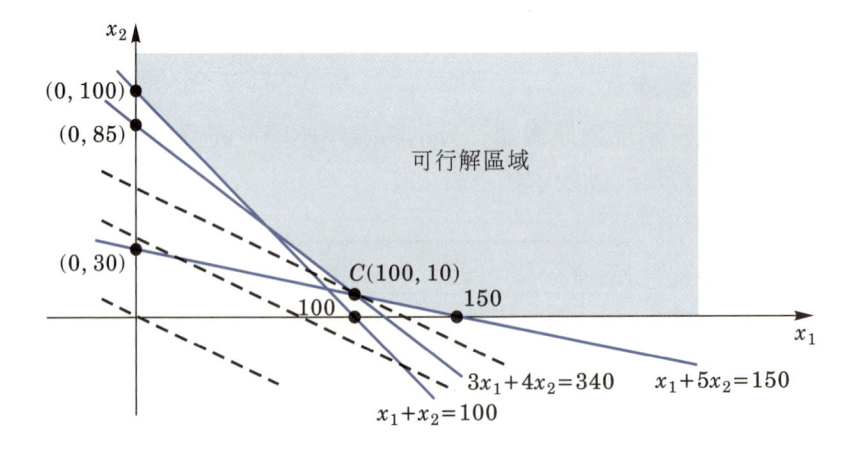

圖 4-20

§4-5　線性規劃問題的討論

線性規劃問題如果有解，也不一定就是唯一解，其解的情形有多重解、一組解、不可行解，或無限值解等．

多重解

【例題 1】

$$\text{Max.} \quad f(X) = 3.5x_1 + 2.5x_2$$

$$\text{受制於} \begin{cases} 7x_1 + 5x_2 \leqslant 35 \\ 10x_1 + 3x_2 \leqslant 30 \\ x_1 \geqslant 0, \ x_2 \geqslant 0 \end{cases}$$

【解】圖 4-21 中有顏色的部分為可行解區域，所有在線段 $\overline{PQ}$ 上的點都是**最適解**（或**最佳解**）．本例題有無限多組解：$P = (0, 7)$ 及 $Q = \left(\dfrac{45}{29}, \dfrac{140}{29}\right)$，以及任何介於 P 與 Q 之間的點．因為將這些點代入目標函數中，目標函數值均為 17.5．而本例題之所以有無限多組解，是因為目標函數與限制條件 $7x_1 + 5x_2 = 35$ 有相同之斜率．

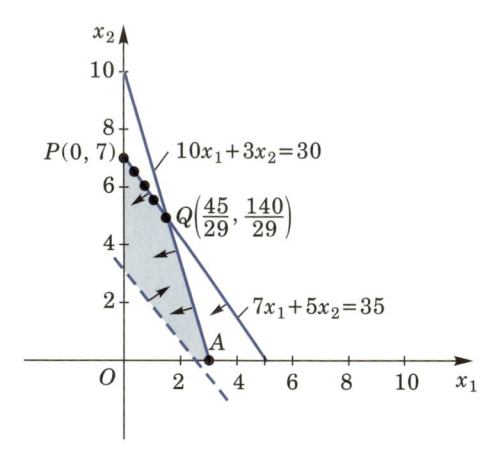

圖 4-21

無限值解

【例題 2】

$$\text{Max.} \quad f(X) = 3x_1 + 6x_2$$

受制於 $\begin{cases} 2x_1 + x_2 \geq 12 \\ x_1 + 2x_2 \geq 8 \\ x_1 \geq 0, \ x_2 \geq 0 \end{cases}$

【解】本題可行解區域，如圖 4-22 中之顏色部分，為無限制界線，且由於目標函數為最大化，使得 $f(X)$ 為無限大，故為無限值解。

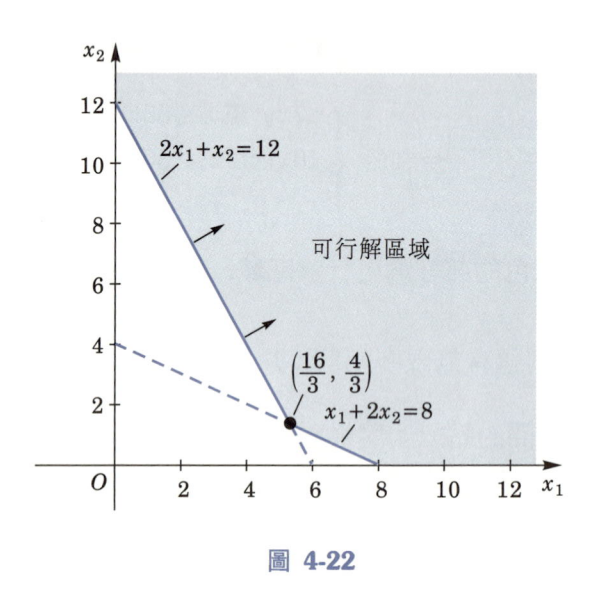

圖 4-22

讀者應注意若該例題改為求 Min.，可行解區域雖為無限制界限，但點 $\left(\dfrac{16}{3}, \dfrac{4}{3}\right)$ 可得最小目標函數值 $f(X) = 24$，則不屬於無限值解。

不可行解

如果線性規劃問題的可行解區域為空集合，換而言之，沒有任何點能滿足所有的限制條件，則該線性規劃問題具有**不可行解** (infeasible solution)。

【例題 3】

Max. $f(X) = 4x_1 + 8x_2$

受制於 $\begin{cases} x_1 + x_2 \leq 4 \\ 4x_1 - x_2 \leq 2 \\ x_1 \geq 7 \\ x_1, \ x_2 \geq 0 \end{cases}$

【解】本例題的限制條件如圖 4-23 所示，沒有任何點能完全滿足所有的不等式，因此本線性規劃為不可行解。

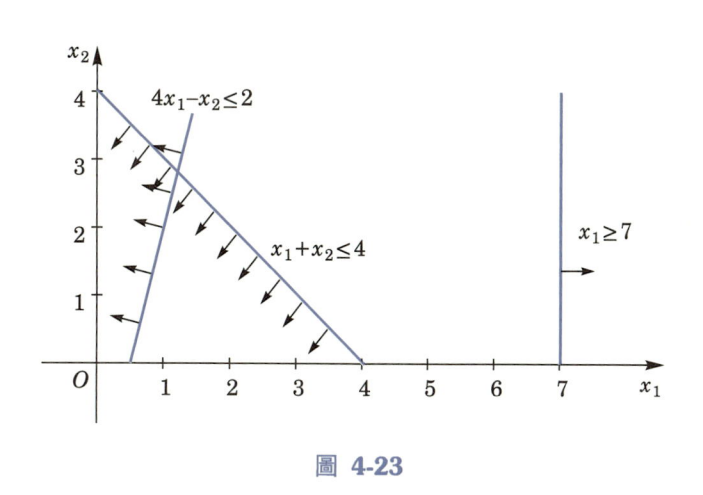

圖 4-23

習題 4-1

1. 圖示下列線性不等式之解．
   (1) $x+y>4$ 　　　　(2) $x+y \leq 4$

2. 已知可行解區域如下圖所示，試利用此一區域決定目標函數 $P=2x_1+5x_2$ 的極大值與極小值．

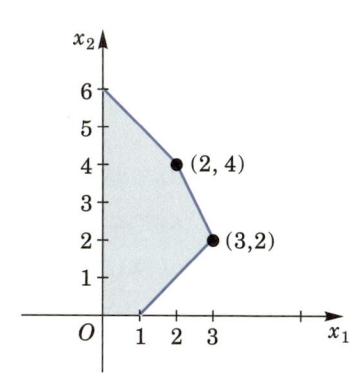

3. 試畫出不等式組
$$\begin{cases} 2x+y-2<0 \\ x-y>0 \\ 2x+3y+9>0 \end{cases}$$

的圖形.

4. 設 $x \geq 0$, $y \geq 0$, $2x+y \leq 8$, $2x+3y \leq 12$, 求 $x+y$ 的最大值.

5. 在 $x \geq 0$, $y \geq 0$, $x+2y \leq 2$, $2x+y \leq 2$ 的條件下, 求 $x+5y$ 的最大值與最小值.

6. 某農民有田 40 畝, 欲種甲、乙兩種作物. 甲作物的成本每畝需 500 元, 乙作物的成本每畝需 2000 元. 收成後, 甲作物每畝獲利 2000 元, 乙作物每畝獲利 6000 元. 若該農民有資本 50,000 元, 試問甲、乙兩種作物各種幾畝, 才可獲得最大利潤？

7. 某農夫有一塊菜圃, 最少須施氮肥 5 公斤、磷肥 4 公斤及鉀肥 7 公斤. 已知農會出售甲、乙兩種肥料, 甲種肥料每公斤 10 元, 其中含氮 20%、磷 10%、鉀 20%；乙種肥料每公斤 14 元, 其中含氮 10%、磷 20%、鉀 20%. 試問他向農會購買甲、乙兩種肥料各多少公斤加以混合施肥, 才能使花費最少而又有足量的氮、磷及鉀肥？

8. 甲種維他命丸每粒含 5 個單位維他命 A、9 個單位維他命 B, 乙種維他命丸每粒含 6 個單位維他命 A、4 個單位維他命 B. 假設每人每天最少需要 29 個單位維他命 A 及 35 個單位維他命 B. 又已知甲種維他命丸每粒 5 元, 乙種維他命丸每粒 4 元, 則每天吃這兩種維他命丸各多少粒, 才能使消費最少而能從其中攝取足夠的維他命 A 及 B？

9. 某食品包裝公司有機器兩部, 甲機器每天包裝 400 磅火腿、100 磅雞腿、200 磅香腸, 甲機器開動成本每天為 100 元. 乙機器每天包裝 200 磅火腿、100 磅雞腿、700 磅香腸, 乙機器開動成本每天為 200 元. 現有訂單, 需要包裝 800 磅火腿、500 磅雞腿、2,000 磅香腸, 問應如何運轉此二部機器, 使成本減至最少？

10. 試以圖解法來說明下列線性規劃問題有無限制解.

$$\text{Max.} \quad f(X) = 2x_1 + 5x_2$$

$$\text{受制於} \begin{cases} 2x_1 - 3x_2 \leq 8 \\ x_1 - 2x_2 \leq 10 \\ x_1, \ x_2 \geq 0 \end{cases}$$

11. 試用圖解法來說明下列線性規劃問題有多重最適解.

$$\text{Max.} \quad f(X) = 3x_1 + 2x_2$$

$$\text{受制於} \begin{cases} 6x_1 + 4x_2 \leq 24 \\ 10x_1 + 3x_2 \leq 30 \\ x_1, \ x_2 \geq 0 \end{cases}$$

12. 試決定下列線性不等式所構成之可行解區域為有界限抑或無界限。

$$\begin{cases} 3x_1 + 2x_2 \geqslant 5 \\ x_1 + 3x_2 \leqslant 4 \end{cases}$$

第五章

線性規劃 (二)

本章學習目標

- 能夠利用單純形法求解線性規劃問題
- 能夠利用大 M 法求解線性規劃問題
- 認識對偶問題及其解法

§5-1　一般線性規劃模型之標準形式

任何線性規劃問題必定可以寫成下列的形式，我們稱之為**標準形式**．

$$\text{Max.} \quad f(X) = c_1 x_1 + c_2 x_2 + c_3 x_3 + \cdots + c_n x_n \tag{5-1-1}$$

$$\text{受制於} \begin{cases} a_{11} x_1 + a_{12} x_2 + a_{13} x_3 + \cdots + a_{1n} x_n = b_1 \\ a_{21} x_1 + a_{22} x_2 + a_{23} x_3 + \cdots + a_{2n} x_n = b_2 \\ \vdots \quad\quad \vdots \quad\quad \vdots \quad\quad\quad \vdots \quad\quad \vdots \\ a_{m1} x_1 + a_{m2} x_2 + a_{m3} x_3 + \cdots + a_{mn} x_n = b_m \\ x_i \geq 0, \; i = 1, 2, 3, \cdots, n \end{cases} \tag{5-1-2}$$

讀者應注意式 (5-1-1) 與式 (5-1-2) 有三個特點，即

1. 目標函數為最大化．
2. 每個限制條件右邊的常數 b_i 必為非負．
3. 除決策變數要非負的限制條件是 "≥" 外，所有限制條件均為等式．

　　若線性規劃問題僅含有兩個決策變數，由於其可行解區域是平面的，可立即得出多面凸集合 S 的頂點 (或極點)．但是對於三個決策變數之線性規劃問題，其可行解區域為三維空間，而頂點係由三個平面 (限制條件) 之交集合所形成．若使用僅限於二維空間之圖解法當然不能適用，很顯然的，n 維空間亦如此．因此我們在下一節介紹一種**基本可行解法** (或**代數法**)．在介紹該方法之前，我們先討論如何將一般的線性規劃模型化為標準形式．首先我們介紹線性規劃模型當中**差額變數**、**超額變數**與**解**的觀念．

定義 5-1-1

(1) 若引進一新的非負之虛擬變數 x_{n+1} 使得不等式 $a_{i1} x_1 + a_{i2} x_2 + a_{i3} x_3 + \cdots + a_{in} x_n \leq b_i$ 變成方程式

$$a_{i1} x_1 + a_{i2} x_2 + a_{i3} x_3 + \cdots + a_{in} x_n + x_{n+1} = b_i$$

則稱 x_{n+1} 為**差額變數** (slack variable)．

(2) 若引進一新的非負之虛擬變數 x_{n+1} 使得不等式 $a_{i1} x_1 + a_{i2} x_2 + a_{i3} x_3 + \cdots + a_{in} x_n \geq b_i$ 變成方程式

$$a_{i1}x_1+a_{i2}x_2+a_{i3}x_3+\cdots+a_{in}x_n-x_{n+1}=b_i$$

則稱 x_{n+1} 為**超額變數** (surplus variable).

定義 5-1-2

若向量 $X=[x_1, x_2, \cdots, x_n, x_{n+1}, \cdots, x_{n+m}]^T$ 為聯立方程式 $AX=B$ 的解，且其中 n 個變數均為 0，則稱此 n 個變數為**非基本變數** (nonbasic variable)，而其他 m 個變數稱為**基本變數** (basic variable)。X 稱為 $AX=B$ 的一個**基本解** (basic solution).

定義 5-1-3

若向量 $X=[x_1, x_2, \cdots, x_n, x_{n+1}, \cdots, x_{n+m}]^T$ 為聯立方程式 $AX=B$ 的基本解，且滿足非負的條件 $X\geq 0$，則稱 X 為 $AX=B$ 之**基本可行解** (basic feasible solution).

　　線性規劃數學模型的標準化主要目的在於將模型中限制式的不等式形式轉換為等式之形式.

　　一般而言，若有一線性規劃模型如下

$$\text{Max.} \quad f(X)=c_1x_1+c_2x_2+c_3x_3+\cdots+c_nx_n$$

$$\text{受制於} \begin{cases} a_{11}x_1+a_{12}x_2+a_{13}x_3+\cdots+a_{1n}x_n \leq b_1 \\ a_{21}x_1+a_{22}x_2+a_{23}x_3+\cdots+a_{2n}x_n \leq b_2 \\ \vdots \qquad \vdots \qquad \vdots \qquad \vdots \qquad \vdots \\ a_{m1}x_1+a_{m2}x_2+a_{m3}x_3+\cdots+a_{mn}x_n \leq b_m \\ x_1, x_2, x_3, \cdots, x_n \geq 0, b_i \geq 0 \; (i=1, 2, \cdots, m) \end{cases} \quad (5\text{-}1\text{-}3)$$

　　為了代數處理上的方便，我們可將線性規劃模型利用差額變數與超額變數的觀念轉換為標準形式。若 b_i 為負數，只要該方程式的兩邊各乘上 -1 就行了.

$$\text{Max.} \quad f(X) = c_1x_1 + c_2x_2 + c_3x_3 + \cdots + c_nx_n + 0x_{n+1} + 0x_{n+2} + \cdots + 0x_{n+m}$$

$$\text{受制於} \begin{cases} a_{11}x_1 + a_{12}x_2 + \cdots + a_{1n}x_n + x_{n+1} & = b_1 \\ a_{21}x_1 + a_{22}x_2 + \cdots + a_{2n}x_n + x_{n+2} & = b_2 \\ a_{31}x_1 + a_{32}x_2 + \cdots + a_{3n}x_n + x_{n+3} & = b_3 \\ \vdots \quad \vdots \quad \vdots & \vdots \\ a_{m1}x_1 + a_{m2}x_2 + \cdots + a_{mn}x_n + x_{n+m} & = b_m \\ x_i \geq 0 \ (i = 1, 2, 3, \cdots, n) \end{cases} \quad (5\text{-}1\text{-}4)$$

例如，

$$\text{Max.} \quad f(X) = x_1 + 2x_2$$

$$\text{受制於} \begin{cases} x_1 + x_2 \leq 7 \\ 2x_1 + 3x_2 \leq 16 \\ x_1 \geq 0, \ x_2 \geq 0 \end{cases}$$

第一個與第二個限制式均為"$\leq$"，為了使左右式相等，故在限制條件不等式的左端各加上一非負的**差額變數** x_3 與 x_4，使其成為等式。故將線性規劃模型改寫成

$$\text{Max.} \quad f(X) = x_1 + 2x_2 + 0x_3 + 0x_4$$

$$\text{受制於} \begin{cases} x_1 + x_2 + x_3 = 7 \\ 2x_1 + 3x_2 + x_4 = 16 \\ x_1 \geq 0, \ x_2 \geq 0, \ x_3 \geq 0, \ x_4 \geq 0 \end{cases}$$

【例題 1】試將下列線性規劃問題轉換成標準形式。

$$\text{Max.} \quad f(X) = x_1 + 2x_2$$

$$\text{受制於} \begin{cases} x_1 + 2x_2 \leq 12 \\ x_1 + x_2 \geq 2 \\ x_2 \leq 6 \\ x_1 \geq 0, \ x_2 \geq 0 \end{cases}$$

【解】第一個與第三個限制式含"$\leq$"，為了使左右式相等，故在限制條件不等式的左端各加上一非負的**差額變數** x_3 與 x_5，使其成為等式

$$\begin{cases} x_1 + 2x_2 + x_3 = 12 \\ x_2 + x_5 = 6 \end{cases}$$

而第二個限制式含"≥"，為了使左右式相等，故在限制條件不等式的左端減去一非負的**超額變數** x_4，使其成為等式

$$x_1 + x_2 - x_4 = 2$$

故原線性規劃模型經轉換為標準形式後，即將模型寫成下列等式之形式

$$\text{Max.} \quad f(\boldsymbol{X}) = x_1 + 2x_2 + 0x_3 + 0x_4 + 0x_5$$

$$\text{受制於} \begin{cases} x_1 + 2x_2 + x_3 = 12 \\ x_1 + x_2 - x_4 = 2 \\ x_2 + x_5 = 6 \\ x_i \geq 0, \ i = 1, 2, 3, 4, 5 \end{cases}$$

註：此一模型求解之方法將留待 5-3 節中討論。

若對於一求極小值之線性規劃問題，如下所示：

$$\text{Min.} \quad f(\boldsymbol{X}) = c_1 x_1 + c_2 x_2 + c_3 x_3 + \cdots + c_n x_n$$

$$\text{受制於} \begin{cases} a_{11}x_1 + a_{12}x_2 + a_{13}x_3 + \cdots + a_{1n}x_n \geq b_1 \\ a_{21}x_1 + a_{22}x_2 + a_{23}x_3 + \cdots + a_{2n}x_n \geq b_2 \\ \vdots \quad \vdots \quad \vdots \quad \vdots \quad \vdots \\ a_{m1}x_1 + a_{m2}x_2 + a_{m3}x_3 + \cdots + a_{mn}x_n \geq b_m \\ x_i \geq 0 \ (i = 1, 2, 3, \cdots, n) \end{cases} \quad (5\text{-}1\text{-}5)$$

可轉換為

$$\text{Max.} \quad -f(\boldsymbol{X}) = -c_1 x_1 - c_2 x_2 - c_3 x_3 - \cdots - c_n x_n$$

即 Max.$(-f)$ 是與 Min. f 同義。

$$\text{受制於} \begin{cases} a_{11}x_1 + a_{12}x_2 + a_{13}x_3 + \cdots + a_{1n}x_n - x_{n+1} = b_1 \\ a_{21}x_1 + a_{22}x_2 + a_{23}x_3 + \cdots + a_{2n}x_n \quad - x_{n+2} = b_2 \\ \vdots \quad \vdots \quad \vdots \quad \vdots \quad \vdots \\ a_{m1}x_1 + a_{m2}x_2 + a_{m3}x_3 + \cdots + a_{mn}x_n \quad\quad\quad - x_{n+m} = b_m \\ x_i \geq 0 \ (i = 1, 2, 3, \cdots, n) \end{cases} \quad (5\text{-}1\text{-}6)$$

【例題 2】試將下列線性規劃問題轉換成標準形式。

$$\text{Min.} \quad f(\boldsymbol{X}) = 2x_1 + 3x_2$$

$$\text{受制於} \begin{cases} -3x_1 + x_2 \leq -2 \\ x_1 + 2x_2 \geq 10 \\ x_1 \geq 0, \ x_2 \geq 0 \end{cases}$$

【解】因第一個限制式之右端為 -2，故將原問題改寫成

$$\text{Min.} \quad f(\boldsymbol{X}) = 2x_1 + 3x_2$$

$$\text{受制於} \begin{cases} 3x_1 - x_2 \geq 2 \\ x_1 + 2x_2 \geq 10 \\ x_1 \geq 0, \ x_2 \geq 0 \end{cases}$$

介入兩個超額變數 x_3 與 x_4，將原線性規劃問題轉換為標準形式

$$\text{Max.} \quad -f(\boldsymbol{X}) = -2x_1 - 3x_2$$

$$\text{受制於} \begin{cases} 3x_1 - x_2 - x_3 = 2 \\ x_1 + 2x_2 \quad -x_4 = 10 \\ x_i \geq 0, \ i = 1, 2, 3, 4 \end{cases}$$

讀者應注意，將線性規劃模型轉換為標準形式，若決策變數並無符號限制時，亦即可正、可負，亦可為零時，則可令兩個新的非負變數之差等於線性規劃中無符號限制之決策變數並同時取代之。例如，若決策變數 x_4 無符號限制時，則可令

$$x_4 = x_4' - x_4'', \text{ 其中 } x_4' \geq 0 \text{ 與 } x_4'' \geq 0$$

並將其取代線性規劃中全部的 x_4，並加上限制條件 $x_4' \geq 0$ 與 $x_4'' \geq 0$。

又若決策變數並不為非負而是非正之限制時，則可令一新的非負變數等於並取代此決策變數。例如若決策變數 $x_5 \leq 0$，則可令

$$x_5^* = -x_5, \text{ 其中 } x_5^* \geq 0$$

並將其取代線性規劃中全部的 x_5，而加上限制條件 $x_5^* \geq 0$。

【例題 3】試將下列線性規劃問題轉換為標準形式。

$$\text{Min.} \quad f(\boldsymbol{X}) = 6x_1 - 5x_2 + 4x_3$$

受制於 $\begin{cases} x_1+x_2+x_3 \leq 6 \\ x_1-x_2+x_3 \geq 2 \\ -3x_1+x_2+2x_3=8 \\ x_1,\ x_2 \geq 0 \end{cases}$

【解】該線性規劃問題為最小化，首先將原目標函數等號之左右兩端同時乘上負號以便轉換為最大化，且符合標準形式 (5-1-1)，即
令
$$g(X) = -f(X)$$
便可轉換成，
$$\text{Max.} \quad g(X) = -f(X) = -6x_1+5x_2-4x_3$$

然後在第一個與第二個限制條件中分別加入一非負的差額變數 x_4 與超額變數 x_5，使其成為等式。

$$\begin{cases} x_1+x_2+x_3+x_4 = 6 \\ x_1-x_2+x_3 \quad -x_5 = 2 \end{cases}$$

最後再令 $x_3 = x_3' - x_3''$，以便取代符號無限制的變數 x_3，於是，求得經轉換後線性規劃的標準形式如下

$$\text{Max.} \quad g(X) = -6x_1+5x_2-4x_3'+4x_3''+0x_4+0x_5$$

受制於 $\begin{cases} x_1+x_2+x_3'-x_3''+x_4 = 6 \\ x_1-x_2+x_3'-x_3'' \quad -x_5 = 2 \\ -3x_1+x_2+2x_3'-2x_3'' = 8 \\ x_1,\ x_2,\ x_3',\ x_3'',\ x_4,\ x_5 \geq 0 \end{cases}$

【例題 4】試將下列線性規劃問題轉換成標準形式。

$$\text{Min.} \quad f(X) = 10x_1-15x_2-7x_3+5x_4$$

受制於 $\begin{cases} 5x_1+x_2+5x_3+x_4 \leq 6 \\ -3x_1+x_2-4x_3+3x_4 \geq 5 \\ x_1+x_2+x_3+2x_4 \leq 1 \\ x_1,\ x_2,\ x_3 \geq 0 \\ x_4 \leq 0 \end{cases}$

【解】因為決策變數中 $x_4 \leqslant 0$，故令

$$x_4^* = -x_4$$

可得，

$$\text{Min.} \quad f(X) = 10x_1 - 15x_2 - 7x_3 - 5x_4^*$$

$$\text{受制於} \begin{cases} 5x_1 + x_2 + 5x_3 - x_4^* \leqslant 6 \\ -3x_1 + x_2 - 4x_3 - 3x_4^* \geqslant 5 \\ x_1 + x_2 + x_3 - 2x_4^* \leqslant 1 \\ x_1, x_2, x_3, x_4^* \geqslant 0 \end{cases}$$

令 $g(X) = -f(X)$，以便轉換為最大化，則目標函數變為

$$\text{Max.} \quad g(X) = -f(X) = -10x_1 + 15x_2 + 7x_3 + 5x_4^*$$

最後引入差額變數 x_5, x_7 與超額變數 x_6，將限制條件中的不等式轉換成等式的限制條件，以便轉換成標準形式

$$\text{Max.} \quad g(X) = -10x_1 + 15x_2 + 7x_3 + 5x_4^* + 0x_5 + 0x_6 + 0x_7$$

$$\text{受制於} \begin{cases} 5x_1 + x_2 + 5x_3 - x_4^* + x_5 = 6 \\ -3x_1 + x_2 - 4x_3 - 3x_4^* - x_6 = 5 \\ x_1 + x_2 + x_3 - 2x_4^* + x_7 = 1 \\ x_1, x_2, x_3, x_4^*, x_5, x_6, x_7 \geqslant 0 \end{cases}$$

§5-2 線性規劃問題之基本可行解法

在本節中我們將討論如何利用**基本可行解法** (或**代數法**) 求線性規劃問題的最適解 (或最佳解)。我們可依照下列之步驟求解。

步驟 1：首先將線性規劃模式轉換為標準形式，即將模式中限制式的不等式轉換為等式。

步驟 2：決定可行解之個數，有關可行解個數之計算，若原變數有 n 個，差額變數與超額變數共有 m 個，限制式共有 r 個，則共有 $C_r^{n+m} = \dfrac{(n+m)!}{r!(n+m-r)!}$ 個可行解。例如，原變數有 2 個，$n=2$，差額變數與超額變數共有 2 個，

$m=2$，限制式共有 2 個，$r=2$，所以共有 $C_2^4=6$ 個可行解．可行解之求法，一般先假定 $(n+m-r)$ 個變數為 0，代入等式之限制式中，解聯立方程式，即可求得其他變數之解．

步驟 3：選擇可行解中變數值 $x_i \geq 0$ 者，視為基本可行解．
步驟 4：在基本可行解中選擇滿足目標函數之解即為最適解．

【例題 1】試求下列之線性規劃問題．

$$\text{Max.} \quad f(X)=2x_1+3x_2$$

受制於 $\begin{cases} 3x_1+2x_2 \leq 8 \\ x_1-x_2 \leq 7 \\ x_1 \geq 0, \ x_2 \geq 0 \end{cases}$

【解】步驟 1：首先將線性規劃問題轉換為標準式

$$\text{Max.} \quad f(X)=2x_1+3x_2+0 \cdot x_3+0 \cdot x_4$$

受制於 $\begin{cases} 3x_1+2x_2+x_3=8 \\ x_1-x_2+x_4=7 \\ x_i \geq 0 \ (i=1, 2, 3, 4) \end{cases}$

步驟 2：可行解之個數共有 $C_2^4=6$ 個，並令 $n+m-r=4-2=2$ 個變數為 0，代入上述方程組中解聯立方程式，所求得之可行解如下：

可行解 (x_1, x_2, x_3, x_4)	基本可行解 (x_1, x_2, x_3, x_4)	$f(X)=2x_1+3x_2$	Max. f
$(0, 0, 8, 7)$	$(0, 0, 8, 7)$	0	
$(0, 4, 0, 11)$	$(0, 4, 0, 11)$	12	12
$(0, -7, 22, 0)$			
$\left(\dfrac{8}{3}, 0, 0, \dfrac{13}{3}\right)$	$\left(\dfrac{8}{3}, 0, 0, \dfrac{13}{3}\right)$	$\dfrac{16}{3}$	
$(7, 0, -13, 0)$			
$\left(\dfrac{22}{5}, -\dfrac{13}{5}, 0, 0\right)$			

所以 $x_1=0$, $x_2=4$ 為最適解，可得 Max. $f=12$.

【例題 2】試求下列之線性規劃問題

$$\text{Max.} \quad f(X)=x_1+4x_2$$

$$\text{受制於} \begin{cases} 2x_1+ x_2 \leqslant 32 \\ x_1+ x_2 \leqslant 18 \\ x_1+3x_2 \leqslant 36 \\ x_1 \geqslant 0, \ x_2 \geqslant 0 \end{cases}$$

【解】首先引入差額變數 x_3、x_4 與 x_5，將線性規劃問題轉換為標準形式.

$$\text{Max.} \quad f(X)=x_1+4x_2+0x_3+0x_4+0x_5$$

$$\text{受制於} \begin{cases} 2x_1+ x_2+x_3 \qquad\qquad =32 \\ x_1+ x_2 \quad +x_4 \qquad =18 \\ x_1+3x_2 \qquad\qquad +x_5=36 \\ x_i \geqslant 0 \ (i=1, 2, 3, 4, 5) \end{cases}$$

因原變數有 2 個，$n=2$，差額變數有 3 個，$m=3$，限制式共有 3 個，$r=3$，所以共有 $C_3^5=10$ 個可行解，並令 $n+m-r=2+3-3=2$ 個變數為 0，代入上述方程組中解聯立方程式，所求得之可行解如下：

可行解 $(x_1, x_2, x_3, x_4, x_5)$	基本可行解 $(x_1, x_2, x_3, x_4, x_5)$	$f(X)=x_1+4x_2$	Max. f
(0, 0, 32, 18, 36)	(0, 0, 32, 18, 36)	0	
(0, 32, 0, −14, −60)			
(0, 18, 14, 0, −18)			
(0, 12, 20, 6, 0)	(0, 12, 20, 6, 0)	48	48
(16, 0, 0, 2, 20)	(16, 0, 0, 2, 20)	16	
(18, 0, −4, 0, 18)			
(36, 0, −40, −18, 0)			
(14, 4, 0, 0, 10)	(14, 4, 0, 0, 10)	30	
(12, 8, 0, −2, 0)			
(9, 9, 5, 0, 0)	(9, 9, 5, 0, 0)	45	

所以，$x_1=0$，$x_2=12$ 為最適解，可得 Max. $f=48$.

§5-3　單純形法

單純形法 (simplex method) 是 1947 年由美國數學家佐治・鄧錫 (George B. Dantzig) 所提出的。他的方法是將一組線性限制式的求基本解過程藉由矩陣之基本列運算來處理。單純形法的最大優點是它的求解過程，可採用電子計算機來幫助計算。在一般應用上，我們要解決的線性規劃問題，通常所涉及的決策變數的個數往往很多，用圖解法或代數法來求解是不可能的，**單純形法** 的發現是數學上的一個重要成就，它提供了解決具有龐大數量不等式及決策變數的線性規劃問題的一般方法。雖然此種方法仍然只在基本可行解中去尋找最適解，但它不必列出所有的基本解，而是以較好的一個基本可行解代替一個較差的基本可行解，直到沒有再好的基本可行解存在時為止。

為了方便說明單純形法起見，我們考慮下列的線性規劃問題

$$\text{Max.} \quad f(\boldsymbol{X})=0.2x_1+0.35x_2$$

$$\text{受制於} \begin{cases} \dfrac{1}{4}x_1+\dfrac{1}{3}x_2 \leqslant 100 \\ \dfrac{1}{20}x_1+\dfrac{6}{50}x_2 \leqslant 30 \\ x_1, \ x_2 \geqslant 0 \end{cases} \tag{5-3-1}$$

引進差額變數 x_3 與 x_4 之後，得

$$\begin{cases} \dfrac{1}{4}x_1+\dfrac{1}{3}x_2+x_3=100 \\ \dfrac{1}{20}x_1+\dfrac{6}{50}x_2+x_4=30 \end{cases} \tag{5-3-2}$$

因為這個線性方程組有兩個互相獨立的方程式，有 4 個變量，故線性方程組的解不是唯一的，它有無窮多個解。而這些解都是由一組自由變量所決定，自由變量的個數等於未知變量的個數減去方程式的個數。上面的情形，顯然自由未知變量共有 2 個。

考慮方程組 (5-3-2) 的擴增矩陣

$$A = \begin{bmatrix} \overset{x_1}{\dfrac{1}{4}} & \overset{x_2}{\dfrac{1}{3}} & \overset{x_3}{1} & \overset{x_4}{0} & \vdots & 100 \\ \dfrac{1}{20} & \boxed{\dfrac{6}{50}} & 0 & 1 & \vdots & 30 \end{bmatrix}$$

(5-3-3)

變量 x_3 及 x_4 的係數都是 1，所以當 $x_1=0$，$x_2=0$ 時，則 $x_3=100$，$x_4=30$。現在想求得 x_1 及 x_2 之值，必須將變量 x_1 及 x_2 的對應係數分別變為 1。為了要達到這個目的，我們將矩陣 A 中第二行，對應於 x_2 的元素 $\dfrac{6}{50}$ 圈起，整列除以 $\dfrac{6}{50}$。這個被圈起的元素稱為**基準元素** (pivot)。於是矩陣 A 就變成

$$B = \begin{bmatrix} \overset{x_1}{\dfrac{1}{4}} & \overset{x_2}{\dfrac{1}{3}} & \overset{x_3}{1} & \overset{x_4}{0} & \vdots & 100 \\ \dfrac{5}{12} & 1 & 0 & \dfrac{25}{3} & \vdots & 250 \end{bmatrix} \underset{\sim}{-\dfrac{1}{3}R_2+R_1}$$

$$C = \begin{bmatrix} \overset{x_1}{\boxed{\dfrac{1}{9}}} & \overset{x_2}{0} & \overset{x_3}{1} & \overset{x_4}{-\dfrac{25}{9}} & \vdots & \dfrac{50}{3} \\ \dfrac{5}{12} & 1 & 0 & \dfrac{25}{3} & \vdots & 250 \end{bmatrix} \underset{\sim}{9R_1}$$

$$D = \begin{bmatrix} \overset{x_1}{1} & \overset{x_2}{0} & \overset{x_3}{9} & \overset{x_4}{-25} & \vdots & 150 \\ \dfrac{5}{12} & 1 & 0 & \dfrac{25}{3} & \vdots & 250 \end{bmatrix} \underset{\sim}{-\dfrac{5}{12}R_1+R_2}$$

$$E = \begin{bmatrix} \overset{x_1}{1} & \overset{x_2}{0} & \overset{x_3}{9} & \overset{x_4}{-25} & \vdots & 150 \\ 0 & 1 & -\dfrac{15}{4} & \dfrac{225}{12} & \vdots & 187.5 \end{bmatrix}$$

因此，當 $x_3=0$，$x_4=0$ 時，就求得 $x_1=150$，$x_2=187.5$。

由此可見，線性方程組的基本解，可用矩陣之基本列運算來求得，故單純形法就是採用矩陣的基本列運算，來求得線性規劃問題之最適解。我們現在考慮下列之線性規劃問題如何以<u>單純形法</u>解之。

$$\text{Max.} \quad f(\boldsymbol{X}) = c_1 x_1 + c_2 x_2 + c_3 x_3 + \cdots + c_n x_n$$

受制於
$$\begin{cases} a_{11}x_1 + a_{12}x_2 + a_{13}x_3 + \cdots + a_{1n}x_n \leqslant b_1 \\ a_{21}x_1 + a_{22}x_2 + a_{23}x_3 + \cdots + a_{2n}x_n \leqslant b_2 \\ \vdots \qquad \vdots \qquad \vdots \qquad\qquad \vdots \qquad\quad \vdots \\ a_{m1}x_1 + a_{m2}x_2 + a_{m3}x_3 + \cdots + a_{mn}x_n \leqslant b_m \\ x_i \geqslant 0 \ (i=1,2,3,\cdots,n),\ b_i \geqslant 0\ (i=1,2,3,\cdots,m) \end{cases}$$
(5-3-4)

首先，我們引入差額變數 x_{n+1}, x_{n+2}, $\cdots$, x_{n+m}，使式 (5-3-4) 化為

$$\text{Max.} \quad f(\boldsymbol{X}) = c_1 x_1 + c_2 x_2 + \cdots + c_n x_n + 0 \cdot x_{n+1} + 0 \cdot x_{n+2} + \cdots + 0 \cdot x_{n+m}$$

受制於
$$\begin{cases} a_{11}x_1 + a_{12}x_2 + \cdots + a_{1n}x_n + x_{n+1} \qquad\qquad\qquad\quad = b_1 \\ a_{21}x_1 + a_{22}x_2 + \cdots + a_{2n}x_n \qquad\quad + x_{n+2} \qquad\qquad = b_2 \\ \vdots \qquad \vdots \qquad\quad \vdots \qquad\qquad\qquad\qquad\qquad\qquad \vdots \\ a_{m1}x_1 + a_{m2}x_2 + \cdots + a_{mn}x_n \qquad\qquad\qquad + x_{m+n} = b_m \\ x_1, x_2, x_3, \cdots, x_n, x_{n+1}, \cdots, x_{n+m} \geqslant 0 \end{cases}$$
(5-3-5)

如果令 $f(\boldsymbol{X})=f$，且把上式的目標函數化為

$$-c_1 x_1 - c_2 x_2 - \cdots - c_n x_n - 0 \cdot x_{n+1} - 0 \cdot x_{n+2} - \cdots - 0 \cdot x_{n+m} + f = 0$$

再加上式 (5-3-5) 的 m 個方程式，可用擴增矩陣表為

$$A = \begin{bmatrix} a_{11} & a_{12} & a_{13} & \cdots & a_{1n} & 1 & 0 & \cdots & 0 & 0 & \vdots & b_1 \\ a_{21} & a_{22} & a_{23} & \cdots & a_{2n} & 0 & 1 & \cdots & 0 & 0 & \vdots & b_2 \\ \vdots & \vdots & \vdots & & \vdots & \vdots & \vdots & & \vdots & \vdots & \vdots & \vdots \\ a_{m1} & a_{m2} & a_{m3} & \cdots & a_{mn} & 0 & 0 & \cdots & 1 & 0 & \vdots & b_m \\ \cdots & \cdots & \cdots & \cdots & \cdots & \cdots & \cdots & \cdots & \cdots & \cdots & \cdots & \cdots \\ -c_1 & -c_2 & -c_3 & \cdots & -c_n & 0 & 0 & \cdots & 0 & 1 & \vdots & 0 \end{bmatrix}$$

上方對應欄位為：決策變數 $x_1, x_2, x_3, \cdots, x_n$；差額變數 $x_{n+1}, x_{n+2}, \cdots, x_{n+m}$；$f$。

(5-3-6)

上述式 (5-3-6) 之矩陣最下一列的數字來自於**目標函數**之係數，故式 (5-3-6) 之擴增矩陣就稱之為**起始單純形表**．

【例題 1】試對下列線性規劃問題之極大化模式，建立一起始單純形表．

$$\text{Max.} \quad f(X) = 2x_1 - x_2 + x_3$$

受制於
$$\begin{cases} 2x_1 + x_2 + 3x_3 \leqslant 5 \\ -x_1 + 3x_2 \leqslant 7 \\ x_1 \geqslant 0, \ x_2 \geqslant 0, \ x_3 \geqslant 0 \end{cases}$$

【解】因為有兩個限制式 (不考慮非負的條件)，我們需要對兩個限制式分別介入兩個**差額變數** x_4 與 x_5，再將限制式寫成等式的形式得

$$2x_1 + x_2 + 3x_3 + x_4 = 5$$
$$-x_1 + 3x_2 + x_5 = 7$$

其次再將**目標函數**寫成

$$-2x_1 + x_2 - x_3 + 0x_4 + 0x_5 + f = 0$$

故起始單純形表如下

$$\begin{array}{c} \overbrace{\begin{array}{ccc} \text{決策變數} \\ x_1 & x_2 & x_3 \end{array}}^{} \quad \overbrace{\begin{array}{cc} \text{差額變數} \\ x_4 & x_5 \end{array}}^{} \quad f \\ \left[\begin{array}{ccc:ccc:c} 2 & 1 & 3 & 1 & 0 & 0 & 5 \\ -1 & 3 & 0 & 0 & 1 & 0 & 7 \\ \hdashline -2 & 1 & -1 & 0 & 0 & 1 & 0 \end{array}\right] \end{array}$$

由例題 1 之方程組中知，該方程組有兩個方程式 5 個變數，故有無限多個解。如果我們由每個方程式中分別解得 x_4 與 x_5，如下

$$x_4 = 5 - 2x_1 - x_2 - 3x_3$$
$$x_5 = 7 + x_1 - 3x_2$$

x_4 與 x_5 就稱之為**基本變數** (basic variables)，而 x_1、x_2 與 x_3 稱之為**非基本變數** (nonbasic variables)。一般而言，我們考慮非基本變數可為任何值且令它們的值為 0，則

$$x_4 = 5 - 2(0) - 0 - 3(0) = 5$$
$$x_5 = 7 + 0 - 3(0) = 7$$

當我們令所有之非基本變數等於 0 所得到之解稱之為**基本解** (basic solution)。事實上，此一線性方程組之**基本解**為 $x_1 = 0$，$x_2 = 0$，$x_3 = 0$，$x_4 = 5$ 與 $x_5 = 7$。由於所有的值為非負，我們可稱它為一**基本可行解** (basic feasible solution)。

下面我們列出採用**單純形法**求目標函數極大值的一般運算步驟。

1. 單純形法第一個步驟即是先設定一起始基本可行解。也就是在 x_1, x_2, x_3, $\cdots$, x_{n+1}, x_{n+2}, $\cdots$, x_{n+m} 中設定 m 個基本變數，其餘的 n 個變數為非基本變數。一般我們可令 x_{n+1}, x_{n+2}, x_{n+3}, $\cdots$, x_{n+m} 為基本變數，此時其值分別為式 (5-3-6) 矩陣虛線右邊最後一行之元素 b_1, b_2, b_3, $\cdots$, b_m。

如何區別非基本變數與基本變數是非常重要的，下列我們將提供如何由起始單純形表中決定基本與非基本變數的方法，例如，

$$\begin{array}{c} \begin{matrix} x_1 & x_2 & x_3 & x_4 & f \end{matrix} \\ \left[\begin{array}{ccccc:c} 1 & 1 & 0 & 3 & 0 & 5 \\ 0 & 2 & 1 & 1 & 0 & 2 \\ \hdashline 0 & -5 & 0 & 4 & 1 & 10 \end{array} \right] \end{array}$$

若起始單純形表每行 (column) 上端所對應之變數的係數僅包含一個 1，而其他元素皆爲 0，則此一變數稱之爲基本變數，如 x_1、x_3 與 f 爲基本變數，其所在之行稱之爲基本行。若每行上端所對應之變數的係數如果不具此種性質者，則稱之爲非基本變數，如 x_2, x_4，且可令其爲 0。

2. 在式 (5-3-6) 矩陣中，f 爲基本變數，$x_1, x_2, x_3, \cdots, x_n$ 爲非基本變數。故 $x_1, x_2, x_3, \cdots, x_n$ 之值設定爲 0，可得 $f(X)=0$，即目標函數值爲 0。爲了求極大值，必須改善 f 之值。改善的方法就是變動基本變數及非基本變數。由非基本變數變動爲基本變數的變數稱之爲調入變數 (entering variable)。而由基本變數變動爲非基本變數的變數稱之爲調出變數 (leaving variable)。所以，第二個步驟就是要在 $x_1, x_2, x_3, \cdots, x_n$ 中找出調入變數。由目標函數 $f(X)=c_1x_1+c_2x_2+\cdots+c_nx_n+0 \cdot x_{n+1}+0 \cdot x_{n+2}+\cdots+0 \cdot x_{n+m}$ 可看出，若 c_i 最大，則以 x_i 作爲調入變數對目標函數值的貢獻也是最大。故在式 (5-3-6) 的最下一列 (含有目標函數 f 的那一列)，找出 $-c_j$ 之值爲最小的 x_j 作爲調入變數。此時，x_j 所在之行稱爲主軸行 (pivot column)。如果有兩個大小相同的負數，可以任選一個。

3. 找出調入變數之後，也必須找出一調出變數。其找法如下：在式 (5-3-6) 中找出 $-c_j$ 之值爲最小所對應之行，若爲第 j 行，則將第 j 行中不等於 0 的元素分別去除式 (5-3-6) 最右端行向量中的那個對應元素，並求得 $\dfrac{b_i}{a_{ij}}$ 之值。我們從其中找出最小的正商值 (如果此最小的正商值不只一個時，可任選一個。) 所在的列稱爲主軸列 (pivot row)。此主軸列會與某基本行相交，且其相交之元素爲 1。此時，此一基本行所對應的變數即爲調出變數。而主軸行及主軸列相交的元素稱爲軸元素 (pivot element) (或基準元素)，爲了易於區別，特將此軸元素加上一個圓圈。見下表。

$$\begin{array}{c} \quad\quad\quad\quad x_1 \quad\; x_2 \quad x_3 \quad x_4 \quad\; f \\ \text{軸元素}\\ A = \begin{bmatrix} \textcircled{4} & 1 & 1 & 0 & 0 & \vdots & 60 \\ 2 & 2 & 0 & 1 & 0 & \vdots & 48 \\ -5 & -4 & 0 & 0 & 1 & \vdots & 0 \end{bmatrix} \begin{array}{l} \frac{60}{4}=15 \leftarrow \text{主軸列 (因為 } 15<24) \\ \frac{48}{2}=24 \\ \\ \end{array} \end{array}$$

↑
主軸行 (因為 −5＜−4)

在上表中 $a_{11}=4$ 為 **軸元素**，選 x_1 為 **調入變數** (因 x_1 係由非基本變數變動為基本變數的變數)，選 x_3 為 **調出變數** (因 x_3 係由基本變數變動為非基本變數的變數)，其意義為 x_1 取代 x_3 進入基本變數中。如果主軸行中元素皆不為正值，則表示線性規劃問題有無限值解，計算亦停止。

4. 利用矩陣的基本列運算把主軸行化為只有軸元素為 1，其餘的元素均為 0。
5. 經過前面的步驟之後，可得到類似於式 (5-3-6) 之矩陣。但此時，式 (5-3-6) 矩陣中的 c_j，a_{ij} 及 b_i 已經有所改變。再對新的矩陣仍然重複步驟 1～4，在每次矩陣的基本列變換中，皆要找出軸元素，直至式 (5-3-6) 中最下一列 (即目標函數列) 的元素不是正數就是 0 為止，此時，基本行所對應之基本變數的解即為虛線右邊所對應之值。而對應於常數項的值就是目標函數的最大值。

【例題 2】已知下列之矩陣

$$\begin{array}{c} x_1 \quad\; x_2 \quad\;\; x_3 \quad\;\; x_4 \quad\;\; x_5 \quad\;\; f \\ \begin{bmatrix} 3 & 1 & -2 & 3 & 0 & 0 & \vdots & 13 \\ 1 & 0 & -1 & 1 & 1 & 0 & \vdots & 22 \\ \hdashline 4 & 0 & 7 & 0 & 0 & 1 & \vdots & 87 \end{bmatrix} \end{array}$$

(1) 試決定基本變數與非基本變數。
(2) 試求所給定矩陣之解。

【解】(1) 因第 2 行、第 5 行、第 6 行上端所對應之變數的係數僅含一個 1，而其他元素皆為 0，故 x_2、x_5 與 f 稱為基本變數，而 x_1、x_3 與 x_4 為非基本變數。

(2) 矩陣第 1 列所表之方程式為

$$3x_1+x_2-2x_3+3x_4=13 \cdots\cdots\cdots\cdots\cdots\cdots\cdots\cdots\text{①}$$

因為 x_1、x_3 與 x_4 為非基本變數，故可令其為 0，則 ① 式變成

$$3(0)+x_2-2(0)+3(0)=13$$

$$x_2=13$$

同理，矩陣第 2 列所表之方程式為

$$x_1-x_3+x_4+x_5=22 \quad (令\ x_1,\ x_3,\ x_4\ 為\ 0)$$

$$x_5=22$$

由最後一列得

$$f=87$$

故 $x_1=0$，$x_2=13$，$x_3=0$，$x_4=0$，$x_5=22$，$f=87$ 為已知矩陣所表方程組的解。

【例題 3】試利用單純形法解下列之線性規劃問題

$$\text{Max.} \quad f(X)=3x_1+2x_2$$

$$受制於 \begin{cases} x_1+x_2 \leqslant 5 \\ 2x_1+x_2 \leqslant 6 \\ x_1 \geqslant 0,\ x_2 \geqslant 0 \end{cases}$$

【解】步驟 1：由於目標函數與限制式已給定，我們需要介入兩個差額變數 x_3 與 x_4 將限制式寫成等式之形式如下

$$x_1+x_2+x_3=5$$
$$2x_1+x_2+x_4=6$$

目標函數寫成

$$-3x_1-2x_2+f=0$$

故得起始單純形表如下

$$\begin{array}{c} \begin{matrix} x_1 & x_2 & x_3 & x_4 & f \end{matrix} \\ \left[\begin{array}{ccccc:c} 1 & 1 & 1 & 0 & 0 & 5 \\ 2 & 1 & 0 & 1 & 0 & 6 \\ \hdashline -3 & -2 & 0 & 0 & 1 & 0 \end{array}\right] \end{array}$$

步驟 2：決定**主軸行**、**商值**、**主軸列**與**軸元素**如下

$$\begin{array}{c} \begin{matrix} x_1 & x_2 & x_3 & x_4 & f \end{matrix} \quad 商值 \\ 軸元素 \left[\begin{array}{ccccc:c} 1 & 1 & 1 & 0 & 0 & 5 \\ ② & 1 & 0 & 1 & 0 & 6 \\ \hdashline -3 & -2 & 0 & 0 & 1 & 0 \end{array}\right] \begin{matrix} 5/1=5 \\ 6/2=3 \leftarrow 主軸列 \\ \\ \end{matrix} \\ \uparrow \\ 主軸行 \end{array}$$

步驟 3：選擇 x_1 為調入變數，x_4 為調出變數．

$$\left[\begin{array}{ccccc:c} 1 & 1 & 1 & 0 & 0 & 5 \\ ② & 1 & 0 & 1 & 0 & 6 \\ \hdashline -3 & -2 & 0 & 0 & 1 & 0 \end{array}\right] \overset{\frac{1}{2}R_2}{\sim} \left[\begin{array}{ccccc:c} 1 & 1 & 1 & 0 & 0 & 5 \\ 1 & \frac{1}{2} & 0 & \frac{1}{2} & 0 & 3 \\ \hdashline -3 & -2 & 0 & 0 & 1 & 0 \end{array}\right]$$

$$\overset{-R_2+R_1}{\underset{3R_2+R_3}{\sim}} \left[\begin{array}{ccccc:c} 0 & \frac{1}{2} & 1 & -\frac{1}{2} & 0 & 2 \\ 1 & \frac{1}{2} & 0 & \frac{1}{2} & 0 & 3 \\ \hdashline 0 & -\frac{1}{2} & 0 & \frac{3}{2} & 1 & 9 \end{array}\right]$$

步驟 4：由於上述單純形表最下一列尚留有負值，我們再回到步驟 2．對新的起始單純形表重新選擇 x_2 為調入變數，x_3 為調出變數．

$$\begin{array}{c} \begin{array}{ccccc} x_1 & x_2 & x_3 & x_4 & f \end{array} \qquad 商值 \\ \left[\begin{array}{ccccc:c} 0 & \boxed{\tfrac{1}{2}} & 1 & -\tfrac{1}{2} & 0 & 2 \\ 1 & \tfrac{1}{2} & 0 & \tfrac{1}{2} & 0 & 3 \\ \hdashline 0 & -\tfrac{1}{2} & 0 & \tfrac{3}{2} & 1 & 9 \end{array}\right] \begin{array}{l} \leftarrow\; 2/\tfrac{1}{2}=4 \\ 3/\tfrac{1}{2}=6 \\ \\ \text{主軸列} \end{array} \\ \uparrow \\ \text{主軸行} \end{array}$$

$$\begin{array}{ccccc} x_1 & x_2 & x_3 & x_4 & f \end{array}$$
$$\left[\begin{array}{ccccc:c} 0 & \boxed{\tfrac{1}{2}} & 1 & -\tfrac{1}{2} & 0 & 2 \\ 1 & \tfrac{1}{2} & 0 & \tfrac{1}{2} & 0 & 3 \\ \hdashline 0 & -\tfrac{1}{2} & 0 & \tfrac{3}{2} & 1 & 9 \end{array}\right] \underset{\sim}{2R_1}$$

$$\begin{array}{ccccc} x_1 & x_2 & x_3 & x_4 & f \end{array}$$
$$\left[\begin{array}{ccccc:c} 0 & 1 & 2 & -1 & 0 & 4 \\ 1 & \tfrac{1}{2} & 0 & \tfrac{1}{2} & 0 & 3 \\ \hdashline 0 & -\tfrac{1}{2} & 0 & \tfrac{3}{2} & 1 & 9 \end{array}\right]$$

$$\begin{array}{ccccc} & x_1 & x_2 & x_3 & x_4 & f \end{array}$$
$$\begin{array}{c} -\tfrac{1}{2}R_1+R_2 \\ \tfrac{1}{2}R_1+R_3 \\ \sim \end{array} \left[\begin{array}{ccccc:c} 0 & 1 & 2 & -1 & 0 & 4 \\ 1 & 0 & -1 & 1 & 0 & 1 \\ \hdashline 0 & 0 & 1 & 1 & 1 & 11 \end{array}\right]$$

由於上述單純形表之最下一列已無負值，故停止計算。

步驟 5：最適解為 $x_1=1$，$x_2=4$，$x_3=0$，$x_4=0$ 與 $f=11$。此即為當 $x_1=1$，$x_2=4$，其他差額變數皆為 0 時，f 具有極大值 11。

【例題 4】求解下列線性規劃問題

$$\text{Max.} \quad f(\boldsymbol{X})=0.2x_1+0.35x_2$$

受制於 $\begin{cases} \dfrac{1}{4}x_1+\dfrac{1}{3}x_2 \leqslant 100 \\ \dfrac{1}{20}x_1+\dfrac{6}{50}x_2 \leqslant 30 \\ x_1, \ x_2 \geqslant 0 \end{cases}$

【解】首先引入差額變數 x_3 與 x_4，就得出線性方程組

$$\begin{cases} \dfrac{1}{4}x_1+\dfrac{1}{3}x_2+x_3 \qquad\qquad =100 \\ \dfrac{1}{20}x_1+\dfrac{6}{50}x_2 \qquad +x_4 \qquad =30 \\ -0.2x_1-0.35x_2 \qquad\qquad +f=0 \end{cases}$$

這個線性方程組的變量都是非負的，它的擴增矩陣是

$$A=\begin{bmatrix} x_1 & x_2 & x_3 & x_4 & f & \\ \dfrac{1}{4} & \dfrac{1}{3} & 1 & 0 & 0 & \vdots & 100 \\ \dfrac{1}{20} & \boxed{\dfrac{6}{50}} & 0 & 1 & 0 & \vdots & 30 \\ \hdashline -0.2 & -0.35 & 0 & 0 & 1 & \vdots & 0 \end{bmatrix} \begin{matrix} 100 \Big/ \dfrac{1}{3}=300 \\ 30 \Big/ \dfrac{6}{50}=250 \end{matrix} \underset{\sim}{\dfrac{50}{6}R_2}$$

↑ (主軸行)　　(主軸列)

$$B = \begin{bmatrix} \dfrac{1}{4} & \dfrac{1}{3} & 1 & 0 & 0 & \vdots & 100 \\ \dfrac{5}{12} & 1 & 0 & \dfrac{50}{6} & 0 & \vdots & 250 \\ \cdots & \cdots & \cdots & \cdots & \cdots & \vdots & \cdots \\ -\dfrac{2}{10} & -\dfrac{35}{100} & 0 & 0 & 1 & \vdots & 0 \end{bmatrix} \quad \begin{matrix} -\dfrac{1}{3}R_2 + R_1 \\ \\ \dfrac{35}{100}R_2 + R_3 \end{matrix} \sim$$

$$\begin{matrix} & x_1 & x_2 & x_3 & x_4 & f & \end{matrix}$$

$$C = \begin{bmatrix} \boxed{\dfrac{1}{9}} & 0 & 1 & -\dfrac{25}{9} & 0 & \vdots & \dfrac{50}{3} \\ \dfrac{5}{12} & 1 & 0 & \dfrac{50}{6} & 0 & \vdots & 250 \\ \cdots & \cdots & \cdots & \cdots & \cdots & \vdots & \cdots \\ -\dfrac{13}{240} & 0 & 0 & \dfrac{35}{12} & 1 & \vdots & 87.5 \end{bmatrix} \quad \begin{matrix} \leftarrow \dfrac{50}{3} \Big/ \dfrac{1}{9} = 150 \\ \\ 250 \Big/ \dfrac{5}{12} = 600 \end{matrix} \quad 9R_1 \sim$$

↑
(主軸行)　　　　　　　　　　　　　　　　　　(主軸列)

$$\begin{matrix} & x_1 & x_2 & x_3 & x_4 & f & \end{matrix}$$

$$D = \begin{bmatrix} 1 & 0 & 9 & -25 & 0 & \vdots & 150 \\ \dfrac{5}{12} & 1 & 0 & \dfrac{50}{6} & 0 & \vdots & 250 \\ \cdots & \cdots & \cdots & \cdots & \cdots & \vdots & \cdots \\ -\dfrac{13}{240} & 0 & 0 & \dfrac{35}{12} & 1 & \vdots & 87.5 \end{bmatrix} \quad \begin{matrix} -\dfrac{5}{12}R_1 + R_2 \\ \\ \dfrac{13}{240}R_1 + R_3 \end{matrix} \sim$$

$$\begin{matrix} & x_1 & x_2 & x_3 & x_4 & f & \end{matrix}$$

$$E = \begin{bmatrix} 1 & 0 & 9 & -25 & 0 & \vdots & 150 \\ 0 & 1 & -\dfrac{15}{4} & \dfrac{225}{12} & 0 & \vdots & 187.5 \\ \cdots & \cdots & \cdots & \cdots & \cdots & \vdots & \cdots \\ 0 & 0 & \dfrac{39}{80} & \dfrac{75}{48} & 1 & \vdots & 95.625 \end{bmatrix}$$

此時，
$$f = 95.625 - \frac{39}{80}x_3 - \frac{75}{48}x_4$$

因為，$x_3 \geq 0$，$x_4 \geq 0$，所以 f 的極大值為 95.625。而問題之最適解為
$$\boldsymbol{X} = [150,\ 187.5,\ 0,\ 0]^T$$
故原有問題的最適解為 $\boldsymbol{X} = [x_1,\ x_2]^T = [150,\ 187.5]^T$。所以此一線性規劃問題有**單一解**。

【例題 5】試求下列之線性規劃問題．

$$\text{Min.}\quad f(\boldsymbol{X}) = 3x_1 + 7x_2$$

$$\text{受制於}\begin{cases} 4x_1 + x_2 \geq 8 \\ 5x_1 + 2x_2 \geq 1 \\ x_1 \geq 0,\ x_2 \geq 0 \end{cases}$$

【解】引入超額變數 x_3 與 x_4，將線性規劃問題改寫成下列之線性模式：

$$\text{Min.}\quad f(\boldsymbol{X}) = 3x_1 + 7x_2 + 0x_3 + 0x_4$$

$$\text{受制於}\begin{cases} 4x_1 + x_2 - x_3 = 8 \\ 5x_1 + 2x_2 - x_4 = 1 \\ x_i \geq 0\ (i = 1,\ 2,\ 3,\ 4) \end{cases}$$

現在利用單純形法解此問題．

$$\boldsymbol{A} = \begin{bmatrix} x_1 & x_2 & x_3 & x_4 & f & \vdots & \\ 4 & 1 & -1 & 0 & 0 & \vdots & 8 \\ 5 & \boxed{2} & 0 & -1 & 0 & \vdots & 1 \\ \hdashline -3 & -7 & 0 & 0 & 1 & \vdots & 0 \end{bmatrix}$$

$\frac{8}{1} = 8$

$\frac{1}{2} = 0.5$ ← (主軸列) $\frac{1}{2}R_2$

↑
(主軸行)

$$B = \begin{bmatrix} x_1 & x_2 & x_3 & x_4 & f & \\ 4 & 1 & -1 & 0 & 0 & \vdots & 8 \\ \dfrac{5}{2} & 1 & 0 & -\dfrac{1}{2} & 0 & \vdots & \dfrac{1}{2} \\ \hdashline -3 & -7 & 0 & 0 & 1 & \vdots & 0 \end{bmatrix} \begin{matrix} -1R_2 + R_1 \\ 7R_2 + R_3 \\ \sim \end{matrix}$$

$$C = \begin{bmatrix} x_1 & x_2 & x_3 & x_4 & f & \\ \dfrac{3}{2} & 0 & -1 & \boxed{\dfrac{1}{2}} & 0 & \vdots & \dfrac{15}{2} \\ \dfrac{5}{2} & 1 & 0 & -\dfrac{1}{2} & 0 & \vdots & \dfrac{1}{2} \\ \hdashline \dfrac{29}{2} & 0 & 0 & -\dfrac{7}{2} & 1 & \vdots & \dfrac{7}{2} \end{bmatrix} \begin{matrix} \dfrac{15}{2} \Big/ \dfrac{1}{2} = 15 \\ \\ \dfrac{1}{2} \Big/ -\dfrac{1}{2} = -1 \\ \\ \text{(主軸列)} \end{matrix} \quad \begin{matrix} 2R_1 \\ \sim \end{matrix}$$

↑
(主軸行)

$$D = \begin{bmatrix} x_1 & x_2 & x_3 & x_4 & f & \\ 3 & 0 & -2 & 1 & 0 & \vdots & 15 \\ \dfrac{5}{2} & 1 & 0 & -\dfrac{1}{2} & 0 & \vdots & \dfrac{1}{2} \\ \hdashline \dfrac{29}{2} & 0 & 0 & -\dfrac{7}{2} & 1 & \vdots & \dfrac{7}{2} \end{bmatrix} \begin{matrix} \dfrac{1}{2}R_1 + R_2 \\ \dfrac{7}{2}R_1 + R_3 \\ \sim \end{matrix}$$

$$E = \begin{bmatrix} x_1 & x_2 & x_3 & x_4 & f & \\ 3 & 0 & -2 & 1 & 0 & \vdots & 15 \\ \boxed{4} & 1 & -1 & 0 & 0 & \vdots & 8 \\ \hdashline 25 & 0 & -7 & 0 & 1 & \vdots & \dfrac{112}{2} \end{bmatrix} \begin{matrix} \dfrac{15}{3} = 5 \\ \\ \dfrac{8}{4} = 2 \\ \\ \text{(主軸列)} \end{matrix} \quad \begin{matrix} \dfrac{1}{4}R_2 \\ \sim \end{matrix}$$

↑
(主軸行)

$$F = \left[\begin{array}{ccccc:c} x_1 & x_2 & x_3 & x_4 & f & \\ 3 & 0 & -2 & 1 & 0 & 15 \\ 1 & \dfrac{1}{4} & -\dfrac{1}{4} & 0 & 0 & 2 \\ \hdashline 25 & 0 & -7 & 0 & 1 & \dfrac{112}{2} \end{array}\right] \begin{array}{l} -3R_2+R_1 \\ -25R_2+R_3 \\ \sim \end{array}$$

$$G = \left[\begin{array}{ccccc:c} x_1 & x_2 & x_3 & x_4 & f & \\ 0 & -\dfrac{3}{4} & -\dfrac{5}{4} & 1 & 0 & 9 \\ 1 & \dfrac{1}{4} & -\dfrac{1}{4} & 0 & 0 & 2 \\ \hdashline 0 & -\dfrac{25}{4} & -\dfrac{3}{4} & 0 & 1 & 6 \end{array}\right]$$

由上述矩陣最下一列垂直虛線左邊的元素除 f 之係數為 1 之外，其餘對應於 x_1, x_2, x_3, x_4 之元素不是 0 就是負數，因此，做到此就已完成了運算部分，故當 $x_1=2$, $x_2=0$ 時，f 的最小值為 6.

【例題 6】試求下列之線性規劃問題.

$$\text{Max.} \quad f(X)=5x_1+10x_2$$

$$\text{受制於} \begin{cases} x_1+x_2 \leqslant 20 \\ 2x_1-x_2 \geqslant 10 \\ x_1 \geqslant 0, \ x_2 \geqslant 0 \end{cases}$$

【解】先將第二個限制式 "$\geqslant$" 兩端同乘以 -1，寫成下式

$$-2x_1+x_2 \leqslant -10$$

故線性規劃模式如下

$$\text{Max.} \quad f(X)=5x_1+10x_2$$

$$\text{受制於} \begin{cases} x_1+x_2 \leqslant 20 \\ -2x_1+x_2 \leqslant -10 \\ x_1 \geqslant 0, \ x_2 \geqslant 0 \end{cases}$$

引入差額變數 x_3 與 x_4，將線性規劃問題改寫成下列之線性模式

$$\text{Max.} \quad f(X) = 5x_1 + 10x_2 + 0 \cdot x_3 + 0 \cdot x_4$$

$$\text{受制於} \begin{cases} x_1 + x_2 + x_3 = 20 \\ -2x_1 + x_2 + x_4 = -10 \\ x_i \geq 0 \ (i = 1, 2, 3, 4) \end{cases}$$

現在利用單純形法解此問題.

$$\begin{array}{cccccc} x_1 & x_2 & x_3 & x_4 & f & \end{array}$$
$$\left[\begin{array}{ccccc:c} 1 & 1 & 1 & 0 & 0 & 20 \\ -2 & 1 & 0 & 1 & 0 & -10 \\ \hdashline -5 & -10 & 0 & 0 & 1 & 0 \end{array} \right]$$

由上述之起始單純形表，我們不難發現最右一行有一元素為 -10，其意義為基本變數 x_4 之起始值為 -10，這就違背了所有變數皆得 ≥ 0 之限制條件，故在使用單純形法之前，首先我們必須將上述起始單純形表轉換成下列之標準單純形表.

$$A = \left[\begin{array}{ccccc:c} 1 & 1 & 1 & 0 & 0 & 20 \\ \boxed{-2} & 1 & 0 & 1 & 0 & -10 \\ \hdashline -5 & -10 & 0 & 0 & 1 & 0 \end{array} \right] \begin{array}{l} \frac{20}{1} = 20 \\ \frac{-10}{-2} = 5 \end{array} \quad \underset{\sim}{-\frac{1}{2} R_2}$$

↑
(主軸行)　　　　　　　　　　　　　　　(主軸列)

$$B = \left[\begin{array}{ccccc:c} 1 & 1 & 1 & 0 & 0 & 20 \\ 1 & -\frac{1}{2} & 0 & -\frac{1}{2} & 0 & 5 \\ \hdashline -5 & -10 & 0 & 0 & 1 & 0 \end{array} \right] \begin{array}{l} -1R_2 + R_1 \\ 5R_2 + R_3 \end{array} \underset{\sim}{}$$

$$C = \begin{bmatrix} 0 & \boxed{\frac{3}{2}} & 1 & \frac{1}{2} & 0 & \vdots & 15 \\ 1 & -\frac{1}{2} & 0 & -\frac{1}{2} & 0 & \vdots & 5 \\ \cdots & \cdots & \cdots & \cdots & \cdots & \cdots & \cdots \\ 0 & -\frac{25}{2} & 0 & -\frac{5}{2} & 1 & \vdots & 25 \end{bmatrix}$$

x_1　x_2　x_3　x_4　f　商值

$15 \Big/ \frac{3}{2} = 10$

$5 \Big/ -\frac{1}{2} = -10$　$\xrightarrow{\frac{2}{3}R_1}$

(主軸列)

↑ (主軸行)

$$D = \begin{bmatrix} 0 & 1 & \frac{2}{3} & \frac{1}{3} & 0 & \vdots & 10 \\ 1 & -\frac{1}{2} & 0 & -\frac{1}{2} & 0 & \vdots & 5 \\ \cdots & \cdots & \cdots & \cdots & \cdots & \cdots & \cdots \\ 0 & -\frac{25}{2} & 0 & -\frac{5}{2} & 1 & \vdots & 25 \end{bmatrix}$$

$\frac{1}{2}R_1 + R_2$

$\frac{25}{2}R_1 + R_3$

$$E = \begin{bmatrix} 0 & 1 & \frac{2}{3} & \frac{1}{3} & 0 & \vdots & 10 \\ 1 & 0 & \frac{1}{3} & -\frac{1}{3} & 0 & \vdots & 10 \\ \cdots & \cdots & \cdots & \cdots & \cdots & \cdots & \cdots \\ 0 & 0 & \frac{25}{3} & \frac{5}{3} & 1 & \vdots & 150 \end{bmatrix}$$

E 矩陣之最後一列垂直虛線左邊的元素除 f 之係數為 1 之外，其餘對應於 x_1, x_2, x_3, x_4 之元素不是 0 就是正數，因此，做到此就已完成了運算部分，故當 $x_1 = 10$, $x_2 = 10$, $x_3 = 0$, $x_4 = 0$ 時，f 之最大值為 150。

【例題 7】試求下列之線性規劃問題。

$$\text{Min. } f(X) = 3x_1 + 2x_2$$

$$\text{受制於} \begin{cases} x_1 + x_2 \geq 10 \\ x_1 - x_2 \leq 15 \\ x_1 \geq 0, \ x_2 \geq 0 \end{cases}$$

【解】先將第一個限制式"$\geq$"兩端同乘以 -1，寫成下式

$$-x_1 - x_2 \leq -10$$

故線性規劃模式如下：

$$\text{Min.} \quad f(X) = 3x_1 + 2x_2$$

$$\text{受制於} \begin{cases} -x_1 - x_2 \leq -10 \\ x_1 - x_2 \leq 15 \\ x_1 \geq 0, \ x_2 \geq 0 \end{cases}$$

引入差額變數 x_3 與 x_4，將線性規劃問題改寫成下列之線性模式：

$$\text{Max.} \quad -f(X) = -3x_1 - 2x_2 + 0 \cdot x_3 + 0 \cdot x_4$$

$$\text{受制於} \begin{cases} -x_1 - x_2 + x_3 = -10 \\ x_1 - x_2 + x_4 = 15 \\ x_i \geq 0 \ (i = 1, 2, 3, 4) \end{cases}$$

現在利用單純形法解此問題．

$$\begin{array}{c} \begin{array}{ccccccc} x_1 & x_2 & x_3 & x_4 & -f & & \text{商值} \end{array} \\ A = \left[\begin{array}{ccccc:c} -1 & \boxed{-1} & 1 & 0 & 0 & -10 \\ 1 & -1 & 0 & 1 & 0 & 15 \\ \hdashline 3 & 2 & 0 & 0 & 1 & 0 \end{array}\right] \begin{array}{l} \dfrac{-10}{-1} = 10 \\ \dfrac{15}{-1} = -15 \\ \\ \text{(主軸列)} \end{array} \xrightarrow{-1R_1} \\ \uparrow \\ \text{(主軸行)} \end{array}$$

$$\begin{array}{c} \begin{array}{cccccc} x_1 & x_2 & x_3 & x_4 & -f & \end{array} \\ B = \left[\begin{array}{ccccc:c} 1 & 1 & -1 & 0 & 0 & 10 \\ 1 & -1 & 0 & 1 & 0 & 15 \\ \hdashline 3 & 2 & 0 & 0 & 1 & 0 \end{array}\right] \begin{array}{l} 1R_1 + R_2 \\ -2R_1 + R_3 \end{array} \sim \end{array}$$

$$C = \begin{bmatrix} x_1 & x_2 & x_3 & x_4 & -f & \\ 1 & 1 & -1 & 0 & 0 & \vdots & 10 \\ 2 & 0 & -1 & 1 & 0 & \vdots & 25 \\ \hdashline 1 & 0 & 2 & 0 & 1 & \vdots & -20 \end{bmatrix}$$

由上述矩陣最下一列垂直虛線左邊之所有元素，除了最後一元素為 -20 外，其餘不是正數就是 0，此一單純形表對應於目標函數的最大值，於是，$-f(X)$ 在受限制條件下之最大值為 -20，且此值發生在 $x_1=0$，$x_2=10$。所以，$f(X)$ 在受限制條件下之最小值為 20。

【例題 8】試求下列之線性規劃問題。

$$\text{Min.} \quad f(X) = -x_1 - x_2 - 2x_3$$

$$\text{受制於} \begin{cases} x_1 - 4x_2 - 10x_3 \leqslant -20 \\ 3x_1 + x_2 + x_3 \leqslant 3 \\ x_i \geqslant 0 \ (i=1, 2, 3) \end{cases}$$

【解】先將第一個限制式"$\leqslant$"兩端同乘以 -1，寫成下式

$$-x_1 + 4x_2 + 10x_3 \geqslant 20$$

故線性規劃模式如下

$$\text{Min.} \quad f(X) = -x_1 - x_2 - 2x_3$$

$$\text{受制於} \begin{cases} -x_1 + 4x_2 + 10x_3 \geqslant 20 \\ 3x_1 + x_2 + x_3 \leqslant 3 \\ x_i \geqslant 0, \ (i=1, 2, 3) \end{cases}$$

引入超額變數 x_4 與差額變數 x_5，將線性規劃問題改寫成下列的線性模式。

$$\text{Min.} \quad f(X) = -x_1 - x_2 - 2x_3 + 0 \cdot x_4 + 0 \cdot x_5$$

$$\text{受制於} \begin{cases} -x_1 + 4x_2 + 10x_3 - x_4 = 20 \\ 3x_1 + x_2 + x_3 + x_5 = 3 \\ x_i \geqslant 0, \ (i=1, 2, 3, 4, 5) \end{cases}$$

現在利用單純形法解此問題。

首先找調入變數，在最後一列目標函數列中且對應於 x_1, x_2, x_3, x_4, x_5 的元素中找出最大之正值 2，故選 x_3 為調入變數，其所在之行為主軸行．並將原來求極大時的結束條件"目標函數列中不是 0 就是正數"改為"目標函數列中對應到 x_1, x_2, x_3, x_4, x_5 之元素不是 0 就是負數．"

$$A = \begin{bmatrix} x_1 & x_2 & x_3 & x_4 & x_5 & f \\ -1 & 4 & \boxed{10} & -1 & 0 & 0 & \vdots & 20 \\ 3 & 1 & 1 & 0 & 1 & 0 & \vdots & 3 \\ \cdots & \cdots & \cdots & \cdots & \cdots & \cdots & \vdots & \cdots \\ 1 & 1 & 2 & 0 & 0 & 1 & \vdots & 0 \end{bmatrix}$$

商值： $\frac{20}{10} = 2$ ← (主軸列)
$\frac{3}{1} = 3$

$\sim \frac{1}{10} R_1$

↑ (主軸行)

$$B = \begin{bmatrix} x_1 & x_2 & x_3 & x_4 & x_5 & f \\ -\frac{1}{10} & \frac{4}{10} & 1 & -\frac{1}{10} & 0 & 0 & \vdots & 2 \\ 3 & 1 & 1 & 0 & 1 & 0 & \vdots & 3 \\ \cdots & \cdots & \cdots & \cdots & \cdots & \cdots & \vdots & \cdots \\ 1 & 1 & 2 & 0 & 0 & 1 & \vdots & 0 \end{bmatrix}$$

$-1R_1 + R_2$
$-2R_1 + R_3$
$\sim$

$$C = \begin{bmatrix} x_1 & x_2 & x_3 & x_4 & x_5 & f \\ -\frac{1}{10} & \frac{4}{10} & 1 & -\frac{1}{10} & 0 & 0 & \vdots & 2 \\ \boxed{\frac{31}{10}} & \frac{6}{10} & 0 & \frac{1}{10} & 1 & 0 & \vdots & 1 \\ \cdots & \cdots & \cdots & \cdots & \cdots & \cdots & \vdots & \cdots \\ \frac{6}{5} & \frac{1}{5} & 0 & \frac{1}{5} & 0 & 1 & \vdots & -4 \end{bmatrix}$$

$2 / -\frac{1}{10} = -20$
$1 / \frac{31}{10} = \frac{10}{31}$ ← (主軸列)

$\sim \frac{10}{31} R_2$

↑ (主軸行)

第五章　線性規劃(二)

$$D = \begin{bmatrix} & x_1 & x_2 & x_3 & x_4 & x_5 & f & \\ & -\dfrac{1}{10} & \dfrac{4}{10} & 1 & -\dfrac{1}{10} & 0 & 0 & \vdots & 2 \\ & 1 & \dfrac{6}{31} & 0 & \dfrac{1}{31} & \dfrac{10}{31} & 0 & \vdots & \dfrac{10}{31} \\ \hdashline & \dfrac{6}{5} & \dfrac{1}{5} & 0 & \dfrac{1}{5} & 0 & 1 & \vdots & -4 \end{bmatrix} \begin{matrix} \dfrac{1}{10}R_2+R_1 \\ \\ -\dfrac{6}{5}R_2+R_3 \end{matrix} \sim$$

$$E = \begin{bmatrix} & x_1 & x_2 & x_3 & x_4 & x_5 & f & \\ & 0 & \dfrac{13}{31} & 1 & -\dfrac{3}{31} & \dfrac{1}{31} & 0 & \vdots & \dfrac{63}{31} \\ & 1 & \dfrac{6}{31} & 0 & \boxed{\dfrac{1}{31}} & \dfrac{10}{31} & 0 & \vdots & \dfrac{10}{31} \\ \hdashline & 0 & -\dfrac{1}{31} & 0 & \dfrac{5}{31} & -\dfrac{12}{31} & 1 & \vdots & -\dfrac{136}{31} \end{bmatrix} \begin{matrix} \dfrac{63}{31} \Big/ -\dfrac{3}{31} = -21 \\ \\ \dfrac{10}{31} \Big/ \dfrac{1}{31} = 10 \end{matrix} \quad \overset{31R_2}{\sim}$$

↑
(主軸行)　　　　　　　(主軸列)

$$F = \begin{bmatrix} & x_1 & x_2 & x_3 & x_4 & x_5 & f & \\ & 0 & \dfrac{13}{31} & 1 & -\dfrac{3}{31} & \dfrac{1}{31} & 0 & \vdots & \dfrac{63}{31} \\ & 31 & 6 & 0 & 1 & 10 & 0 & \vdots & 10 \\ \hdashline & 0 & -\dfrac{1}{31} & 0 & \dfrac{5}{31} & -\dfrac{12}{31} & 1 & \vdots & -\dfrac{136}{31} \end{bmatrix} \begin{matrix} \dfrac{3}{31}R_2+R_1 \\ \\ -\dfrac{5}{31}R_2+R_3 \end{matrix} \sim$$

$$G = \begin{bmatrix} & x_1 & x_2 & x_3 & x_4 & x_5 & f & \\ & 3 & 1 & 1 & 0 & 1 & 0 & \vdots & 3 \\ & 31 & 6 & 0 & 1 & 10 & 0 & \vdots & 10 \\ \hdashline & -5 & -1 & 0 & 0 & -2 & 1 & \vdots & -6 \end{bmatrix}$$

上面 G 矩陣的最後一列垂直虛線左邊的元素中除 f 之係數為 1 外，其餘對應於 x_1, x_2, x_3, x_4, x_5 之元素不是 0 就是負數，故知最適解為 $[x_1, x_2, x_3]^T = [0, 0, 3]^T$，$f(X)$ 的最小值為 -6.

【例題 9】試以單純形法說明下列問題有無限值解.

$$\text{Max.} \quad f(X) = 2x_2 + x_3$$

$$\text{受制於} \begin{cases} x_1 + x_2 - 2x_3 \leq 6 \\ -3x_1 + x_2 + 2x_3 \leq 2 \\ x_i \geq 0, \ i = 1, 2, 3 \end{cases}$$

【解】介入兩個差額變數 x_4 與 x_5，得起始單純形表如下：

$$A = \begin{bmatrix} & x_1 & x_2 & x_3 & x_4 & x_5 & f & \vdots & \\ & 1 & 1 & -2 & 1 & 0 & 0 & \vdots & 6 \\ & -3 & ① & 2 & 0 & 1 & 0 & \vdots & 2 \\ \hdashline & 0 & -2 & -1 & 0 & 0 & 1 & \vdots & 0 \end{bmatrix}$$

商值：$\frac{6}{1} = 6$，$\frac{2}{1} = 2$ (主軸列)

(主軸行)

$\underset{\sim}{-1R_2 + R_1} \quad 2R_2 + R_3$

$$B = \begin{bmatrix} & x_1 & x_2 & x_3 & x_4 & x_5 & f & \vdots & \\ & ④ & 0 & -4 & 1 & -1 & 0 & \vdots & 4 \\ & -3 & 1 & 2 & 0 & 1 & 0 & \vdots & 2 \\ \hdashline & -6 & 0 & 3 & 0 & 2 & 1 & \vdots & 4 \end{bmatrix}$$

商值：$\frac{4}{4} = 1$ (主軸列)

(主軸行)

$\underset{\sim}{\frac{1}{4} R_1}$

$$C = \begin{bmatrix} & x_1 & x_2 & x_3 & x_4 & x_5 & f & \vdots & \\ & ① & 0 & -1 & \frac{1}{4} & -\frac{1}{4} & 0 & \vdots & 1 \\ & -3 & 1 & 2 & 0 & 1 & 0 & \vdots & 2 \\ \hdashline & -6 & 0 & 3 & 0 & 2 & 1 & \vdots & 4 \end{bmatrix}$$

$\underset{\sim}{3R_1 + R_2} \quad 6R_1 + R_3$

$$D = \begin{bmatrix} & x_1 & x_2 & x_3 & x_4 & x_5 & f & \\ & 1 & 0 & -1 & \dfrac{1}{4} & -\dfrac{1}{4} & 0 & \vdots & 1 \\ & 0 & 1 & -1 & \dfrac{3}{4} & \dfrac{1}{4} & 0 & \vdots & 5 \\ \cdots & \cdots & \cdots & \cdots & \cdots & \cdots & \cdots & & \cdots \\ & 0 & 0 & -3 & \dfrac{3}{2} & \dfrac{1}{2} & 1 & \vdots & 10 \end{bmatrix}$$

↑
(主軸行)

第三行應為主軸行，但主軸行中無正元素存在，故知目標函數值可增大至無限。於是該線性規劃問題具有無限值解。　　　　　　　　　　　　　　　　　　╝

在單純形法中，有時會碰到基本變數值為 0，此時我們稱這個基本可行解為退化基本可行解。其發生的原因是在選擇調出變數時，若最小商值檢定中，有兩列之商值相同，就會有退化解產生。我們考慮下面的例題。

【例題 10】　　　　　　　Max.　$f(X) = -13x_2 + 6x_3 - 2x_4$

受制於 $\begin{cases} -2x_1 + 6x_2 + 2x_3 - 3x_4 \leqslant 20 \\ -4x_1 + 7x_2 + x_3 - x_4 \leqslant 10 \\ -5x_2 + 3x_3 - x_4 \leqslant 60 \\ x_i \geqslant 0 \ (i = 1, 2, 3, 4) \end{cases}$

【解】介入三個差額變數 x_5、x_6 與 x_7，得起始單純形表如下：

$$A = \begin{bmatrix} x_1 & x_2 & x_3 & x_4 & x_5 & x_6 & x_7 & f & \\ -2 & 6 & 2 & -3 & 1 & 0 & 0 & 0 & \vdots & 20 \\ -4 & 7 & ① & -1 & 0 & 1 & 0 & 0 & \vdots & 10 \\ 0 & -5 & 3 & -1 & 0 & 0 & 1 & 0 & \vdots & 60 \\ \cdots & \cdots & \cdots & \cdots & \cdots & \cdots & \cdots & \cdots & & \cdots \\ 0 & 13 & -6 & 2 & 0 & 0 & 0 & 1 & \vdots & 0 \end{bmatrix}$$

商值
$\dfrac{20}{2} = 10$
$\dfrac{10}{1} = 10$ (主軸列)
$\dfrac{60}{3} = 20$

$-2R_2 + R_1$
$-3R_2 + R_3$
$6R_2 + R_4$
∼

↑
(主軸行)

$$B=\left[\begin{array}{ccccccc:c}
 & x_1 & x_2 & x_3 & x_4 & x_5 & x_6 & x_7 & f \\
6 & -8 & 0 & -1 & 1 & -2 & 0 & 0 & 0 \\
-4 & 7 & 1 & -1 & 0 & 1 & 0 & 0 & 10 \\
12 & -26 & 0 & 2 & 0 & -3 & 1 & 0 & 30 \\
\hdashline
-24 & 55 & 0 & -4 & 0 & 6 & 0 & 1 & 60
\end{array}\right]$$

由於基本變數 $x_5=0$，則求得退化基本可行解

$$x_1=0,\ x_2=0,\ x_3=10,\ x_4=0,\ x_5=0,\ x_6=0,\ x_7=30$$

$$C=\left[\begin{array}{ccccccc:c}
\boxed{6} & -8 & 0 & -1 & 1 & -2 & 0 & 0 & 0 \\
-4 & 7 & 1 & -1 & 0 & 1 & 0 & 0 & 10 \\
12 & -26 & 0 & 2 & 0 & -3 & 1 & 0 & 30 \\
\hdashline
-24 & 55 & 0 & -4 & 0 & 6 & 0 & 1 & 60
\end{array}\right]$$

商值

$\dfrac{0}{6}=0$

$\dfrac{30}{12}=\dfrac{5}{2}$ (主軸列)

$\dfrac{1}{6}R_1$

↑
(主軸行)

$$D=\left[\begin{array}{ccccccc:c}
1 & -\dfrac{4}{3} & 0 & -\dfrac{1}{6} & \dfrac{1}{6} & -\dfrac{1}{3} & 0 & 0 & 0 \\
-4 & 7 & 1 & -1 & 0 & 1 & 0 & 0 & 10 \\
12 & -26 & 0 & 2 & 0 & -3 & 1 & 0 & 30 \\
\hdashline
-24 & 55 & 0 & -4 & 0 & 6 & 0 & 1 & 60
\end{array}\right]$$

$4R_1+R_2$
$-12R_1+R_3$
$24R_1+R_4$

$$E = \begin{bmatrix} & x_1 & x_2 & x_3 & x_4 & x_5 & x_6 & x_7 & f & \\ & 1 & -\dfrac{4}{3} & 0 & -\dfrac{1}{6} & \dfrac{1}{6} & -\dfrac{1}{3} & 0 & 0 & \vdots & 0 \\ & 0 & \dfrac{5}{3} & 1 & -\dfrac{5}{3} & \dfrac{2}{3} & -\dfrac{1}{3} & 0 & 0 & \vdots & 10 \\ & 0 & -10 & 0 & \boxed{4} & -2 & 1 & 1 & 0 & \vdots & 30 \\ \hdashline & 0 & 23 & 0 & -8 & 4 & -2 & 0 & 1 & \vdots & 60 \end{bmatrix}$$

商值

$\dfrac{1}{4}R_3$

$\dfrac{30}{4}=\dfrac{15}{2}$ (主軸列)

↑ (主軸行)

因爲基本變數 $x_1=0$，則得到一個退化基本可行解，而且 f 之值並沒有改進．

$$F = \begin{bmatrix} & x_1 & x_2 & x_3 & x_4 & x_5 & x_6 & x_7 & f & \\ & 1 & -\dfrac{4}{3} & 0 & -\dfrac{1}{6} & \dfrac{1}{6} & -\dfrac{1}{3} & 0 & 0 & \vdots & 0 \\ & 0 & \dfrac{5}{3} & 1 & -\dfrac{5}{3} & \dfrac{2}{3} & -\dfrac{1}{3} & 0 & 0 & \vdots & 10 \\ & 0 & -\dfrac{5}{2} & 0 & 1 & -\dfrac{1}{2} & \dfrac{1}{4} & \dfrac{1}{4} & 0 & \vdots & \dfrac{15}{2} \\ \hdashline & 0 & 23 & 0 & -8 & 4 & -2 & 0 & 1 & \vdots & 60 \end{bmatrix}$$

$\dfrac{1}{6}R_3+R_1$
$\dfrac{5}{3}R_3+R_2$
$8R_3+R_4$

$$G = \begin{bmatrix} & x_1 & x_2 & x_3 & x_4 & x_5 & x_6 & x_7 & f & \\ & 1 & -\dfrac{7}{4} & 0 & 0 & \dfrac{1}{12} & -\dfrac{7}{24} & \dfrac{1}{24} & 0 & \vdots & \dfrac{5}{4} \\ & 0 & -\dfrac{5}{2} & 1 & 0 & -\dfrac{1}{6} & \dfrac{1}{12} & \dfrac{5}{12} & 0 & \vdots & \dfrac{45}{2} \\ & 0 & -\dfrac{5}{2} & 0 & 1 & -\dfrac{1}{2} & \dfrac{1}{4} & \dfrac{1}{4} & 0 & \vdots & \dfrac{15}{2} \\ \hdashline & 0 & 3 & 0 & 0 & 0 & 0 & 2 & 1 & \vdots & 120 \end{bmatrix}$$

故得最適解為 $x_1=\dfrac{5}{4}$, $x_2=0$, $x_3=\dfrac{45}{2}$, $x_4=\dfrac{15}{2}$, $x_5=0$, $x_6=0$, $x_7=0$.

【例題 11】福記海鮮酒樓豉椒蟹每斤售 40 元，清蒸黃魚每斤 60 元，炒九孔每斤 50 元．現楊先生想請客三桌，他囑咐該酒樓經理說，魚的重量不可超過九孔及蟹的重量之和，蟹的重量是九孔重量的兩倍以上，但又聲明，全部用魚、九孔、蟹的總重量不得超過 27 斤．試問福記海鮮酒樓總經理要滿足楊先生的要求，又欲楊先生付出最多的金錢，每桌各應分配蟹、黃魚、九孔多少斤？

【解】首先我們先建立數學模型，設蟹、黃魚、九孔的重量分別為 x_1、x_2 及 x_3 斤，依楊先生之要求是

$$\begin{cases} x_1+x_2+x_3 \leqslant 27 \\ 2x_3 \leqslant x_1 \\ x_2 \leqslant x_1+x_3 \\ x_i \geqslant 0 \ (i=1,2,3) \end{cases}$$

但楊先生所付出之金錢 $f=40x_1+60x_2+50x_3$ (元) 最多．
故線性規劃模型為

$$\text{Max.} \quad f(\boldsymbol{X})=40x_1+60x_2+50x_3 \ (\text{元})$$

受制於 $\begin{cases} x_1+x_2+x_3 \leqslant 27 \\ 2x_3 \leqslant x_1 \\ x_2 \leqslant x_1+x_3 \\ x_i \geqslant 0 \ (i=1,2,3) \end{cases}$

我們先引入差額變數 x_4, x_5, x_6，得下面的線性規劃模型為

$$\text{Max.} \quad f(\boldsymbol{X})=40x_1+60x_2+50x_3+0\cdot x_4+0\cdot x_5+0\cdot x_6 \ (\text{元})$$

受制於 $\begin{cases} x_1+x_2+x_3+x_4 =27 \\ -x_1+0+2x_3+x_5=0 \\ -x_1+x_2-x_3+x_6=0 \end{cases}$

其中 $x_i \ (i=1,2,\cdots,6) \geqslant 0$
將上式以擴增矩陣寫出

$$A = \begin{bmatrix} \begin{array}{ccccccc|c} & x_1 & x_2 & x_3 & x_4 & x_5 & x_6 & f \\ 1 & 1 & 1 & 1 & 0 & 0 & 0 & 27 \\ -1 & 0 & 2 & 0 & 1 & 0 & 0 & 0 \\ -1 & ① & -1 & 0 & 0 & 1 & 0 & 0 \\ \hdashline -40 & -60 & -50 & 0 & 0 & 0 & 1 & 0 \end{array} \end{bmatrix}$$

商值：$\dfrac{27}{1}=27$，$\dfrac{0}{1}=0$

$\begin{array}{c} -1R_3+R_1 \\ 60R_3+R_4 \end{array}$ ∼

(主軸列)

↑ (主軸行)

矩陣 A 中的最下一列，-60 為最小，含 -60 的那一行，它大於 0 的元素都是 1．

$$B = \begin{bmatrix} \begin{array}{ccccccc|c} x_1 & x_2 & x_3 & x_4 & x_5 & x_6 & f & \\ 2 & 0 & 2 & 1 & 0 & -1 & 0 & 27 \\ -1 & 0 & ② & 0 & 1 & 0 & 0 & 0 \\ -1 & 1 & -1 & 0 & 0 & 1 & 0 & 0 \\ \hdashline -100 & 0 & -110 & 0 & 0 & 60 & 1 & 0 \end{array} \end{bmatrix}$$

商值：$\dfrac{27}{2}=13.5$，$\dfrac{0}{2}=0$

$\dfrac{1}{2}R_2$ ∼

(主軸列)

↑ (主軸行)

$$C = \begin{bmatrix} \begin{array}{ccccccc|c} x_1 & x_2 & x_3 & x_4 & x_5 & x_6 & f & \\ 2 & 0 & 2 & 1 & 0 & -1 & 0 & 27 \\ -\dfrac{1}{2} & 0 & 1 & 0 & \dfrac{1}{2} & 0 & 0 & 0 \\ -1 & 1 & -1 & 0 & 0 & 1 & 0 & 0 \\ \hdashline -100 & 0 & -110 & 0 & 0 & 60 & 1 & 0 \end{array} \end{bmatrix}$$

$\begin{array}{c} -2R_2+R_1 \\ R_2+R_3 \\ 110R_2+R_4 \end{array}$ ∼

$$D = \begin{bmatrix} \begin{array}{cccccc|c} x_1 & x_2 & x_3 & x_4 & x_5 & x_6 & f \\ ③ & 0 & 0 & 1 & -1 & -1 & 0 & \vdots & 27 \\ -\dfrac{1}{2} & 0 & 1 & 0 & \dfrac{1}{2} & 0 & 0 & \vdots & 0 \\ -\dfrac{3}{2} & 1 & 0 & 0 & \dfrac{1}{2} & 1 & 0 & \vdots & 0 \\ \hdashline -155 & 0 & 0 & 0 & 55 & 60 & 1 & \vdots & 0 \end{array} \end{bmatrix}$$

商值 $\dfrac{27}{3}=9$ ← (主軸列)

$\dfrac{1}{3}R_1$

↑ (主軸行)

$$E = \begin{bmatrix} \begin{array}{cccccc|c} x_1 & x_2 & x_3 & x_4 & x_5 & x_6 & f \\ 1 & 0 & 0 & \dfrac{1}{3} & -\dfrac{1}{3} & -\dfrac{1}{3} & 0 & \vdots & 9 \\ -\dfrac{1}{2} & 0 & 1 & 0 & \dfrac{1}{2} & 0 & 0 & \vdots & 0 \\ -\dfrac{3}{2} & 1 & 0 & 0 & \dfrac{1}{2} & 1 & 0 & \vdots & 0 \\ \hdashline -155 & 0 & 0 & 0 & 55 & 60 & 1 & \vdots & 0 \end{array} \end{bmatrix}$$

$\dfrac{1}{2}R_1+R_2$
$\dfrac{3}{2}R_1+R_3$
$155R_1+R_4$

$$F = \begin{bmatrix} \begin{array}{cccccc|c} x_1 & x_2 & x_3 & x_4 & x_5 & x_6 & f \\ 1 & 0 & 0 & \dfrac{1}{3} & -\dfrac{1}{3} & -\dfrac{1}{3} & 0 & \vdots & 9 \\ 0 & 0 & 1 & \dfrac{1}{6} & \dfrac{1}{3} & -\dfrac{1}{6} & 0 & \vdots & \dfrac{9}{2} \\ 0 & 1 & 0 & \dfrac{1}{2} & 0 & \dfrac{1}{2} & 0 & \vdots & \dfrac{27}{2} \\ \hdashline 0 & 0 & 0 & \dfrac{155}{3} & \dfrac{10}{3} & \dfrac{25}{3} & 1 & \vdots & 1395 \end{array} \end{bmatrix}$$

此時，矩陣 F 中最下一列垂直虛線左邊的元素都是正數或 0，並且

$$f = 1395 - \frac{155}{3}x_4 - \frac{10}{3}x_5 - \frac{25}{3}x_6$$

其中 x_4、x_5 及 x_6 都是正數，所以 f 的最大值為 1395 元。這時，$x_1=9$，$x_2=\frac{27}{2}$，$x_3=\frac{9}{2}$。換言之，福記海鮮酒樓經理每桌應分配蟹 3 斤，黃魚 4 斤半，九孔 1 斤半，楊先生則要付出 1395 元。

§5-4 大 M 法

如果我們所探討的線性規劃問題如同式 (5-3-4) 之模式，我們只需要利用單純形法就可解決問題。但當線性規劃中之限制條件有"$\geq$"或 (及)"$=$"之情形者，使用單純形法就沒有那麼容易了，我們必須引進**人為變數** (artificial variable)，由於限制式中須加入人為變數，故稱之為**大 M 法** (big M method)。現在我們以下面例題來說明大 M 法之求解方法。

若有一線性規劃問題如下

$$\text{Max.} \quad f(X) = 2x_1 - 3x_2 - x_3$$

$$\text{受制於} \begin{cases} 3x_1 + x_2 + 4x_3 \geq 6 \\ 3x_1 + 2x_2 - x_3 = 5 \\ x_1 + 3x_2 - 3x_3 \leq 8 \\ x_i \geq 0 \ (i=1, 2, 3) \end{cases}$$

首先引入超額變數 x_4 及差額變數 x_5，即可轉換為標準形式如下

$$\text{Max.} \quad f(X) = 2x_1 - 3x_2 - x_3 + 0 \cdot x_4 + 0 \cdot x_5$$

$$\text{受制於} \begin{cases} 3x_1 + x_2 + 4x_3 - x_4 = 6 \\ 3x_1 + 2x_2 - x_3 = 5 \\ x_1 + 3x_2 - 3x_3 + x_5 = 8 \\ x_i \geq 0 \ (i=1, 2, \cdots, 5) \end{cases} \quad (5\text{-}4\text{-}1)$$

讀者會發現在第一個限制條件中，如果我們令 $x_1=x_2=x_3=0$，將得到 $x_4=-6$，此不滿足變數不為負數的要求。故補救的辦法是另外加入一非負值之人為變數 s_1，使得

$$3x_1 + x_2 + 4x_3 - x_4 + s_1 = 6$$

另第二個限制條件中（"="）

$$3x_1+2x_2-x_3=5$$

亦會得到 0＝5 這種矛盾情形，我們亦可另外加入一非負值之人為變數 s_2，使得

$$3x_1+2x_2-x_3+s_2=5$$

故式 (5-4-1) 改成

$$\text{Max.} \quad f(X)=2x_1-3x_2-x_3+0\cdot x_4+0\cdot s_1+0\cdot s_2+0\cdot x_5$$

$$\text{受制於} \begin{cases} 3x_1+x_2+4x_3-x_4+s_1=6 \\ 3x_1+2x_2-x_3+s_2=5 \\ x_1+3x_2-3x_3+x_5=8 \\ x_1,\ x_2,\ x_3,\ x_4,\ s_1,\ s_2,\ x_5\geq 0 \end{cases} \tag{5-4-2}$$

當人為變數 s_1 與 s_2 於最適解中不為零時，例如 $s_2>0$，則第二限制式

$$3x_1+2x_2-x_3+s_2=5$$

會有

$$3x_1+2x_2-x_3<5 \text{ (但必須等於 5)}$$

不合理之情形發生，因此，為了確保人為變數於最適解中為零，故我們將目標函數改為

$$\text{Max.} \quad f(X)=2x_1-3x_2-x_3+0\cdot x_4-Ms_1-Ms_2+0\cdot x_5$$

其中 M 為非常大的正數（此為大 M 法名稱之由來），其目的在於"強迫"人為變數最後為零，否則將因 M 之關係，而使得 $f(X)$ 無法最大化。於是，最後之線性規劃模式變為

$$\text{Max.} \quad f(X)=2x_1-3x_2-x_3+0\cdot x_4-Ms_1-Ms_2+0\cdot x_5$$

$$\text{受制於} \begin{cases} 3x_1+x_2+4x_3-x_4+s_1=6 \\ 3x_1+2x_2-x_3+s_2=5 \\ x_1+3x_2-3x_3+x_5=8 \\ x_1,\ x_2,\ x_3,\ x_4,\ s_1,\ s_2,\ x_5\geq 0 \end{cases} \tag{5-4-3}$$

綜合以上所述，我們將大 M 法之步驟歸納如下

1. 若線性規劃問題之限制式中含有"≤"號，只需在不等式的左端加上一非負的差額

變數.
2. 若線性規劃問題之限制式中含有"≥"號，則除了在不等式的左端減去一非負的超額變數外，還要加上一人為變數．
3. 若線性規劃問題之限制式中含有"="號，則必須在等號左端加上一人為變數．
4. 在原始的目標函數中，再加上步驟 1、2、3 中所提到的 差額變數、超額變數，以及 人為變數．差額變數及超額變數前的係數設為 0．而人為變數前的係數視線性規劃問題而定，如果是求極大化，則係數設為 $-M$．如果是求極小化，則係數設為 M，M 是一個假定為很大的一個正數．
5. 經過前面的處理之後，就可利用單純形法之求解步驟求解．

【例題 1】試以大 M 法求

$$\text{Max.} \quad f(X) = x_1 + 2x_2 + 2x_3$$

受制於 $\begin{cases} x_1 + x_2 + 2x_3 \leq 12 \\ 2x_1 + x_2 + 5x_3 = 20 \\ x_1 + x_2 - x_3 \geq 8 \\ x_i \geq 0 \ (i=1, 2, 3) \end{cases}$

【解】原線性規劃模式經修正後之標準形式為

$$\text{Max.} \quad f(X) = x_1 + 2x_2 + 2x_3 + 0 \cdot x_4 - Ms_1 + 0 \cdot x_5 - Ms_2$$

受制於 $\begin{cases} x_1 + x_2 + 2x_3 + x_4 = 12 \\ 2x_1 + x_2 + 5x_3 \quad + s_1 = 20 \\ x_1 + x_2 - x_3 \quad - x_5 + s_2 = 8 \\ x_1, x_2, x_3, x_4, x_5, s_1, s_2 \geq 0, \text{其中 } s_1, s_2 \text{ 為人為變數} \end{cases}$

由於人為變數 s_1, s_2 為基本變數，故首先要將人為變數在目標函數中之係數都化為零，故由限制式中解出 s_1 與 s_2，得

$$s_1 = 20 - 2x_1 - x_2 - 5x_3$$
$$s_2 = 8 - x_1 - x_2 + x_3 + x_5$$

代入目標函數中，得

$$f(X) = x_1 + 2x_2 + 2x_3 + 0 \cdot x_4 - M(20 - 2x_1 - x_2 - 5x_3) + 0 \cdot x_5$$
$$- M(8 - x_1 - x_2 + x_3 + x_5)$$

$$=(1+3M)x_1+(2+2M)x_2+(2+4M)x_3+0\cdot x_4-Mx_5-28M$$

故利用大 M 法，將原混合式問題之線性規劃模型轉為標準形式為

$$\text{Max.}\quad f(X)=(1+3M)x_1+(2+2M)x_2+(2+4M)x_3+0\cdot x_4-Mx_5-28M$$

$$\text{受制於}\begin{cases}x_1+x_2+2x_3+x_4=12\\2x_1+x_2+5x_3+s_1=20\\x_1+x_2-x_3-x_5+s_2=8\\x_1,\ x_2,\ x_3,\ x_4,\ x_5,\ s_1,\ s_2\geq 0\end{cases}$$

下面就是其擴增矩陣形式，並利用矩陣之基本列運算求解。

$$A=\begin{bmatrix}x_1 & x_2 & x_3 & x_4 & s_1 & x_5 & s_2 & f & \\ 1 & 1 & 2 & 1 & 0 & 0 & 0 & 0 & \vdots & 12\\ 2 & 1 & \boxed{5} & 0 & 1 & 0 & 0 & 0 & \vdots & 20\\ 1 & 1 & -1 & 0 & 0 & -1 & 1 & 0 & \vdots & 8\\ \hdashline -(1+3M) & -(2+2M) & -(2+4M) & 0 & 0 & M & 0 & 1 & \vdots & -28M\end{bmatrix}$$

商值: $\dfrac{12}{2}=6$, $\dfrac{20}{5}=4$ (主軸列) $\underset{\sim}{\dfrac{1}{5}R_2}$

↑(主軸行)

首先找調入變數，因 $-(2+4M)<-(1+3M)<-(2+2M)<0$。故 $-(2+4M)$ 為 A 矩陣中最下一列元素的最小負數，所以，選 x_3 為調入變數。基本可行解為

$$X=[x_1,\ x_2,\ x_3,\ x_4,\ x_5,\ s_1,\ s_2]^T=[0,\ 0,\ 0,\ 12,\ 0,\ 20,\ 8]^T$$

$$f(X)=-28M$$

$$B=\begin{bmatrix}x_1 & x_2 & x_3 & x_4 & s_1 & x_5 & s_2 & f & \\ 1 & 1 & 2 & 1 & 0 & 0 & 0 & 0 & \vdots & 12\\ \dfrac{2}{5} & \dfrac{1}{5} & 1 & 0 & \dfrac{1}{5} & 0 & 0 & 0 & \vdots & 4\\ 1 & 1 & -1 & 0 & 0 & -1 & 1 & 0 & \vdots & 8\\ \hdashline -(1+3M) & -(2+2M) & -(2+4M) & 0 & 0 & M & 0 & 1 & \vdots & -28M\end{bmatrix}$$

$-2R_2+R_1$
R_2+R_3
$(2+4M)R_3+R_4$

$$C=\left[\begin{array}{ccccccc:c}
\dfrac{1}{5} & \dfrac{3}{5} & 0 & 1 & -\dfrac{2}{5} & 0 & 0 & 0 & 4 \\
\dfrac{2}{5} & \dfrac{1}{5} & 1 & 0 & \dfrac{1}{5} & 0 & 0 & 0 & 4 \\
\boxed{\dfrac{7}{5}} & \dfrac{6}{5} & 0 & 0 & \dfrac{1}{5} & -1 & 1 & 0 & 12 \\
\hdashline
-\left(\dfrac{1}{5}+\dfrac{7}{5}M\right) & -\left(\dfrac{8}{5}+\dfrac{6}{5}M\right) & 0 & 0 & \left(\dfrac{2}{5}+\dfrac{4}{5}M\right) & M & 0 & 1 & 8-12M
\end{array}\right]$$

行標題：$x_1,\ x_2,\ x_3,\ x_4,\ s_1,\ x_5,\ s_2,\ f$

商值：
$4\Big/\dfrac{1}{5}=20$
$4\Big/\dfrac{2}{5}=10$
$12\Big/\dfrac{7}{5}=\dfrac{60}{7}$ ←（主軸列）

↑（主軸行）

$\dfrac{5}{7}R_3 \sim$

$$\left(\because -\left(\dfrac{1}{5}+\dfrac{7}{5}M\right)<-\left(\dfrac{8}{5}+\dfrac{6}{5}M\right)<0\right)$$

基本可行解為

$$X=[x_1,\ x_2,\ x_3,\ x_4,\ x_5,\ s_1,\ s_2]^T=[0,\ 0,\ 4,\ 4,\ 0,\ 0,\ 12]^T$$

$$f(X)=8-12M$$

$$D=\left[\begin{array}{ccccccc:c}
\dfrac{1}{5} & \dfrac{3}{5} & 0 & 1 & -\dfrac{2}{5} & 0 & 0 & 0 & 4 \\
\dfrac{2}{5} & \dfrac{1}{5} & 1 & 0 & \dfrac{1}{5} & 0 & 0 & 0 & 4 \\
1 & \dfrac{6}{7} & 0 & 0 & \dfrac{1}{7} & -\dfrac{5}{7} & \dfrac{5}{7} & 0 & \dfrac{60}{7} \\
\hdashline
-\left(\dfrac{1}{5}+\dfrac{7}{5}M\right) & -\left(\dfrac{8}{5}+\dfrac{6}{5}M\right) & 0 & 0 & \left(\dfrac{2}{5}+\dfrac{4}{5}M\right) & M & 0 & 1 & 8-12M
\end{array}\right]$$

列運算：
$-\dfrac{1}{5}R_3+R_1$
$-\dfrac{2}{5}R_3+R_2$
$\left(\dfrac{1}{5}+\dfrac{7}{5}M\right)R_3+R_4 \sim$

$$E = \begin{bmatrix} 0 & \boxed{\dfrac{3}{7}} & 0 & 1 & -\dfrac{3}{7} & \dfrac{1}{7} & -\dfrac{1}{7} & 0 & \vdots & \dfrac{16}{7} \\ 0 & -\dfrac{1}{7} & 1 & 0 & \dfrac{1}{7} & \dfrac{2}{7} & -\dfrac{2}{7} & 0 & \vdots & \dfrac{4}{7} \\ 1 & \dfrac{6}{7} & 0 & 0 & \dfrac{1}{7} & -\dfrac{5}{7} & \dfrac{5}{7} & 0 & \vdots & \dfrac{60}{7} \\ \hdashline 0 & -\dfrac{10}{7} & 0 & 0 & \dfrac{3}{7}+M & -\dfrac{1}{7} & \dfrac{1}{7}+M & 1 & \vdots & \dfrac{68}{7} \end{bmatrix}$$

商值: $\dfrac{16}{7} \Big/ \dfrac{3}{7} = \dfrac{16}{3}$ ； $\dfrac{60}{7} \Big/ \dfrac{6}{7} = 10$ （主軸列）

$\dfrac{7}{3}R_1$

↑（主軸行）　　$\left(\because -\dfrac{10}{7} < -\dfrac{1}{7} < 0 \right)$

基本可行解為

$$X = [x_1,\ x_2,\ x_3,\ x_4,\ x_5,\ s_1,\ s_2]^T = \left[\dfrac{60}{7},\ 0,\ \dfrac{4}{7},\ \dfrac{16}{7},\ 0,\ 0,\ 0 \right]^T$$

$$f(X) = \dfrac{68}{7}$$

$$F = \begin{bmatrix} 0 & 1 & 0 & \dfrac{7}{3} & -1 & \dfrac{1}{3} & -\dfrac{1}{3} & 0 & \vdots & \dfrac{16}{3} \\ 0 & -\dfrac{1}{7} & 1 & 0 & \dfrac{1}{7} & \dfrac{2}{7} & -\dfrac{2}{7} & 0 & \vdots & \dfrac{4}{7} \\ 1 & \dfrac{6}{7} & 0 & 0 & \dfrac{1}{7} & -\dfrac{5}{7} & \dfrac{5}{7} & 0 & \vdots & \dfrac{60}{7} \\ \hdashline 0 & -\dfrac{10}{7} & 0 & 0 & \dfrac{3}{7}+M & -\dfrac{1}{7} & \dfrac{1}{7}+M & 1 & \vdots & \dfrac{68}{7} \end{bmatrix}$$

$\dfrac{1}{7}R_1 + R_2$
$-\dfrac{6}{7}R_1 + R_3$
$\dfrac{10}{7}R_1 + R_4$

$$G = \begin{bmatrix} 0 & 1 & 0 & \dfrac{7}{3} & -1 & \dfrac{1}{3} & -\dfrac{1}{3} & 0 & \vdots & \dfrac{16}{3} \\ 0 & 0 & 1 & \dfrac{1}{3} & 0 & \dfrac{1}{3} & -\dfrac{1}{3} & 0 & \vdots & \dfrac{4}{3} \\ 1 & 0 & 0 & -2 & 1 & -1 & 1 & 0 & \vdots & 4 \\ \hdashline 0 & 0 & 0 & \dfrac{10}{3} & -1+M & \dfrac{1}{3} & -\dfrac{1}{3}+M & 1 & \vdots & \dfrac{52}{3} \end{bmatrix}$$

此時，矩陣 G 中最下一列垂直虛線左邊的元素除 f 之係數為 1 之外，其餘對應於 $x_1, x_2, x_3, x_4, x_5, s_1, s_2$ 之元素不是正數就是零，因此求得基本可行解為

$$X = [x_1,\ x_2,\ x_3,\ x_4,\ x_5,\ s_1,\ s_2]^T = \left[4,\ \frac{16}{3},\ \frac{4}{3},\ 0,\ 0,\ 0,\ 0\right]^T$$

而原問題之最適解為 $X = \left[4,\ \dfrac{16}{3},\ \dfrac{4}{3}\right]^T$，最大值為 $\dfrac{52}{3}$。

【例題 2】試求下列之線性規劃．

$$\text{Min.}\quad f(X) = x_1 + 2x_2$$

$$\text{受制於} \begin{cases} x_1 + 2x_2 \leq 16 \\ x_1 + 3x_2 \geq 20 \\ x_1 + x_2 = 10 \\ x_i \geq 0\ (i=1,\ 2) \end{cases}$$

【解】方法 I

首先引入差額變數 x_3 與超額變數 x_4 及人為變數 s_1、s_2，將原線性規劃問題轉變為

$$\text{Max.}\quad -f(X) = -x_1 - 2x_2 + 0 \cdot x_3 + 0 \cdot x_4 - Ms_1 - Ms_2$$

$$\text{受制於} \begin{cases} x_1 + 2x_2 + x_3 = 16 \\ x_1 + 3x_2 - x_4 + s_1 = 20 \\ x_1 + x_2 + s_2 = 10 \\ x_1,\ x_2,\ x_3,\ x_4,\ s_1,\ s_2 \geq 0 \end{cases}$$

由限制式中解得 s_1 與 s_2，

$$s_1 = 20 - x_1 - 3x_2 + x_4$$
$$s_2 = 10 - x_1 - x_2$$

代入目標函數中，則

$$-f(X) = (2M-1)x_1 + (4M-2)x_2 - Mx_4 - 30M$$

下面就是其擴增矩陣形式，並利用矩陣之基本列運算求解．

$$A = \left[\begin{array}{ccccccc:c} & x_1 & x_2 & x_3 & x_4 & s_1 & s_2 & -f & \\ 1 & 2 & 1 & 0 & 0 & 0 & 0 & 16 \\ 1 & ③ & 0 & -1 & 1 & 0 & 0 & 20 \\ 1 & 1 & 0 & 0 & 0 & 1 & 0 & 10 \\ \hdashline -(2M-1) & -(4M-2) & 0 & M & 0 & 0 & 1 & -30M \end{array}\right]$$

商值
$\frac{16}{2}=8$
$\frac{20}{3}\approx 6.6$ ← (主軸列) $\frac{1}{3}R_2$
$\frac{10}{1}=10$

↑ (主軸行) ($\because -(4M-2)<-(2M-1)<0$)

$$B = \left[\begin{array}{ccccccc:c} & x_1 & x_2 & x_3 & x_4 & s_1 & s_2 & -f & \\ 1 & 2 & 1 & 0 & 0 & 0 & 0 & 16 \\ \frac{1}{3} & ① & 0 & -\frac{1}{3} & \frac{1}{3} & 0 & 0 & \frac{20}{3} \\ 1 & 1 & 0 & 0 & 0 & 1 & 0 & 10 \\ \hdashline -(2M-1) & -(4M-2) & 0 & M & 0 & 0 & 1 & -30M \end{array}\right]$$

$-2R_2+R_1$
$-1R_2+R_3$
$(4M-2)R_2+R_4$

$$C = \left[\begin{array}{ccccccc:c} & x_1 & x_2 & x_3 & x_4 & s_1 & s_2 & -f & \\ \frac{1}{3} & 0 & 1 & \frac{2}{3} & -\frac{2}{3} & 0 & 0 & \frac{8}{3} \\ \frac{1}{3} & 1 & 0 & -\frac{1}{3} & \frac{1}{3} & 0 & 0 & \frac{20}{3} \\ ②/③ & 0 & 0 & \frac{1}{3} & -\frac{1}{3} & 1 & 0 & \frac{10}{3} \\ \hdashline -\left(\frac{2}{3}M-\frac{1}{3}\right) & 0 & 0 & -\left(\frac{1}{3}M-\frac{2}{3}\right) & \left(\frac{4}{3}M-\frac{2}{3}\right) & 0 & 1 & -\left(\frac{40}{3}+\frac{10}{3}M\right) \end{array}\right]$$

商值
$\frac{8}{3}\Big/\frac{1}{3}=8$
$\frac{20}{3}\Big/\frac{1}{3}=20$ $\frac{3}{2}R_3$
$\frac{10}{3}\Big/\frac{2}{3}=5$ ← (主軸列)

↑ (主軸行) $\left(\because -\left(\frac{2}{3}M-\frac{1}{3}\right)<-\left(\frac{1}{3}M-\frac{2}{3}\right)<0\right)$

$$D = \begin{bmatrix} & x_1 & x_2 & x_3 & x_4 & s_1 & s_2 & -f & \\ & \frac{1}{3} & 0 & 1 & \frac{2}{3} & -\frac{2}{3} & 0 & 0 & \vdots & \frac{8}{3} \\ & \frac{1}{3} & 1 & 0 & -\frac{1}{3} & \frac{1}{3} & 0 & 0 & \vdots & \frac{20}{3} \\ & 1 & 0 & 0 & \frac{1}{2} & -\frac{1}{2} & \frac{3}{2} & 0 & \vdots & 5 \\ \hdashline & -\left(\frac{2}{3}M-\frac{1}{3}\right) & 0 & 0 & -\left(\frac{1}{3}M-\frac{2}{3}\right) & \left(\frac{4}{3}M-\frac{2}{3}\right) & 0 & 1 & \vdots & -\left(\frac{40}{3}+\frac{10}{3}M\right) \end{bmatrix} \begin{matrix} -\frac{1}{3}R_3+R_1 \\ -\frac{1}{3}R_3+R_2 \\ \left(\frac{2}{3}M-\frac{1}{3}\right)R_3+R_4 \\ \sim \end{matrix}$$

$$E = \begin{bmatrix} & x_1 & x_2 & x_3 & x_4 & s_1 & s_2 & -f & \\ & 0 & 0 & 1 & \frac{1}{2} & -\frac{1}{2} & -\frac{1}{2} & 0 & \vdots & 1 \\ & 0 & 1 & 0 & -\frac{1}{2} & \frac{1}{2} & -\frac{1}{2} & 0 & \vdots & 5 \\ & 1 & 0 & 0 & \frac{1}{2} & -\frac{1}{2} & \frac{3}{2} & 0 & \vdots & 5 \\ \hdashline & 0 & 0 & 0 & \frac{1}{2} & M-\frac{1}{2} & M-\frac{1}{2} & 1 & \vdots & -15 \end{bmatrix}$$

由於 E 矩陣最下一列垂直虛線左邊的元素除 $-f$ 之係數為 1 之外，其餘對應於 x_1、x_2、x_3、x_4、s_1、s_2 之元素均為正數或零，故知最適解為 $x_1=5$，$x_2=5$。$-f(X)$ 的最大值為 -15，即 $f(X)$ 之最小值為 15。

方法 II

引入差額變數 x_3、超額變數 x_4 及人為變數 s_1、s_2，將原線性規劃問題轉變為

$$\text{Min.} \quad f(X) = x_1 + 2x_2 + 0 \cdot x_3 + 0 \cdot x_4 + Ms_1 + Ms_2$$

$$\text{受制於} \begin{cases} x_1 + 2x_2 + x_3 = 16 \\ x_1 + 3x_2 - x_4 + s_1 = 20 \\ x_1 + x_2 + s_2 = 10 \\ x_1, x_2, x_3, x_4, s_1, s_2 \geq 0 \end{cases}$$

由限制式中解得 s_1 與 s_2，

$$s_1 = 20 - x_1 - 3x_2 + x_4$$
$$s_2 = 10 - x_1 - x_2$$

代入目標函數中，則

$$f(X) = (1-2M)x_1 + (2-4M)x_2 + Mx_4 + 30M$$

下面就是其擴增矩陣形式，並利用矩陣之基本列運算求解．

$$A = \begin{bmatrix} & x_1 & x_2 & x_3 & x_4 & s_1 & s_2 & f & \\ & 1 & 2 & 1 & 0 & 0 & 0 & 0 & \vdots & 16 \\ & 1 & ③ & 0 & -1 & 1 & 0 & 0 & \vdots & 20 \\ & 1 & 1 & 0 & 0 & 0 & 1 & 0 & \vdots & 10 \\ \hdashline & -(1-2M) & -(2-4M) & 0 & -M & 0 & 0 & 1 & \vdots & 30M \end{bmatrix}$$

商值：
$\dfrac{16}{2} = 8$
$\dfrac{20}{3} \approx 6.6$ ← (主軸列) $\dfrac{1}{3}R_2$
$\dfrac{10}{1} = 10$

↑ (主軸行)

首先找調入變數，因 $-(2-4M) > -(1-2M) > 0$，故 $-(2-4M)$ 為 A 矩陣中最下一列垂直虛線左邊元素的最大正數，所以選 x_2 為調入變數．

$$B = \begin{bmatrix} & x_1 & x_2 & x_3 & x_4 & s_1 & s_2 & f & \\ & 1 & 2 & 1 & 0 & 0 & 0 & 0 & \vdots & 16 \\ & \dfrac{1}{3} & ① & 0 & -\dfrac{1}{3} & \dfrac{1}{3} & 0 & 0 & \vdots & \dfrac{20}{3} \\ & 1 & 1 & 0 & 0 & 0 & 1 & 0 & \vdots & 10 \\ \hdashline & -(1-2M) & -(2-4M) & 0 & -M & 0 & 0 & 1 & \vdots & 30M \end{bmatrix}$$

$-2R_2 + R_1$
$-1R_2 + R_3$
$(2-4M)R_2 + R_4$

$$C = \begin{bmatrix} \begin{array}{ccccccc:c} \dfrac{1}{3} & 0 & 1 & \dfrac{2}{3} & -\dfrac{2}{3} & 0 & 0 & \dfrac{8}{3} \\ \dfrac{1}{3} & 1 & 0 & -\dfrac{1}{3} & \dfrac{1}{3} & 0 & 0 & \dfrac{20}{3} \\ \boxed{\dfrac{2}{3}} & 0 & 0 & \dfrac{1}{3} & -\dfrac{1}{3} & 1 & 0 & \dfrac{10}{3} \\ \hdashline -\left(\dfrac{1}{3}-\dfrac{2}{3}M\right) & 0 & 0 & -\left(\dfrac{2}{3}-\dfrac{1}{3}M\right) & \dfrac{2}{3}-\dfrac{4}{3}M & 0 & 1 & \dfrac{40}{3}+\dfrac{10}{3}M \end{array} \end{bmatrix}$$

行標頭：$x_1\ x_2\ x_3\ x_4\ s_1\ s_2\ f$　商值

$\dfrac{8}{3}\Big/\dfrac{1}{3}=8$

$\dfrac{20}{3}\Big/\dfrac{1}{3}=20$

$\dfrac{10}{3}\Big/\dfrac{2}{3}=5$ ← (主軸列)

$\dfrac{3}{2}R_3$

↑ (主軸行)　$\left(\because -\left(\dfrac{1}{3}-\dfrac{2}{3}M\right) > -\left(\dfrac{2}{3}-\dfrac{1}{3}M\right) > 0\right)$

$$D = \begin{bmatrix} \begin{array}{ccccccc:c} \dfrac{1}{3} & 0 & 1 & \dfrac{2}{3} & -\dfrac{2}{3} & 0 & 0 & \dfrac{8}{3} \\ \dfrac{1}{3} & 1 & 0 & -\dfrac{1}{3} & \dfrac{1}{3} & 0 & 0 & \dfrac{20}{3} \\ 1 & 0 & 0 & \dfrac{1}{2} & -\dfrac{1}{2} & \dfrac{3}{2} & 0 & 5 \\ \hdashline -\left(\dfrac{1}{3}-\dfrac{2}{3}M\right) & 0 & 0 & -\left(\dfrac{2}{3}-\dfrac{1}{3}M\right) & \dfrac{2}{3}-\dfrac{4}{3}M & 0 & 1 & \dfrac{40}{3}+\dfrac{10}{3}M \end{array} \end{bmatrix}$$

$-\dfrac{1}{3}R_3+R_1$

$-\dfrac{1}{3}R_3+R_2$

$\left(\dfrac{1}{3}-\dfrac{2}{3}M\right)R_3+R_4$

$$E = \begin{bmatrix} \begin{array}{ccccccc:c} 0 & 0 & 1 & \dfrac{1}{2} & -\dfrac{1}{2} & -\dfrac{1}{2} & 0 & 1 \\ 0 & 1 & 0 & -\dfrac{1}{2} & \dfrac{1}{2} & -\dfrac{1}{2} & 0 & 5 \\ 1 & 0 & 0 & \dfrac{1}{2} & -\dfrac{1}{2} & \dfrac{3}{2} & 0 & 5 \\ \hdashline 0 & 0 & 0 & -\dfrac{1}{2} & \dfrac{1}{2}-M & \dfrac{1}{2}-M & 1 & 15 \end{array} \end{bmatrix}$$

由於 E 矩陣最下一列垂直虛線左邊的元素除 f 之係數為 1 之外，其餘對應於 x_1, x_2, x_3, x_4, s_1, s_2 之元素不是負數就是零，故知最適解為 $x_1=5$, $x_2=5$, 且

$$f(X) = 15 + \frac{1}{2}x_4 + \left(M - \frac{1}{2}\right)s_1 + \left(M - \frac{1}{2}\right)s_2$$

所以，當 $x_4=0$，$s_1=0$，$s_2=0$ 時，$f(X)$ 之最小值為 15。

§5-5　對偶問題

一些求極小值的線性規劃問題，我們稱之為**原始問題** (primal problem)，往往可以變為求極大值的線性規劃問題。同理，一個求極大值的線性規劃問題，亦可變為求極小值的線性規劃問題，且具有相同的最適解。這個定理，我們稱之為**對偶定理** (duality theorem)。因為原始問題與對偶問題具有相同之最適解，故這兩者，我們可以選擇其中一個較容易求解的問題來求最適解。

我們現在想先透過下面的例子來說明原始問題與對偶問題間的關係。

問題 1

$$\text{Max.} \quad f(X) = 8x_1 + 10x_2$$

$$\text{受制於} \begin{cases} 2x_1 + x_2 \leq 50 \\ x_1 + 2x_2 \leq 70 \\ x_1 \geq 0,\ x_2 \geq 0 \end{cases}$$

首先引入差額變數 x_3 與 x_4，並可以得到下列之矩陣，

$$A = \begin{array}{c} \\ \end{array} \begin{array}{cccccc} x_1 & x_2 & x_3 & x_4 & & f \\ \left[\begin{array}{ccccc:c} 2 & 1 & 1 & 0 & 0 & 50 \\ 1 & ② & 0 & 1 & 0 & 70 \\ \hdashline -8 & -10 & 0 & 0 & 1 & 0 \end{array}\right] \end{array}$$

商值

$\dfrac{50}{1} = 50$

$\dfrac{70}{2} = 35$ ← (主軸列) $\quad \dfrac{1}{2}R_2 \sim$

↑
(主軸行) (x_3，x_4 表差額變數)

第五章　線性規劃(二)　219

$$B=\left[\begin{array}{ccccc:c} & x_1 & x_2 & x_3 & x_4 & f & \\ 2 & 1 & 1 & 0 & 0 & 50 \\ \dfrac{1}{2} & ① & 0 & \dfrac{1}{2} & 0 & 35 \\ \hdashline -8 & -10 & 0 & 0 & 1 & 0 \end{array}\right] \begin{array}{l} -1R_2+R_1 \\ 10R_2+R_3 \\ \sim \end{array}$$

$$C=\left[\begin{array}{ccccc:c} x_1 & x_2 & x_3 & x_4 & f & \\ \boxed{\dfrac{3}{2}} & 0 & 1 & -\dfrac{1}{2} & 0 & 15 \\ \dfrac{1}{2} & 1 & 0 & \dfrac{1}{2} & 0 & 35 \\ \hdashline -3 & 0 & 0 & 5 & 1 & 350 \end{array}\right] \begin{array}{l} \text{商值} \\ 15 / \dfrac{3}{2}=10 \\ 35 / \dfrac{1}{2}=70 \\ \text{(主軸列)} \end{array} \quad \dfrac{2}{3}R_1 \sim$$

↑
(主軸行)

$$D=\left[\begin{array}{ccccc:c} x_1 & x_2 & x_3 & x_4 & f & \\ ① & 0 & \dfrac{2}{3} & -\dfrac{1}{3} & 0 & 10 \\ \dfrac{1}{2} & 1 & 0 & \dfrac{1}{2} & 0 & 35 \\ \hdashline -3 & 0 & 0 & 5 & 1 & 350 \end{array}\right] \begin{array}{l} -\dfrac{1}{2}R_1+R_2 \\ 3R_1+R_3 \\ \sim \end{array}$$

$$E=\left[\begin{array}{ccccc:c} x_1 & x_2 & x_3 & x_4 & f & \\ 1 & 0 & \dfrac{2}{3} & -\dfrac{1}{3} & 0 & 10 \\ 0 & 1 & -\dfrac{1}{3} & \dfrac{2}{3} & 0 & 30 \\ \hdashline 0 & 0 & 2 & 4 & 1 & 380 \end{array}\right]$$

最適解為 $x_1=10$，$x_2=30$，最大值為 380。

問題 2

$$\text{Min.} \quad g(Y)=50y_1+70y_2$$

$$\text{受制於} \begin{cases} 2y_1+y_2 \geqslant 8 \\ y_1+2y_2 \geqslant 10 \\ y_1 \geqslant 0, \ y_2 \geqslant 0 \end{cases}$$

引入超額變數 y_3、y_4 與人為變數 s_1、s_2 之後，將線性規劃問題轉換為標準形式如下

$$\text{Min.} \quad g(Y)=50y_1+70y_2+Ms_1+Ms_2$$
$$=(50-3M)y_1+(70-3M)y_2+My_3+My_4+18M$$

$$\text{受制於} \begin{cases} 2y_1+y_2-y_3+s_1=8 \\ y_1+2y_2-y_4+s_2=10 \\ y_1 \geqslant 0, \ y_2 \geqslant 0, \ y_3 \geqslant 0, \ y_4 \geqslant 0, \ s_1 \geqslant 0, \ s_2 \geqslant 0 \end{cases}$$

$$A = \begin{bmatrix} \begin{array}{ccccccc|c} y_1 & y_2 & y_3 & s_1 & y_4 & s_2 & g & \text{商值} \\ \textcircled{2} & 1 & -1 & 1 & 0 & 0 & 0 & 8 \\ 1 & 2 & 0 & 0 & -1 & 1 & 0 & 10 \\ \hline -(50-3M) & -(70-3M) & -M & 0 & -M & 0 & 1 & 18M \end{array} \end{bmatrix} \begin{array}{l} \frac{8}{2}=4 \\ \frac{10}{1}=10 \\ \text{(主軸列)} \end{array} \xrightarrow{\frac{1}{2}R_1}$$

↑
(主軸行)

$$B = \begin{bmatrix} \begin{array}{ccccccc|c} y_1 & y_2 & y_3 & s_1 & y_4 & s_2 & g & \\ \textcircled{1} & \frac{1}{2} & -\frac{1}{2} & \frac{1}{2} & 0 & 0 & 0 & 4 \\ 1 & 2 & 0 & 0 & -1 & 1 & 0 & 10 \\ \hline -(50-3M) & -(70-3M) & -M & 0 & -M & 0 & 1 & 18M \end{array} \end{bmatrix} \begin{array}{l} -1R_1+R_2 \\ (50-3M)R_1+R_3 \end{array} \sim$$

$$C = \begin{bmatrix} & y_1 & y_2 & y_3 & s_1 & y_4 & s_2 & g & \\ & 1 & \frac{1}{2} & -\frac{1}{2} & \frac{1}{2} & 0 & 0 & 0 & \vdots & 4 \\ & 0 & \boxed{\frac{3}{2}} & \frac{1}{2} & -\frac{1}{2} & -1 & 1 & 0 & \vdots & 6 \\ & \cdots & \cdots & \cdots & \cdots & \cdots & \cdots & \cdots & & \cdots \\ & 0 & -\left(45-\frac{3}{2}M\right) & -\left(25-\frac{1}{2}M\right) & 25-\frac{3}{2}M & -M & 0 & 1 & \vdots & 200+6M \end{bmatrix}$$

商值

$4 \Big/ \frac{1}{2} = 8$

$6 \Big/ \frac{3}{2} = 4 \xrightarrow{\frac{2}{3}R_2}$

(主軸列)

(主軸行)

$$D = \begin{bmatrix} & y_1 & y_2 & y_3 & s_1 & y_4 & s_2 & g & \\ & 1 & \frac{1}{2} & -\frac{1}{2} & \frac{1}{2} & 0 & 0 & 0 & \vdots & 4 \\ & 0 & \boxed{1} & \frac{1}{3} & -\frac{1}{3} & -\frac{2}{3} & \frac{2}{3} & 0 & \vdots & 4 \\ & \cdots & \cdots & \cdots & \cdots & \cdots & \cdots & \cdots & & \cdots \\ & 0 & -\left(45-\frac{3}{2}M\right) & -\left(25-\frac{1}{2}M\right) & 25-\frac{3}{2}M & -M & 0 & 1 & \vdots & 200+6M \end{bmatrix}$$

$-\frac{1}{2}R_2 + R_1$

$\left(45-\frac{3}{2}M\right)R_2 + R_3$

$$E = \begin{bmatrix} & y_1 & y_2 & y_3 & s_1 & y_4 & s_2 & g & \\ & 1 & 0 & -\frac{2}{3} & \frac{2}{3} & \frac{1}{3} & -\frac{1}{3} & 0 & \vdots & 2 \\ & 0 & 1 & \frac{1}{3} & -\frac{1}{3} & -\frac{2}{3} & \frac{2}{3} & 0 & \vdots & 4 \\ & \cdots & \cdots & \cdots & \cdots & \cdots & \cdots & \cdots & & \cdots \\ & 0 & 0 & -10 & 10-M & -30 & 30-M & 1 & \vdots & 380 \end{bmatrix}$$

最適解為 $y_1 = 2$, $y_2 = 4$, 最小值為 380。

　　該兩問題說明了以兩種不同的方法求解，所得出的最適解都一樣，故線性規劃的原始問題與其對偶問題，具有相同之最適解，即，當原始問題目標為最大化，則對偶問題目標為最小化；又若原始問題目標為最小化，則對偶問題目標為最大化。且原始問題之限制式及目標函數之係數與其對應的對偶問題之限制式及目標函數之係數間，有著密切的關係.

我們可以將原始問題所對應之擴增矩陣予以轉置，就可以轉變成原始問題之對偶問題，例如

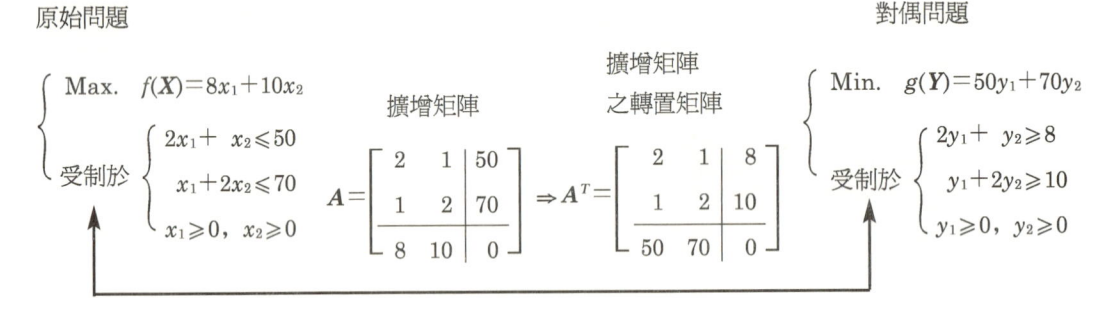

原始問題

$$\begin{cases} \text{Max.} \quad f(X)=8x_1+10x_2 \\ \text{受制於} \begin{cases} 2x_1+x_2 \leqslant 50 \\ x_1+2x_2 \leqslant 70 \\ x_1 \geqslant 0, \ x_2 \geqslant 0 \end{cases} \end{cases}$$

擴增矩陣

$$A = \begin{bmatrix} 2 & 1 & | & 50 \\ 1 & 2 & | & 70 \\ \hline 8 & 10 & | & 0 \end{bmatrix} \Rightarrow A^T = \begin{bmatrix} 2 & 1 & | & 8 \\ 1 & 2 & | & 10 \\ \hline 50 & 70 & | & 0 \end{bmatrix}$$

擴增矩陣之轉置矩陣

對偶問題

$$\begin{cases} \text{Min.} \quad g(Y)=50y_1+70y_2 \\ \text{受制於} \begin{cases} 2y_1+y_2 \geqslant 8 \\ y_1+2y_2 \geqslant 10 \\ y_1 \geqslant 0, \ y_2 \geqslant 0 \end{cases} \end{cases}$$

求目標函數 $f(X)$ 之最大值與求目標函數 $g(Y)$ 之最小值是等價的.

若以矩陣符號表示

原始問題

$$\text{Max.} \quad f(X)=\begin{bmatrix} 8 & 10 \end{bmatrix}\begin{bmatrix} x_1 \\ x_2 \end{bmatrix}$$

$$\text{受制於} \quad \begin{bmatrix} 2 & 1 \\ 1 & 2 \end{bmatrix}\begin{bmatrix} x_1 \\ x_2 \end{bmatrix} \leqslant \begin{bmatrix} 50 \\ 70 \end{bmatrix}$$

$$X \geqslant 0$$

對偶問題

$$\text{Min.} \quad g(Y)=\begin{bmatrix} 50 & 70 \end{bmatrix}\begin{bmatrix} y_1 \\ y_2 \end{bmatrix}$$

$$\text{受制於} \quad \begin{bmatrix} 2 & 1 \\ 1 & 2 \end{bmatrix}\begin{bmatrix} y_1 \\ y_2 \end{bmatrix} \geqslant \begin{bmatrix} 8 \\ 10 \end{bmatrix}$$

$$Y \geqslant 0$$

我們可以很清楚歸納其兩者間的差異與關係，並由此一例題，讀者可以看出由原始問題化為對偶問題時，原始問題目標函數之係數出現在對偶問題限制式之右端，而原始問題限制式右端的元素，則出現在對偶問題目標函數之中。又對偶問題限制式左端之係數矩陣，恰為原始問題限制式左端係數矩陣之轉置，此外，原始問題如求極大值，對偶問題則為求極小值。現在我們可以推展到一般式之線性規劃問題.

1. 原始問題　　Max.　$f(X) = \sum_{i=1}^{n} c_i x_i = c_1 x_1 + c_2 x_2 + c_3 x_3 + \cdots + c_n x_n$

受制於 $\begin{cases} a_{11}x_1 + a_{12}x_2 + a_{13}x_3 + \cdots + a_{1n}x_n \leqslant b_1 \\ a_{21}x_1 + a_{22}x_2 + a_{23}x_3 + \cdots + a_{2n}x_n \leqslant b_2 \\ \vdots \qquad \vdots \qquad \vdots \qquad \qquad \vdots \qquad \vdots \\ a_{m1}x_1 + a_{m2}x_2 + a_{m3}x_3 + \cdots + a_{mn}x_n \leqslant b_m \\ x_1,\ x_2,\ x_3,\ \cdots,\ x_n \geqslant 0 \end{cases}$

2. 對偶問題　　Min.　$g(Y) = \sum_{j=1}^{m} b_j y_j = b_1 y_1 + b_2 y_2 + b_3 y_3 + \cdots + b_m y_m$

受制於 $\begin{cases} a_{11}y_1 + a_{21}y_2 + a_{31}y_3 + \cdots + a_{m1}y_m \geqslant c_1 \\ a_{12}y_1 + a_{22}y_2 + a_{32}y_3 + \cdots + a_{m2}y_m \geqslant c_2 \\ \vdots \qquad \vdots \qquad \vdots \qquad \qquad \vdots \qquad \vdots \\ a_{1n}y_1 + a_{2n}y_2 + a_{3n}y_3 + \cdots + a_{mn}y_m \geqslant c_n \\ y_1,\ y_2,\ y_3,\ \cdots,\ y_m \geqslant 0 \end{cases}$

若以矩陣符號表示，則上述兩個問題可以分別寫爲

1′. 原始問題　　　　　　　　　Max.　$f(X) = CX$

受制於 $\begin{cases} AX \leqslant B \\ X \geqslant 0 \end{cases}$　　　　　　(5-5-1)

2′. 對偶問題　　　　　　　　　Min.　$g(Y) = B^T Y^T$

受制於 $\begin{cases} A^T Y^T \geqslant C^T \\ Y \geqslant 0 \end{cases}$　　　　　　(5-5-2)

其中

$$A = \begin{bmatrix} a_{11} & a_{12} & \cdots & a_{1n} \\ a_{21} & a_{22} & \cdots & a_{2n} \\ \vdots & \vdots & & \vdots \\ a_{m1} & a_{m2} & \cdots & a_{mn} \end{bmatrix},\quad X = \begin{bmatrix} x_1 \\ x_2 \\ \vdots \\ x_n \end{bmatrix}_{n \times 1},\quad B = \begin{bmatrix} b_1 \\ b_2 \\ \vdots \\ b_m \end{bmatrix}_{m \times 1}$$

$$C = [c_1\ c_2\ \cdots\ c_n]_{1 \times n},\qquad Y = [y_1\ y_2\ \cdots\ y_m]_{1 \times m}$$

而矩陣 A^T, Y^T, B^T, C^T 分別爲矩陣 A, Y, B, C 之轉置矩陣.

【例題 1】試將下列原始問題化為對偶問題.

$$\text{Max.} \quad f(X) = 3x_1 + 4x_2 + x_3$$

$$\text{受制於} \begin{bmatrix} 1 & 1 & 3 \\ 2 & 4 & 1 \end{bmatrix} \begin{bmatrix} x_1 \\ x_2 \\ x_3 \end{bmatrix} \leq \begin{bmatrix} 11 \\ 21 \end{bmatrix}$$

$$x_1 \geq 0, \quad x_2 \geq 0, \quad x_3 \geq 0$$

【解】對偶問題為 $\text{Min.} \quad g(Y) = \begin{bmatrix} 11 & 21 \end{bmatrix} \begin{bmatrix} y_1 \\ y_2 \end{bmatrix} = 11y_1 + 21y_2$

$$\text{受制於} \begin{bmatrix} 1 & 2 \\ 1 & 4 \\ 3 & 1 \end{bmatrix} \begin{bmatrix} y_1 \\ y_2 \end{bmatrix} \geq \begin{bmatrix} 3 \\ 4 \\ 1 \end{bmatrix}$$

$$y_1 \geq 0, \quad y_2 \geq 0$$

或

$$\text{Min.} \quad g(Y) = 11y_1 + 21y_2$$

$$\text{受制於} \begin{cases} y_1 + 2y_2 \geq 3 \\ y_1 + 4y_2 \geq 4 \\ 3y_1 + y_2 \geq 1 \\ y_1 \geq 0, \, y_2 \geq 0 \end{cases}$$

【例題 2】試求下列線性規劃問題之最適解及其對偶問題之解.

$$\text{Max.} \quad f(X) = 5x_1 + 5x_2$$

$$\text{受制於} \begin{cases} x_1 + 3x_2 \leq 6 \\ 6x_1 + 2x_2 \leq 12 \\ x_1 \geq 0, \, x_2 \geq 0 \end{cases}$$

【解】首先引入差額變數 x_3 與 x_4，並將原線性規劃問題化為標準形式，如下

Max. $f(X) = 5x_1 + 5x_2 + 0 \cdot x_3 + 0 \cdot x_4$

受制於 $\begin{cases} x_1 + 3x_2 + x_3 = 6 \\ 6x_1 + 2x_2 + x_4 = 12 \\ x_1 \geq 0, \ x_2 \geq 0, \ x_3 \geq 0, \ x_4 \geq 0 \end{cases}$

將上述等式寫成擴增矩陣並利用矩陣之基本列運算，得

$$A = \begin{bmatrix} x_1 & x_2 & x_3 & x_4 & f & & \\ 1 & 3 & 1 & 0 & 0 & \vdots & 6 \\ ⑥ & 2 & 0 & 1 & 0 & \vdots & 12 \\ \cdots & \cdots & \cdots & \cdots & \cdots & \cdots & \cdots \\ -5 & -5 & 0 & 0 & 1 & \vdots & 0 \end{bmatrix}$$

商值
$\dfrac{6}{1} = 6$
$\dfrac{12}{6} = 2$ ← (主軸列)

$\dfrac{1}{6}R_2$ ∼

↑ (主軸行)

$$B = \begin{bmatrix} x_1 & x_2 & x_3 & x_4 & f & & \\ 1 & 3 & 1 & 0 & 0 & \vdots & 6 \\ ① & \dfrac{1}{3} & 0 & \dfrac{1}{6} & 0 & \vdots & 2 \\ \cdots & \cdots & \cdots & \cdots & \cdots & \cdots & \cdots \\ -5 & -5 & 0 & 0 & 1 & \vdots & 0 \end{bmatrix}$$

$-1R_2 + R_1$
$5R_2 + R_3$ ∼

$$C = \begin{bmatrix} x_1 & x_2 & x_3 & x_4 & f & & \\ 0 & \boxed{\dfrac{8}{3}} & 1 & -\dfrac{1}{6} & 0 & \vdots & 4 \\ 1 & \dfrac{1}{3} & 0 & \dfrac{1}{6} & 0 & \vdots & 2 \\ \cdots & \cdots & \cdots & \cdots & \cdots & \cdots & \cdots \\ 0 & -\dfrac{10}{3} & 0 & \dfrac{5}{6} & 1 & \vdots & 10 \end{bmatrix}$$

商值
$4 \Big/ \dfrac{8}{3} = \dfrac{3}{2}$ ← (主軸列)
$2 \Big/ \dfrac{1}{3} = 6$

$\dfrac{3}{8}R_1$ ∼

↑ (主軸行)

$$D=\begin{bmatrix} x_1 & x_2 & x_3 & x_4 & f & \\ 0 & ① & \dfrac{3}{8} & -\dfrac{1}{16} & 0 & \vdots & \dfrac{3}{2} \\ 1 & \dfrac{1}{3} & 0 & \dfrac{1}{6} & 0 & \vdots & 2 \\ \hdashline 0 & -\dfrac{10}{3} & 0 & \dfrac{5}{6} & 1 & \vdots & 10 \end{bmatrix} \begin{matrix} -\dfrac{1}{3}R_1+R_2 \\ \\ \dfrac{10}{3}R_1+R_3 \\ \sim \end{matrix}$$

$$E=\begin{bmatrix} x_1 & x_2 & x_3 & x_4 & f & \\ 0 & 1 & \dfrac{3}{8} & -\dfrac{1}{16} & 0 & \vdots & \dfrac{3}{2} \\ 1 & 0 & -\dfrac{1}{8} & \dfrac{3}{16} & 0 & \vdots & \dfrac{3}{2} \\ \hdashline 0 & 0 & \dfrac{5}{4} & \dfrac{5}{8} & 1 & \vdots & 15 \end{bmatrix}$$

故最適解 $x_1=\dfrac{3}{2}$, $x_2=\dfrac{3}{2}$, 最大值 $f(\boldsymbol{X})=15$.

原題對偶問題為

$$\text{Min.} \quad g(\boldsymbol{Y})=[6\ 12]\begin{bmatrix} y_1 \\ y_2 \end{bmatrix}=6y_1+12y_2$$

受制於 $\begin{bmatrix} 1 & 6 \\ 3 & 2 \end{bmatrix}\begin{bmatrix} y_1 \\ y_2 \end{bmatrix} \geq \begin{bmatrix} 5 \\ 5 \end{bmatrix}$

$$y_1 \geq 0, \quad y_2 \geq 0$$

或

$$\text{Min.} \quad g(\boldsymbol{Y})=6y_1+12y_2$$

受制於 $\begin{cases} y_1+6y_2 \geq 5 \\ 3y_1+2y_2 \geq 5 \\ y_1 \geq 0,\ y_2 \geq 0 \end{cases}$

先將上述問題轉換為極大值問題

$$\text{Max.} \quad -g(\boldsymbol{Y})=-6y_1-12y_2$$

$$受制於 \begin{cases} y_1 + 6y_2 \geq 5 \\ 3y_1 + 2y_2 \geq 5 \\ y_1 \geq 0, \ y_2 \geq 0 \end{cases}$$

我們引入超額變數 y_3 與 y_4 及人為變數 s_1 與 s_2，將原線性規劃問題轉換為標準形式，如下

$$\text{Max.} \quad -g(Y) = -6y_1 - 12y_2 + 0 \cdot y_3 - Ms_1 + 0 \cdot y_4 - Ms_2$$

$$受制於 \begin{cases} y_1 + 6y_2 - y_3 \quad\ \ + s_1 \quad\quad = 5 \\ 3y_1 + 2y_2 \quad\ \ - y_4 \quad\ \ + s_2 = 5 \\ y_1 \geq 0, \ y_2 \geq 0, \ y_3 \geq 0, \ y_4 \geq 0, \ s_1 \geq 0, \ s_2 \geq 0 \end{cases}$$

由限制式中解出 s_1 與 s_2，得

$$s_1 = 5 - y_1 - 6y_2 + y_3$$

$$s_2 = 5 - 3y_1 - 2y_2 + y_4$$

代入目標函數中，最後化為

$$\text{Max.} \quad -g(Y) = (4M-6)y_1 + (8M-12)y_2 - My_3 - My_4 - 10M$$

$$受制於 \begin{cases} y_1 + 6y_2 - y_3 \quad\ \ + s_1 \quad\quad = 5 \\ 3y_1 + 2y_2 \quad\ \ - y_4 \quad\ \ + s_2 = 5 \\ y_1 \geq 0, \ y_2 \geq 0, \ y_3 \geq 0, \ y_4 \geq 0, \ s_1 \geq 0, \ s_2 \geq 0 \end{cases}$$

將上述等式寫成擴增矩陣，並利用矩陣之列運算，得

$$A = \begin{bmatrix} \ y_1 & y_2 & y_3 & y_4 & s_1 & s_2 & -g & \\ 1 & ⑥ & -1 & 0 & 1 & 0 & 0 & \vdots & 5 \\ 3 & 2 & 0 & -1 & 0 & 1 & 0 & \vdots & 5 \\ \hdashline -(4M-6) & -(8M-12) & M & M & 0 & 0 & 1 & \vdots & -10M \end{bmatrix} \begin{matrix} \leftarrow \dfrac{5}{6} \approx 0.83 \\ \dfrac{5}{2} = 2.5 \end{matrix} \ \underset{\sim}{\dfrac{1}{6}R_1}$$

$\uparrow$ (主軸行)

(主軸列)

$$B = \begin{bmatrix} \dfrac{1}{6} & ① & -\dfrac{1}{6} & 0 & \dfrac{1}{6} & 0 & 0 & \vdots & \dfrac{5}{6} \\ 3 & 2 & 0 & -1 & 0 & 1 & 0 & \vdots & 5 \\ \hdashline -(4M-6) & -(8M-12) & M & M & 0 & 0 & 1 & \vdots & -10M \end{bmatrix} \begin{array}{l} -2R_1 + R_2 \\ (8M-12)R_1 + R_3 \end{array}$$

$y_1 \quad y_2 \quad y_3 \quad y_4 \quad s_1 \quad s_2 \quad -g$ 　　　商值

$$C = \begin{bmatrix} \dfrac{1}{6} & 1 & -\dfrac{1}{6} & 0 & \dfrac{1}{6} & 0 & 0 & \vdots & \dfrac{5}{6} \\ ⑧⁄₃ & 0 & \dfrac{1}{3} & -1 & -\dfrac{1}{3} & 1 & 0 & \vdots & \dfrac{10}{3} \\ \hdashline -\left(\dfrac{8}{3}M-4\right) & 0 & -\left(\dfrac{1}{3}M-2\right) & M & \dfrac{4}{3}M-2 & 0 & 1 & \vdots & -\left(\dfrac{10}{3}M+10\right) \end{bmatrix} \begin{array}{l} \dfrac{5}{6}\big/\dfrac{1}{6}=5 \\ \dfrac{10}{3}\big/\dfrac{8}{3}=\dfrac{5}{4} \leftarrow \end{array} \dfrac{3}{8}R_2$$

↑
(主軸行)　　　　　　　　　　　　　　　　　　　　　　　　　　　　　(主軸列)

$$D = \begin{bmatrix} \dfrac{1}{6} & 1 & -\dfrac{1}{6} & 0 & \dfrac{1}{6} & 0 & 0 & \vdots & \dfrac{5}{6} \\ ① & 0 & \dfrac{1}{8} & -\dfrac{3}{8} & -\dfrac{1}{8} & \dfrac{3}{8} & 0 & \vdots & \dfrac{5}{4} \\ \hdashline -\left(\dfrac{8}{3}M-4\right) & 0 & -\left(\dfrac{1}{3}M-2\right) & M & \dfrac{4}{3}M-2 & 0 & 1 & \vdots & -\left(\dfrac{10}{3}M+10\right) \end{bmatrix} \begin{array}{l} -\dfrac{1}{6}R_2 + R_1 \\ \left(\dfrac{8}{3}M-4\right)R_2 + R_3 \end{array}$$

$$E = \begin{bmatrix} 0 & 1 & -\dfrac{3}{16} & \dfrac{1}{16} & \dfrac{3}{16} & -\dfrac{1}{16} & 0 & \vdots & \dfrac{5}{8} \\ 1 & 0 & \dfrac{1}{8} & -\dfrac{3}{8} & -\dfrac{1}{8} & \dfrac{3}{8} & 0 & \vdots & \dfrac{5}{4} \\ \hdashline 0 & 0 & \dfrac{3}{2}* & \dfrac{3}{2}* & M-\dfrac{3}{2} & M-\dfrac{3}{2} & 1 & \vdots & -15 \end{bmatrix}$$

由於 E 矩陣最下一列垂直虛線左邊的元素除 $-g$ 之係數為 1 之外，其餘 y_1, y_2, y_3, y_4, s_1, s_2 之元素不是正數就是零，故知最適解 $y_1 = \dfrac{5}{4}$, $y_2 = \dfrac{5}{8}$, 有最小值 $g(Y) = 15$。有劃上 "*" 者也同時是原始問題獲得最適解，即 $x_1 = \dfrac{3}{2}$, $x_2 = \dfrac{3}{2}$, 最大值 $f(X) = 15$。

綜合以上之討論，一般在求原始問題的對偶問題時，若限制式中之不等式含有 "$\geq$" 及 "$\leq$"，我們應先表為標準形式。關於求極大值問題，其標準形式是所有限制式都表為"小於或等於"的關係。同理，關於求極小值問題，其標準形式是所有限制式都表為"大於或等於"的關係。例如，

$$\text{Max.} \quad f(X) = \sum_{i=1}^{n} c_i x_i$$

$$\text{受制於} \begin{cases} a_{11}x_1 + a_{12}x_2 + a_{13}x_3 + \cdots + a_{1n}x_n \leq b_1 \\ a_{21}x_1 + a_{22}x_2 + a_{23}x_3 + \cdots + a_{2n}x_n \leq b_2 \\ \vdots \qquad \vdots \qquad \vdots \qquad \qquad \vdots \qquad \vdots \\ a_{m1}x_1 + a_{m2}x_2 + a_{m3}x_3 + \cdots + a_{mn}x_n \leq b_m \\ x_1, \ x_2, \ x_3, \ \cdots, \ x_n \geq 0 \end{cases} \tag{5-5-3}$$

其中 b_1, b_2, b_3, $\cdots$, b_m 不一定是大於或等於 0，如果有一限制式的不等號是 "$\geq$"，則在不等號的兩邊各乘上 (-1)，若限制式存有等式

$$\sum_{j=1}^{n} a_{ij} x_j = a_{i1}x_1 + a_{i2}x_2 + a_{i3}x_3 + \cdots + a_{in}x_n = b_i$$

則上面之等式以下面之兩個不等式代替，即

$$\sum_{j=1}^{n} a_{ij} x_j \geq b_i \quad \text{及} \quad \sum_{j=1}^{n} a_{ij} x_j \leq b_i$$

而上面兩式中的第二式再於不等號兩邊各乘上 (-1)，即為式 (5-5-3) 中限制條件的形式。

【例題 3】試求下列原始問題的對偶問題。

$$\text{Min.} \quad f(X) = 6x_1 + 8x_2$$

受制於 $\begin{cases} 3x_1 + x_2 \geq 4 \\ 5x_1 + 2x_2 \leq 10 \\ x_1 + 2x_2 = 3 \\ x_1 \geq 0, \ x_2 \geq 0 \end{cases}$

【解】首先將目標函數及限制條件寫成標準形式.

$$\text{Min.} \quad f(\boldsymbol{X}) = 6x_1 + 8x_2$$

受制於 $\begin{cases} 3x_1 + x_2 \geq 4 \\ -5x_1 - 2x_2 \geq -10 \\ x_1 + 2x_2 \geq 3 \\ -x_1 - 2x_2 \geq -3 \\ x_1 \geq 0, \ x_2 \geq 0 \end{cases}$

令 $\boldsymbol{B} = \begin{bmatrix} 4 \\ -10 \\ 3 \\ -3 \end{bmatrix}, \quad \boldsymbol{C} = [6 \ 8], \quad \boldsymbol{A} = \begin{bmatrix} 3 & 1 \\ -5 & -2 \\ 1 & 2 \\ -1 & -2 \end{bmatrix},$

$\boldsymbol{A}^T = \begin{bmatrix} 3 & -5 & 1 & -1 \\ 1 & -2 & 2 & -2 \end{bmatrix}, \quad \boldsymbol{X} = \begin{bmatrix} x_1 \\ x_2 \end{bmatrix}, \quad \boldsymbol{Y} = [y_1 \ y_2 \ y_3 \ y_4]$

故原始問題以矩陣表示,

$$\text{Min.} \quad f(\boldsymbol{X}) = [6 \ 8] \begin{bmatrix} x_1 \\ x_2 \end{bmatrix}$$

受制於 $\begin{bmatrix} 3 & 1 \\ -5 & -2 \\ 1 & 2 \\ -1 & -2 \end{bmatrix} \begin{bmatrix} x_1 \\ x_2 \end{bmatrix} \geq \begin{bmatrix} 4 \\ -10 \\ 3 \\ -3 \end{bmatrix}$

$$x_1 \geq 0, \quad x_2 \geq 0$$

所以對偶問題為

$$\text{Max.} \quad g(Y) = B^T Y^T = \begin{bmatrix} 4 & -10 & 3 & -3 \end{bmatrix} \begin{bmatrix} y_1 \\ y_2 \\ y_3 \\ y_4 \end{bmatrix}$$

$$= 4y_1 - 10y_2 + 3y_3 - 3y_4$$

$$\text{受制於} \quad \begin{bmatrix} 3 & -5 & 1 & -1 \\ 1 & -2 & 2 & -2 \end{bmatrix} \begin{bmatrix} y_1 \\ y_2 \\ y_3 \\ y_4 \end{bmatrix} \leq \begin{bmatrix} 6 \\ 8 \end{bmatrix}$$

$$y_1 \geq 0, \quad y_2 \geq 0, \quad y_3 \geq 0, \quad y_4 \geq 0$$

或

$$\text{Max.} \quad g(Y) = 4y_1 - 10y_2 + 3y_3 - 3y_4$$

$$\text{受制於} \begin{cases} 3y_1 - 5y_2 + y_3 - y_4 \leq 6 \\ y_1 - 2y_2 + 2y_3 - 2y_4 \leq 8 \\ y_1 \geq 0, \; y_2 \geq 0, \; y_3 \geq 0, \; y_4 \geq 0 \end{cases}$$

§5-6 對偶問題之經濟意義

原始問題與對偶問題兩者之間具有密切的關係。在數學的運算上，當原始問題獲得最適解時，其對偶問題的最適解亦可同時獲得，且兩者最適解的目標函數值相等。而兩問題的相對關係隱含著某種重要的經濟意義。例如，原始問題若爲生產活動的資源分配問題，則對偶問題所獲得的解即爲這些資源的**對偶價格** (dual price) 或**影子價格** (shadow price)，我們現在利用下面的例子來說明對偶問題之經濟意義。

【例題 1】金像公司生產桌上型與筆記型兩種電腦產品。其中桌上型電腦每台需耗用 4 個記憶體與 2 個電阻器。而筆記型電腦每台需耗用 2 個記憶體與 4 個電阻器。一週內記憶體與電阻器可供應使用數量分別爲 600 個和 480 個。筆記型電腦的利潤貢獻爲 $6，而桌上型電腦之利潤貢獻爲 $8。試問金像公司應如何決定最適的產品組合，以獲得最大的利潤貢獻。

【解】首先我們先建立數學模式，設 x_1 表桌上型電腦之生產數量，x_2 表筆記型電腦之生產數量，一桌上型電腦的貢獻為 $8，則 x_1 單位的總貢獻為 $8x_1$。同理，筆記型電腦之總貢獻為 $6x_2$，則兩種電腦產品總貢獻 $8x_1+6x_2$ 的最大化，就是我們的目標函數。

另外，每一台桌上型電腦耗用 4 個記憶體，每台筆記型電腦耗用 2 個記憶體。對於記憶體的需求量分別是桌上型 $4x_1$ 個，而筆記型 $2x_2$ 個。於是，總需求數量不能超過一週內的供應數量 600 個，故

$$4x_1+2x_2 \leqslant 600$$

同理，電阻器供應數量的限制，為

$$2x_1+4x_2 \leqslant 480$$

最後，線性規劃模式可用數學方式來表示

最大化利潤貢獻 $f(\boldsymbol{X})=8x_1+6x_2$

受制於 $\begin{cases} 4x_1+2x_2 \leqslant 600 \\ 2x_1+4x_2 \leqslant 480 \\ x_1 \geqslant 0, \ x_2 \geqslant 0 \end{cases}$

將上述限制式寫成等式，且引入 x_3, x_4 為差額變數，得

Max. $f(\boldsymbol{X})=8x_1+6x_2$

受制於 $\begin{cases} 4x_1+2x_2+x_3 =600 \\ 2x_1+4x_2 +x_4=480 \end{cases}$

$$A=\begin{bmatrix} x_1 & x_2 & x_3 & x_4 & f & & \text{商值} \\ \textcircled{4} & 2 & 1 & 0 & 0 & \vdots & 600 \\ 2 & 4 & 0 & 1 & 0 & \vdots & 480 \\ \cdots & \cdots & \cdots & \cdots & \cdots & & \cdots \\ -8 & -6 & 0 & 0 & 1 & \vdots & 0 \end{bmatrix} \begin{matrix} \leftarrow \\ \\ \\ \end{matrix} \quad \begin{matrix} \dfrac{600}{4}=150 \\ \dfrac{480}{2}=240 \end{matrix} \quad \overset{\tfrac{1}{4}R_1}{\sim}$$

↑
(主軸行)   (主軸列)

$$B = \begin{bmatrix} & x_1 & x_2 & x_3 & x_4 & f & \\ & ① & \dfrac{1}{2} & \dfrac{1}{4} & 0 & 0 & \vdots & 150 \\ & 2 & 4 & 0 & 1 & 0 & \vdots & 480 \\ \hdashline & -8 & -6 & 0 & 0 & 1 & \vdots & 0 \end{bmatrix} \begin{matrix} -2R_1+R_2 \\ 8R_1+R_3 \\ \sim \end{matrix}$$

$$C = \begin{bmatrix} & x_1 & x_2 & x_3 & x_4 & f & \\ & 1 & \dfrac{1}{2} & \dfrac{1}{4} & 0 & 0 & \vdots & 150 \\ & 0 & ③ & -\dfrac{1}{2} & 1 & 0 & \vdots & 180 \\ \hdashline & 0 & -2 & 2 & 0 & 1 & \vdots & 1200 \end{bmatrix} \begin{matrix} \text{商值} \\ 150\big/\dfrac{1}{2}=300 \\ \dfrac{180}{3}=60 \end{matrix} \quad \dfrac{1}{3}R_2 \sim$$

↑
(主軸行)   (主軸列)

$$D = \begin{bmatrix} & x_1 & x_2 & x_3 & x_4 & f & \\ & 1 & \dfrac{1}{2} & \dfrac{1}{4} & 0 & 0 & \vdots & 150 \\ & 0 & ① & -\dfrac{1}{6} & \dfrac{1}{3} & 0 & \vdots & 60 \\ \hdashline & 0 & -2 & 2 & 0 & 1 & \vdots & 1200 \end{bmatrix} \begin{matrix} -\dfrac{1}{2}R_2+R_1 \\ 2R_2+R_3 \\ \sim \end{matrix}$$

$$E = \begin{bmatrix} & x_1 & x_2 & x_3 & x_4 & f & \\ & 1 & 0 & \dfrac{1}{3} & -\dfrac{1}{6} & 0 & \vdots & 120 \\ & 0 & 1 & -\dfrac{1}{6} & \dfrac{1}{3} & 0 & \vdots & 60 \\ \hdashline & 0 & 0 & \dfrac{5}{3} & \dfrac{2}{3} & 1 & \vdots & 1320 \end{bmatrix}$$

E 矩陣中最下一列垂直虛線左邊的元素除最後一元素為 1 外，其他元素不是零就是正數，且

$$f = 1320 - \frac{5}{3}x_3 - \frac{2}{3}x_4$$

當 x_3, x_4 都是零時，f 之最大值為 1320。故金像公司生產桌上型電腦 120 台，筆記型電腦 60 台，所獲得的最大利潤貢獻為 \$1320。

上述原始問題的目標函數是使貢獻最大化。公司希望經由資源之使用能夠產生利潤貢獻。因此，公司以某一成本購買這些資源，設 y_1、y_2 分別代表記憶體和電阻器的單位成本。公司要使這些資源的總成本為最小。而且公司的目標是要使這兩種資源的總支出為最小，以數學式表示為

$$\text{最小總成本} \quad C = 600y_1 + 480y_2$$

另外，我們已知每台桌上型電腦產生淨貢獻 \$8，同時消耗 4 個記憶體，2 個電阻器。因此，一台桌上型電腦資源耗用的總支出必須能產生至少 \$8 的貢獻。以數學式表示為

$$4y_1 + 2y_2 \geq 8$$

同理，筆記型電腦資源耗用的總支出必須能產生至少 \$6 的貢獻。以數學式表示為

$$2y_1 + 4y_2 \geq 6$$

於是，公司可由兩方面來看待這問題，若考慮兩種電腦產品的最大貢獻，這是原始問題。另一方面，若考慮兩種資源耗用總支出為最小，這是對偶問題。所以，對偶問題之線性規劃模式如下

$$\text{Min.} \quad C = 600y_1 + 480y_2$$

$$\text{受制於} \begin{cases} 4y_1 + 2y_2 \geq 8 \\ 2y_1 + 4y_2 \geq 6 \\ y_1 \geq 0, \ y_2 \geq 0 \end{cases}$$

變數 y_1, y_2 為對偶變數。

將上述對偶問題之線性規劃模式化為標準形式為

Min. $C=(600-6M)y_1+(480-6M)y_2+My_3+My_4+14M$

受制於 $\begin{cases} 4y_1+2y_2-y_3+s_1=8 \\ 2y_1+4y_2-y_4+s_2=6 \\ y_1\geq 0,\ y_2\geq 0,\ y_3\geq 0,\ y_4\geq 0,\ s_1\geq 0,\ s_2\geq 0 \end{cases}$

$$A = \begin{array}{c} \\ \\ \end{array} \begin{bmatrix} y_1 & y_2 & y_3 & s_1 & y_4 & s_2 & C & \\ 4 & 2 & -1 & 1 & 0 & 0 & 0 & \vdots & 8 \\ 2 & \boxed{4} & 0 & 0 & -1 & 1 & 0 & \vdots & 6 \\ \cdots & \cdots & \cdots & \cdots & \cdots & \cdots & \cdots & & \cdots \\ -(600-6M) & -(480-6M) & -M & 0 & -M & 0 & 1 & \vdots & 14M \end{bmatrix}$$

商值: $\dfrac{8}{2}=4$, $\dfrac{6}{4}=1.5$ $\dfrac{1}{4}R_2$

(主軸行)   (主軸列)

$$B = \begin{bmatrix} y_1 & y_2 & y_3 & s_1 & y_4 & s_2 & C & \\ 4 & 2 & -1 & 1 & 0 & 0 & 0 & \vdots & 8 \\ \dfrac{1}{2} & \boxed{1} & 0 & 0 & -\dfrac{1}{4} & \dfrac{1}{4} & 0 & \vdots & \dfrac{3}{2} \\ \cdots & \cdots & \cdots & \cdots & \cdots & \cdots & \cdots & & \cdots \\ -(600-6M) & -(480-6M) & -M & 0 & -M & 0 & 1 & \vdots & 14M \end{bmatrix}$$

$-2R_2+R_1$
$(480-6M)R_2+R_3$

$$C = \begin{bmatrix} y_1 & y_2 & y_3 & s_1 & y_4 & s_2 & C & \\ \boxed{3} & 0 & -1 & 1 & \dfrac{1}{2} & -\dfrac{1}{2} & 0 & \vdots & 5 \\ \dfrac{1}{2} & 1 & 0 & 0 & -\dfrac{1}{4} & \dfrac{1}{4} & 0 & \vdots & \dfrac{3}{2} \\ \cdots & \cdots & \cdots & \cdots & \cdots & \cdots & \cdots & & \cdots \\ -(360-3M) & 0 & -M & 0 & -\left(120-\dfrac{1}{2}M\right) & 120-\dfrac{3}{2}M & 1 & \vdots & 720+5M \end{bmatrix}$$

商值: $\dfrac{5}{3}\approx 1.7$, $\dfrac{3}{2}\Big/\dfrac{1}{2}=3$ $\dfrac{1}{3}R_1$

(主軸行)   (主軸列)

$$D = \begin{bmatrix} & y_1 & y_2 & y_3 & s_1 & y_4 & s_2 & & C \\ & ① & 0 & -\frac{1}{3} & \frac{1}{3} & \frac{1}{6} & -\frac{1}{6} & 0 & \vdots & \frac{5}{3} \\ & \frac{1}{2} & 1 & 0 & 0 & -\frac{1}{4} & \frac{1}{4} & 0 & \vdots & \frac{3}{2} \\ \hdashline & -(360-3M) & 0 & -M & 0 & -\left(120-\frac{1}{2}M\right) & 120-\frac{3}{2}M & 1 & \vdots & 720+5M \end{bmatrix} \begin{matrix} -\frac{1}{2}R_1+R_2 \\ (360-3M)R_1+R_3 \end{matrix} \sim$$

$$E = \begin{bmatrix} & y_1 & y_2 & y_3 & s_1 & y_4 & s_2 & & C \\ & 1 & 0 & -\frac{1}{3} & \frac{1}{3} & \frac{1}{6} & -\frac{1}{6} & 0 & \vdots & \frac{5}{3} \\ & 0 & 1 & \frac{1}{6} & -\frac{1}{6} & -\frac{1}{3} & \frac{1}{3} & 0 & \vdots & \frac{2}{3} \\ \hdashline & 0 & 0 & -120 & 120-M & -60 & 60-M & 1 & \vdots & 1320 \end{bmatrix}$$

E 矩陣中最下一列垂直虛線左邊的元素除最後一元素為 1 外，其他元素不是零就是負數，且

$$C = 1320 + 120y_3 + (M-120)s_1 + 60y_4 + (M-60)s_2$$

當 y_3, y_4, s_1, s_2 都是零時，C 就獲得最小值為 1320。

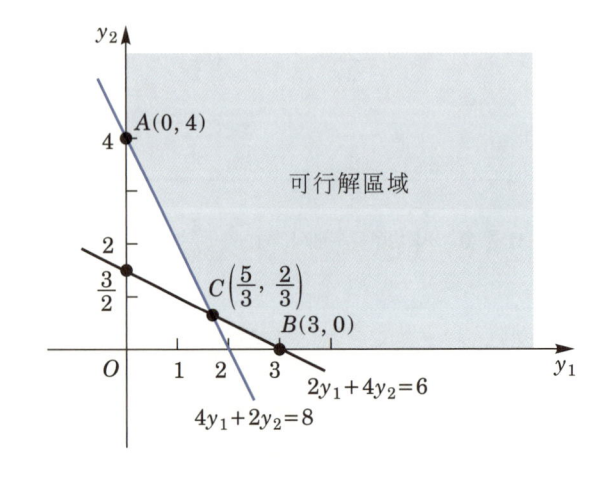

圖 5-1

若以圖解法由圖 5-1 中得頂點 $A(0, 4)$、$B(3, 0)$ 及 $C\left(\dfrac{5}{3}, \dfrac{2}{3}\right)$，最小值 1320 落在 $C\left(\dfrac{5}{3}, \dfrac{2}{3}\right)$。與大 M 法所求之值完全相同。

原始問題在以單純形法求得最適解時，差額變數所對應之矩陣最下一列值，即為對偶問題所對應之決策變數的值。同樣地，以單純形法解對偶問題所求得之最適解，差額變數所對應之矩陣最下一列值的絕對值，即為原始問題對應之決策變數的值。就像前面原始問題所解釋的，變數 y_1、y_2 代表資源耗用的投入成本 (或價值)。最小總支出 $1320，和最大貢獻一樣。而對偶變數的值代表資源的輸入價格或邊際價值，亦可被稱為資源的影子價格或機會成本。

習題 5-1

1. 試將下列各線性規劃問題轉換為標準形式。

(1) Max. $f(X) = 3x_1 + x_2 + x_3$

受制於 $\begin{cases} x_1 - x_2 + 3x_3 \geq 2 \\ 4x_1 + x_2 + 2x_3 \leq 4 \\ x_1 - x_3 = 4 \\ x_i \geq 0 \quad (i = 1, 2, 3) \end{cases}$

(2) Max. $f(X) = 10x_1 + 9x_2$

受制於 $\begin{cases} \dfrac{7}{10}x_1 + x_2 \leq 630 \\ \dfrac{1}{2}x_1 + \dfrac{5}{6}x_2 \leq 600 \\ x_1 + \dfrac{2}{3}x_2 \leq 708 \\ \dfrac{1}{10}x_1 + \dfrac{1}{4}x_2 \leq 135 \\ x_1 \geq 100, \; x_2 \geq 100, \\ x_1, \; x_2 \geq 0 \end{cases}$

(3) Min. $f(X) = 15x_1 - 10x_2 - 7x_3 + 15x_4$

受制於 $\begin{cases} 5x_1 + x_2 + 5x_3 + x_4 \leq 6 \\ -3x_1 + x_2 - 4x_3 + 3x_4 \geq 7 \\ x_1 + x_2 + x_3 + x_4 \leq 2 \\ x_1, \; x_3, \; x_4 \geq 0 \\ x_2 \leq 0 \end{cases}$

2. 試利用代數法求下列之線性規劃問題。

Min. $f(X) = 3x_1 + 7x_2$

受制於 $\begin{cases} 4x_1 + x_2 \geq 8 \\ 5x_1 + 2x_2 \geq 1 \\ x_1 \geq 0, \; x_2 \geq 0 \end{cases}$

3. 試利用單純形法求解下列之線性規劃問題.

(1) Max. $f(X)=6x_1+4x_2$

受制於 $\begin{cases} 2x_1+x_2 \leqslant 10 \\ x_1+4x_2 \leqslant 12 \\ x_1 \geqslant 0, \ x_2 \geqslant 0 \end{cases}$

(2) Max. $f(X)=3x_1+2x_2$

受制於 $\begin{cases} x_1 \leqslant 12 \\ x_1+3x_2 \leqslant 45 \\ 2x_1+x_2 \leqslant 30 \\ x_1 \geqslant 0, \ x_2 \geqslant 0 \end{cases}$

(3) Min. $f(X)=2x_1-5x_2$

受制於 $\begin{cases} x_1-x_2 \leqslant 2 \\ -4x_1+x_2 \leqslant 1 \\ x_1+x_2 \leqslant 6 \\ x_1 \geqslant 0, \ x_2 \geqslant 0 \end{cases}$

4. 試將下列求極大值問題寫成標準形式.

$$\text{Max.} \quad f(X)=4x_1+5x_2$$

受制於 $\begin{cases} 5x_1+4x_2 \leqslant 200 \\ 3x_1+6x_2 = 180 \\ 8x_1+5x_2 \geqslant 160 \\ x_1 \geqslant 0, \ x_2 \geqslant 0 \end{cases}$

5. 試將下列求極小值問題寫成標準形式.

$$\text{Min.} \quad f(X)=2x_1+3x_2$$

受制於 $\begin{cases} 2x_1+x_2 = 7 \\ 3x_1-x_2 \geqslant 3 \\ x_1+x_2 \leqslant 5 \\ x_1 \geqslant 0, \ x_2 \geqslant 0 \end{cases}$

6. 試利用大 M 法求下列之線性規劃問題.

$$\text{Min.} \quad f(X)=6x_1+12x_2$$

受制於 $\begin{cases} x_1+6x_2 \geqslant 5 \\ 3x_1+2x_2 \geqslant 5 \\ x_1 \geqslant 0, \ x_2 \geqslant 0 \end{cases}$

7. 正大書局現出版書籍甲、乙、丙三種．該書局的印刷部門每天工作不超過 10 小時，裝釘部門每天最多工作 15 小時，已知甲、乙、丙三種書籍的生產工作時間表如下

書籍＼工作	印刷	裝釘
甲	0.2 小時	0.8 小時
乙	0.8 小時	0.8 小時
丙	1.2 小時	0.4 小時

假設甲類書每本價值 16 元，乙類書每本淨賺 32 元，丙類書每本價值 24 元，求正大書局一天的最高生產值為何？

8. 某公司生產甲、乙、丙產品三種，需用二種原料 A、B．A 原料公司庫存有 200，B 原料有 300．生產甲、乙、丙產品所需使用原料 A、B 之比率如下表．試問如何分配產量可使其利潤為最大？

產品＼原料	A	B	利潤 (元)
甲	20%	80%	20
乙	50%	50%	30
丙	60%	40%	40

9. 試將下列原始問題化為對偶問題．

$$\text{Min.} \quad f(X) = 4x_1 + 3x_2 + 7x_3$$

$$\text{受制於} \begin{bmatrix} 2 & 0 & 1 \\ 0 & 1 & 2 \end{bmatrix} \begin{bmatrix} x_1 \\ x_2 \\ x_3 \end{bmatrix} \geq \begin{bmatrix} 2 \\ 5 \end{bmatrix}, \quad x_1 \text{、} x_2 \text{ 及 } x_3 \geq 0$$

10. 試求下述原始問題的對偶問題.

$$\text{Max.} \quad f(X) = 9x_1 + 6x_2$$

$$\text{受制於} \begin{cases} 2x_1 + 3x_2 \leqslant 90 \\ 4x_1 + 2x_2 \leqslant 80 \\ x_2 \geqslant 10 \\ 5x_1 + x_2 = 25 \\ x_1 \geqslant 0, \ x_2 \geqslant 0 \end{cases}$$

第六章

複利與年金

本章學習目標

- 認識複利的方法
- 了解實利率與虛利率
- 認識年金之理論與計算

§6-1 預備知識 (數列與無窮級數)

在討論**複利**與**年金**之前，我們應先建立**數列**與**無窮級數**的觀念，以做為探討複利與年金之理論基礎．

等比級數

首項是 a，公比是 r 的 n 項**等比數列**為

$$a,\ ar,\ ar^2,\ \cdots,\ ar^{n-1},\ a \neq 0,\ r \neq 0$$

它的對應級數稱為**等比級數**，也稱為**幾何級數**，常寫成

$$\sum_{k=1}^{n} ar^{k-1} = a + ar + ar^2 + \cdots + ar^{n-1}$$

若以 S_n 表示等比級數前 n 項的和，則

$$S_n = a + ar + ar^2 + \cdots + ar^{n-1}$$

若 $r=1$，則 $\qquad S_n = a + a + a + \cdots + a = na$

若 $r \neq 1$，則 $\qquad S_n = a + ar + ar^2 + \cdots + ar^{n-1}$

$$rS_n = ar + ar^2 + ar^3 + \cdots + ar^{n-1} + ar^n$$

$$S_n - rS_n = a - ar^n$$

化簡得

$$S_n = \frac{a(1-r^n)}{1-r} = \frac{a(r^n-1)}{r-1} \tag{6-1-1}$$

式 (6-1-1) 稱為等比級數 n 項和的公式，也是等比數列 n 項和的公式．

【例題 1】求等比級數 $\displaystyle\sum_{k=1}^{n} \left(\frac{1}{2}\right)\left(\frac{2}{3}\right)^{k-1}$ 的和．

【解】前項 $\qquad a = \dfrac{1}{2}\left(\dfrac{2}{3}\right)^{1-1} = \dfrac{1}{2}$

第二項 $\quad a_2 = \dfrac{1}{2}\left(\dfrac{2}{3}\right)^{2-1} = \dfrac{1}{3}$

公比 $\quad r = \dfrac{1}{3} : \dfrac{1}{2} = \dfrac{2}{3}$

故知， $\quad S_n = \dfrac{\dfrac{1}{2}\left(1-\left(\dfrac{2}{3}\right)^n\right)}{1-\dfrac{2}{3}} = \dfrac{3}{2}\left(1-\dfrac{2^n}{3^n}\right)$

【例題 2】求等比級數 $54+18+6+2+\dfrac{2}{3}+\cdots$ 之前 10 項的和．

【解】$a = 54$，$r = \dfrac{1}{3}$，$n = 10$ 代入式 (6-1-1) 中，得

$$S_{10} = \dfrac{54\left[1-\left(\dfrac{1}{3}\right)^{10}\right]}{1-\dfrac{1}{3}} = \dfrac{59048}{729}$$

無窮數列

若一數列含有無窮多項，則稱為**無窮數列**，並以

$$a_1,\ a_2,\ a_3,\ \cdots,\ a_n,\ \cdots$$

來表示此數列，可簡記為 $\{a_n\}_{n=1}^{\infty}$ 或 $\{a_n\}$，其中 ∞ 為一無窮大的符號，它本身並不是一個數，例如數列

$$a : n \to \dfrac{1}{1+n^2},\ n = 1,\ 2,\ 3,\ \cdots$$

可記為

$$\{a_n\} = \left\{\dfrac{1}{1+n^2}\right\} = \left\{\dfrac{1}{1+n^2}\right\}_{n=1}^{\infty}$$

並可表為

$$\dfrac{1}{2},\ \dfrac{1}{5},\ \dfrac{1}{10},\ \dfrac{1}{17},\ \cdots,\ \dfrac{1}{1+n^2},\ \cdots$$

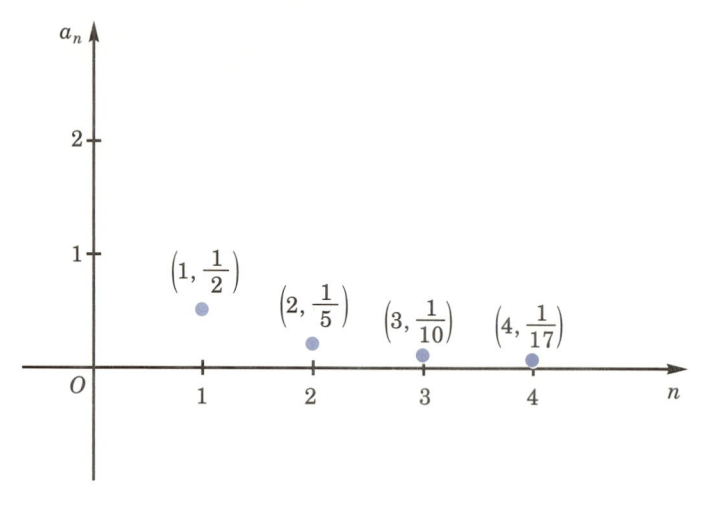

圖 6-1

我們可將此數列的 n 與 a_n 之間的對應關係以圖 6-1 示之.

由圖形可看出，當 n 漸次增大，一直變到無窮大時，$\dfrac{1}{1+n^2}$ 會相當接近 0，換言之，此數列 $\left\{\dfrac{1}{1+n^2}\right\}$ 在 $n\to\infty$ 時，會使 $\dfrac{1}{1+n^2}\to 0$（→ 表示相當接近之意），此時我們稱 0 為數列 $\left\{\dfrac{1}{1+n^2}\right\}$ 在 $n\to\infty$ 時的**極限**，常以符號

$$\lim_{n\to\infty}\dfrac{1}{1+n^2}=0 \quad 或 \quad \dfrac{1}{1+n^2}\to 0$$

表示.

極限是一個數學名詞，它有一個嚴密的定義，目前我們採用直覺式的定義.

設 $\{a_n\}$ 為一無窮數列，若在相當多項以後，a_n 會趨近某一定值 L，則稱此 L 值為數列 $\{a_n\}$ 在 n 變成無窮大時的極限，通常記為 $\lim\limits_{n\to\infty}a_n=L$. 若 $\lim\limits_{n\to\infty}a_n=L$ 成立，則稱 $\{a_n\}$ 為收斂數列，亦可稱此無窮數列收斂到 L. 倘若無窮數列 $\{a_n\}$ 不能收斂到定值 L，則稱此無窮數列為發散數列.

定理 6-1-1

若一無窮等比數列的第 n 項為 $a_n=ar^n$，則

$$\lim_{n\to\infty} a_n = \begin{cases} 0, & \text{當 } -1 < r < 1 \text{ 時} \\ a, & \text{當 } r = 1 \text{ 時} \end{cases}$$

故當公比 $-1 < r \leq 1$ 時，無窮等比數列為一收斂數列，又

$$\lim_{n\to\infty} a_n = \begin{cases} \infty, & \text{當 } r > 1 \text{ 時} \\ a \text{ 或 } -a, & \text{當 } r = -1 \\ \infty \text{ 或 } -\infty, & \text{當 } r < -1 \end{cases}$$

故當公比 $r \leq -1$ 或 $r > 1$ 時，無窮等比數列為一發散數列。

有關兩個收斂的無窮數列，下述之性質恆成立。

定理 6-1-2

設 $\{a_n\}$ 與 $\{b_n\}$ 皆為收斂數列，若 $\lim\limits_{n\to\infty} a_n = A$ 且 $\lim\limits_{n\to\infty} b_n = B$，則

(1) $\lim\limits_{n\to\infty} ca_n = c \lim\limits_{n\to\infty} a_n = cA$，$c$ 為常數

(2) $\lim\limits_{n\to\infty} (a_n \pm b_n) = \lim\limits_{n\to\infty} a_n \pm \lim\limits_{n\to\infty} b_n = A \pm B$

(3) $\lim\limits_{n\to\infty} (a_n b_n) = (\lim\limits_{n\to\infty} a_n)(\lim\limits_{n\to\infty} b_n) = AB$

(4) $\lim\limits_{n\to\infty} \dfrac{a_n}{b_n} = \dfrac{\lim\limits_{n\to\infty} a_n}{\lim\limits_{n\to\infty} b_n} = \dfrac{A}{B}$ $(B \neq 0)$

(5) $\lim\limits_{n\to\infty} \sqrt[m]{a_n} = \sqrt[m]{\lim\limits_{n\to\infty} a_n}$，$m$ 為正奇數

(6) $\lim\limits_{n\to\infty} \sqrt[m]{a_n} = \sqrt[m]{\lim\limits_{n\to\infty} a_n}$，$m$ 為正偶數時，$\lim\limits_{n\to\infty} a_n > 0$

定理 6-1-3

設 r 為正實數，則 $\lim\limits_{n\to\infty} \dfrac{1}{n^r} = 0$。

【例題 3】判斷數列 $\left\{\dfrac{5n^2+4n-3}{6n^2-5n+4}\right\}$ 是否收斂？

【解】因 $\displaystyle\lim_{n\to\infty}\dfrac{5n^2+4n-3}{6n^2-5n+4}=\lim_{n\to\infty}\dfrac{5+\dfrac{4}{n}-\dfrac{3}{n^2}}{6-\dfrac{5}{n}+\dfrac{4}{n^2}}$

$$=\dfrac{\displaystyle\lim_{n\to\infty}\left(5+\dfrac{4}{n}-\dfrac{3}{n^2}\right)}{\displaystyle\lim_{n\to\infty}\left(6-\dfrac{5}{n}+\dfrac{4}{n^2}\right)}$$

$$=\dfrac{\displaystyle\lim_{n\to\infty}5+\lim_{n\to\infty}\dfrac{4}{n}-\lim_{n\to\infty}\dfrac{3}{n^2}}{\displaystyle\lim_{n\to\infty}6-\lim_{n\to\infty}\dfrac{5}{n}+\lim_{n\to\infty}\dfrac{4}{n^2}}$$

$$=\dfrac{5+0-0}{6-0+0}=\dfrac{5}{6}$$

故此數列收斂．

【例題 4】判斷數列 $\left\{\dfrac{4n^4+1}{2n^2-1}\right\}$ 是否收斂？

【解】因 $\displaystyle\lim_{n\to\infty}\dfrac{4n^4+1}{2n^2-1}=\lim_{n\to\infty}\dfrac{4n^2+\dfrac{1}{n^2}}{2-\dfrac{1}{n^2}}=\infty$

故此數列發散．

無窮級數

若 $\{a_n\}$ 為無窮數列，則形如

$$a_1+a_2+a_3+\cdots+a_n+\cdots$$

的式子稱為 **無窮級數**．無窮級數可用求和記號表之，寫成

$$\sum_{n=1}^{\infty}a_n \quad \text{或} \quad \sum a_n$$

而後一個和之求和變數爲 n．每一數 a_n, $n=1, 2, 3, \cdots$，稱爲級數的**項**，a_n 稱爲**通項**．我們定義 S_n 爲此級數前面 n 項之和，亦即

$$S_n = \sum_{k=1}^{n} a_k = a_1 + a_2 + a_3 + \cdots + a_n$$

定義 6-1-1

> 若存在一實數 S 使得無窮級數 $\sum_{n=1}^{\infty} a_n$ 的部分和數列 $\{S_n\}$ 收斂，即，
> $$\lim_{n \to \infty} S_n = \lim_{n \to \infty} \sum_{k=1}^{n} a_k = S$$
> 則 $\sum_{n=1}^{\infty} a_n$ 稱爲**收斂**，其和爲 S，若 $\lim_{n \to \infty} S_n$ 不存在，則 $\sum_{n=1}^{\infty} a_n$ 稱爲**發散**，發散級數不能求和．

設 $\sum_{k=1}^{n} ar^{k-1} = a + ar + ar^2 + \cdots + ar^{n-1} + \cdots$ 爲一無窮等比級數，爲了判斷此級數收斂抑或發散，我們令

$$S_n = \sum_{k=1}^{n} ar^{k-1} = a + ar + ar^2 + \cdots + ar^{n-1}$$

$$= \frac{a(1-r^n)}{1-r}$$

則

$$\lim_{n \to \infty} S_n = \lim_{n \to \infty} \frac{a(1-r^n)}{1-r} = \frac{a \lim_{n \to \infty}(1-r^n)}{1-r}$$

$$= \frac{a(1 - \lim_{n \to \infty} r^n)}{1-r} \tag{6-1-2}$$

若 $|r| < 1$，則 $\lim_{n \to \infty} r^n = 0$．

由式 (6-1-2) 知，
$$\lim_{n \to \infty} S_n = \frac{a}{1-r}$$

即
$$\sum_{k=1}^{\infty} ar^{k-1} = \frac{a}{1-r} \tag{6-1-3}$$

定理 6-1-4

已知幾何級數 $\sum_{k=1}^{\infty} ar^{k-1}$，其中 $a \neq 0$，

(1) 若 $|r|<1$，則級數收斂且 $\sum_{k=1}^{\infty} ar^{k-1} = \dfrac{a}{1-r}$.

(2) 若 $|r| \geq 1$，則級數發散.

【例題 5】求無窮級數 $1 - \dfrac{1}{2} + \dfrac{1}{4} - \dfrac{1}{8} + \cdots + (-1)^{n-1} \dfrac{1}{2^{n-1}} + \cdots$ 的和.

【解】因公比 $\left|-\dfrac{1}{2}\right| < 1$，故無窮等比級數收斂，其和為

$$S = \dfrac{a}{1-r} = \dfrac{1}{1-\left(-\dfrac{1}{2}\right)} = \dfrac{2}{3}$$

習題 6-1

1. 試求下列等比級數之和.

   (1) $\sum_{n=1}^{11} (0.3)^{11}$ 　　(2) $\sum_{n=3}^{10} \left(-\dfrac{1}{2}\right)^n$

2. 試求級數 $\sum_{k=1}^{5} (3^k + 4^k)$ 之和.

3. 某甲參加銀行儲蓄存款，年利率為 6%，複利計息．若某甲每年年初均存入銀行 10000 元，則第 10 年年底可得本利和共多少元？

4. 判斷下列各數列之斂散性.

   (1) $\left\{\dfrac{2n^2+n-1}{5n^3-2n^2+n}\right\}$ 　　(2) $\left\{\dfrac{5n^3-2n+1}{10n^2+2n-1}\right\}$

   (3) $\left\{\sqrt{\dfrac{n}{9n+1}}\right\}$ 　　(4) $\left\{\dfrac{3^n}{1+2^n}\right\}$

   (5) $\left\{\dfrac{2^n+3^n}{1+3^n}\right\}$

5. 下列各無窮等比級數若收斂，則求其和.

   (1) $\sum_{n=1}^{\infty} \left(\frac{2}{3}\right)^{n-1}$ (2) $\sum_{n=1}^{\infty} \left(\frac{3}{2}\right)^{n-1}$ (3) $\sum_{n=1}^{\infty} \left(\frac{1}{\sqrt{2}-1}\right)^n$

6. 計算 $\sum_{n=1}^{\infty} \dfrac{2^n + 3^n}{4^n}$.

7. 證明級數 $\sum_{n=1}^{\infty} \dfrac{1}{n(n+1)}$ 收斂，並求其和.

§6-2 複利理論

在資金借用期間，將每期 (一年，半年，一季或一月) 末之本利和，當作下一期之本金，繼續生息，這種計算利息之方法，稱為 **複利法**。複利法為商用數學之基礎，因為有關長期貸款，投資與財務之處理，都是採用複利法計算，現在先將複利法中有關之名詞說明如下：

1. **複利現值**：複利法中最初期之本金，稱為 **複利現值**。
2. **複利終值**：複利法中最後一期之本利和，稱為 **複利終值**。
3. **複利息**：複利終值與複利現值之差額，稱為 **複利息**。
4. **複利次數**：在一年內之計息次數，稱為 **複利次數**。
5. **計息期** 或 **複利期**：相鄰兩計息日之間之時期，稱為 **計息期**，或稱 **複利期**。
6. **期數**：資金借用期間之計息次數，稱為 **期數**。
7. **每期利率**：借入本金 1 元，使用一單位時期，所支付的利息數額，稱為該單位時期之 **實利率** 或簡稱為 **利率**。而每一計息期之利率，稱為 **每期利率**。
8. **時間線**：為了將資金時間價值之觀念具體化，我們以數字 0, 1, 2, 3,… 標示在一條水平直線的上方，0 代表現在，數字 1 代表由現在開始計算 1 期，或第一期末；數字 2 代表由現在開始計算 2 期，或第二期末；其他依此類推。通常在利息之計算上，我們規定一期為一年，但也可規定一期為半年、每三個月 (一季)，或每個月。時間線下方之數字代表當期現金流量，"正號"代表流入金額，"負號"代表流出金額；每一期之利率以 i 表示寫在時間線之上方。如圖 6-2 所示。

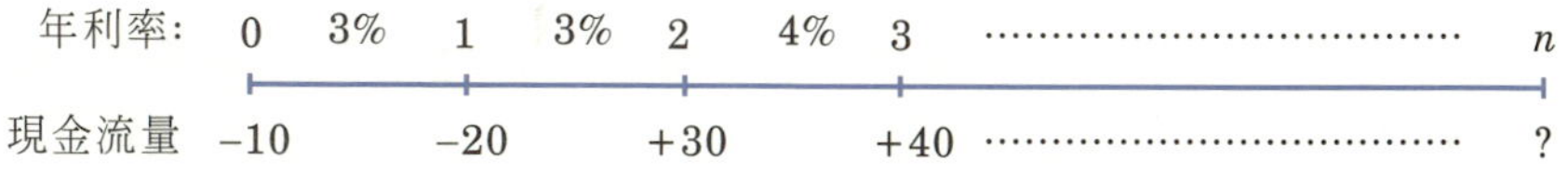

```
年利率：  0    3%   1   3%   2   4%   3  ················· n
              |         |         |         |
現金流量  −10      −20      +30      +40  ·················  ?
```

時間線

圖 6-2

複利法之計算 (複利終值)

定理 6-2-1

若以 S 表示**複利終值**，P 表示複利現值，i 表示每期之利率，(應特別注意是指每期利率，並非指年利率)，n 為期數，則複利終值為

$$S = P(1+i)^n \qquad (6\text{-}2\text{-}1)$$

證：

期別	期初本金	期末利息	複利終值
1	P	Pi	$P + Pi = P(1+i)$
2	$P(1+i)$	$P(1+i)i$	$P(1+i) + P(1+i)i = P(1+i)^2$
3	$P(1+i)^2$	$P(1+i)^2 i$	$P(1+i)^2 + P(1+i)^2 i = P(1+i)^3$
⋮	⋮	⋮	⋮
$n-1$	$P(1+i)^{n-2}$	$P(1+i)^{n-2} i$	$P(1+i)^{n-2} + P(1+i)^{n-2} i = P(1+i)^{n-1}$
n	$P(1+i)^{n-1}$	$P(1+i)^{n-1} i$	$P(1+i)^{n-1} + P(1+i)^{n-1} i = P(1+i)^n$

由上所述，得

$$S = P(1+i)^n$$

【例題 1】本金 1,000 元，年利率 6%，每年複利一次，求二年後之複利終值與複利息。

【解】利用式 (6-2-1)，求得

$$S = 1,000 \, (1+0.06)^2$$
$$= 1,000 \times 1.12360 \text{ (查附表二)}$$
$$= 1,123.6 \text{ 元}$$

故複利息為 $1,123.6 - 1,000 = 123.6$ 元.

於例題 1 中的利息為每年複利一次。然而，實際上利息通常一年複利超過一次以上。故複利法中，每年計息次數愈多，則所得利息亦愈多。如果年利率為 r，其計息為一年複利 m 次，本金為 P 元，此時每一計息期間的每期利率為

$$i=\frac{r}{m}\left(\frac{年利率}{每年的期數}\right)$$

如果利息之計算採複利 t 年，則計息期間為 mt．將式 (6-2-1) 中的 n 以 mt 取代，i 以 $\frac{r}{m}$ 取代，我們將可導出下列的複利公式

$$S=P\left(1+\frac{r}{m}\right)^{mt} \tag{6-2-2}$$

此處 $P=$ 本金之金額（即複利現值）
　　$r=$ 年利率
　　$m=$ 每年計息期間的期數
　　$t=$ 年數
　　$S=t$ 年末的複利終值

【例題 2】若將 1,000 元以每年 8% 之利率，複利投資生息，試求 3 年後之複利終值．(1) 每年複利一次，(2) 每半年複利一次，(3) 每季複利一次，(4) 每月複利一次．

【解】(1) 此處 $P=1,000$，$r=8\%=0.08$，$m=1$，$t=3$ 代入式 (6-2-2) 中，可得

$$S=1,000\left(1+\frac{0.08}{1}\right)^{3}$$

$$=1,000\times 1.25971\text{（查附表二）}$$
$$=1,259.71\text{ 元}$$

(2) 此處 $P=1,000$，$r=8\%=0.08$，$m=2$，$t=3$ 代入式 (6-2-2) 中，可得

$$S=1,000\left(1+\frac{0.08}{2}\right)^{6}$$

$$=1,000\times 1.26531\text{（查附表二）}$$
$$=1,265.31\text{ 元}$$

(3) 此處 $P=1,000$，$r=8\%=0.08$，$m=4$，$t=3$ 代入式 (6-2-2) 中，可得

$$S=1,000\left(1+\frac{0.08}{4}\right)^{12}$$

$$= 1{,}000 \times 1.26824 \text{ (查附表二)}$$
$$= 1{,}268.24 \text{ 元}$$

(4) 此處 $P=1{,}000$，$r=8\%=0.08$，$m=12$，$t=3$ 代入式 (6-2-2) 中，可得

$$S = 1{,}000\left(1 + \frac{0.08}{12}\right)^{36} \approx 1{,}270.24 \text{ 元。}$$

【例題 3】某人以 20,000 元存入銀行生息，已知銀行每年複利兩次，五年末得本利和 31,059.38 元，試求年利率。

【解】已知 $P=20{,}000$ 元，$S=31{,}059.38$ 元，$n=5\times 2=10$，因此

$$31{,}059.38 = 20{,}000 \times (1+i)^{10}$$

$$(1+i)^{10} = 1.552969$$

查附表二得 $i=4.5\%$，故年利率為 9%。

【例題 4】設年利率為 10%，每年複利兩次，若欲複利終值為複利現值之四倍，問需若干年？

【解】$i=5\%$，$S=4P$，代入 (6-2-1) 中，得

$$4P = P(1+5\%)^n$$
$$4 = (1+5\%)^n$$

兩邊取對數，得

$$\log 4 = n \log 1.05$$

$$n = \frac{\log 4}{\log 1.05} = \frac{0.602060}{0.021189} = 28.414 \text{ (期)}$$

故需時約 14.2 年。

實利率與虛利率

於例題 2 中，我們了解投資所賺取之實際利息，須視每年複利之次數而定，若每年複利之次數愈多，則利息就愈多。就同一本金，依照同一名稱之利率，存放同一期間，因每年計息次數不同而所得到之利息亦不等，於是折合其在一年中實得之利率

亦不相同，故利率有**虛利率** (nominal rate of interest) 與**實利率** (effective rate of interest) 之別。虛利率為名義上之利率（或稱**名目利率**），實利率則為將一年實際所得利息折合而成之利率，兩者間之關係如下

$$\alpha = \left(1+\frac{j}{m}\right)^m - 1 \tag{6-2-3}$$

或
$$j = m[(1+\alpha)^{1/m} - 1] \tag{6-2-4}$$

式中 α 表實利率，j 表虛利率，m 表每年複利次數。

證：假設名義上之年利率為 j，每年複利 m 次，故每一複利期間之利率為

$$i = \frac{j}{m}$$

故本金 1 元至年末之複利終值為

$$S = \left(1+\frac{j}{m}\right)^m$$

其利息應為
$$I = \left(1+\frac{j}{m}\right)^m - 1$$

由於此利息係本金 1 元在一年末實得之利息，故為實利率，可用 α 表示，

$$\alpha = \left(1+\frac{j}{m}\right)^m - 1$$

可得
$$(1+\alpha)^{1/m} = 1 + \frac{j}{m}$$

即，
$$j = m[(1+\alpha)^{1/m} - 1]$$

上述二公式中之實利率稱為虛利率之等值實利率，虛利率稱為實利率之等值虛利率，常簡稱**等利率** (equivalent rate)。

由式 (6-2-3)，可知下述三種情形

1. 若 $m=1$，則 $\alpha=i$，即若一年複利一次，則實利率與虛利率相等，又因每一複利期之利率 $i=\frac{j}{m}$，故若 $m=1$，則 $i=j$，但因 $\alpha=j$，故此時 α，j 與 i 都相等。

2. 若 $m>1$，則由二項式定理知

$$\alpha=\left(1+\frac{j}{m}\right)^m-1=1+m\cdot\frac{j}{m}+\frac{m(m-1)}{2!}\left(\frac{j}{m}\right)^2+\cdots-1$$

$$=j+\frac{m(m-1)}{2!}\left(\frac{j}{m}\right)^2+\cdots>j$$

即若一年不只複利一次，則實利率大於虛利率。當 m 愈大時，實利率愈大。

3. 若 $m<1$，則由式 (6-2-4)，可知

$$j=m[(1+\alpha)^{1/m}-1]$$

$$=m\left[\frac{1}{m}\alpha+\frac{\frac{1}{m}\left(\frac{1}{m}-1\right)}{2!}\alpha^2+\cdots\right]$$

$$=\alpha+\frac{\frac{1}{m}-1}{2!}\alpha^2+\cdots>\alpha$$

即若一年以上始複利一次，則實利率小於虛利率。當 m 愈小時，實利率也愈小，本書常以"$j_{(m)}$"表虛利率，其中 m 表複利之次數，每一複利期之利率以 $\frac{j}{m}$ 表之，例如 $j_{(4)}=0.08$，則 $i=\frac{0.08}{4}=0.02$。

【例題 5】已知 $j_{(4)}=0.12$，求等值之實利率 α。

【解】$i=\frac{0.12}{4}=0.03$，$m=4$，應用式 (6-2-3)，得

$$\alpha=\left(1+\frac{0.12}{4}\right)^4-1=(1.03)^4-1$$
$$=1.1255088-1$$
$$=0.1255088$$

即實利率為年息 12.55088%。

【例題 6】年利率 8%。(1) 每年複利二次，(2) 每年複利四次，(3) 每兩年複利一次。求其等值之實利率。

【解】年利率 8%，係指虛利率而言。

(1) 因 $j=0.08$, $m=2$, 由式 (6-2-3) 可得

$$\alpha=\left(1+\frac{0.08}{2}\right)^2-1=0.0816=8.16\%$$

(2) 因 $j=0.08$, $m=4$, 由式 (6-2-3) 可得

$$\alpha=\left(1+\frac{0.08}{4}\right)^4-1=0.0824=8.24\%$$

(3) 因 $j=0.08$, $m=\frac{1}{2}$, 由式 (6-2-3) 可得

$$\alpha=\left(1+\frac{0.08}{1/2}\right)^{1/2}-1\approx 0.0770=7.7\%.$$

【例題 7】已知 $\alpha=0.05$, 試求每季複利一次之等值虛利率 j。
【解】$m=4$, $\alpha=0.05$, 應用公式 (6-2-4), 得

$$\begin{aligned}j&=4\,[(1+0.05)^{1/4}-1]\\&=4\times(1.0122722-1)\text{ (查附表三)}\\&=4\times 0.0122722\\&=0.0490888\end{aligned}$$

連續複利

　　同一虛利率, 若每年複利之次數不同, 複利之次數愈多 (即複利期愈短), 則其等值實利率愈大。吾人勢必追問, 若複利之次數無限增加, 其等值實利率是否無限制的增加呢？此一觀念在財務分析理論上甚為重要。其實, 若複利之次數無限增加, 其等值實利率並非漫無限制的增加, 實有一極限存在, 此種複利方法稱為連續複利。連續複利之虛利率則稱為息力 (force of interest), 通常以 δ 表示之, 其與實利率 α 的關係為

$$1+\alpha=e^{\delta} \tag{6-2-5}$$

式中之 e 為自然對數之底, 約等於 $2.71828\cdots$。

證：由
$$\alpha=\left(1+\frac{j}{m}\right)^m-1$$

得
$$1+\alpha=\left(1+\frac{j}{m}\right)^m=\left[\left(1+\frac{j}{m}\right)^{m/j}\right]^j$$

令 $v=\dfrac{m}{j}$，當 $m\to\infty$ 時，則 $v\to\infty$

故
$$1+\alpha=\lim_{v\to\infty}\left[\left(1+\frac{1}{v}\right)^v\right]^j=\left[\lim_{v\to\infty}\left(1+\frac{1}{v}\right)^v\right]^j=e^j$$

因連續複利之虛利率即為息力 (δ)，故得

$$1+\alpha=e^\delta$$

則
$$\delta=\frac{1}{\log e}\log(1+\alpha)=2.302585\log(1+\alpha) \tag{6-2-6}$$

【例題 8】設年利率 5%，連續複利，試求其實利率 α.
【解】因 $\delta=5\%=0.05$，由式 (6-2-5)，知

$$1+\alpha=e^{0.05}$$

$$\alpha=e^{0.05}-1=1.0512711-1=0.0512711$$

故實利率 α 約為 5.13%.

【例題 9】設實利率為 8%，試求其息力 δ.
【解】因 $\alpha=8\%=0.08$，由式 (6-2-6)

$$\delta=\frac{1}{\log e}\log(1+\alpha)=2.302585\log 1.08$$

$$\delta=2.302585\cdot 0.0334237=0.07696$$

故息力約為 7.7%.

定理 6-2-2　連續複利之終值

假設本金 P 元，以年利率 $r\%$ 連續複利，投資 t 年，則 t 年末之複利終值 S 為

$$S = Pe^{rt}$$

證：首先我們將 $S = P\left(1 + \dfrac{r}{m}\right)^{mt}$ 改寫成下列之形式

$$S = P\left[\left(1 + \dfrac{r}{m}\right)^m\right]^t$$

可得

$$\lim_{m \to \infty}\left[P\left(1 + \dfrac{r}{m}\right)^m\right]^t = P\left[\lim_{m \to \infty}\left(1 + \dfrac{r}{m}\right)^m\right]^t$$

令 $v = \dfrac{m}{r}$，則

$$P\left[\lim_{m \to \infty}\left(1 + \dfrac{1}{v}\right)^{vr}\right]^t = P\left[\lim_{v \to \infty}\left(1 + \dfrac{1}{v}\right)^v\right]^{rt} = Pe^{rt}$$

由此計算方法得知，當複利次數無限制增加時，複利終值會趨近於 Pe^{rt}。即

$$S = Pe^{rt} \tag{6-2-7}$$

此處 $P =$ 本金
　　 $r =$ 連續複利的年利率
　　 $t =$ 年數
　　 $S = t$ 年末的複利終值

【例題 10】如果投資 5,000 元，年利率為 8%，(1) 每日複利 (一年為 360 天)，及 (2) 連續複利；求三年後的複利終值。

【解】(1) 利用式 (6-2-2)，$P = 5{,}000$，$r = 0.08$，$m = 360$，$t = 3$，可得

$$S = 5{,}000\left(1 + \dfrac{0.08}{360}\right)^{1080} \approx 6{,}356.08 \text{ 元}$$

(2) 利用式 (6-2-7)，$P=5,000$，$r=0.08$，$t=3$，可得

$$S=5,000e^{0.24}\approx 6,356.25 \text{ 元}.$$

由本題得知每日複利與連續複利，可知其複利終值之差異極微小．

複利現值

如果我們想預期在若干年之後獲得複利終值 S 元，則現在估計應投資 P 元，稱為複利終值 S 元之複利現值，常簡稱為**複利現值**．複利現值 P 可由複利終值之公式導出，由式 (6-2-2) 解 P，得

$$P=S\left(1+\frac{r}{m}\right)^{-mt} \tag{6-2-8}$$

若 $S=1$ 元，則 $P=\left(1+\frac{r}{m}\right)^{-mt}$ 或 $(P=(1+i)^{-n})$ 為每期利率 $i=\frac{r}{m}$，在第 n 期末獲得複利終值 1 元之投資現值．如果投資採用連續複利，則複利現值為

$$P=Se^{-rt} \tag{6-2-9}$$

其中 t 表年數，r 表連續複利之年利率．

【例題 11】某君想於三年後獲得一筆 200,000 元之金額出國進修，若已知銀行每月複利一次，年利率為 6%．試問某君現應一次存入該銀行多少錢？

【解】以 $r=6\%=0.06$，$m=12$，$t=3$，$S=200,000$ 代入式 (6-2-8) 中，得

$$P=200,000\left(1+\frac{0.06}{12}\right)^{-36}$$

$$=200,000(1+0.005)^{-36}\approx 167,128$$

故某君應一次存入 167,128 元．

【例題 12】某人目前 50 歲，為某銀行之職員，該銀行同意其於 65 歲時，每年給予養老金 50,000 元，如果未來十五年每年的通貨膨脹率為 6%，且假設通貨膨脹是連續複利，試問其第一年的養老金之現值為若干？

【解】利用式 (6-2-9)，$S=50,000$，$r=0.06$，$t=15$，可得

$$P=50,000e^{-0.9}\approx 20,328.5$$

故某人第一年養老金之現值約為 20,328.5 元。

習題 6-2

1. 設本金為 15,000 元，年利率 12%，每年複利一次，求 14 年末之複利息。
2. 設本金為 2,500 元，年利率 12%，每年複利兩次，求 5 年末之複利終值。
3. 設本金 10,000 元，每年複利四次，二年又六個月末之複利終值為 12,500，求年利率。
4. 某企銀每年結息四次，一存款者欲得年利率 8% 之實利率，求虛利率。
5. 年利率 12%，每年複利 4 次，求實利率。
6. 已知 (1) $j_{(2)}=0.06$，(2) $j_{(4)}=0.06$，(3) $j_{(12)}=0.06$，求各等值之實利率。
7. 設年利率 8%，連續複利，試求其實利率。
8. 實利率為 7%，試求其息力。
9. 設本金 15,000 元，年利率 6%，連續複利 6 年，試求其複利終值。
10. 某人在其投資決策中，若以 100,000 元投資於一年期定存，年利率 11.6%，每日複利。如果以 100,000 元投資於另外一個一年期到期之定存，年利率為 9.2%，連續複利。試問在其投資決策中，其每年所得淨遞減額為若干？

§6-3　年金之意義與分類

　　年金 (annuity) 原指每年定期支付一次之金額而言。但時至今日年金之意義逐漸擴張，凡屬分期付款，例如，租金、保險費、債券利息等，無論其支付或收受之次數為一年一次、半年一次、每季一次、每月一次，均得稱為**年金**。

　　吾人日常生活中，年金之用途很廣，現將年金有關之名詞敘述於下：

1. **支付期間** (payment period)：介於相鄰兩個支付年金期間之時期，稱為支付期間。
2. **計息期間** (interest conversion)：介於相鄰兩個計息期間之時期，稱為計息期間。
3. **年金時期** (term of the annuity)：自第一支付期間之初，至最後支付期間之末之時期，稱為年金時期。
4. **每次年金額** (periodic payment of the annuity)：每一支付期間支付之款額，稱

為每次年金額.

5. **每期年金總額** (rent per conversion period)：每一計息期內所支付各次年金額之總和，稱為每期年金總額.

6. **年金終值** (accumulated value or amount of the annuity)：每次之年金額，在年金時期終了時之複利終值之總和，稱為年金終值.

7. **年金現值** (present value of the annuity)：每次之年金額，在年金開始時之複利現值之總和，稱為年金現值.

以上所述是有關年金之名詞，至於年金之分類，可依各種不同之規則，區分如下：

1. **依年金時期之起迄分類**
   (1) **確實年金** (annuity certain)：有確實起迄時期之年金，稱為確實年金.
   (2) **或有年金** (contingent annuity)：年金起訖時期由於某種特殊事故之發生而發生，於事前無法預定者，稱為或有年金. 例如由於某人之死亡而終止之或有年金，稱為 **生命年金** (life annuity)，此種年金為或有年金中最重要者，不屬本書討論之範圍.

2. **依年金之計息期間與支付期間是否一致分類**
   (1) **簡單年金** (simple annuity)：計息期間與支付期間之長短一致之年金，稱為簡單年金.
   (2) **一般年金** (general annuity)：計息期間與支付期間之長短不一致之年金，稱為一般年金.

3. **依每次支付之年金額是否相同分類**
   (1) **定額年金** (constant annuity)：每次支付之年金額均相等之年金，稱為定額年金.
   (2) **變額年金** (varying annuity)：每次支付之年金額不相等之年金，稱為變額年金.

4. **依每次支付年金之時間分類**
   (1) **普通年金** (ordinary annuity)：每次年金之支付在每一支付期間之末者，稱為普通年金.
   (2) **到期年金** (annuity due)：每次年金之支付在每一支付期間之初者，稱為到期年金.

5. **依年金期數是否有限分類**
   (1) **有限年金** (temporary annuity)：自訂約時起年金之支付以若干期為限者，稱為有限年金.

(2) **延期有限年金** (deferred annuity)：有限年金在訂約後規定延遲若干期始支付者，稱為延期有限年金．
(3) **永續年金** (perpetuity)：年金之支付，其期數為無限者，稱為永續年金，也稱**永久年金**．
(4) **延期永續年金** (deferred perpetuity)：永續年金自訂約起延遲若干期始支付者，稱為延期永續年金．

§6-4　簡單年金——普通年金

年金終值

設於每期末支付年金 1 元，繼續支付 n 期，每期利率為 i，則在第一期末之年金至第 n 期末之複利終值應為 $(1+i)^{n-1}$，第二期末支付之年金至第 n 期末之複利終值應為 $(1+i)^{n-2}$，…，第 $(n-1)$ 期末支付之年金至第 n 期末之複利終值應為 $(1+i)$，而第 n 期末支付之年金在第 n 期末之複利終值仍為 1 元．如圖 6-3 時間線圖所示．

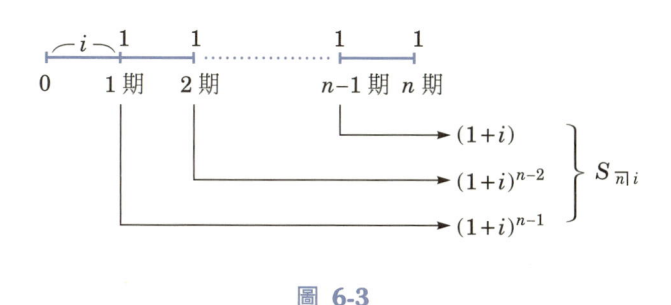

圖 6-3

此各期年金在第 n 期末之複利終值之總和，即為每期末支付 1 元之普通年金終值，通常以符號 "$S_{\overline{n}|i}$" 表示之，其中 n 表示期數，i 表示每期之利率，故

$$S_{\overline{n}|i} = 1 + (1+i) + (1+i)^2 + \cdots + (1+i)^{n-2} + (1+i)^{n-1}$$

右式為一等比級數，利用求和公式 $S = \dfrac{a(r^n - 1)}{r - 1}$，$a = 1$，$r = 1 + i$，則

$$S_{\overline{n}|i} = \frac{(1+i)^n - 1}{1+i-1}$$

即

$$S_{\overline{n}|i}=\frac{(1+i)^n-1}{i} \tag{6-4-1}$$

若每期之年金額爲 R 元，則其年金終值 S 應爲

$$S=RS_{\overline{n}|i} \tag{6-4-2}$$

$S_{\overline{n}|i}$ 之值可查附表六年金終值表.

註：等比級數求和公式中之 r，係代表等比級數之公比，並非代表式 (6-2-2) 中之年利率 r.

【例題 1】每季末支付 250 元之年金，爲期 5 年，利率爲 $j_{(4)}=0.16$，求其年金終值.

【解】$R=250$，$n=5\times 4=20$，$i=\dfrac{0.16}{4}=0.04$，由式 (6-4-2)，得

$$\begin{aligned}S&=250\ S_{\overline{20}|0.04}=250\times 29.77808\ (\text{查本書附表五})\\&=7444.52\ \text{元}.\end{aligned}$$

【例題 2】試證明 $S_{\overline{n+1}|i}=(1+i)S_{\overline{n}|i}+1$.

【解】以時間線圖圖 6-4 表示如下.

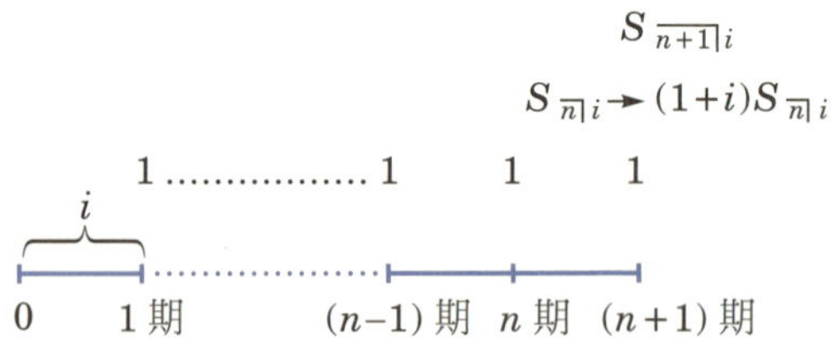

圖 6-4

即

$$S_{\overline{n+1}|i}=(1+i)S_{\overline{n}|i}+1$$

或由式 (6-4-1) 知，

$$\begin{aligned}S_{\overline{n+1}|i}&=\frac{(1+i)^{n+1}-1}{i}=\frac{(1+i)^n(1+i)-1-i+i}{i}\\&=\frac{(1+i)[(1+i)^n-1]+i}{i}\end{aligned}$$

$$= (1+i)S_{\overline{n}|i} + 1.$$

普通年金之現值

設每期期末支付年金爲 1 元，繼續支付 n 期，如每期利率爲 i，在第一期末支付之年金爲 1 元，在第一期初之複利現值應爲 $(1+i)^{-1}$；第二期末支付之年金爲 1 元，在第一期初之複利現值應爲 $(1+i)^{-2}$；第 n 期末支付之年金爲 1 元，在第一期初之複利現值應爲 $(1+i)^{-n}$。如圖 6-5 之時間線圖所示．

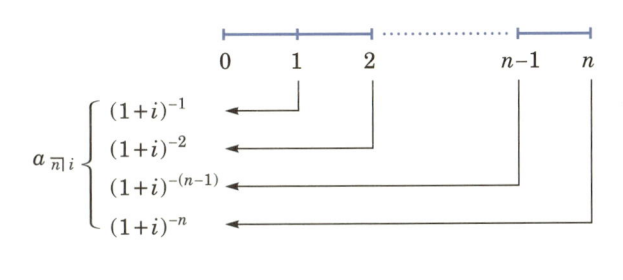

圖 6-5

以上各期之年金在第一期初之複利現值之總和，即爲每期末支付年金 1 元之年金現值，通常以符號 "$a_{\overline{n}|i}$" 表示之，其中 n 表示期數，i 表示每期之利率，故知

$$a_{\overline{n}|i} = (1+i)^{-1} + (1+i)^{-2} + (1+i)^{-3} + \cdots + (1+i)^{-(n-1)} + (1+i)^{-n}$$

利用等比級數求和，得

$$a_{\overline{n}|i} = \frac{(1+i)^{-1}[1-(1+i)^{-n}]}{1-(1+i)^{-1}}$$

$$= \frac{(1+i)^{-1}[1-(1+i)^{-n}]}{(1+i)^{-1}[(1+i)-1]}$$

$$= \frac{1-(1+i)^{-n}}{i}$$

即

$$a_{\overline{n}|i} = \frac{1-(1+i)^{-n}}{i} \tag{6-4-3}$$

若每期之年金額爲 R 元，則其現值 P 應爲

$$P = R a_{\overline{n}|i} \tag{6-4-4}$$

【例題 3】 每月末支付 5,000 元，為期 2 年，利率為 $j_{(12)}=0.12$ 之年金，試求其年金現值.

【解】 $R=5{,}000$，$n=2\times 12=24$，$i=\dfrac{0.12}{12}=0.01$，應用式 (6-4-4)，得

$$P=5{,}000\ a_{\overline{24}|\,0.01}$$
$$=5{,}000\times 21.24339\ \text{(查本書所附表六年金現值表)}$$
$$=106{,}216.95\ \text{元}.$$

§6-5　到期年金之終值與現值

到期年金與普通年金的差別係因支付時間的不同，到期年金是在期初支付，而普通年金是在期末支付，因此所求得之年金終值亦有差別。設每期支付 1 元之到期年金之終值以 "$\ddot{s}_{\overline{n}|\,i}$" 表之，現值以 "$\ddot{a}_{\overline{n}|\,i}$" 表之，式中 n 表期數，i 表每期利率，則可導出下述二公式

$$\ddot{s}_{\overline{n}|\,i}=(1+i)s_{\overline{n}|\,i} \tag{6-5-1}$$

$$\ddot{a}_{\overline{n}|\,i}=(1+i)a_{\overline{n}|\,i} \tag{6-5-2}$$

以時間線圖可將到期年金表示如圖 6-6.

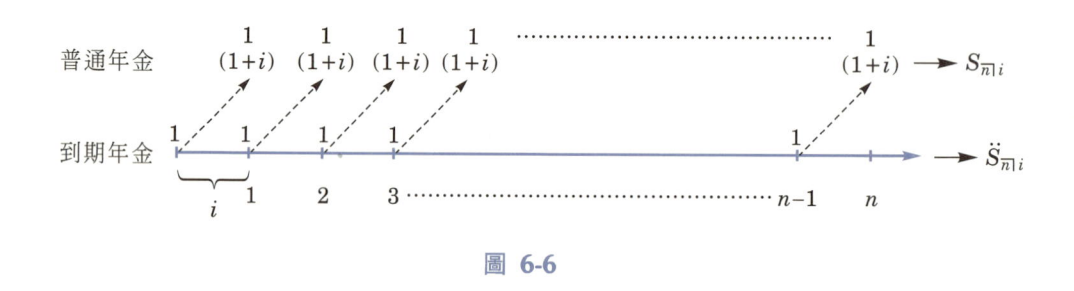

圖 6-6

由圖 6-6 可知每期初支付 1 元之到期年金相當於每期末支付 $(1+i)$ 元之普通年金，因此根據普通年金終值與現值之計算可得

$$\ddot{s}_{\overline{n}|\,i}=(1+i)s_{\overline{n}|\,i}$$

$$\ddot{a}_{\overline{n}|\,i}=(1+i)a_{\overline{n}|\,i}$$

為了計算上之方便起見，常化為下述之公式來計算：

$$\ddot{S}_{\overline{n}|\,i}=S_{\overline{n+1}|\,i}-1 \tag{6-5-3}$$

$$\ddot{a}_{\overline{n}|\,i}=a_{\overline{n-1}|\,i}+1 \tag{6-5-4}$$

證：因

$$\ddot{S}_{\overline{n}|\,i}=(1+i)S_{\overline{n}|\,i}=(1+i)\times\frac{(1+i)^n-1}{i}=\frac{(1+i)^{n+1}-1-i}{i}$$

$$=\frac{(1+i)^{n+1}-1}{i}-\frac{i}{i}=S_{\overline{n+1}|\,i}-1$$

所以，$$\ddot{S}_{\overline{n}|\,i}=S_{\overline{n+1}|\,i}-1$$

又因

$$\ddot{a}_{\overline{n}|\,i}=(1+i)a_{\overline{n}|\,i}=(1+i)\times\frac{1-(1+i)^{-n}}{i}$$

$$=\frac{1+i-(1+i)^{-n+1}}{i}$$

$$=\frac{1-(1+i)^{-(n-1)}}{i}+\frac{i}{i}=a_{\overline{n-1}|\,i}+1$$

所以，$$\ddot{a}_{\overline{n}|\,i}=a_{\overline{n-1}|\,i}+1$$

【例題 1】每半年初支付 1,000 元之年金，為期 10 年，利率為 $j_{(2)}=0.12$，求年金終值與現值。

【解】$R=1,000$，$n=10\times 2=20$，$i=\dfrac{0.12}{2}=0.06$，由式 (6-5-3)，得

$$\ddot{S}_{\overline{20}|\,0.06}=S_{\overline{21}|\,0.06}-1$$
$$=39.9927267-1$$
$$=38.9927267$$

所以，$$S=1,000\times 38.9927267$$
$$=38,992.7267 \text{ 元}$$

又由式 (6-5-4)，得

$$\ddot{a}_{\overline{20}|\,0.06}=a_{\overline{19}|\,0.06}+1$$
$$=11.1581165+1=12.1581165 \text{ (查附表六)}$$

所以，$$P=1,000\times 12.1581165$$

$$=12{,}158.1165 \text{ 元}.$$

【例題 2】某君預期五年末有儲蓄 50,000 元,設存款利率為 $j_{(4)}=10\%$,今日起每三個月初應存款若干?

【解】$S=50{,}000$,$n=5\times 4=20$,$i=\dfrac{0.10}{4}=0.025$,

因 $$S=R\ddot{S}_{\overline{n}|i}$$

所以, $$50{,}000=R\ddot{S}_{\overline{20}|0.025}$$

由式 (6-5-3),得

$$50{,}000=R(S_{\overline{21}|0.025}-1)$$

則

$$R=\frac{50{,}000}{S_{\overline{21}|0.025}-1}=\frac{50{,}000}{27.1832740-1}$$

$$=1{,}909.62 \text{ 元} \quad (\text{每三個月初之存款}).$$

§6-6 延期年金 (或遞延年金) 之終值與現值

當年金之支付於開始 m 期不支付,而自第 $m+1$ 期起開始支付,連續支付 n 期,此種年金稱為延期年金. 若每期末支付 1 元,則其年金終值以符號 "$_m|S_{\overline{n}|i}$" 表示之,其年金現值以符號 "$_m|a_{\overline{n}|i}$" 表示之,可用時間線圖表示如圖 6-7.

由圖 6-7 觀之,延期之期數在支付年金之先,而終值之計算是自第一支付期開

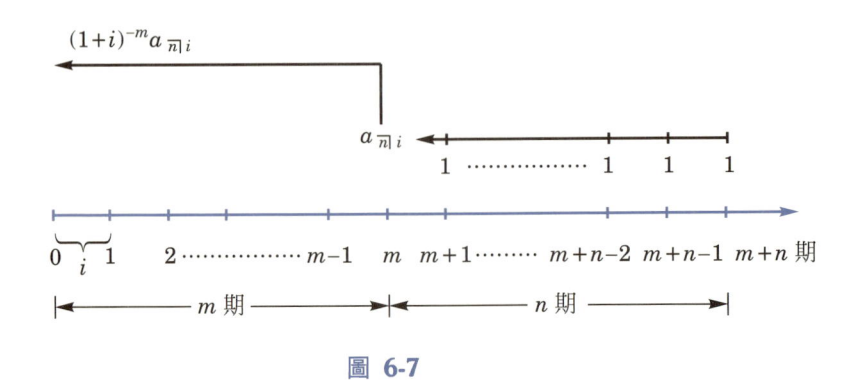

圖 6-7

始，故延期年金之終值與延期無關，可用非延期之公式 (6-4-1) 與 (6-4-2) 計算，無需另立公式．即

$$m|S_{\overline{n}|i}=S_{\overline{n}|i} \qquad (6\text{-}6\text{-}1)$$

至於有關延期年金現值之計算，由於此種年金在 m 期末 (或說第 n 期之初)，即第 $(m+1)$ 期期初之現值應為 $a_{\overline{n}|i}$，此時距年金開始尚有 m 期，故其現值可由複利現值公式求得之，即

$$m|a_{\overline{n}|i}=(1+i)^{-m}\,a_{\overline{n}|i} \qquad (6\text{-}6\text{-}2)$$

若每期之年金額為 R，則延期年金之現值為

$$P=R\times m|a_{\overline{n}|i} \qquad (6\text{-}6\text{-}3)$$

為了方便計算，式 (6-6-2) 亦可化為

$$m|a_{\overline{n}|i}=a_{\overline{m+n}|i}-a_{\overline{m}|i} \qquad (6\text{-}6\text{-}4)$$

證：
$$\begin{aligned} m|a_{\overline{n}|i} &= (1+i)^{-m}\,a_{\overline{n}|i}\\ &= (1+i)^{-m}\times\frac{1-(1+i)^{-n}}{i}\\ &= \frac{(1+i)^{-m}-(1+i)^{-(m+n)}}{i}\\ &= \frac{1-(1+i)^{-(m+n)}-[1-(1+i)^{-m}]}{i}\\ &= \frac{1-(1+i)^{-(m+n)}}{i}-\frac{1-(1+i)^{-m}}{i}\\ &= a_{\overline{m+n}|i}-a_{\overline{m}|i} \end{aligned}$$

【例題 1】某君擬一次存款若干元於銀行，於五年後每三個月末支取 1,000 元，為期 10 年，已知銀行利率 $j_{(4)}=12\%$，求應存之款數．

【解】$R=1{,}000$，$m=5\times 4=20$，$n=10\times 4=40$，$i=\dfrac{0.12}{4}=0.03$

由式 (6-6-4)，得

$$20|a_{\overline{40}|\,0.03}=a_{\overline{20+40}|\,0.03}-a_{\overline{20}|\,0.03}$$

$$a_{\overline{20+40}|\,0.03}=a_{\overline{60}|\,0.03}=\frac{1-(1+0.03)^{-60}}{0.03}=\frac{1-0.16973309}{0.03}$$

$$=27.6755637$$

$$a_{\overline{20}|\,0.03}=14.8774749 \text{ (查本書附表六)}$$

再由式 (6-6-3), 得

$$P=1{,}000\times(27.6755637-14.8774789)$$
$$=1{,}000\times 12.7980848$$
$$=12{,}798.0848 \text{ 元.}$$

§6-7　永續年金之現值

前面所討論之年金均為有限年金，若年金之支付期為無限，則稱為**永續年金**．永續年金的期數既為無限期，因此，年金終值亦為無窮大，惟其現值仍為有限值．今以"$a_{\overline{\infty}|\,i}$"表示永續年金額 1 元的現值．又 $\lim\limits_{n\to\infty}\dfrac{1}{(1+i)^n}=0$，故求普通永續年金現值公式為

$$a_{\overline{\infty}|\,i}=\lim_{n\to\infty}a_{\overline{n}|\,i}=\lim_{n\to\infty}\frac{1-(1+i)^{-n}}{i}=\frac{1}{i}$$

所以
$$a_{\overline{\infty}|\,i}=\frac{1}{i} \tag{6-7-1}$$

若每次支付 R 元，則

$$P=R\cdot a_{\overline{\infty}|\,i}=\frac{R}{i} \tag{6-7-2}$$

如果永續年金於延期 m 期後開始支付，則為**延期永續年金**．當年金額為 1 元時，其現值以符號"${}_{m|}a_{\overline{\infty}|\,i}$"表示之．由式 (6-6-2) 與 (6-7-1) 可得

$${}_{m|}a_{\overline{\infty}|\,i}=\frac{(1+i)^{-m}}{i} \tag{6-7-3}$$

或由式 (6-6-4) 及 (6-7-1) 得

$$m|a_{\overline{\infty}|\,i}=\frac{1}{i}-a_{\overline{m}|\,i} \tag{6-7-4}$$

【例題 1】某先生在某校設立獎學金 3 名，每學期每名 2,000 元，永續無窮。該項基金存於銀行，其利率為 $j_{(2)}=12\%$，試求其基金額。又若基金於設置 3 年後始支付，求其金額。

【解】（ⅰ） $R=2,000\times 3=6,000$，$i=\dfrac{0.12}{2}=0.06$

由式 (6-7-1) 知

$$a_{\overline{\infty}|\,0.06}=\frac{1}{0.06}$$

$$P=6,000\times\frac{1}{0.06}=100,000\text{ 元}$$

（ⅱ）$R=2,000\times 3=6,000$，$i=\dfrac{0.12}{2}=0.06$，$m=3\times 2=6$

由式 (6-7-3)

$$6|a_{\overline{\infty}|\,0.06}=\frac{(1+0.06)^{-6}}{0.06}=\frac{0.7049605}{0.06}=11.749341$$

$$P=6,000\times 11.749341=70,496.05\text{ 元.}$$

§6-8　變額年金之終值與現值

等差變額年金

若簡單年金之普通年金，每期之年金額成一等差數列，且期數有限，則此種年金稱為簡單年金之 普通等差變額有限年金，常簡稱為 等差變額年金。

若以

$S=$ 等差變額年金之年金終值
$P=$ 等差變額年金之年金現值
$f=$ 第一次支付之年金額
$d=$ 每期增加 (或減少) 之年金額

$n=$期數

$i=$每期之利率

則計算等差變額年金之年金終值與現值之公式為

$$S=fS_{\overline{n}|i}+\frac{d}{i}(S_{\overline{n}|i}-n) \qquad (6\text{-}8\text{-}1)$$

$$P=fa_{\overline{n}|i}+\frac{d}{i}[a_{\overline{n}|i}-n(1+i)^{-n}] \qquad (6\text{-}8\text{-}2)$$

證：先以圖 6-8 時間線圖表示如下

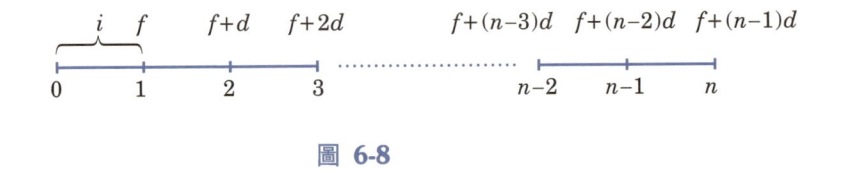

```
    i   f    f+d    f+2d        f+(n-3)d  f+(n-2)d  f+(n-1)d
    ├───┼─────┼──────┼············┼─────────┼─────────┤
    0   1     2      3           n-2       n-1       n
```

圖 6-8

由圖可知

第一期年金額 f

第二期年金額 $f+d$

第三期年金額 $f+d+d=f+2d$

⋮

第 n 期年金額 $\overbrace{f+d+d+\cdots+d}^{(n-1)\ 個}=f+(n-1)d$

由上述可知，各期年金額之相同各項，均可組成一定額年金．所以，

$$\begin{cases} 第一個有限定額年金之年金終值為\ fS_{\overline{n}|i} \\ 第二個有限定額年金之年金終值為\ dS_{\overline{n-1}|i} \\ 第三個有限定額年金之年金終值為\ dS_{\overline{n-2}|i} \\ \qquad\qquad\qquad\vdots \\ 第\ n\ 個有限定額年金之年金終值為\ dS_{\overline{1}|i} \end{cases}$$

將上述 n 個有限定額年金之年金終值加總，即為求等差變額年金之年金終值，因此，

$$S = fS_{\overline{n}|i} + dS_{\overline{n-1}|i} + dS_{\overline{n-2}|i} + \cdots + dS_{\overline{2}|i} + dS_{\overline{1}|i}$$

$$= fS_{\overline{n}|i} + d\left[\frac{(1+i)^{n-1}-1}{i} + \frac{(1+i)^{n-2}-1}{i}\right.$$

$$\left. + \cdots + \frac{(1+i)^2-1}{i} + \frac{(1+i)-1}{i}\right]$$

$$= fS_{\overline{n}|i} + \frac{d}{i}[(1+i)^{n-1} + (1+i)^{n-2}$$

$$+ \cdots + (1+i)^2 + (1+i) - (n-1)]$$

$$= fS_{\overline{n}|i} + \frac{d}{i}\left[\frac{(1+i)^n - (1+i)}{(1+i)-1} - n + 1\right]$$

$$= fS_{\overline{n}|i} + \frac{d}{i}\left[\frac{(1+i)^n - 1 - i}{i} - n + 1\right]$$

$$= fS_{\overline{n}|i} + \frac{d}{i}\left[\frac{(1+i)^n - 1}{i} - \frac{i}{i} - n + 1\right]$$

$$= fS_{\overline{n}|i} + \frac{d}{i}\left[\frac{(1+i)^n - 1}{i} - n - 1 + 1\right]$$

$$= fS_{\overline{n}|i} + \frac{d}{i}[S_{\overline{n}|i} - n]$$

又因現值可由終值求得，故等差變額年金之現值為

$$P = S(1+i)^{-n}$$

$$= \left[fS_{\overline{n}|i} + \frac{d}{i}(S_{\overline{n}|i} - n)\right](1+i)^{-n}$$

$$= fS_{\overline{n}|i}(1+i)^{-n} + \frac{d}{i}S_{\overline{n}|i}(1+i)^{-n} - \frac{d}{i}n(1+i)^{-n}$$

$$= fa_{\overline{n}|i} + \frac{d}{i}a_{\overline{n}|i} - \frac{d}{i}n(1+i)^{-n}$$

$$= fa_{\overline{n}|i} + \frac{d}{i}[a_{\overline{n}|i} - n(1+i)^{-n}]$$

【例題 1】每半年末支付一次，第一次支付 2,000 元，以後每期減少 150 元之年金，

爲期 5 年，利率爲 $j_{(2)}=0.16$，求年金終值與年金現值．

【解】（ⅰ）$f=2,000$，$d=-150$，$n=5\times 2=10$，$i=\dfrac{0.16}{2}=0.08$

由式 (6-8-1)，得年金終值

$$S=2,000\ S_{\overline{10}|0.08}+\dfrac{-150}{0.08}(S_{\overline{10}|0.08}-10)$$

$$=2,000\times 14.4865625-1,875(14.4865625-10)$$
$$=28,973.124-8,412.3046$$
$$=25,560.82\ 元$$

（ⅱ）由式 (6-8-2)，得年金現值

$$P=2,000\ a_{\overline{10}|0.08}+\dfrac{-150}{0.08}[a_{\overline{10}|0.08}-10(1+0.08)^{-10}]$$

$$=2,000\times 6.71001840-1,875[6.71001840-10\times 0.46319346]$$
$$=13,420.037-1,875[6.71001840-4.6319346]$$
$$=13,420.037-3,896.407$$
$$=9,523.63\ 元．$$

若等差變額年金之支付期數爲無限大，則此種年金稱爲**等差變額永續年金**，其終值爲無限大，其現值以 $(A_a)_\infty$ 表之．

$$(A_a)_\infty=\dfrac{f}{i}+\dfrac{d}{i^2} \tag{6-8-3}$$

證：因

$$P=fa_{\overline{n}|i}+\dfrac{d}{i}[a_{\overline{n}|i}-n(1+i)^{-n}]$$

當 $n\to\infty$ 時，則

$$P=\lim_{n\to\infty}\left[fa_{\overline{n}|i}+\dfrac{d}{i}a_{\overline{n}|i}-\dfrac{d}{i}n(1+i)^{-n}\right]$$

$$=\lim_{n\to\infty}fa_{\overline{n}|i}+\lim_{n\to\infty}\dfrac{d}{i}a_{\overline{n}|i}-\lim_{n\to\infty}\dfrac{d}{i}n(1+i)^{-n}$$

$$=f\lim_{n\to\infty}a_{\overline{n}|i}+\dfrac{d}{i}\lim_{n\to\infty}a_{\overline{n}|i}-\dfrac{d}{i}\lim_{n\to\infty}n(1+i)^{-n}$$

$$\lim_{n\to\infty} n(1+i)^{-n}=0 \quad \text{(以後在微積分中會學到)}$$

又因
$$\lim_{n\to\infty} a_{\overline{n}|i}=\frac{1}{i}$$

故
$$P=f\cdot\frac{1}{i}+\frac{d}{i}\cdot\frac{1}{i}-\frac{d}{i}\cdot 0$$
$$=\frac{f}{i}+\frac{d}{i^2}$$

即
$$(A_a)_\infty=\frac{f}{i}+\frac{d}{i^2}$$

【例題 2】某君擬在其母校設置獎學金，於每半年末各支付一次．第一次獎學金總額 5,000 元，以後每期依次增加 500 元，永續無窮，設基金會之利率為 $j_{(2)}=0.10$，求某君在第一年初應一次存入基金會之金額．

【解】 $f=5,000$，$d=500$，$i=\dfrac{0.10}{2}=0.05$

由式 (6-8-3) 得知

$$(A_a)_\infty=\frac{5,000}{0.05}+\frac{500}{(0.05)^2}$$
$$=100,000+200,000$$
$$=300,000 \text{ 元．}$$

等比變額年金

若簡單年金之普通年金，每期之年金額成一等比數列，且期數有限，則此種年金稱為簡單年金之普通等比變額有限年金，常簡稱為**等比變額年金**．

若以

　　$S=$ 等比變額年金之年金終值
　　$P=$ 等比變額年金之年金現值
　　$f=$ 等比變額年金第一次支付之年金額
　　$\alpha=$ 公比
　　$n=$ 期數
　　$i=$ 每期之利率

則計算等比變額年金終值與現值之公式為

$$S=\begin{cases} f \cdot \dfrac{(1+i)^n-\alpha^n}{1+i-\alpha}, & \text{若 } \alpha \neq 1+i \\ fn\alpha^{n-1}, & \text{若 } \alpha = 1+i \end{cases} \quad (6\text{-}8\text{-}4)$$

$$P=\begin{cases} f \cdot \dfrac{1-\alpha^n(1+i)^{-n}}{1+i-\alpha}, & \text{若 } \alpha \neq 1+i \\ \dfrac{fn}{\alpha}, & \text{若 } \alpha = 1+i \end{cases} \quad (6\text{-}8\text{-}5)$$

證：先以圖 6-9 時間線圖表示如下

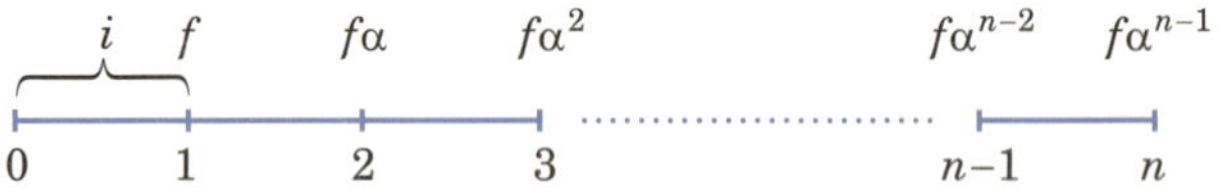

```
      i   f     fα      fα²             fα^(n-2)  fα^(n-1)
  ├───┼───┼───────┤ ·········· ├──────────┤
  0   1   2       3            n-1        n
```

圖 6-9

由上述之時間線圖知年金終值為

$$S = f \cdot (1+i)^{n-1} + f\alpha(1+i)^{n-2} + f\alpha^2(1+i)^{n-3} + \cdots + f\alpha^{n-4}(1+i)^3$$
$$\quad + f\alpha^{n-3}(1+i)^2 + f\alpha^{n-2}(1+i) + f\alpha^{n-1}$$
$$= f \cdot (1+i)^{n-1}[1+\alpha(1+i)^{-1}+\alpha^2(1+i)^{-2}+\cdots+\alpha^{n-2}(1+i)^{-(n-2)}+\alpha^{n-1}(1+i)^{-(n-1)}]$$
$$= f \cdot (1+i)^{n-1}\left[1+\frac{\alpha}{1+i}+\left(\frac{\alpha}{1+i}\right)^2+\cdots+\left(\frac{\alpha}{1+i}\right)^{n-2}+\left(\frac{\alpha}{1+i}\right)^{n-1}\right]$$

利用等比級數求和，得

$$S = f \cdot (1+i)^{n-1} \frac{1-\left(\dfrac{\alpha}{1+i}\right)^n}{1-\dfrac{\alpha}{1+i}}$$

當 $\alpha \neq 1+i$ 時，則上式化簡，得

$$S = f \frac{(1+i)^n - \alpha^n}{1+i-\alpha} \quad \cdots\cdots\cdots\cdots\cdots\cdots\cdots\cdots ①$$

又因
$$S=f(1+i)^{n-1}+f\alpha(1+i)^{n-2}+f\alpha^2(1+i)^{n-3}+\cdots+f\alpha^{n-2}(1+i)+f\alpha^{n-1}$$

當 $\alpha=1+i$ 時，則上式變為

$$\begin{aligned}S&=f\cdot\alpha^{n-1}+f\alpha\cdot\alpha^{n-2}+f\alpha^2\cdot\alpha^{n-3}+\cdots+f\alpha^{n-2}\cdot\alpha+f\alpha^{n-1}\\&=f\cdot\alpha^{n-1}+f\cdot\alpha^{n-1}+f\cdot\alpha^{n-1}+\cdots+f\cdot\alpha^{n-1}+f\cdot\alpha^{n-1}\\&=f\cdot n\alpha^{n-1}\cdots\cdots\cdots\cdots\cdots\cdots\cdots\cdots\cdots\cdots\cdots\cdots\cdots\cdots\text{②}\end{aligned}$$

因 $$P=S(1+i)^{-n}\cdots\cdots\cdots\cdots\cdots\cdots\cdots\cdots\text{③}$$

將 ① 式代入 ③ 式中，得

$$P=f\cdot\frac{(1+i)^n-\alpha^n}{1+i-\alpha}(1+i)^{-n}$$

$$=f\cdot\frac{1-\alpha^n(1+i)^{-n}}{1+i-\alpha}\quad(\alpha\neq 1+i)$$

又當 $\alpha=1+i$ 時，將 ② 式代入 ③ 式中，得

$$P=fn\alpha^{n-1}\alpha^{-n}=\frac{f\cdot n}{\alpha}\quad(\alpha=1+i)$$

若等比變額年金之支付期數為無限期，則此種年金為等比變額永續年金，其終值為無限大；若 $\alpha\geq 1+i$，則其現值也為無限大；若 $\alpha<1+i$，則

$$P=\lim_{n\to\infty}f\frac{1-\alpha^n(1+i)^{-n}}{1+i-\alpha}=\frac{f}{1+i-\alpha}\tag{6-8-6}$$

$$\left[\because\lim_{n\to\infty}\alpha^n(1+i)^{-n}=\lim_{n\to\infty}\left(\frac{\alpha}{1+i}\right)^n=0\right]$$

【例題 3】每半年末支付年金一次，第一次支付 1,000 元，以後每次均較上次增加 4%，為期 10 年，利率為 $j_{(2)}=0.10$，求年金終值．

【解】 $f=1,000$，$i=\dfrac{0.10}{2}=0.05$，$n=2\times10=20$，$\alpha=1.04$

因 $\alpha\neq 1+i$，由式 (6-8-4)，得年金終值

$$S = 1{,}000 \times \frac{(1+0.05)^{20} - (1.04)^{20}}{1+0.05-1.04}$$

$$= 1{,}000 \times \frac{2.6532977 - 2.1911231}{0.01}$$

$$= 1{,}000 \times \frac{0.4621746}{0.01}$$

$$= 46{,}217.46 \text{ 元}.$$

【例題 4】第一年末支付 100 元，以後每年末均較上年增加 10%，實利率 $i=0.12$，求永續年金之現值．

【解】 $f=100$，$\alpha=1.10$，$i=0.12$，由式 (6-8-6)，得永續年金之現值

$$P = \frac{100}{1.12-1.10} = 5{,}000 \text{ 元}.$$

習題 6-3

1. 每季末支付 2,500 元之年金，為期 5 年，利率為 $j_{(4)}=0.08$，求其年金終值．
2. 每三個月末支付年金 9,000 元，繼續支付 10 年，年利率為 12%，每年複利四次，求年金終值及現值．
3. 試證 $a_{\overline{m+n}|i} = a_{\overline{m}|i} + a_{\overline{n}|i}(1+i)^{-m}$．
4. 某甲每年初存入銀行 10,000 元，年利率 7%，每年複利一次，求第 7 年末的年金終值．
5. 某甲每年初可向銀行支取 10,000 元，期限為 10 年，年利率 6%，每年複利一次，求年金現值．
6. 某君預期五年末可儲蓄 50,000 元，設存款利率為 $j_{(4)}=8\%$，自今日起每三個月初，某君應存若干元？
7. 若 10 年後，每年末支取 20,000 元，為期 10 年，年利率 5%，每年複利一次，試求其延期年金現值．
8. 某君存款 27,605.49 元於銀行，於若干年後，每半年末支取 3,000 元，為期 13 年，本息支完．已知銀行利率為 $j_{(2)}=0.14$，問自存款之日起，若干年後可以開始支取？
9. 每年末支付 50,000 元，年利率 8%，永久支付，求年金現值．
10. 某君在學校設置獎學金三名，每學期每名 5,000 元，永續無窮，但該項基金存於

銀行三年後始支付，銀行利率為 $j_{(2)}=10\%$，試求此基金額之現值．

11. 每三個月末支付一次，第一次支付 10,000 元，以後每期遞增 1,000 元之變額年金，為期 8 年，利率為 $j_{(4)}=0.16$，求年金終值與現值．

12. 每半年末支付年金一次，第一次支付 20,000 元，以後每次都比上次增加 4%，為期 10 年，若利率為 $j_{(2)}=0.10$，試求其年金終值與現值．

13. 一百萬元存入銀行，每年末提取年金一次，第一年年金額 50,000 元，以後每年均較上年增加 5%，永久下去，試求銀行存款利率為若干？

第七章
馬克夫鏈

本章學習目標
- 了解馬克夫過程之基本概念
- 了解正規馬克夫鏈
- 了解吸收性馬克夫鏈

§7-1　馬克夫過程之基本概念

　　如果我們仔細觀察日常所發生的許多現象，必然會發現有些現象的未來發展或演變與該現象在目前所呈現的狀態有關．若將這種現象的演變表成隨時間改變的數學模式，則通常稱之為 <u>隨機過程</u>，如馬克夫過程．

【例題 1】甲乙二人進行乒乓球比賽，在這一系列的比賽中，每一局是一個隨機試驗，而基本事件空間均為 $\{a, b\}$，其中 a 表甲勝，b 表乙勝．設比賽開始時甲略強於乙，設在第一局比賽中甲勝出的機率是 $\frac{2}{3}$，即 $P_1(a)=\frac{2}{3}$，而 $P_1(b)=\frac{1}{3}$．但由於某些因素使以後各局比賽中的勝負機率發生變化，比如說，甲每每勝驕敗餒，而乙則每次取得經驗使技術有進步，因而 P_2, P_3, …，可能發生如下的變化

$$P_n(a)=\frac{2}{3} \cdot \left(\frac{4}{5}\right)^{n-1}$$

$$P_n(b)=1-\left[\frac{2}{3}\left(\frac{4}{5}\right)^{n-1}\right]$$

這一系列的試驗過程稱為一個 <u>隨機過程</u>．
如果這樣繼續下去，我們可以發現，在第 50 次比賽時，$P_{50}(a) \approx 0.0000119$，$P_{50}(b) \approx 0.9999881$，乙已佔了絕對優勢．

　　蘇聯數學家 <u>馬克夫</u> (A. A. Markov) 首先注意到上述這一系列機率 $\{P_n\}$ 的變化規律，可由以下公式決定：對 $n=1, 2, 3, …$，

$$[P_{n+1}(a),\ P_{n+1}(b)]=[P_n(a),\ P_n(b)]\begin{bmatrix} \frac{4}{5} & \frac{1}{5} \\ 0 & 1 \end{bmatrix}$$

所以我們就稱這個隨機過程為一個 <u>馬克夫鏈</u>．
　　馬克夫鏈是一種特殊型態的機率問題，可以用來推測未來的現象，在商業與經濟的決策抉擇問題上有重大的用途．我們先看看下面的例子．

【例題 2】假設某地區有甲、乙、丙三家牛乳供應商，目前市場佔有率分別為 20%，20%，60%．如果明年的顧客總人數不變，我們有什麼方法可以預測明年這三家公司的顧客分別佔顧客總人數的百分比呢？

【解】欲做這項預測，我們必須對顧客的意願有所了解，而不能只依賴目前三家公司的市場佔有率 20%，20%，60%．在對顧客意願的了解方面，為了使所做的預測有較高的可信度，必須依賴市場調查．根據市場調查顯示

1. 目前甲公司的顧客，有 60% 明年會繼續向甲公司訂購，有 20% 會轉向乙公司訂購，有 20% 會轉向丙公司訂購．
2. 目前乙公司的顧客，有 40% 明年會轉向甲公司訂購，有 40% 會繼續向乙公司訂購，有 20% 會轉向丙公司訂購．
3. 目前丙公司的顧客，有 60% 明年會轉向甲公司訂購，有 20% 會轉向乙公司訂購，有 20% 會繼續向丙公司訂購．

根據此項市場調查的結果，明年的甲公司顧客可以分成三類：目前甲公司顧客中的 60%、目前乙公司顧客中的 40%，以及目前丙公司顧客中的 60%．假設顧客總人數為 r，則明年向甲公司訂購的人數預計有

$$\frac{60}{100}\left(\frac{20}{100}r\right)+\frac{40}{100}\left(\frac{20}{100}r\right)+\frac{60}{100}\left(\frac{60}{100}r\right)=\frac{56}{100}$$

換句話說，明年向甲公司訂購的人數預計佔顧客總人數的 56%．
同理，明年向乙公司訂購的人數預計有

$$\frac{20}{100}\left(\frac{20}{100}r\right)+\frac{40}{100}\left(\frac{20}{100}r\right)+\frac{20}{100}\left(\frac{60}{100}r\right)=\frac{24}{100}$$

換句話說，明年向乙公司訂購的人數預計佔顧客總人數的 24%．
另外，明年向丙公司訂購的人數預計有

$$\frac{20}{100}\left(\frac{20}{100}r\right)+\frac{20}{100}\left(\frac{20}{100}r\right)+\frac{20}{100}\left(\frac{60}{100}r\right)=\frac{20}{100}$$

換句話說，明年向丙公司訂購的人數預計佔顧客總人數的 20%．

上面所求得三個數字的計算過程相當於做下面的矩陣乘積

$$\begin{bmatrix} \dfrac{60}{100} & \dfrac{40}{100} & \dfrac{60}{100} \\ \dfrac{20}{100} & \dfrac{40}{100} & \dfrac{20}{100} \\ \dfrac{20}{100} & \dfrac{20}{100} & \dfrac{20}{100} \end{bmatrix} \begin{bmatrix} \dfrac{20}{100} \\ \dfrac{20}{100} \\ \dfrac{60}{100} \end{bmatrix} = \begin{bmatrix} \dfrac{56}{100} \\ \dfrac{24}{100} \\ \dfrac{20}{100} \end{bmatrix}$$

在上面這個矩陣乘積的等式中，左邊的 3×1 矩陣中各元素乃是甲、乙、丙三家公司目前的市場佔有率，右邊的 3×1 矩陣中各元素乃是甲、乙、丙三家公司預測明年的市場佔有率，左邊的 3×3 矩陣

$$P = \begin{bmatrix} \dfrac{60}{100} & \dfrac{40}{100} & \dfrac{60}{100} \\ \dfrac{20}{100} & \dfrac{40}{100} & \dfrac{20}{100} \\ \dfrac{20}{100} & \dfrac{20}{100} & \dfrac{20}{100} \end{bmatrix}$$

中各元素乃是有關顧客意願所做的市場調查結果。若將甲、乙、丙三家公司依次稱為第 1 公司、第 2 公司、第 3 公司，而 P 的 (i, j) 元素是 P_{ij}，則目前向第 i 公司訂購的人明年會向第 j 公司訂購的機率為 P_{ij}。

我們在此引進矩陣 P 有什麼作用呢？假定前面有關顧客意願所做的市場調查結果並非只在 "目前" 與 "明年" 之間適用，而是 "每一年" 及 "其下一年" 之間的顧客意願均適用這個結果，那麼，我們不僅可以將目前的市場佔有率矩陣

$$P^{(0)} = \begin{bmatrix} \dfrac{20}{100} \\ \dfrac{20}{100} \\ \dfrac{60}{100} \end{bmatrix}$$

左乘以矩陣 P 而得到明年的預計市場佔有率矩陣

$$P^{(1)} = \begin{bmatrix} \dfrac{56}{100} \\ \dfrac{24}{100} \\ \dfrac{20}{100} \end{bmatrix}$$

亦即，$PP^{(0)} = P^{(1)}$. 同樣，可以將明年的預計市場佔有率矩陣 $P^{(1)}$ 左乘以矩陣 P 而得到後年的預計市場佔有率矩陣 $P^{(2)}$，亦即，

$$P^{(2)} = PP^{(1)} = \begin{bmatrix} \dfrac{60}{100} & \dfrac{40}{100} & \dfrac{60}{100} \\ \dfrac{20}{100} & \dfrac{40}{100} & \dfrac{20}{100} \\ \dfrac{20}{100} & \dfrac{20}{100} & \dfrac{20}{100} \end{bmatrix} \begin{bmatrix} \dfrac{56}{100} \\ \dfrac{24}{100} \\ \dfrac{20}{100} \end{bmatrix} = \begin{bmatrix} \dfrac{552}{1000} \\ \dfrac{248}{1000} \\ \dfrac{200}{1000} \end{bmatrix}$$

換句話說，後年向甲公司訂購的人數預計佔顧客總人數的 55.2%，向乙公司訂購者佔 24.8%，向丙公司訂購者佔 20%.

假定目前稱為第 0 年，明年稱為第 1 年，後年稱為第 2 年，…，而第 k 年的預計市場佔有率矩陣記為 $P^{(k)}$，則只要有關顧客意願的市場調查結果對"每一年"及"其下一年"之間均適用，即可得

$$P^{(k)} = PP^{(k-1)} = P^2 P^{(k-2)} = \cdots = P^k P^{(0)}$$

如此，矩陣 P 就增加很多方便了．

在上面所討論的例子中，我們所以能由目前的市場佔有率預測往後各年的市場佔有率，乃是因為我們假設矩陣 P 中各元素所代表的"訂購機率"對"每一年"及"其下一年"均適用的緣故．這種情形就是馬克夫鏈的一個例子．

在尚未定義馬克夫過程之前，我們先對一些名詞予以解釋．

1. **狀態** (state)
   一個隨機試驗或觀察具有各種可能的結果，其中每一種結果即稱為狀態，而所有狀態的集合稱為狀態空間．

2. **轉移機率** (transition probability)
   轉移機率係指在隨機試驗或觀察中，從一個狀態轉移到另一狀態之機率．例如一個

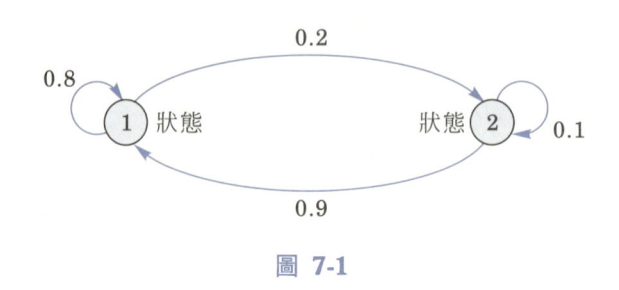

由第 $n-1$ 期至第 n 期的試驗．第 $n-1$ 期在 i 狀態，第 n 期移至 j 狀態的機率以 P_{ij} 表示．馬克夫鏈可用圖 7-1 的狀態轉換圖來表示，每一種狀態由一個 節點 (node) 及一個用圓圈圈起來的整數來代表，狀態與狀態之間的轉移以 箭號 來表示，而箭頭代表轉移的方向，箭號上的數值為每次轉移的機率，稱為 轉移機率．

在圖 7-1 中有狀態 1 及狀態 2 兩種，介於節點 1 與節點 2 間箭號上的數值 0.2，表示經過一期後，事件從狀態 1 轉移到狀態 2 的機率為 0.2；箭號上的 0.9，表示經過一期後，事件從狀態 2 轉移到狀態 1 的機率為 0.9；而箭號上的 0.8，由節點 1 到節點 1，表示經過一期後事件留在狀態 1 的機率為 0.8；同理，箭號上的 0.1，由節點 2 開始到節點 2 結束，表示經過一期後事件留在狀態 2 的機率為 0.1．

3. 路徑 (path)

路徑是指可由某狀態開始而轉移至其他狀態的一種過程，而過程中依序所出現之轉移機率均大於零．

4. 有限馬克夫鏈

若狀態為有限時，則稱為有限狀態馬克夫鏈，簡稱 有限馬克夫鏈；否則稱其為 無限馬克夫鏈．

5. 穩定馬克夫鏈

若轉移機率不隨時間變動而變動時，則稱為 穩定馬克夫鏈；否則稱為 不穩定馬克夫鏈．

6. 機率向量 (probability vector)

列向量 $\mathbf{v}=[v_1, v_2, \cdots, v_n]$ 若滿足下列條件

(1) $v_i \geq 0$，$i=1, 2, \cdots, n$

(2) $\sum_{i=1}^{n} v_i = 1$

則稱 $\mathbf{v}$ 為 機率向量．同理，若為行向量亦同．

讀者應注意，由於機率向量的各分量之總和等於 1，因此任意有 n 個分量的機

率向量均可用 $(n-1)$ 個未知數表示如下

$$[x_1,\ x_2,\ x_3,\ \cdots,\ x_{n-1},\ 1-x_1-x_2-\ \cdots\ x_{n-1}].$$

【例題 3】下列向量何者為機率向量？

$$\mathbf{x}=\left[\frac{1}{2},\ 0,\ \frac{1}{3},\ -\frac{1}{2}\right],\ \mathbf{y}=\left[\frac{1}{3},\ \frac{1}{2},\ 0,\ \frac{1}{2}\right],\ \mathbf{u}=\left[\frac{1}{2},\ \frac{1}{3},\ \frac{1}{6}\right]$$

【解】因 $u_i \geq 0$, $i=1,\ 2,\ 3$, 且 $\frac{1}{2}+\frac{1}{3}+\frac{1}{6}=1$

故 $\mathbf{u}=\left[\frac{1}{2},\ \frac{1}{3},\ \frac{1}{6}\right]$ 為機率向量. 而 $\mathbf{x}$ 與 $\mathbf{y}$ 係非機率向量. 　　┙

定義 7-1-1　方陣的固定點定理

設 $P=[a_{ij}]_{n \times n}$, 若一非零列向量 $\mathbf{u}=[u_1,\ u_2,\ u_3,\ \cdots,\ u_n]$ 滿足 $\mathbf{u}P=\mathbf{u}$, 則稱 $\mathbf{u}$ 為 n 階方陣 P 的**固定點** (fixed point) 或**穩定狀態向量** (steady-state vector).

【例題 4】設 $P=\begin{bmatrix} 2 & 1 \\ 2 & 3 \end{bmatrix}$ 則 $\mathbf{u}=[4,\ -2]$ 為 P 的固定點, 因為

$$\mathbf{u}P=[4,\ -2]\begin{bmatrix} 2 & 1 \\ 2 & 3 \end{bmatrix}=[4,\ -2]=\mathbf{u}.$$ 　　┙

定理 7-1-1

若 $\mathbf{u}$ 為矩陣 P 的一個固定點, 則對任何純量 k, $k\mathbf{u}$ 仍為 P 的固定點, 即

$$(k\mathbf{u})P=k(\mathbf{u}P)=k\mathbf{u}$$

所以, 如果 P 有一個非零的固定點, 則它必有無窮多個固定點.

【例題 5】設 $P=\begin{bmatrix} 2 & 1 \\ 2 & 3 \end{bmatrix}$，$\mathbf{u}=[4,\ -2]$，則 $2\mathbf{u}$ 為 P 的固定點，因為

$$2[4,\ -2]\begin{bmatrix} 2 & 1 \\ 2 & 3 \end{bmatrix}=[8,\ -4]=2[4,\ -2].$$

§7-2　有限馬克夫鏈

定義 7-2-1

設一隨機序列 $\{X_t,\ t=0,\ 1,\ 2,\ \cdots\}$ 的離散狀態空間為 E，若第 $t+1$ 期的狀態僅與第 t 期的狀態有關，而與第 $0,\ 1,\ 2,\ \cdots,\ t-1$ 期的狀態無關，即

$$P_r\{X_{t+1}=x_{t+1}\mid X_0=x_0,\ X_1=x_1,\ X_2=x_2,\ \cdots,\ X_t=x_t\}$$
$$=P_r\{X_{t+1}=x_{t+1}\mid X_t=x_t\}$$

則稱 $\{X_t,\ t=0,\ 1,\ 2,\ \cdots\}$ 為一階馬克夫鏈或簡稱馬克夫鏈，而機率 $P_r\{X_{t+1}=x_{t+1}\mid X_t=x_t\}$ 稱為由狀態 x_t 轉移至狀態 x_{t+1} 的轉移機率。例如一個由第 $n-1$ 期至第 n 期的試驗，第 $n-1$ 期在 i 狀態，第 n 期移至 j 狀態的機率，以 P_{ij} 表示。在一階馬克夫鏈中，僅受前一期影響，所以

$$P_{ij}=P_r\{X_n=j\mid X_{n-1}=i\}.$$

由定義 7-2-1 得知有限馬克夫鏈具有下列性質

1. 每一次個別的隨機試驗必定為狀態 $E_1,\ E_2,\ \cdots,\ E_n$ 中的某一個。
2. 若某一次個別隨機試驗的結果為 E_i，而下一次的隨機試驗結果為 E_j 的機率為 P_{ij}，此機率只與 E_i 及 E_j 有關。我們稱 P_{ij} 為由狀態 E_i 轉移至狀態 E_j 的轉移機率。

在數學上，具有 n 個狀態的馬克夫過程或馬克夫鏈通常用下面的方陣來表示

$$\begin{array}{c} \begin{array}{ccccc} E_1 & E_2 & E_3 & \cdots & E_n \end{array} \\ P = \begin{array}{c} E_1 \\ E_2 \\ E_3 \\ \vdots \\ E_n \end{array} \left[\begin{array}{ccccc} p_{11} & p_{12} & p_{13} & \cdots & p_{1n} \\ p_{21} & p_{22} & p_{23} & \cdots & p_{2n} \\ p_{31} & p_{32} & p_{33} & \cdots & p_{3n} \\ \vdots & \vdots & \vdots & & \vdots \\ p_{n1} & p_{n2} & p_{n3} & \cdots & p_{nn} \end{array} \right] \begin{array}{c} \Rightarrow 1 \\ \Rightarrow 1 \\ \Rightarrow 1 \\ \vdots \\ \Rightarrow 1 \end{array} \end{array}$$

(7-2-1)

在這個矩陣 P 中，由狀態 E_i 轉移至狀態 E_j 的轉移機率 $p_{ij} \geq 0$ ($i, j = 1, 2, 3, \cdots, n$) 且對各 i ($=1, 2, 3, \cdots, n$)，$\sum_{j=1}^{n} p_{ij} = 1$，故稱 P 為一**轉移矩陣**或**隨機矩陣**。

【例題 1】 $\begin{bmatrix} 0.25 & 0.30 & 0.40 & 0.05 \\ 0.05 & 0.40 & 0.30 & 0.25 \\ 0.10 & 0.30 & 0.60 & 0.00 \\ 0.00 & 0.45 & 0.30 & 0.25 \end{bmatrix}$ 是一個轉移矩陣，但

$\begin{bmatrix} \frac{1}{3} & 0 & \frac{2}{3} \\ \frac{1}{3} & \frac{1}{3} & \frac{1}{3} \\ \frac{3}{4} & \frac{1}{2} & -\frac{1}{4} \end{bmatrix}$ 及 $\begin{bmatrix} \frac{3}{4} & \frac{1}{2} \\ \frac{1}{3} & \frac{1}{3} \end{bmatrix}$ 都不是轉移矩陣。

因為這些矩陣含有負實數或者它們的列元素的和不等於 1。

【例題 2】試依據下列轉換圖 (圖 7-2)，建構成轉移矩陣或隨機矩陣。

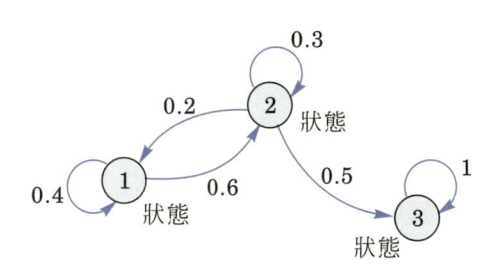

圖 7-2

【解】

$$P = \begin{array}{c} \text{從狀態 1} \\ \text{從狀態 2} \\ \text{從狀態 3} \end{array} \begin{array}{ccc} \text{到狀態 1} & \text{到狀態 2} & \text{到狀態 3} \\ \left[\begin{array}{ccc} 0.4 & 0.6 & 0 \\ 0.2 & 0.3 & 0.5 \\ 0 & 0 & 1 \end{array} \right] \end{array}$$

由於在圖 7-2 中，沒有箭號從節點 1 指到節點 3，也不存在節點 3 回到節點 1 及節點 3 回到節點 2 的箭號，所以其對應的轉移機率 p_{13}，p_{31} 和 p_{32} 的值均為 0。

【例題 3】試依據下列轉換圖 (圖 7-3)，建構成轉移矩陣或隨機矩陣。

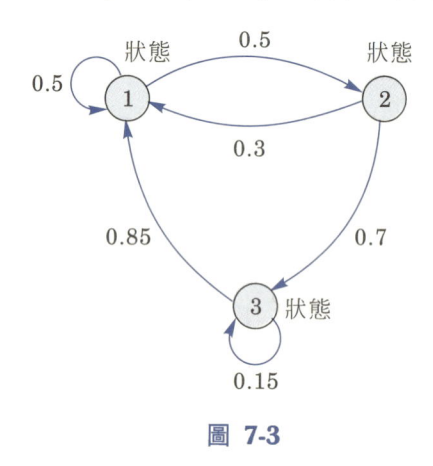

圖 7-3

【解】由圖 7-3 所示，轉換圖有三個狀態，故轉換矩陣為 3×3 之矩陣。由狀態 1 開始有二個箭號分別指向狀態 1 與狀態 2，但無箭號指向狀態 3。所以，其對應轉移機率之值分別為 $P_{11}=0.5$，$P_{12}=0.5$ 且 $P_{13}=0$。同理，由狀態 2 開始，我們得到轉移機率值為 $P_{21}=0.3$，$P_{22}=0$，$P_{23}=0.7$。最後，由狀態 3 開始，我們得到轉移機率值為 $P_{31}=0.85$，$P_{32}=0$，$P_{33}=0.15$。故轉移矩陣為

$$P = \left[\begin{array}{ccc} 0.5 & 0.5 & 0 \\ 0.3 & 0 & 0.7 \\ 0.85 & 0 & 0.15 \end{array} \right]$$

讀者應特別注意，轉移矩陣有下列兩種表示方式。

1.

$$P = \begin{array}{c} \\ 1 \\ 2 \\ \vdots \\ M \end{array} \begin{array}{c} \text{至} \\ \text{從} \end{array} \begin{bmatrix} 1 & 2 & 3 & \cdots & M \\ p_{11} & p_{12} & p_{13} & \cdots & p_{1M} \\ p_{21} & p_{22} & p_{23} & \cdots & p_{2M} \\ \vdots & \vdots & \vdots & & \vdots \\ p_{M1} & p_{M2} & p_{M3} & \cdots & p_{MM} \end{bmatrix} \begin{array}{c} \Rightarrow 1 \\ \Rightarrow 1 \\ \vdots \\ \Rightarrow 1 \end{array}$$

列表示前 $(n-1)$ 期，行表示後 (n) 期，由列到行，矩陣中每一個 p_{ij} 代表經過一期所到達狀態之機率，如 p_{13} 為目前在狀態 1 經過一期到達狀態 3 的機率。因為是從列到行，故每列和皆為 1，即

$$\sum_{j=1}^{M} p_{ij} = 1, \quad i = 1, 2, \cdots, M$$

2.

$$P = \begin{array}{c} 1 \\ 2 \\ \vdots \\ M \end{array} \begin{bmatrix} 1 & 2 & 3 & \cdots & M \\ p_{11} & p_{12} & p_{13} & \cdots & p_{1M} \\ p_{21} & p_{22} & p_{23} & \cdots & p_{2M} \\ \vdots & \vdots & \vdots & & \vdots \\ p_{M1} & p_{M2} & p_{M3} & \cdots & p_{MM} \end{bmatrix}$$

$$\Downarrow \quad \Downarrow \quad \Downarrow \quad \quad \Downarrow$$
$$1 \quad\; 1 \quad\; 1 \;\;\cdots\; 1$$

行表示前 $(n-1)$ 期，列表示後 (n) 期，由行到列，矩陣中每一個 p_{ij} 代表經過一期所到達狀態之機率，如 p_{13} 為目前在狀態 3 經過一期到達狀態 1 的機率。因為是從行到列，故每行和皆為 1，即

$$\sum_{i=1}^{M} p_{ij} = 1, \quad j = 1, 2, \cdots, M$$

1. 與 **2.** 之轉移矩陣互為 **轉置矩陣** (transpose matrix)，一般以 **1.** 表示法較常用。

【例題 4】每天固定上午七點準時由台北開往高雄之自強號列車，鐵路局不希望出現連續 2 天列車延遲開車的情況。因此，當某一天列車延遲開車時，鐵路局會加派更多人力，使隔天列車準時開車的機率達到 98%；如果某一天列車是準時開

車,鐵路局會加派較少人力,使隔天列車準時開車的機率為 85%。試列出自強號列車開車的轉移機率矩陣.

【解】本題可能結果有 2 種,所以有 2 個狀態,以 E_1 表列車準時開車,E_2 表列車延遲開車。時間週期為 1 天,當某一天列車延遲開車時,隔天列車準時開車的機率為 98%,這表示隔天列車仍然延遲開車的機率有 2%;亦即經過 1 天之後列車開車事件從狀態 E_2 轉移為狀態 E_1 的機率為 0.98,而仍留在狀態 E_2 的機率為 0.02。如果某一天列車是準時開車,隔天列車仍準時開車的機率為 85%,而延遲開車的機率為 15%;這表示經過一天之後列車開車事件從狀態 E_1 轉移到狀態 E_2 的機率為 0.15,而留在狀態 E_1 的機率為 0.85。

從 $(n-1)$ \ 至 (n)	E_1	E_2
E_1	0.85	0.15
E_2	0.98	0.02

則轉移矩陣為

$$P = \begin{array}{c} E_1 \\ E_2 \end{array} \begin{bmatrix} \overset{E_1}{0.85} & \overset{E_2}{0.15} \\ 0.98 & 0.02 \end{bmatrix} \begin{array}{c} \Rightarrow 1 \\ \Rightarrow 1 \end{array}$$

或

至 (n) \ 從 $(n-1)$	E_1	E_2
E_1	0.85	0.98
E_2	0.15	0.02

$$P = \begin{array}{c} E_1 \\ E_2 \end{array} \begin{bmatrix} \overset{E_1}{0.85} & \overset{E_2}{0.98} \\ 0.15 & 0.02 \end{bmatrix} .$$
$$\quad\quad\quad \Downarrow \quad \Downarrow$$
$$\quad\quad\quad 1 \quad\ 1$$

定義 7-2-2

設 P 為一 n 階轉移矩陣,若一非零列向量 $\mathbf{u} = [u_1, u_2, \cdots, u_n]$,它的每個

分量都是非負的實數，其和等於 1，並且滿足 u**P**=u，則稱 u 為 **P** 的機率固定點 (probability fixed point)。

【例題 5】設轉移矩陣 $\boldsymbol{P}=\begin{bmatrix} \frac{1}{4} & \frac{3}{4} \\ \frac{2}{3} & \frac{1}{3} \end{bmatrix}$，u=[8, 9]，則

$$\mathbf{u}\boldsymbol{P}=[8,\ 9]\begin{bmatrix} \frac{1}{4} & \frac{3}{4} \\ \frac{2}{3} & \frac{1}{3} \end{bmatrix}=[8,\ 9]$$

故 $\left[\frac{8}{17},\ \frac{9}{17}\right]$ 是 **P** 的機率固定點。

定理 7-2-1

設 $\boldsymbol{P}=\begin{bmatrix} p_{11} & p_{12} & \cdots & p_{1n} \\ p_{21} & p_{22} & \cdots & p_{2n} \\ \vdots & \vdots & & \vdots \\ p_{n1} & p_{n2} & \cdots & p_{nn} \end{bmatrix}$ 是一個轉移矩陣，$\mathbf{u}=[u_1,\ u_2,\ \cdots,\ u_n]$ 為一機率向量，則 u**P** 仍然是一個機率向量。

【例題 6】設 $\boldsymbol{P}=\begin{bmatrix} 0 & 1 \\ \frac{1}{3} & \frac{2}{3} \end{bmatrix}$ 是一個轉移矩陣，$\mathbf{u}=\left[\frac{1}{3},\ \frac{2}{3}\right]$ 為一機率向量，則

$$\mathbf{u}\boldsymbol{P}=\left[\frac{1}{3},\ \frac{2}{3}\right]\begin{bmatrix} 0 & 1 \\ \frac{1}{3} & \frac{2}{3} \end{bmatrix}=\left[\frac{2}{9},\ \frac{7}{9}\right]$$ 仍然是一個機率向量。

定理 7-2-2

轉移矩陣 A 與轉移矩陣 B 的乘積仍為轉移矩陣，尤其 A^n 亦為轉移矩陣。

定理 7-2-3

若給定轉移矩陣 $P=\begin{bmatrix} 1-p & p \\ q & 1-q \end{bmatrix}$，$0<p<1$，$0<q<1$，則 $\mathbf{u}=[q, p]$ 必是 P 的一個固定點。

【例題 7】求 $P=\begin{bmatrix} 0.7 & 0.3 \\ 0.8 & 0.2 \end{bmatrix}$ 的機率固定點.

【解】由定理 7-2-3，立即得知 $\mathbf{u}=\left[\dfrac{8}{10}, \dfrac{3}{10}\right]$ 就是 P 的固定點。而 $\mathbf{a}=\left[\dfrac{8}{11}, \dfrac{3}{11}\right]$ 是 P 的機率固定點.

【例題 8】試求轉移矩陣 $P=\begin{bmatrix} \dfrac{1}{2} & \dfrac{1}{4} & \dfrac{1}{4} \\ \dfrac{1}{2} & 0 & \dfrac{1}{2} \\ 0 & 1 & 0 \end{bmatrix}$ 的機率固定點.

【解】設 $\mathbf{u}=[x, y, z]$，如果 $\mathbf{u}$ 是 P 的固定點，則 $\mathbf{u}P=\mathbf{u}$，即

$$[x, y, z]\begin{bmatrix} \dfrac{1}{2} & \dfrac{1}{4} & \dfrac{1}{4} \\ \dfrac{1}{2} & 0 & \dfrac{1}{2} \\ 0 & 1 & 0 \end{bmatrix}=[x, y, z]$$

因此求得，

$$\left[\frac{x}{2}+\frac{y}{2},\ \frac{x}{4}+z,\ \frac{x}{4}+\frac{y}{2}\right]=[x,\ y,\ z]$$

故 $\begin{cases} \dfrac{x}{2}+\dfrac{y}{2}=x \\ \dfrac{x}{4}+z=y \\ \dfrac{x}{4}+\dfrac{y}{2}=z \end{cases}$ 即 $\begin{cases} x-y=0 \\ x-4y+4z=0 \\ x+2y-4z=0 \end{cases}$

則係數矩陣的列梯陣為

$$\begin{bmatrix} 1 & -1 & 0 \\ 1 & -4 & 4 \\ 1 & 2 & -4 \end{bmatrix} \xrightarrow{-1R_1+R_2} \begin{bmatrix} 1 & -1 & 0 \\ 0 & -3 & 4 \\ 1 & 2 & -4 \end{bmatrix} \xrightarrow{-1R_1+R_3} \begin{bmatrix} 1 & -1 & 0 \\ 0 & -3 & 4 \\ 0 & 3 & -4 \end{bmatrix}$$

$$\xrightarrow{1R_2+R_3} \begin{bmatrix} 1 & -1 & 0 \\ 0 & -3 & 4 \\ 0 & 0 & 0 \end{bmatrix} \xrightarrow{-\frac{1}{3}R_2} \begin{bmatrix} 1 & -1 & 0 \\ 0 & 1 & -\frac{4}{3} \\ 0 & 0 & 0 \end{bmatrix}$$

故係數矩陣所對應之方程組為

$$\begin{cases} x-\ y+0z=0 \\ 0x+\ y-\dfrac{4}{3}z=0 \\ 0x+0y+0z=0 \end{cases}$$

即 $\begin{cases} x=y \\ y=\dfrac{4}{3}z \end{cases}$ 或 $\begin{cases} x=y \\ z=\dfrac{3}{4}y \end{cases}$

這線性方程組有無限多組解，令 $y=y_1$，則 $x=y_1$，$z=\dfrac{3}{4}y_1$，故線性方程組之一般解為

$$\mathbf{u}=\left[y_1,\ y_1,\ \frac{3}{4}y_1\right]=y_1\left[1,\ 1,\ \frac{3}{4}\right]$$

為使 u 成為一機率向量，可設

$$y_1 = \frac{1}{1+1+\frac{3}{4}} = \frac{1}{\frac{11}{4}} = \frac{4}{11}$$

因此，$\left[\frac{4}{11}, \frac{4}{11}, \frac{3}{11}\right]$ 為 P 的機率固定點.

註：解 $\mathbf{u}P=\mathbf{u}$ 與解 $\mathbf{u}(I-P)=0$ 同義，亦即

$$[x, y, z]\begin{bmatrix} \frac{1}{2} & -\frac{1}{4} & -\frac{1}{4} \\ -\frac{1}{2} & 1 & -\frac{1}{2} \\ 0 & -1 & 1 \end{bmatrix} = [0, 0, 0].$$

§7-3　k 步轉移機率

在馬克夫鏈轉移矩陣 P 中的元素 P_{ij} 為由狀態 E_i 轉移至狀態 E_j 的機率，稱為**一步轉移機率** (one-step transition probability)，也可記為 $P_{ij}^{(1)}$，同理 $P = P^{(1)}$. 但有許多馬克夫鏈無法一步就由狀態 E_i 轉移至狀態 E_j，而是需要 k 步 (或 k 期) 的轉移.

定義 7-3-1

對於一個穩定性馬克夫鏈，我們以 $P_{ij}^{(k)}$ 表示由狀態 E_i 經過 k 次試驗之後而出現狀態 E_j 的機率，則稱此機率 $P_{ij}^{(k)}$ 為由 E_i 至 E_j 的 k 步轉移機率. 由 $P_{ij}^{(k)}$ 所構成之方陣

$$P_{ij}^{(k)} = \begin{bmatrix} p_{11}^{(k)} & p_{12}^{(k)} & \cdots & p_{1n}^{(k)} \\ p_{21}^{(k)} & p_{22}^{(k)} & \cdots & p_{2n}^{(k)} \\ p_{31}^{(k)} & p_{32}^{(k)} & \cdots & p_{3n}^{(k)} \\ \vdots & \vdots & & \vdots \\ p_{n1}^{(k)} & p_{n2}^{(k)} & \cdots & p_{nn}^{(k)} \end{bmatrix} \quad (7\text{-}3\text{-}1)$$

稱為 k **步轉移矩陣**。例如，$p_{12}^{(4)}$ 表示由狀態 1 經過 4 期後轉移到狀態 2 的機率。而 $p_{32}^{(10)}$ 表示由狀態 3 經過 10 期後轉移到狀態 2 的機率。

定理 7-3-1　查普曼-柯默哥羅夫方程式 (Chapman-Kalmogorov equation)

若 P 為一穩定有限馬克夫鏈的轉移矩陣，而 $P^{(k)}$ 為此馬克夫鏈的 k 步轉移矩陣，則可得 $P^{(k)}=P^k$。

定義 7-3-2

對於具有 n 個狀態之**馬克夫鏈**的系統而言，**起始狀態向量** u_0 為一 $1\times n$ 之**列向量**，其元素為開始狀態系統內之值。

例如，我們令 $[9000\ \ 6000]$ 為一 1×2 矩陣且右乘以 2×2 的轉移矩陣，我們得

$$[9000\ \ 6000]\begin{bmatrix} 0.84 & 0.16 \\ 0.07 & 0.93 \end{bmatrix}=[7980\ \ 7020]$$

我們就稱矩陣 $[9000\ \ 6000]$ 為起始狀態向量 (initial state vector)。

由以上之定義，得知，

第一狀態向量 $=u_1=u_0P$ （P 為轉移矩陣）
第二狀態向量 $=u_2=u_1P=(u_0P)P=u_0P^2$
第三狀態向量 $=u_3=u_2P=(u_0P^2)P=u_0P^3$
$\vdots$

一般我們可求得第 k 狀態向量為

$$u_k=u_0P^k,\ k=0,\ 1,\ 2,\ \cdots$$

【例題 1】甲、乙、丙三電視台，在晚上七時半到八時半的電視節目中，收視率各為 1/3．現三電視台分別將這段時間內的節目革新，在首六個月內，收視率有下列的變化

1. 甲電視台原有觀眾，有 30% 改看乙台，30% 改看丙台．
2. 乙電視台原有觀眾，有 60% 改看甲台，10% 改看丙台．
3. 丙電視台原有觀眾，有 60% 改看甲台，10% 改看乙台．

試問一年以後，三家電視台在這段時間內的收視率有何變化？

【解】由題意得知，在首六個月內，三家電視台的轉移矩陣為

$$P = \begin{array}{c} \\ \text{從甲台} \\ \text{從乙台} \\ \text{從丙台} \end{array} \begin{array}{ccc} \text{到甲台} & \text{到乙台} & \text{到丙台} \\ \begin{bmatrix} 0.4 & 0.3 & 0.3 \\ 0.6 & 0.3 & 0.1 \\ 0.6 & 0.1 & 0.3 \end{bmatrix} \end{array}$$

已知起始機率分配向量（或起始狀態向量）為 $\mathbf{u}_0 = \left[\dfrac{1}{3}, \dfrac{1}{3}, \dfrac{1}{3}\right]$．故可知一年之後，收視率的變化為

$$\mathbf{u}_2 = \mathbf{u}_0 P^{(2)} = \mathbf{u}_0 P^2$$

$$P^2 = P \cdot P = \begin{bmatrix} 0.4 & 0.3 & 0.3 \\ 0.6 & 0.3 & 0.1 \\ 0.6 & 0.1 & 0.3 \end{bmatrix} \begin{bmatrix} 0.4 & 0.3 & 0.3 \\ 0.6 & 0.3 & 0.1 \\ 0.6 & 0.1 & 0.3 \end{bmatrix} = \begin{bmatrix} 0.52 & 0.24 & 0.24 \\ 0.48 & 0.28 & 0.24 \\ 0.48 & 0.24 & 0.28 \end{bmatrix}$$

所以，

$$\mathbf{u}_2 = \left[\dfrac{1}{3}, \dfrac{1}{3}, \dfrac{1}{3}\right] \begin{bmatrix} 0.52 & 0.24 & 0.24 \\ 0.48 & 0.28 & 0.24 \\ 0.48 & 0.24 & 0.28 \end{bmatrix}$$

$$= \left[\dfrac{1}{3} \times 0.52 + \dfrac{1}{3} \times 0.48 + \dfrac{1}{3} \times 0.48, \ \dfrac{1}{3} \times 0.24 + \dfrac{1}{3} \times 0.28 + \dfrac{1}{3} \times 0.24, \right.$$

$$\left. \dfrac{1}{3} \times 0.24 + \dfrac{1}{3} \times 0.24 + \dfrac{1}{3} \times 0.28 \right]$$

$$= [49.3\%, \ 25.3\%, \ 25.3\%]$$

故三台的收視率即，甲台的收視率分佈是 49.3%，乙台及丙台的收視率分佈都是 25.3%。

讀者應注意，假使轉移矩陣表示法是由行至列，每行總和為 1，即

$$P = \begin{array}{c} \\ \text{到甲台} \\ \text{到乙台} \\ \text{到丙台} \end{array} \begin{array}{ccc} \text{從甲台} & \text{從乙台} & \text{從丙台} \\ \begin{bmatrix} 0.4 & 0.6 & 0.6 \\ 0.3 & 0.3 & 0.1 \\ 0.3 & 0.1 & 0.3 \end{bmatrix} \end{array}$$

則

$$P^2 = P \cdot P = \begin{bmatrix} 0.4 & 0.6 & 0.6 \\ 0.3 & 0.3 & 0.1 \\ 0.3 & 0.1 & 0.3 \end{bmatrix} \begin{bmatrix} 0.4 & 0.6 & 0.6 \\ 0.3 & 0.3 & 0.1 \\ 0.3 & 0.1 & 0.3 \end{bmatrix} = \begin{bmatrix} 0.52 & 0.48 & 0.48 \\ 0.24 & 0.28 & 0.24 \\ 0.24 & 0.24 & 0.28 \end{bmatrix}$$

轉移矩陣有行至列或者列至行兩種表示法，這兩種轉移矩陣互為**轉置矩陣**；但經過 n 期後的 $P^{(n)}$ **轉移矩陣**，亦有兩種表示法，且該兩種表示法互為轉置矩陣。若轉移矩陣由行至列，每行總和為 1，則 $\mathbf{u}_0$ 要寫成行向量。故設起始機率分配向量為

$$\mathbf{u}_0 = \begin{bmatrix} \frac{1}{3} \\ \frac{1}{3} \\ \frac{1}{3} \end{bmatrix}$$

故

$$\mathbf{u}_2 = P^2 \cdot \mathbf{u}_0 = \begin{bmatrix} 0.52 & 0.48 & 0.48 \\ 0.24 & 0.28 & 0.24 \\ 0.24 & 0.24 & 0.28 \end{bmatrix} \begin{bmatrix} \frac{1}{3} \\ \frac{1}{3} \\ \frac{1}{3} \end{bmatrix} = \begin{bmatrix} 49.3\% \\ 25.3\% \\ 25.3\% \end{bmatrix}$$

所以，由兩種轉移矩陣表示法所計算出的答案完全相同，但是在計算時要注意矩陣之安排。

§7-4　正規馬克夫鏈

定義 7-4-1　正規轉移矩陣

若轉移矩陣 P 的 k 次方 P^k 中每一元素都變為大於零的實數，則此轉移矩陣 P 稱為正規轉移矩陣．而此馬克夫鏈則稱為正規馬克夫鏈．

【例題 1】$P = \begin{bmatrix} 0 & 1 \\ \frac{1}{3} & \frac{2}{3} \end{bmatrix}$ 是正規矩陣，因為 $P^2 = \begin{bmatrix} \frac{1}{3} & \frac{2}{3} \\ \frac{2}{9} & \frac{7}{9} \end{bmatrix}$．

$P = \begin{bmatrix} 1 & 0 \\ \frac{1}{2} & \frac{1}{2} \end{bmatrix}$ 不是正規矩陣，因為對 P 的任何次乘冪，它的第一列元素是 [1, 0]，例如

$$P^2 = \begin{bmatrix} 1 & 0 \\ \frac{3}{4} & \frac{1}{4} \end{bmatrix}, \quad P^3 = \begin{bmatrix} 1 & 0 \\ \frac{7}{8} & \frac{1}{8} \end{bmatrix}.$$

正規的轉移矩陣與機率固定點有極其密切的關係．我們發現當 n 充分大時，正規的 n 階轉移矩陣 P 的 n 次冪趨近於一個固定的 n 階轉移矩陣 W，其中矩陣 W 的每一行都是 P 的一個機率固定點．

例如，$P = \begin{bmatrix} \frac{2}{3} & \frac{1}{3} \\ \frac{1}{2} & \frac{1}{2} \end{bmatrix}$，顯然，$P$ 是一個正規的轉移矩陣，

$$P^{(2)} = \begin{bmatrix} 0.611 & 0.389 \\ 0.583 & 0.417 \end{bmatrix}, \quad P^{(3)} = \begin{bmatrix} 0.602 & 0.398 \\ 0.597 & 0.403 \end{bmatrix}, \ldots$$

當 n 充分大時

$$\lim_{n\to\infty} \boldsymbol{P}^{(n)} = \begin{bmatrix} 0.6 & 0.4 \\ 0.6 & 0.4 \end{bmatrix} = \boldsymbol{W}$$

但對於不是正規的轉移矩陣，上面的結果並不成立．

例如，$\boldsymbol{P} = \begin{bmatrix} 0 & 1 \\ 1 & 0 \end{bmatrix}$，顯然，$\boldsymbol{P}$ 不是正規的，因為它的主對角線上出現了 1．當 n 是偶數時，$\boldsymbol{P}^{(n)} = \boldsymbol{I}$；當 n 為奇數時，$\boldsymbol{P}^{(n)} = \boldsymbol{P}$．故 $\boldsymbol{P}^{(n)}$ 並不可能趨近於一個固定的矩陣 $\boldsymbol{W}$．

結合以上所論，有關正規馬克夫鏈有下列之重要性質．設 $\boldsymbol{P}$ 為正規轉移矩陣，則

1. 此馬克夫鏈有唯一的列向量 $\mathbf{u} = [u_1, u_2, u_3, \cdots, u_n]$，$u_i > 0$，$i = 1, 2, 3, \cdots, n$，則 $\sum_{i=1}^{n} u_i = 1$，使得 $\mathbf{u}\boldsymbol{P} = \mathbf{u}$．

2. $\lim_{n\to\infty} \boldsymbol{P}^{(n)}$ 存在，若 $\lim_{n\to\infty} \boldsymbol{P}^{(n)} = \boldsymbol{W}$，則 $\boldsymbol{W}$ 的每一列均由列向量 $\mathbf{u}$ 所構成．

3. 不論起始狀態向量 $\mathbf{u}_0$ 為何，經過多次轉移後，必趨近於 $\boldsymbol{W}$，即 $\lim_{n\to\infty} \mathbf{u}_0 \boldsymbol{P}^{(n)} = \boldsymbol{W}$．

在上述的性質中，$\boldsymbol{W}$ 可稱為**穩定狀態機率** (steady-state probability)．一個正規馬克夫鏈，不管其一開始之狀態機率分配向量為何，經過長期隨機試驗之後，任何狀態 j 發生之機率必趨近於 u_j，即其最後結果會趨近於穩定狀態機率．在求穩定狀態機率向量時，可令 $\mathbf{u} = [u_1, u_2, u_3, \cdots, u_n]$，再由 $\mathbf{u}\boldsymbol{P} = \mathbf{u}$ 及 $\sum_{i=1}^{n} u_i = 1$，可得下面之聯立方程組

$$\begin{cases} p_{11}u_1 + p_{21}u_2 + \cdots + p_{n1}u_n = u_1 \\ p_{12}u_1 + p_{22}u_2 + \cdots + p_{n2}u_n = u_2 \\ \vdots \quad \vdots \quad \vdots \quad \vdots \\ p_{1n}u_1 + p_{2n}u_2 + \cdots + p_{nn}u_n = u_n \\ u_1 + u_2 + u_3 + \cdots + u_n = 1 \end{cases}$$

解上述線性方程組可保留最後一個方程式，前面 n 個方程式可任意刪去其中一個方程式，即可求得穩定狀態機率向量 $\mathbf{u}$．

【例題 2】甲、乙、丙三電視台，在晚上七時半到八時半的電視節目中，收視率各為

1/3，現三電視台分別將這段時間內的節目革新，在首六個月內，收視率有下列的變化

1. 甲電視台原有觀衆，有 30% 改看乙台，30% 改看丙台．
2. 乙電視台原有觀衆，有 60% 改看甲台，10% 改看丙台．
3. 丙電視台原有觀衆，有 60% 改看甲台，10% 改看乙台．

假如這種現象一直繼續下去，最後的機率分佈如何？

【解】設穩定狀態機率向量爲 $\mathbf{u}=[u_1, u_2, u_3]$，且 $\sum_{i=1}^{3} u_i = 1$，而

$$P = \begin{array}{c} \\ 甲 \\ 乙 \\ 丙 \end{array} \begin{array}{c} 甲 \quad 乙 \quad 丙 \\ \begin{bmatrix} 0.4 & 0.3 & 0.3 \\ 0.6 & 0.3 & 0.1 \\ 0.6 & 0.1 & 0.3 \end{bmatrix} \end{array}$$

爲正規轉移矩陣，於是得出

$$[u_1, u_2, u_3] \begin{bmatrix} 0.4 & 0.3 & 0.3 \\ 0.6 & 0.3 & 0.1 \\ 0.6 & 0.1 & 0.3 \end{bmatrix} = [u_1, u_2, u_3]$$

因此，有下列的線性方程組

$$\begin{cases} u_1 + u_2 + u_3 = 1 \\ 0.4u_1 + 0.6u_2 + 0.6u_3 = u_1 \\ 0.3u_1 + 0.3u_2 + 0.1u_3 = u_2 \\ 0.3u_1 + 0.1u_2 + 0.3u_3 = u_3 \end{cases}$$

解 $\begin{cases} u_1 + u_2 + u_3 = 1 \\ 0.3u_1 - 0.7u_2 + 0.1u_3 = 0 \\ 0.3u_1 + 0.1u_2 - 0.7u_3 = 0 \end{cases}$ 或 $\begin{cases} u_1 + u_2 + u_3 = 1 \\ 3u_1 - 7u_2 + u_3 = 0 \\ 3u_1 + u_2 - 7u_3 = 0 \end{cases}$

利用高斯消去法解上述線性方程組

$$\begin{bmatrix} 1 & 1 & 1 & \vdots & 1 \\ 3 & -7 & 1 & \vdots & 0 \\ 3 & 1 & -7 & \vdots & 0 \end{bmatrix} \begin{array}{c} -3R_1+R_2 \\ -3R_1+R_3 \\ \sim \end{array} \begin{bmatrix} 1 & 1 & 1 & \vdots & 1 \\ 0 & -10 & -2 & \vdots & -3 \\ 0 & -2 & -10 & \vdots & -3 \end{bmatrix}$$

$$\overset{\frac{1}{10}R_2}{\underset{\frac{1}{2}R_3}{\sim}} \begin{bmatrix} 1 & 1 & 1 & \vdots & 1 \\ 0 & -1 & -\frac{1}{5} & \vdots & -\frac{3}{10} \\ 0 & -1 & -5 & \vdots & -\frac{3}{2} \end{bmatrix} \overset{-1R_2+R_3}{\sim} \begin{bmatrix} 1 & 1 & 1 & \vdots & 1 \\ 0 & -1 & -\frac{1}{5} & \vdots & -\frac{3}{10} \\ 0 & 0 & -\frac{24}{5} & \vdots & -\frac{6}{5} \end{bmatrix}$$

$$\overset{1R_2+R_1}{\sim} \begin{bmatrix} 1 & 0 & \frac{4}{5} & \vdots & \frac{7}{10} \\ 0 & -1 & -\frac{1}{5} & \vdots & -\frac{3}{10} \\ 0 & 0 & -\frac{24}{5} & \vdots & -\frac{6}{5} \end{bmatrix}$$

所對應之線性方程組為

$$\begin{cases} u_1 \phantom{{}-u_2} + \frac{4}{5} u_3 = \frac{7}{10} \\ -u_2 - \frac{1}{5} u_3 = -\frac{3}{10} \\ -\frac{24}{5} u_3 = -\frac{6}{5} \end{cases}$$

解得 $\quad u_3 = \frac{1}{4}, \quad u_2 = \frac{1}{4}, \quad u_1 = \frac{1}{2}$

因此，穩定狀態機率向量為 $\mathbf{u} = \left[\frac{1}{2}, \ \frac{1}{4}, \ \frac{1}{4} \right]$。

即最後，甲電視台的收視率為 50%，乙電視台及丙電視台的收視率分別都變成 25%。

【例題 3】 某城市原有甲、乙兩家便利商店，彼此互相爭取顧客。現在又新開一家名為大維之便利商店。在第三家便利商店大維加入一年之後，顧客的購買行為如下：甲便利商店每月維持原有顧客 80%，分別流失 10% 至乙便利商店及大維便利商店。乙便利商店保有原有顧客 70%，並且有 20% 轉至甲便利商店，10% 轉向大維便利商店。大維便利商店保有原有顧客 90%，而有 10% 流向甲便利商店，沒有顧客流向乙便利商店。假如在一月底，甲、乙及大維便利商店的市場佔有率分別為 45%、30% 及 25%。如果轉移機率保持不變，試問三月底時各家便利商店的佔有率為何？長期以往，各家便利商店之市場佔有率又如何？

【解】由題意得知，三家便利商店的轉移矩陣為

$$P = \begin{matrix} & \text{甲} & \text{乙} & \text{大維} \\ \text{甲} \\ \text{乙} \\ \text{大維} \end{matrix} \begin{bmatrix} 0.8 & 0.1 & 0.1 \\ 0.2 & 0.7 & 0.1 \\ 0.1 & 0 & 0.9 \end{bmatrix}$$

已知起始機率分配向量為 $\mathbf{u}_0 = [0.45, 0.3, 0.25]$，故三月底三家便利商店之市場佔有率為

$$\mathbf{u}_2 = \mathbf{u}_0 P^{(2)} = \mathbf{u}_0 P^2$$

$$P^2 = P \cdot P = \begin{bmatrix} 0.8 & 0.1 & 0.1 \\ 0.2 & 0.7 & 0.1 \\ 0.1 & 0 & 0.9 \end{bmatrix} \begin{bmatrix} 0.8 & 0.1 & 0.1 \\ 0.2 & 0.7 & 0.1 \\ 0.1 & 0 & 0.9 \end{bmatrix} = \begin{bmatrix} 0.67 & 0.15 & 0.18 \\ 0.31 & 0.51 & 0.18 \\ 0.17 & 0.01 & 0.82 \end{bmatrix}$$

所以，

$$\mathbf{u}_2 = \mathbf{u}_0 P^2 = [0.45, 0.3, 0.25] \begin{bmatrix} 0.67 & 0.15 & 0.18 \\ 0.31 & 0.51 & 0.18 \\ 0.17 & 0.01 & 0.82 \end{bmatrix}$$

$$= [43.7\%, 22.3\%, 34\%]$$

即在三月底時，甲、乙及大維便利商店的市場佔有率分別為 43.7%、22.3% 及 34%。

設穩定狀態機率向量為 $\mathbf{u} = [u_1, u_2, u_3]$，且 $\sum_{i=1}^{3} u_i = 1$，而 P 為正規轉移矩陣，於是得出

$$[u_1, u_2, u_3] \begin{bmatrix} 0.8 & 0.1 & 0.1 \\ 0.2 & 0.7 & 0.1 \\ 0.1 & 0 & 0.9 \end{bmatrix} = [u_1, u_2, u_3]$$

因此得下列之線性方程組

$$\begin{cases} u_1 + u_2 + u_3 = 1 \\ 0.8u_1 + 0.2u_2 + 0.1u_3 = u_1 \\ 0.1u_1 + 0.7u_2 + 0u_3 = u_2 \\ 0.1u_1 + 0.1u_2 + 0.9u_3 = u_3 \end{cases}$$

解 $\begin{cases} u_1 + u_2 + u_3 = 1 \\ 0.1u_1 - 0.3u_2 = 0 \\ 0.1u_1 + 0.1u_2 - 0.1u_3 = 0 \end{cases}$ 或 $\begin{cases} u_1 + u_2 + u_3 = 1 \\ u_1 - 3u_2 = 0 \\ u_1 + u_2 - u_3 = 0 \end{cases}$

利用高斯消去法解上述線性方程組

$$\begin{bmatrix} 1 & 1 & 1 & \vdots & 1 \\ 1 & -3 & 0 & \vdots & 0 \\ 1 & 1 & -1 & \vdots & 0 \end{bmatrix} \begin{matrix} -1R_1+R_2 \\ -1R_1+R_3 \end{matrix} \sim \begin{bmatrix} 1 & 1 & 1 & \vdots & 1 \\ 0 & -4 & -1 & \vdots & -1 \\ 0 & 0 & -2 & \vdots & -1 \end{bmatrix} \overset{\frac{1}{4}R_2+R_1}{\sim}$$

$$\begin{bmatrix} 1 & 0 & \frac{3}{4} & \vdots & \frac{3}{4} \\ 0 & -4 & -1 & \vdots & -1 \\ 0 & 0 & -2 & \vdots & -1 \end{bmatrix} \begin{matrix} -\frac{1}{4}R_2 \\ -\frac{1}{2}R_3 \end{matrix} \sim \begin{bmatrix} 1 & 0 & \frac{3}{4} & \vdots & \frac{3}{4} \\ 0 & 1 & \frac{1}{4} & \vdots & \frac{1}{4} \\ 0 & 0 & 1 & \vdots & \frac{1}{2} \end{bmatrix}$$

上述矩陣所對應之線性方程組為

$$\begin{cases} u_1 + \frac{3}{4}u_3 = \frac{3}{4} \\ u_2 + \frac{1}{4}u_3 = \frac{1}{4} \\ u_3 = \frac{1}{2} \end{cases}$$

故 $u_3 = \frac{1}{2}$

$u_2 = \frac{1}{4} - \frac{1}{4}u_3 = \frac{1}{4} - \frac{1}{8} = \frac{1}{8} = 0.125$

$$u_1 = \frac{3}{4} - \frac{3}{4}u_3 = \frac{3}{4} - \frac{3}{4} \cdot \frac{1}{2} = \frac{3}{8} = 0.375$$

因此長期以往，甲、乙及大維三家便利商店之市場佔有率漸漸趨於穩定，分別為甲便利商店之佔有率為 37.5%，乙便利商店之佔有率為 12.5%，大維便利商店之佔有率為 50%。

§7-5　吸收性馬克夫鏈

在 7-4 節中我們曾經討論到具有正規轉移矩陣的馬克夫鏈，不論其原始的機率向量為何，長期之後均會達到相同的穩定狀態機率向量。在本節中我們將進一步探討具有非正規轉移矩陣的馬克夫鏈，其機率向量長期之後也可能達到另一種穩定的狀態。

在馬克夫鏈過程中，當事件一旦進入某種狀態後就停留在該狀態內，不能離開，我們就稱該狀態為**吸收狀態** (absorbing state)。若狀態 i 為吸收狀態，則該狀態的轉移機率為

$$p_{ij} = \begin{cases} 0, & \text{當 } i \neq j \\ 1, & \text{當 } i = j \end{cases}$$

也就是說，狀態 i 為吸收狀態時，其轉移矩陣 P 在主對角線位置有 1 存在，而該列其他位置均為 0。但讀者應注意有吸收狀態不見得就是**吸收性馬克夫鏈**，必須符合下列之定義。

定義 7-5-1

具有下列兩性質的馬克夫鏈稱為吸收性馬克夫鏈
(1) 至少有一吸收狀態。
(2) 事件由任何非吸收狀態開始，經過若干次轉移後，均可到達吸收狀態。

【例題 1】下列矩陣何者為吸收性馬克夫鏈？

(1) $\begin{bmatrix} 0.2 & 0.4 & 0.4 \\ 0.7 & 0.3 & 0 \\ 0.5 & 0.3 & 0.2 \end{bmatrix}$
(2) $\begin{bmatrix} 0.8 & 0.2 & 0 \\ 0 & 1 & 0 \\ 0.4 & 0 & 0.6 \end{bmatrix}$
(3) $\begin{bmatrix} 0.1 & 0 & 0.4 & 0.5 \\ 0 & 1 & 0 & 0 \\ 0.2 & 0 & 0.5 & 0.3 \\ 0.5 & 0 & 0.3 & 0.2 \end{bmatrix}$

(4) $\begin{bmatrix} 1 & 0 & 0 \\ 0 & 0.1 & 0.9 \\ 0 & 0.2 & 0.8 \end{bmatrix}$
(5) $\begin{bmatrix} 0.2 & 0.3 & 0 & 0.5 \\ 0 & 0.4 & 0 & 0.6 \\ 0.5 & 0 & 0.5 & 0 \\ 0 & 0 & 0 & 1 \end{bmatrix}$

【解】(1) 不是吸收性馬克夫鏈，因為沒有任一狀態為吸收性．

(2) 因 $p_{22}=1$ 且同列之其他元素均為 0，故狀態 2 為吸收狀態，狀態轉移圖如圖 7-4．

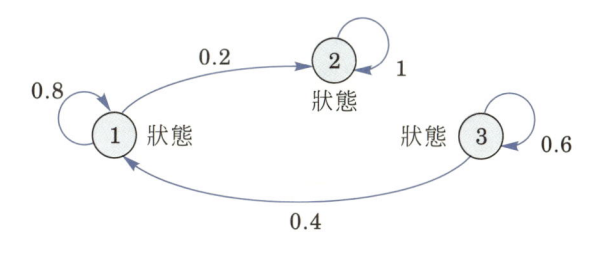

圖 7-4

由轉移圖可知，為吸收性馬克夫鏈，因為任何事件在非吸收狀態 1 或 3 經轉移後均可到達吸收狀態 2．

(3) 因 $p_{22}=1$ 且同列之其他元素均為 0，故狀態 2 為吸收狀態，狀態轉移圖如圖 7-5．

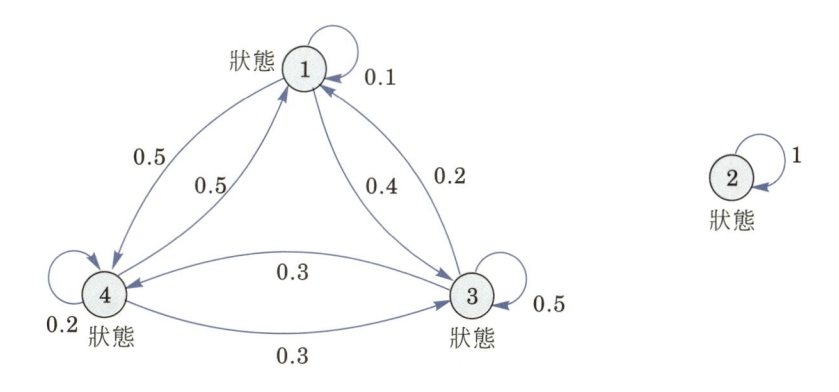

圖 7-5

由轉移圖可知，狀態 1, 3, 4 均不能轉移至吸收狀態 2，故不是吸收性馬克夫鏈。

(4) 因 $p_{11}=1$ 且同列之其他元素均為 0，故狀態 1 為吸收狀態，狀態轉移圖如圖 7-6。

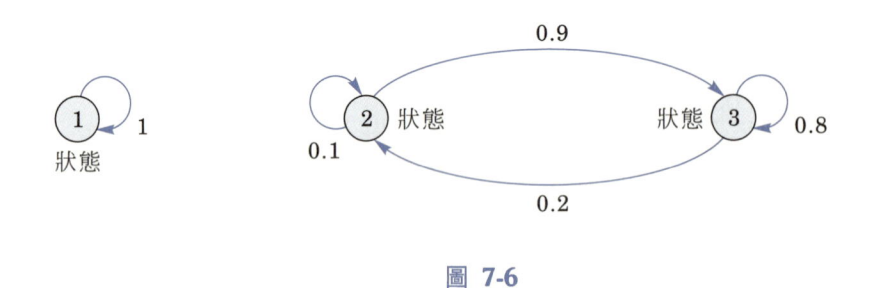

圖 7-6

由轉移圖可知，無論事件在非吸收狀態 2 或 3 時，均不能轉移至吸收狀態 1，故不是吸收性馬克夫鏈。

(5) 因 $p_{44}=1$ 且同列之其他元素均為 0，故狀態 4 為吸收狀態，狀態轉移圖如圖 7-7。

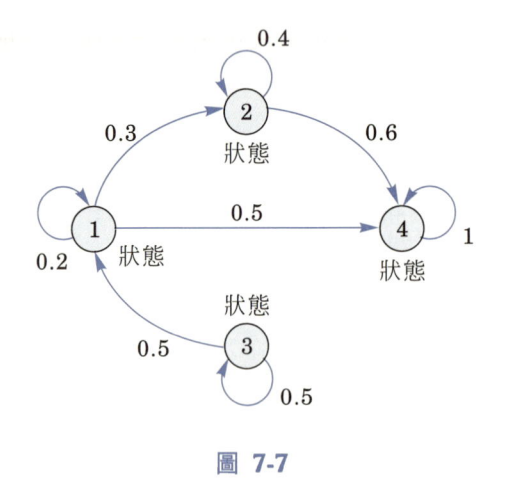

圖 7-7

由轉移圖可知，非吸收狀態 1, 2, 3 均可轉移至吸收狀態 4，故為吸收性馬克夫鏈。

吸收性馬克夫鏈性質之一是不論從那一個非吸收狀態 s_i 開始轉移，經過多次轉移後，必定會到達吸收狀態。因此對於吸收性馬克夫鏈，我們討論三個重要的問題

1. 由非吸收狀態開始轉移，則會被某一吸收狀態吸收之機率為多少？

2. 被吸收狀態吸收以前，在每一個非吸收狀態上平均各停留幾次？

3. 由某一非吸收狀態開始轉移，則在轉移到吸收狀態之前平均轉移幾次才會被吸收．

為了處理問題方便起見，我們將吸收性馬克夫鏈的吸收狀態調整集中在矩陣最上面，而將非吸收狀態調整排列在矩陣最下面，因此將原來之轉移矩陣化成下列標準形式

$$P = \begin{array}{c} \text{吸收} \\ \text{狀態} \\ \text{非吸收} \\ \text{狀態} \end{array} \left\{ \begin{array}{c} \\ \\ \end{array} \right. \begin{array}{cc} \text{吸收狀態} & \text{非吸收狀態} \\ \left[\begin{array}{c|c} I & O \\ \hline R & Q \end{array} \right] \end{array} \tag{7-5-1}$$

假設有 n 個狀態，其中 s 個為吸收狀態，$n-s$ 個為非吸收狀態，其中四個分割矩陣為

I 為由 s 個吸收狀態所組成的 $s \times s$ 單位方陣．

R 為 $(n-s) \times s$ 階的矩陣，其元素表示由某一非吸收狀態轉移一次會到達某一吸收狀態之機率．

O 為 $s \times (n-s)$ 階零矩陣，其元素表示由吸收狀態轉移到非吸收狀態的機率為 0．

Q 為 $(n-s) \times (n-s)$ 階方陣，表示由某一非吸收狀態轉移一步會到達某一非吸收狀態之機率．

例如轉移矩陣 $P = \begin{bmatrix} 1 & 0 & 0 & 0 \\ 0 & 1 & 0 & 0 \\ 0.5 & 0.1 & 0.2 & 0.2 \\ 0.4 & 0.1 & 0.4 & 0.1 \end{bmatrix}$ 即為一標準型的吸收轉移矩陣，其中

$$I = \begin{bmatrix} 1 & 0 \\ 0 & 1 \end{bmatrix}, \quad R = \begin{bmatrix} 0.5 & 0.1 \\ 0.4 & 0.1 \end{bmatrix}, \quad O = \begin{bmatrix} 0 & 0 \\ 0 & 0 \end{bmatrix}, \quad Q = \begin{bmatrix} 0.2 & 0.2 \\ 0.4 & 0.1 \end{bmatrix}$$

一般而言，並不是每一個吸收轉移矩陣均具有標準型．但是，只要對其狀態的次序作一調整，即可使轉移矩陣表為式 (7-5-1) 之標準型．

例如，轉移矩陣

$$P = \begin{array}{c} \\ s_1 \\ s_2 \\ s_3 \\ s_4 \end{array} \begin{array}{cccc} s_1 & s_2 & s_3 & s_4 \\ \end{array} \\ \begin{bmatrix} 0.3 & 0.1 & 0.2 & 0.4 \\ 0 & 1 & 0 & 0 \\ 0 & 0 & 1 & 0 \\ 0.2 & 0.3 & 0.3 & 0.2 \end{bmatrix}$$

變換 P 的行與列，將它化成標準型如下

$$P' = \begin{array}{c} s_1 \\ s_2 \\ s_3 \\ s_4 \end{array} \begin{bmatrix} 0.3 & 0.1 & 0.2 & 0.4 \\ 0 & 1 & 0 & 0 \\ 0 & 0 & 1 & 0 \\ 0.2 & 0.3 & 0.3 & 0.2 \end{bmatrix} = \begin{array}{c} s_2 \\ s_1 \\ s_3 \\ s_4 \end{array} \begin{bmatrix} 0 & 1 & 0 & 0 \\ 0.3 & 0.1 & 0.2 & 0.4 \\ 0 & 0 & 1 & 0 \\ 0.2 & 0.3 & 0.3 & 0.2 \end{bmatrix}$$

$$= \begin{array}{c} s_2 \\ s_3 \\ s_1 \\ s_4 \end{array} \begin{bmatrix} 0 & 1 & 0 & 0 \\ 0 & 0 & 1 & 0 \\ 0.3 & 0.1 & 0.2 & 0.4 \\ 0.2 & 0.3 & 0.3 & 0.2 \end{bmatrix} = \begin{array}{c} s_2 \\ s_3 \\ s_1 \\ s_4 \end{array} \begin{bmatrix} 1 & 0 & 0 & 0 \\ 0 & 0 & 1 & 0 \\ 0.1 & 0.3 & 0.2 & 0.4 \\ 0.3 & 0.2 & 0.3 & 0.2 \end{bmatrix}$$

$$= \begin{array}{c} s_2 \\ s_3 \\ s_1 \\ s_4 \end{array} \begin{bmatrix} 1 & 0 & 0 & 0 \\ 0 & 1 & 0 & 0 \\ 0.1 & 0.2 & 0.3 & 0.4 \\ 0.3 & 0.3 & 0.2 & 0.2 \end{bmatrix} = \left[\begin{array}{c|c} I & O \\ \hline R & Q \end{array} \right]$$

其中 $I = \begin{bmatrix} 1 & 0 \\ 0 & 1 \end{bmatrix}$, $R = \begin{bmatrix} 0.1 & 0.2 \\ 0.3 & 0.3 \end{bmatrix}$, $O = \begin{bmatrix} 0 & 0 \\ 0 & 0 \end{bmatrix}$, $Q = \begin{bmatrix} 0.3 & 0.4 \\ 0.2 & 0.2 \end{bmatrix}$

$$P' = \begin{array}{c} s_2 \\ s_3 \\ s_1 \\ s_4 \end{array} \begin{bmatrix} 1 & 0 & 0 & 0 \\ 0 & 1 & 0 & 0 \\ 0.1 & 0.2 & 0.3 & 0.4 \\ 0.3 & 0.3 & 0.2 & 0.2 \end{bmatrix} = \left[\begin{array}{c|c} I & O \\ \hline R & Q \end{array} \right]$$

定理 7-5-1

設有標準型的吸收轉移矩陣 P

$$P = \begin{array}{c} \text{吸收} \\ \text{非吸收} \end{array} \begin{array}{c} \overset{\text{吸收}\quad\text{非吸收}}{\left[\begin{array}{c|c} I & O \\ \hline R & Q \end{array}\right]} \end{array}$$

則依據查普曼-柯默哥羅夫方程式得

$$P^n = \begin{array}{c} \text{吸收} \\ \text{非吸收} \end{array} \begin{array}{c} \overset{\text{吸收}\qquad\qquad\text{非吸收}}{\left[\begin{array}{c|c} I & O \\ \hline R+QR+Q^2R+\cdots+Q^{n-1}R & Q^n \end{array}\right]} \end{array}$$

上述定理中之 Q^n 表示經 n 次轉移後，由非吸收狀態到非吸收狀態的機率矩陣，由於 Q 為機率矩陣，所以在 Q 矩陣中的每一元素皆小於 1，因此當 n 很大時，Q^n 矩陣會趨近於零矩陣. 又

$$R+QR+Q^2R+\cdots+Q^{n-1}R=(I+Q+Q^2+\cdots+Q^{n-1})R$$

因為

$$(I-Q)(I+Q+Q^2+\cdots+Q^{n-1})=I-Q^n$$

當 n 很大時，$Q^n \to 0$，故

$$(I-Q)(I+Q+Q^2+\cdots+Q^{n-1})=I$$

所以，

$$I+Q+Q^2+\cdots+Q^{n-1}=\frac{I}{I-Q}$$
$$=(I-Q)^{-1}$$

定理 7-5-2

$$\lim_{n\to\infty} P^n = \begin{array}{c} \\ \text{吸收} \\ \text{非吸收} \end{array} \begin{array}{c} \text{吸收} \quad \text{非吸收} \\ \left[\begin{array}{c|c} I & O \\ \hline (I-Q)^{-1}R & O \end{array} \right] \end{array}$$

若令 b_{ij} 表示由非吸收狀態 s_i 開始而被吸收狀態 s_j 吸收之機率，B 表示以 b_{ij} 爲元素所構成之矩陣，則 $B=(I-Q)^{-1}R$．

定理 7-5-3

若 $N=(I-Q)^{-1}$，一般稱 N 爲吸收性馬克夫鏈的基本矩陣．則 N 矩陣中的元素 n_{ij} 表示爲由非吸收狀態 s_i 開始，在被吸收前，平均停留在非吸收狀態 s_j 的次數．

定理 7-5-4

令 t_i 表示由非吸收狀態 s_i 開始，在被吸收前，平均轉移之次數．T 表示以 t_i 爲元素所構成之矩陣．則

$$T = Ne$$

e 爲元素均爲 1 的 $(n-s)\times 1$ 行向量．
簡而言之，T 的元素即 N 之列和．

定理 7-5-5

令 a 表示起始吸收向量，$N=(I-Q)^{-1}$，則矩陣相乘 aNR 代表一開始在非吸收狀態的所有事件，最後被各吸收狀態所吸收的比例．

【例題 2】設馬克夫鏈的轉移矩陣為

$$P = \begin{array}{c} \\ 1 \\ 2 \\ 3 \\ 4 \end{array} \begin{array}{cccc} 1 & 2 & 3 & 4 \\ \left[\begin{array}{cccc} 0.3 & 0.1 & 0.2 & 0.4 \\ 0 & 1 & 0 & 0 \\ 0 & 0 & 1 & 0 \\ 0.2 & 0.3 & 0.3 & 0.2 \end{array}\right] \end{array}$$

(1) 試求此馬克夫鏈被每一個吸收狀態吸收的機率？
(2) 在被吸收前，在每一個非吸收狀態上平均各停留多少次？
(3) 非吸收狀態平均要經過幾次轉移才會被吸收？

【解】P 是吸收型轉移矩陣，整理為標準型 P'

$$P' = \begin{array}{c} \\ 2 \\ 3 \\ 1 \\ 4 \end{array} \begin{array}{cccc} 2 & 3 & 1 & 4 \\ \left[\begin{array}{cccc} 1 & 0 & 0 & 0 \\ 0 & 1 & 0 & 0 \\ 0.1 & 0.2 & 0.3 & 0.4 \\ 0.3 & 0.3 & 0.2 & 0.2 \end{array}\right] \end{array}$$

因此 $I = \begin{bmatrix} 1 & 0 \\ 0 & 1 \end{bmatrix}$, $R = \begin{bmatrix} 0.1 & 0.2 \\ 0.3 & 0.3 \end{bmatrix}$, $O = \begin{bmatrix} 0 & 0 \\ 0 & 0 \end{bmatrix}$, $Q = \begin{bmatrix} 0.3 & 0.4 \\ 0.2 & 0.2 \end{bmatrix}$

(1) $B = (I-Q)^{-1} R = \left(\begin{bmatrix} 1 & 0 \\ 0 & 1 \end{bmatrix} - \begin{bmatrix} 0.3 & 0.4 \\ 0.2 & 0.2 \end{bmatrix} \right)^{-1} \times \begin{bmatrix} 0.1 & 0.2 \\ 0.3 & 0.3 \end{bmatrix}$

$= \begin{bmatrix} 0.7 & -0.4 \\ -0.2 & 0.8 \end{bmatrix}^{-1} \times \begin{bmatrix} 0.1 & 0.2 \\ 0.3 & 0.3 \end{bmatrix}$

$= \begin{bmatrix} \dfrac{7}{10} & -\dfrac{4}{10} \\ -\dfrac{2}{10} & \dfrac{8}{10} \end{bmatrix}^{-1} \times \begin{bmatrix} \dfrac{1}{10} & \dfrac{2}{10} \\ \dfrac{3}{10} & \dfrac{3}{10} \end{bmatrix}$

$= \dfrac{1}{\dfrac{56}{100} - \dfrac{8}{100}} \begin{bmatrix} \dfrac{8}{10} & \dfrac{4}{10} \\ \dfrac{2}{10} & \dfrac{7}{10} \end{bmatrix} \times \begin{bmatrix} \dfrac{1}{10} & \dfrac{2}{10} \\ \dfrac{3}{10} & \dfrac{3}{10} \end{bmatrix}$

$$= \begin{bmatrix} \dfrac{5}{3} & \dfrac{5}{6} \\ \dfrac{5}{12} & \dfrac{35}{24} \end{bmatrix} \times \begin{bmatrix} \dfrac{1}{10} & \dfrac{2}{10} \\ \dfrac{3}{10} & \dfrac{3}{10} \end{bmatrix}$$

$$= \begin{matrix} 1 \\ 4 \end{matrix} \begin{bmatrix} \overset{2}{\dfrac{5}{12}} & \overset{3}{\dfrac{7}{12}} \\ \dfrac{23}{48} & \dfrac{25}{48} \end{bmatrix}$$

若由非吸收狀態 1 開始，被吸收狀態 2 吸收的機率為 $\dfrac{5}{12}$，被吸收狀態 3 吸收的機率為 $\dfrac{7}{12}$．

若由非吸收狀態 4 開始，被吸收狀態 2 吸收的機率為 $\dfrac{23}{48}$，被吸收狀態 3 吸收的機率為 $\dfrac{25}{48}$．

(2) $$N = (I-Q)^{-1} = \begin{matrix} 1 \\ 4 \end{matrix} \begin{bmatrix} \overset{1}{\dfrac{5}{3}} & \overset{4}{\dfrac{5}{6}} \\ \dfrac{5}{12} & \dfrac{35}{24} \end{bmatrix}$$

由上述 N 的第一列可知，若由非吸收狀態 1 開始，在被吸收狀態吸收以前，平均在狀態 1 停留 $\dfrac{5}{3}$ 次，在狀態 4 停留 $\dfrac{5}{6}$ 次．

由 N 的二列可知，若由非吸收狀態 4 開始，在被吸收狀態吸收以前，平均在狀態 1 停留 $\dfrac{5}{12}$ 次，在狀態 4 停留 $\dfrac{35}{24}$ 次．

(註：假設時間單位為天，次數便為天數．)

(3) $$T = Ne = \begin{matrix} 1 \\ 4 \end{matrix} \begin{bmatrix} \overset{1}{\dfrac{5}{3}} & \overset{4}{\dfrac{5}{6}} \\ \dfrac{5}{12} & \dfrac{35}{24} \end{bmatrix} \begin{bmatrix} 1 \\ 1 \end{bmatrix} = \begin{bmatrix} \dfrac{5}{2} \\ \dfrac{15}{8} \end{bmatrix}$$

若由非吸收狀態 1 開始，平均轉移 $\dfrac{5}{2}$ 次，才會被吸收狀態吸收．

若由非吸收狀態 4 開始，平均轉移 $\dfrac{15}{8}$ 次才會被吸收狀態吸收．

【例題 3】公司規定所生產之電子元件必須通過品質檢驗測試才可以出貨．依據以往資料顯示，生產線上製造出的電子元件產品 (新品) 通過品質檢測的機率為 0.7，失敗的機率為 0.3．通過檢測的電子元件 (合格品) 可隨時出貨，但失敗的電子元件產品需退回生產線重新再造．這些重新再造的電子元件產品 (再造品) 中有 0.9 的機率可通過品質檢測，而有 0.1 的機率無法通過，無法通過的再造品需退回生產線進行特別修復．修復後的產品 (修復品) 通過品質檢測的機率只有 0.6，而其餘的 0.4 直接報廢 (報廢品)．目前存貨單上顯示，新品有 400 件，再造品有 60 件，而修復品有 40 件，總計 500 件．試問最後能合格出貨的電子元件產品共有幾件？

【解】此一系統中的事件代表製造的產品，而事件 (產品) 可分為五種狀態，分別以狀態 s_1, s_2, s_3, s_4, s_5 表示之，每種狀態所代表之意義如下

s_1：新的電子元件 (新品)
s_2：再造品
s_3：修復品
s_4：合格品
s_5：報廢品

我們可將合格品與報廢品視為兩種吸收狀態，分別以 s_4 及 s_5 表之．其狀態轉移圖如圖 7-8．

轉移圖所對應的轉移矩陣如下

$$\boldsymbol{P} = \begin{array}{c} \\ s_1 \\ s_2 \\ s_3 \\ s_4 \\ s_5 \end{array} \begin{array}{c} \begin{array}{ccccc} s_1 & s_2 & s_3 & s_4 & s_5 \end{array} \\ \left[\begin{array}{ccccc} 0 & 0.3 & 0 & 0.7 & 0 \\ 0 & 0 & 0.1 & 0.9 & 0 \\ 0 & 0 & 0 & 0.6 & 0.4 \\ 0 & 0 & 0 & 1 & 0 \\ 0 & 0 & 0 & 0 & 1 \end{array} \right] \end{array}$$

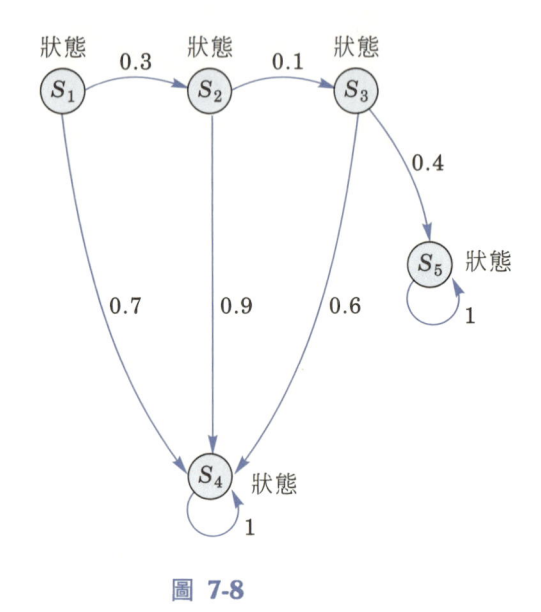

314 管理數學導論 (管理決策的工具)

圖 7-8

P 為吸收型轉移矩陣，變換轉移矩陣之行與列，使其成為標準形式

$$P' = \begin{array}{c} \\ s_4 \\ s_5 \\ s_1 \\ s_2 \\ s_3 \end{array} \begin{array}{c} \begin{matrix} s_4 & s_5 & s_1 & s_2 & s_3 \end{matrix} \\ \left[\begin{array}{cc|ccc} 1 & 0 & 0 & 0 & 0 \\ 0 & 1 & 0 & 0 & 0 \\ \hline 0.7 & 0 & 0 & 0.3 & 0 \\ 0.9 & 0 & 0 & 0 & 0.1 \\ 0.6 & 0.4 & 0 & 0 & 0 \end{array} \right] \end{array}$$

$$I = \begin{bmatrix} 1 & 0 \\ 0 & 1 \end{bmatrix}, \quad O = \begin{bmatrix} 0 & 0 & 0 \\ 0 & 0 & 0 \end{bmatrix}, \quad R = \begin{bmatrix} 0.7 & 0 \\ 0.9 & 0 \\ 0.6 & 0.4 \end{bmatrix}, \quad Q = \begin{bmatrix} 0 & 0.3 & 0 \\ 0 & 0 & 0.1 \\ 0 & 0 & 0 \end{bmatrix}$$

$$N = (I - Q)^{-1} = \left(\begin{bmatrix} 1 & 0 & 0 \\ 0 & 1 & 0 \\ 0 & 0 & 1 \end{bmatrix} - \begin{bmatrix} 0 & 0.3 & 0 \\ 0 & 0 & 0.1 \\ 0 & 0 & 0 \end{bmatrix} \right)^{-1}$$

$$= \begin{bmatrix} 1 & -0.3 & 0 \\ 0 & 1 & -0.1 \\ 0 & 0 & 1 \end{bmatrix}^{-1}$$

$$\begin{bmatrix} 1 & -0.3 & 0 \\ 0 & 1 & -0.1 \\ 0 & 0 & 1 \end{bmatrix}^{-1} = \begin{bmatrix} 1 & -0.3 & 0 & \vdots & 1 & 0 & 0 \\ 0 & 1 & -0.1 & \vdots & 0 & 1 & 0 \\ 0 & 0 & 1 & \vdots & 0 & 0 & 1 \end{bmatrix} \underset{\sim}{0.3R_2+R_1}$$

$$\begin{bmatrix} 1 & 0 & -0.03 & \vdots & 1 & 0.3 & 0 \\ 0 & 1 & -0.1 & \vdots & 0 & 1 & 0 \\ 0 & 0 & 1 & \vdots & 0 & 0 & 1 \end{bmatrix} \underset{\sim}{0.03R_3+R_1} \begin{bmatrix} 1 & 0 & 0 & \vdots & 1 & 0.3 & 0.03 \\ 0 & 1 & -0.1 & \vdots & 0 & 1 & 0 \\ 0 & 0 & 1 & \vdots & 0 & 0 & 1 \end{bmatrix}$$

$$\underset{\sim}{0.1R_3+R_2} \begin{bmatrix} 1 & 0 & 0 & \vdots & 1 & 0.3 & 0.03 \\ 0 & 1 & 0 & \vdots & 0 & 1 & 0.1 \\ 0 & 0 & 1 & \vdots & 0 & 0 & 1 \end{bmatrix}$$

故 $\quad N = \begin{bmatrix} 1 & -0.3 & 0 \\ 0 & 1 & -0.1 \\ 0 & 0 & 1 \end{bmatrix}^{-1} = \begin{bmatrix} 1 & 0.3 & 0.03 \\ 0 & 1 & 0.1 \\ 0 & 0 & 1 \end{bmatrix}$

狀態 s_1、s_2 及 s_3 是非吸收狀態，且這些狀態的起始比例為 $\frac{400}{500} = \frac{4}{5}$，$\frac{60}{500} = \frac{3}{25}$，$\frac{40}{500} = \frac{2}{25}$；亦即起始吸收向量為 $\mathbf{a} = \begin{bmatrix} \frac{4}{5}, & \frac{3}{25}, & \frac{2}{25} \end{bmatrix}$. 因此

$$\mathbf{a}NR = \begin{bmatrix} \frac{4}{5}, & \frac{3}{25}, & \frac{2}{25} \end{bmatrix} \begin{bmatrix} 1 & 0.3 & 0.03 \\ 0 & 1 & 0.1 \\ 0 & 0 & 1 \end{bmatrix} \begin{bmatrix} 0.7 & 0 \\ 0.9 & 0 \\ 0.6 & 0.4 \end{bmatrix}$$

$$= [0.8, \ 0.12, \ 0.08] \begin{bmatrix} 0.988 & 0.012 \\ 0.96 & 0.04 \\ 0.6 & 0.4 \end{bmatrix}$$

$$= [0.9536, \ 0.0464]$$

此一結果顯示，系統中所有非吸收狀態之事件，最後被吸收狀態 s_4 (合格品) 所吸收的機率為 0.9536，而系統中的 500 件產品，最後約有 $0.9536 \times 500 \approx 477$ 件合格品可供出貨，剩下的 23 件則為報廢品。

習題 7-1

1. 試將下列的轉移圖，以轉移矩陣表示．

(1)

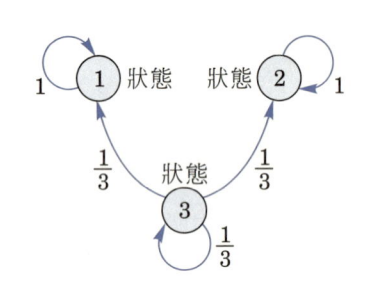

(2)

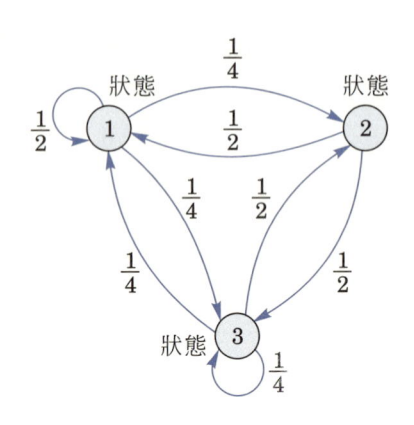

(3)

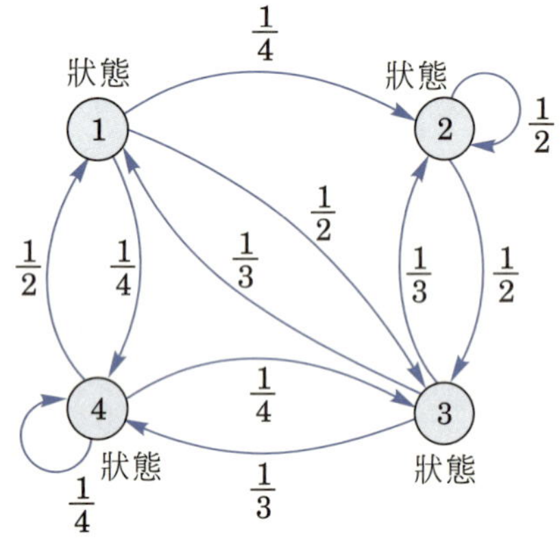

2. 下列的向量何者為機率向量？

(1) $\mathbf{u}_1 = \left[\dfrac{1}{3},\ \dfrac{10}{27},\ \dfrac{8}{27} \right]$

(2) $\mathbf{u}_2 = \left[\dfrac{1}{2},\ \dfrac{1}{6},\ \dfrac{1}{3} \right]$

(3) $\mathbf{u}_3 = \left[\dfrac{1}{3},\ 0,\ \dfrac{1}{2},\ \dfrac{1}{2} \right]$

(4) $\mathbf{u}_4 = \left[0,\ -\dfrac{1}{3},\ -\dfrac{1}{3},\ -\dfrac{1}{2} \right]$

3. 下列矩陣中哪些為轉移矩陣 (隨機矩陣)？

(1) $\boldsymbol{P} = \begin{bmatrix} \dfrac{1}{2} & \dfrac{1}{3} & \dfrac{1}{5} \\ 0 & -\dfrac{1}{3} & \dfrac{2}{5} \\ \dfrac{1}{2} & 1 & -\dfrac{7}{5} \end{bmatrix}$

(2) $\boldsymbol{P} = \begin{bmatrix} \dfrac{1}{2} & 0 & \dfrac{1}{4} \\ \dfrac{1}{6} & \dfrac{1}{3} & \dfrac{1}{4} \\ \dfrac{1}{3} & \dfrac{2}{3} & \dfrac{1}{2} \end{bmatrix}$

(3) $P=\begin{bmatrix} \frac{1}{2} & \frac{1}{2} & 0 & 0 \\ 0 & \frac{1}{2} & \frac{1}{4} & \frac{1}{4} \\ 0 & 0 & \frac{1}{4} & \frac{3}{4} \\ \frac{1}{3} & \frac{1}{3} & \frac{1}{3} & 0 \end{bmatrix}$

4. 某城市的工務局長想要了解其轄區內國宅的房屋狀況．將現有國宅的屋況分為良好、普通，及損壞三類；根據調查資料顯示，每經過半年，屋況為良好的國宅有 2% 會變成普通，有 0.4% 會變成損壞，其他仍維持良好；而屋況為普通的國宅，經過半年之後，有 5% 會變成損壞，其餘的 95% 仍維持普通．而工務局長考量國宅維修基金的預算限制，每半年只能將 3% 的損壞國宅修護成為良好．試建立此系統的轉移圖及轉移矩陣．

5. 試求下列各轉移矩陣的唯一機率固定點．

(1) $P_1=\begin{bmatrix} \frac{1}{3} & \frac{2}{3} \\ 1 & 0 \end{bmatrix}$ (2) $P_2=\begin{bmatrix} \frac{1}{2} & \frac{1}{2} \\ \frac{2}{3} & \frac{1}{3} \end{bmatrix}$

6. 試求轉移矩陣 $P=\begin{bmatrix} 0 & 0 & 1 \\ \frac{1}{2} & 0 & \frac{1}{2} \\ \frac{1}{2} & 0 & \frac{1}{2} \end{bmatrix}$ 的唯一機率固定點．

7. 已知轉移矩陣 $P=\begin{bmatrix} 1 & 0 \\ \frac{1}{2} & \frac{1}{2} \end{bmatrix}$ 及起始機率分配向量 $\mathbf{u}_0=\begin{bmatrix} \frac{1}{3}, & \frac{2}{3} \end{bmatrix}$，試定義並求 (1) $P_{21}{}^{(3)}$，(2) $\mathbf{u}_3$，(3) $P_2{}^{(3)}$．

8. 已知轉移矩陣 $P=\begin{bmatrix} 0 & \frac{1}{2} & \frac{1}{2} \\ \frac{1}{2} & \frac{1}{2} & 0 \\ 0 & 1 & 0 \end{bmatrix}$ 及起始機率分配向量 $u_0=\begin{bmatrix} \frac{2}{3}, 0, \frac{1}{3} \end{bmatrix}$.

   試求

   (1) $P_{23}^{(2)}$ 及 $P_{13}^{(2)}$

   (2) u_2

   (3) $u_0 P^{(n)}$ 是否趨近於 P 的唯一固定機率向量，並求此機率向量.

9. 試判別下列矩陣是否為正規轉移矩陣？

   (1) $P_1=\begin{bmatrix} \frac{1}{4} & \frac{3}{4} \\ 0 & 1 \end{bmatrix}$ (2) $P_2=\begin{bmatrix} 0.975 & 0.02 & 0.005 \\ 0 & 0.96 & 0.04 \\ 0.01 & 0 & 0.99 \end{bmatrix}$

10. 轉移矩陣 $P=\begin{bmatrix} \frac{1}{3} & \frac{1}{3} & \frac{1}{3} \\ \frac{1}{2} & 0 & \frac{1}{2} \\ \frac{1}{4} & \frac{1}{2} & \frac{1}{4} \end{bmatrix}$ 是否為**正規轉移矩陣**？如果是正規轉移矩陣，

    則求其穩定狀態機率向量.

11. 某城市有三家超商甲、乙、丙，這三家超商之市場佔有率分別為 60%、30%、10%。根據市場研究人員調查分析，甲店每月客戶保留率為 50%，分別流向乙和丙各為 20% 及 30%；乙店每月客戶保留率為 70%，分別流向甲和丙各為 20% 及 10%；丙店每月客戶保留率為 90%，分別流向甲和乙各為 5%。試問二個月後，這三家超商之市場佔有率為多少？長期以往每家穩定狀態下之市場佔有率為多少？

12. 維新罐頭廠出品 A、B、C 三種品牌的罐頭，銷售量均等，各為 $\frac{1}{3}$。經過廣告宣傳之後，原有的顧客對三種罐頭的採購，出現了下列的轉移圖。

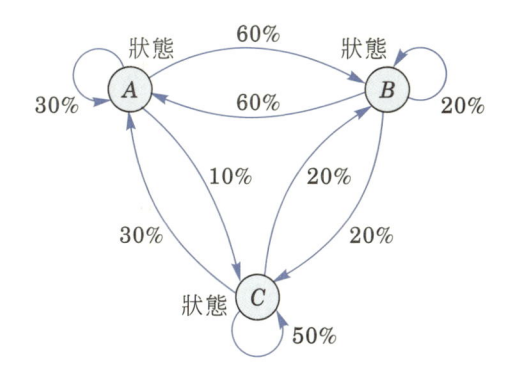

試問
(1) 兩年之後，該三種罐頭的銷售量有何改變？
(2) 假如轉移圖的趨勢一直沒有改變，那麼，維新工廠所出品 A、B、C 罐頭之銷售量為何？

13. 試判別下列矩陣何者可為吸收性馬克夫鏈的轉移矩陣，且有多少個吸收狀態．

(1) $P_1 = \begin{bmatrix} 1 & 0 & 0 \\ 0 & 1 & 0 \\ 0 & 0 & 1 \end{bmatrix}$

(2) $P_2 = \begin{bmatrix} 1 & 0 & 0 \\ \dfrac{1}{3} & \dfrac{2}{3} & 0 \\ 0 & 0 & 1 \end{bmatrix}$

(3) $P_3 = \begin{bmatrix} \dfrac{1}{3} & \dfrac{4}{3} & 0 \\ 0 & \dfrac{1}{2} & \dfrac{1}{2} \\ 0 & 0 & 1 \end{bmatrix}$

(4) $P_4 = \begin{bmatrix} \dfrac{3}{10} & \dfrac{1}{10} & \dfrac{2}{10} & \dfrac{4}{10} \\ 0 & 1 & 0 & 0 \\ 0 & 0 & 1 & 0 \\ \dfrac{2}{10} & \dfrac{3}{10} & \dfrac{3}{10} & \dfrac{2}{10} \end{bmatrix}$

(5) $P_5 = \begin{bmatrix} \dfrac{3}{10} & \dfrac{1}{10} & \dfrac{2}{10} & \dfrac{4}{10} \\ 0 & 0 & 1 & 0 \\ 0 & 1 & 0 & 0 \\ \dfrac{2}{10} & \dfrac{3}{10} & \dfrac{3}{10} & \dfrac{2}{10} \end{bmatrix}$

14. 設一吸收性馬克夫鏈之轉移矩陣為

$$P = \begin{bmatrix} 1 & 0 & 0 & 0 & 0 \\ \frac{2}{3} & 0 & \frac{1}{3} & 0 & 0 \\ 0 & \frac{2}{3} & 0 & \frac{1}{3} & 0 \\ 0 & 0 & \frac{2}{3} & 0 & \frac{1}{3} \\ 0 & 0 & 0 & 0 & 1 \end{bmatrix} \begin{matrix} 0 \\ 1 \\ 2 \\ 3 \\ 4 \end{matrix}$$

試求
(1) 被吸收之前，在每一個非吸收狀態上平均各停留幾次？
(2) 非吸收狀態平均要經過幾次轉移才會被吸收？
(3) 被每一個吸收狀態吸收的機率．

解：

將 P 之狀態重新排列，分成非吸收狀態 $\{1, 2, 3\}$ 與吸收狀態 $\{0, 4\}$，則

$$Q = \begin{bmatrix} 0 & \frac{1}{3} & 0 \\ \frac{2}{3} & 0 & \frac{1}{3} \\ 0 & \frac{2}{3} & 0 \end{bmatrix}, \quad R = \begin{bmatrix} \frac{2}{3} & 0 \\ 0 & 0 \\ 0 & \frac{1}{3} \end{bmatrix}$$

基本矩陣

$$N = (I-Q)^{-1} = \begin{bmatrix} \frac{7}{5} & \frac{3}{5} & \frac{1}{5} \\ \frac{6}{5} & \frac{9}{5} & \frac{3}{5} \\ \frac{4}{5} & \frac{6}{5} & \frac{7}{5} \end{bmatrix} \begin{matrix} 1 \\ 2 \\ 3 \end{matrix}$$

(1) N 之第 i 列第 j 行元素即由非吸收狀態 i 出發，被吸收前在非吸收狀態 j 上平均停留之次數。

(2) 被吸收前之平均轉移次數（N 之列和）：

出發狀態	平均轉移次數
1	$\frac{11}{5}$
2	$\frac{18}{5}$
3	$\frac{17}{5}$

(3) 吸收機率矩陣

$$B = NR = \begin{bmatrix} \frac{14}{15} & \frac{1}{15} \\ \frac{4}{5} & \frac{1}{5} \\ \frac{8}{15} & \frac{7}{15} \end{bmatrix} \begin{matrix} 1 \\ 2 \\ 3 \end{matrix}$$

即由狀態 1 出發被狀態 0、4 吸收之機率分別為 $\frac{14}{15}, \frac{1}{15}$；由狀態 2 出發分別為 $\frac{4}{5}, \frac{1}{5}$；由狀態 3 出發分別為 $\frac{8}{15}, \frac{7}{15}$。

第八章

對局理論

本章學習目標

- 了解對局理論之概念與架構
- 了解有鞍點的單純策略競賽
- 了解混合策略競賽與求解之方法
- 凌越規則
- 如何以線性規劃法求解報酬矩陣

§8-1　對局理論之概念與架構

　　人生活在這世界上，到處充滿衝突與對抗。在國際政治方面——如何在和平協議中取得較多的幫助。在經濟活動方面——寡佔市場內廠商為了公司本身之利益，擬定很多競爭策略，而與其他有關廠商做激烈之競爭與對抗。在社會方面——公職人員之選舉及運動項目之比賽，皆想盡辦法要擊敗對方而贏得勝利。在上述的競爭中，其結果全由各競爭對手所採取的行動來決定，因此，了解對局的理論，對於一位高階的管理者面對工商業的競爭環境中所做之決策，將會有很大的協助。所謂**對局** (game)，即指兩個或兩個以上的競賽者因追求之目標相互衝突而處於一種對抗狀態。由於競賽者追求之目標互不相容，故不可能得到一個解使競賽者均能滿意。所以，對局是一種策略思考，透過策略推估，尋求自己的最大勝算或最大利益，從而在競爭中求生存。例如有甲、乙二人下象棋，甲希望能贏得愈多愈好；同樣地，乙也是希望如此。此時，甲、乙二人的希望不能同時達成。所以，在對局中，每一個對局之結果一定有勝負之分，每一位競賽者均知道報償情形，獲勝的競賽者將獲得正報償，而失敗的競賽者將取得負報償。

對局的類型

　　對局基本上可以區分為兩類：**機會對局**與**策略對局**。機會對局純粹以運氣決定勝負，而不必講究技巧。例如，在擲骰子的賭博中，若以出現的點數之大小決定勝負，此種對局沒有技巧可言，純屬機會對局。策略對局之勝負除受運氣影響之外，尚受參與競賽者所採行的策略之優劣所支配。例如二人下象棋比賽、勞資雙方之協商、市場競爭等均屬策略對局之實例。本章中所探討之對局理論僅限於策略對局。而策略對局依參與競賽者之多寡及報償之情況可分成下列幾種

1. **兩人零和對局**：參與者只有兩方，雙方皆處在對立狀態，一方之得即為另一方之失，其得失總和為 0。
2. **多人零和對局**：即有兩方以上參加，各方的得失總和為 0。
3. **非零和對局**：即對局各方之得失總和並不為 0。

　　在本章中，以第一種為討論的對象。

對局的基本元素與假設

1. **競賽者** (player)

   具有決策權的參與者就稱為競賽者。競賽的參與者，可能是人，也可能是團體。

不能做直接決策而結局又與他們的得失無關的人，例如球賽中的啦啦隊，就不算是競賽者．兩個競賽者的對策稱為 **兩人對策** (two persons game)．

2. 策略 (strategy)

在一局對策中，每個競賽者都有一個供他選擇的行動方案，這個方案是指競賽者如何行動的一個方案，稱之為競賽者的一個 **策略**．例如，甲、乙兩隊足球比賽，為了阻止甲隊的進攻，乙隊的隊員打"密集防禦"，這就是乙隊對甲隊的一個策略．而競賽者的全體策略，我們稱為這個競賽者的 **策略集**．又依競賽者所使用的策略，可分為 **單純策略競賽** (pure strategy game) 與 **混合策略競賽** (mixed strategy game)．單純策略指競賽雙方的最佳策略均是固定採取一種策略，又稱有 **鞍點** (saddle point) 的競賽或 **可嚴格決定的競賽** (strictly determined game)．若競賽雙方最佳決策均是混合了數種策略，則稱為 **混合策略競賽** 或 **無鞍點競賽** 或 **不可嚴格決定的競賽** (not strictly determined game)．

3. 得失 (result)

在一局競賽中，競賽者所力爭的不外是勝利或失敗、排名的先後、金錢或物質上的收益等等．事實上，每一對局的得失是與競賽者所取的一組策略有關．在競賽結束時，每個競賽者的"得失"是全體競賽者所取定的一組策略的函數，稱為 **對策函數** (payoff function)．在一局對策中，從每個競賽者的策略集當中，各取出一個策略，這個配對組成的策略組，我們稱之為"局勢"．於是"得失"就是"局勢"的函數，如果在任一"局勢"中全體競賽者的"得失"相加之總和為零的話，這種對策就稱之為 **零和對策** (zero-sum game)，否則，稱之為 **非零和對策**．

4. 報酬 (payoff)

當競賽者各自提出策略或行動時，假若事先雙方相互不知，於是結果顯示後，每一位競賽者都會得到一項報酬．此報酬可能是金錢、**效用** (utility)，或其他可量化的財貨，且報酬可能為正值，亦可能為負值．又當雙方均採用最佳策略 (或策略組合) 時，所獲得之報酬稱為競賽的值，而競賽值為 0 的競賽稱之為公平的競賽．

5. 報酬矩陣 (payoff matrix)

假設在對局中有一位競賽者稱為 R 方，習慣上將 R 方寫在 **列** (row)，C 方或競爭對手寫在 **行** (column)．令 R 方可能採取的策略或行動有 $i=1, 2, 3, \cdots, m$ 等 m 種，而 C 方可能採取的策略或行動有 $j=1, 2, 3, \cdots, n$ 等 n 種．令 a_{ij} 表示當 R 方採取第 i 種策略，C 方採取第 j 種策略時，R 方可獲得的利益，亦即，C 方所應付給 R 方的報酬，在零和對局中 a_{ij} 有下列三種情形

(i) 若 $a_{ij} > 0$，則對 R 方有利．
(ii) 若 $a_{ij} = 0$，則雙方沒有輸贏．

(iii) 若 $a_{ij}<0$，則對 C 方有利，表示 C 方由 R 方得到 $|a_{ij}|$ 之報酬。

若非零和對局，則不是上列（i），（ii），（iii）之情形。

我們可將雙方 $m\times n$ 個報酬值 a_{ij} 以 $m\times n$ 階矩陣表示，稱之為**報酬矩陣** (payoff matrix)，如下

$$\begin{array}{c} & C\ \text{方策略} \\ R\ \text{方策略} & \begin{array}{c} \\ S_1 \\ S_2 \\ \vdots \\ S_i \\ \vdots \\ S_m \end{array} \begin{bmatrix} T_1 & T_2 & T_3 & \cdots & T_j & \cdots & T_n \\ a_{11} & a_{12} & a_{13} & \cdots & a_{1j} & \cdots & a_{1n} \\ a_{21} & a_{22} & a_{23} & \cdots & a_{2j} & \cdots & a_{2n} \\ \vdots & \vdots & \vdots & & \vdots & & \vdots \\ a_{i1} & a_{i2} & a_{i3} & \cdots & a_{ij} & \cdots & a_{in} \\ \vdots & \vdots & \vdots & & \vdots & & \vdots \\ a_{m1} & a_{m2} & a_{m3} & \cdots & a_{mj} & \cdots & a_{mn} \end{bmatrix} \end{array}$$

(8-1-1)

對於上述之報酬矩陣（或支付矩陣），a_{23} 表 R 方採取策略 S_2，C 方採取策略 T_3 時，R 方可獲得的報酬。因為 RC 雙方報酬是零和，R 方的收入等於 C 方的支出。故此時 C 方可獲 $-a_{23}$。若 $a_{23}>0$，則 R 方賺，C 方賠；若 $a_{23}<0$，則 R 方賠，C 方賺。所以報酬矩陣之值均是以 R 方 (列) C 方 (行) 為立場所列出的。

【例題 1】設有一兩人零和的競賽，其報酬矩陣為

$$\begin{array}{c} & C\ \text{方策略} \\ R\ \text{方策略} & \begin{bmatrix} 2 & 5 \\ 6 & -8 \end{bmatrix} \end{array}$$

若設 R 方之兩種策略為 S_1、S_2，而 C 方之兩種策略為 T_1、T_2，則上述報酬矩陣之解釋為

		競賽者 C 所採取之策略	
		T_1	T_2
競賽者 R 所採取之策略	S_1	R 贏 2, C 賠 2	R 贏 5, C 賠 5
	S_2	R 贏 6, C 賠 6	R 賠 8, C 贏 8

【例題 2】設有一兩人常數和為 5 的競賽，其報酬矩陣為

$$\begin{array}{c} C\ 方策略 \\ \begin{array}{c}R\ 方\\策略\end{array}\begin{bmatrix} 2 & 5 \\ 6 & -7 \end{bmatrix}\end{array}$$

若設 R 方之兩種策略為 S_1、S_2，而 C 方之兩種策略為 T_1、T_2，則上述報酬矩陣之解釋為

		競賽者 C 所採取之策略	
		T_1	T_2
競賽者 R 所採取之策略	S_1	R 贏 2, C 贏 3	R 贏 5, C 無輸贏
	S_2	R 贏 6, C 賠 1	R 賠 7, C 贏 12

注意上表裡 R、C 所獲之報酬之總和必為 5.

註：非零和之輸贏未必與其值之正負有關。例如選舉票數為非零和競賽，且票數皆為正，但有一贏有一輸。

【例題 3】在 R、C 兩人競賽中，設 R 方採取 S_1、S_2、S_3 三種策略，而 C 方採取 T_1、T_2 兩種策略，其報酬矩陣為

$$\begin{array}{c} C\ 方策略 \\ \begin{array}{c}R\ 方\\策略\end{array}\begin{bmatrix} 7 & 5 \\ -3 & 5 \\ 8 & -5 \end{bmatrix}\end{array}$$

則可表為

		競賽者 C 所採取之策略	
		T_1	T_2
競賽者 R 所採取之策略	S_1	R 贏 7, C 賠 7	R 贏 5, C 賠 5
	S_2	R 賠 3, C 贏 3	R 贏 5, C 賠 5
	S_3	R 贏 8, C 賠 8	R 賠 5, C 贏 5

【例題 4】有一報酬矩陣如下 (單位：元)

$$\begin{array}{c} C\ \text{方策略} \\ \begin{array}{cccc} & C_1 & C_2 & C_3 \end{array} \\ \begin{array}{c} R\ \text{方} \\ \text{策略} \end{array} \begin{array}{c} R_1 \\ R_2 \\ R_3 \\ R_4 \end{array} \left[\begin{array}{ccc} 1 & 8 & -2 \\ 3 & -6 & 0 \\ 5 & 0 & -5 \\ -2 & -3 & 6 \end{array} \right] \end{array}$$

試問
(1) 雙方各有多少策略可供選擇？
(2) 若 R 方選 R_3，C 方選 C_1，則報酬為多少？
(3) 若 R 方選 R_4，C 方選 C_2，則報酬為多少？

【解】(1) 此報酬矩陣為 4 列 3 行之矩陣，故 R 方有 4 種策略，C 方有 3 種策略可供選擇。

(2) R 方選 R_3 (第三列)，C 方選 C_1 (第一行)，為矩陣之 (3, 1) 位置之數值 $a_{31}=5$，即 C 方給 R 方 5 元。

(3) R 方選 R_4 (第四列)，C 方選 C_2 (第二行)，為矩陣之 (4, 2) 位置之數值 $a_{42}=-3$，即 R 方給 C 方 3 元。

在報酬矩陣式 (8-1-1) 中，設 $p_i=R$ 方所採 R_i 策略的機率 ($i=1, 2, \cdots, m$)，$q_j=C$ 方採 C_j 策略的機率 ($j=1, 2, \cdots, n$)，且 $\sum_{i=1}^{m} p_i=1$，$\sum_{j=1}^{n} q_j=1$，則可得兩機率向量如下

$$\mathbf{P}=[p_1,\ p_2,\ p_3,\ \cdots,\ p_m], \quad \mathbf{Q}=\left[\begin{array}{c} q_1 \\ q_2 \\ q_3 \\ \vdots \\ q_n \end{array} \right]$$

$\mathbf{P}$、$\mathbf{Q}$ 分別代表 R 方及 C 方之策略。

由機率理論，若 R 方採 R_i 策略，而 C 方採 C_j 策略時，則該落點位置 (i, j) 的機率為 p_iq_j，即 C 方支付給 R 方 a_{ij} 的機率為 p_iq_j，假若將報酬矩陣中各個可能的支付 (或報酬) 與其對應之機率相乘再相加，可得下式

$$a_{11}p_1q_1+a_{12}p_1q_2+a_{13}p_1q_3+\cdots+a_{1n}p_1q_n+a_{21}p_2q_1+\cdots+a_{mn}p_mq_n=\mathbf{PAQ}$$

令 $E(\mathbf{P}, \mathbf{Q})=\mathbf{PAQ}$，其中 $\mathbf{A}$ 為報酬矩陣。

則 $E(\mathbf{P}, \mathbf{Q})$ 為 C 方長期之後，給 R 方之期望支付 (或報酬)，故 $-E(\mathbf{P}, \mathbf{Q})$ 為 R 方對 C 方的期望支付。

【例題 5】 A 君與 B 君同擲一顆骰子，若 A 君之出象爲 1 點, 2 點, 3 點；且 B 君之出象爲 1 點, 2 點, 3 點, 4 點時，則 B 君依據 A 君之出象結果來支付金額給 A 君. 例如：A 君之出象爲 3 點, 且 B 君之出象爲 1 點, 則 B 君支付 8 元給 A 君；反之，若 A 君之出象爲 2 點, 且 B 君之出象爲 3 點, 則 A 君支付 4 元給 B 君，如下表所示

		\multicolumn{4}{c}{B 君所擲骰子的出象結果}
		1	2	3	4
A 君所擲骰子的出象結果	1	$3	$5	$−2	$−1
	2	$−2	$4	$−4	$−4
	3	$8	$−5	$0	$3

今假設 A 君所擲骰子的出象結果爲 1 點, 2 點, 3 點的機率分別爲 $\frac{1}{2}, \frac{1}{3}, \frac{1}{6}$；B 君出象結果爲 1 點, 2 點, 3 點, 4 點的機率分別爲 $\frac{1}{3}, \frac{1}{6}, \frac{1}{4}, \frac{1}{4}$. 就長期而言，B 君給 A 君的期望支付 (或報酬) 爲何？

【解】令 $\mathbf{P}=\begin{bmatrix} \frac{1}{2}, & \frac{1}{3}, & \frac{1}{6} \end{bmatrix}$, $\mathbf{Q}=\begin{bmatrix} \frac{1}{3} \\ \frac{1}{6} \\ \frac{1}{4} \\ \frac{1}{4} \end{bmatrix}$,

報酬矩陣 $\mathbf{A}=\begin{bmatrix} 3 & 5 & -2 & -1 \\ -2 & 4 & -4 & -4 \\ 8 & -5 & 0 & 3 \end{bmatrix}$

則 $E(\mathbf{P}, \mathbf{Q})=\mathbf{PAQ}=\begin{bmatrix} \frac{1}{2}, & \frac{1}{3}, & \frac{1}{6} \end{bmatrix} \begin{bmatrix} 3 & 5 & -2 & -1 \\ -2 & 4 & -4 & -4 \\ 8 & -5 & 0 & 3 \end{bmatrix} \begin{bmatrix} \frac{1}{3} \\ \frac{1}{6} \\ \frac{1}{4} \\ \frac{1}{4} \end{bmatrix}$

$$=\begin{bmatrix} \dfrac{13}{6}, & 3, & -\dfrac{7}{3}, & -\dfrac{4}{3} \end{bmatrix} \begin{bmatrix} \dfrac{1}{3} \\ \dfrac{1}{6} \\ \dfrac{1}{4} \\ \dfrac{1}{4} \end{bmatrix} = \dfrac{11}{36}$$

因此，長期而言 B 君給 A 君之期望支付為 $\dfrac{11}{36}$ 元。

現在我們來討論**最佳純策略** (optimum pure strategy) 的觀念。設有一局有限兩人零和對策，其中競賽者 R 有 S_1、S_2、S_3 及 S_4 四個策略，競賽者 C 有 T_1、T_2 及 T_3 三個策略，其報酬矩陣如下

$$\begin{array}{c} \\ R\ \text{方} \\ \text{策略} \end{array} \begin{array}{c} \\ S_1 \\ S_2 \\ S_3 \\ S_4 \end{array} \overset{\begin{array}{ccc} C\ \text{方策略} \\ T_1 & T_2 & T_3 \end{array}}{\begin{bmatrix} -6 & 1 & -8 \\ 3 & 2 & 8 \\ 23 & -1 & -16 \\ -3 & 0 & 4 \end{bmatrix}} \tag{8-1-2}$$

由上面的報酬矩陣，可以看出競賽者 R 的最大報酬是 23，R 方當然希望得到 23，就會採取策略 S_3，但 C 方猜測到 R 方的這種心理，也可採取他的策略 T_3 來對付，使 R 方非但不能得到 23，反而要付出 16。同理，C 方的最大報酬是 16，所以 C 方當然希望採取策略 T_3。但如果 R 方猜到 C 方將採取策略 T_3 的心理，就會採取策略 S_2 來對付，結果 C 方也得不到 16，反而要付出 8。在一局對策中，若競賽者 R 不存有僥倖心理，為了儘可能達到最佳的結局，R 方必須計算他的每一個策略與競賽者 C 所有策略對策後的結果，從而求得使用每個策略會帶來的最壞報酬，再從這些最壞報酬的數字當中，揀選出一個最大的數字出來。於是對應這個數字的列策略就是 R 方的最佳純策略。同理，可以應用於競賽者 C，不過，競賽者 C 的每個策略的最壞報酬，卻是每行中最大的正數，為了儘可能減少損失，競賽者 C 必須從這些損失數字當中，選取一個令他損失最小的數字出來，而與這個數字所對應的行策略，就是 C 方的最佳純策略。

在上面的報酬矩陣中，將每列的最小數及每行的最大數寫出來，就得到下面的報

註：最壞報酬未必是損失 (例如負的報酬為損失)。

酬表

R 的報酬 ＼ C 的策略 R 的策略	T_1	T_2	T_3	各列的最小數
S_1	-6	1	-8	-8
S_2	3	2	8	2^*
S_3	23	-1	-16	-16
S_4	-3	0	4	-3
各行的最大數	23	2^{**}	8	

在上表中，競賽者 R 的最壞報酬數字分別為 -8，2，-16，-3。在這些最壞報酬數字當中，2 是最大的報酬。因此競賽者 R 的最佳純策略是策略 S_2，此一選擇行動的準則稱為小中取大原則 (maximin principle)。同理，對競賽者 C 則是在每一行中先選出最大的數值，然後再從中選取最小的數值，此一最小數值所對應之行，即為 C 方的最佳純策略 T_2，此稱為大中取小原則 (minimax principle)。如果標號 "$*$" 與標號 "$**$" 的數相等，設此數為 v，那麼，v 就稱為對策值 (或競賽值)。顯然，這局對策的對策值是 $v=2$。

一般來說，當 $v \geq 0$ 時，R 方可以處於不敗之地的策略，所以他是不願意冒險的。同理，當 $v \leq 0$ 時，C 方也是不願意冒險的。因此，不管 v 是什麼數，如果有一競賽者是不願意冒險的話，那麼，另一競賽者也被迫不能存有僥倖之心。當對策值 $v=0$ 時，我們稱這種競賽是公平競賽 (fair game)。在上述的最佳策略例題中，由於競賽者 R 只採取策略 S_2，而不採取其他三個策略，所以我們用 $[0, 1, 0, 0]$ 這個機率向量來代表 R 方的最佳純策略 S_2。同理，競賽者 C 所採取的最佳純策略可用向量 $[0, 1, 0]^T$ 來表示，即策略 T_2。

定理 8-1-1

若有一報酬矩陣 A 的 R 方之最佳純策略為 $\mathbf{P}^*$，C 方之最佳純策略為 $\mathbf{Q}^*$，則競賽值 (或對策值) 為

$$E(\mathbf{P}^*, \mathbf{Q}^*) = \mathbf{P}^* A \mathbf{Q}^*$$

註：每個競賽的競賽值是唯一的。

【例題 6】試利用前述式 (8-1-2) 的報酬矩陣，求競賽值．

【解】由報酬矩陣知 R 方的最佳純策略為 $\mathbf{P}^*=[0, 1, 0, 0]$，$C$ 方的最佳純策略為 $\mathbf{Q}^*=[0, 1, 0]^T$，則

$$E(\mathbf{P}^*, \mathbf{Q}^*) = \mathbf{P}^* A \mathbf{Q}^* = [0, 1, 0, 0] \begin{bmatrix} -6 & 1 & -8 \\ 3 & 2 & 8 \\ 23 & -1 & -16 \\ -3 & 0 & 4 \end{bmatrix} \begin{bmatrix} 0 \\ 1 \\ 0 \end{bmatrix}$$

$$= [3, 2, 8] \begin{bmatrix} 0 \\ 1 \\ 0 \end{bmatrix} = [2] = 2$$

故競賽值為 $a_{22}=2$，即 R 方賺 2，C 方賺 -2（賠 2）．

§8-2 有鞍點的單純策略競賽 (或完全確定的對策)

於前述最佳純策略中，在每一列中選出最小者，再從中選出最大者令為 $u_1 = \max_{1 \leq i \leq m}(\min_{1 \leq j \leq n} a_{ij})$．在每一行中選出最大者，再從中選出最小者令為 $u_2 = \min_{1 \leq j \leq n}(\max_{1 \leq i \leq m} a_{ij})$，若 $u_1 = u_2$，我們稱之為有**鞍點** (saddle point)．即表示雙方均會採取單純策略，因此，在雙方得到均衡狀態下此一鞍點即為一**競賽值**（或**對策值**），此鞍點分別為雙方的最佳策略．若報酬矩陣中有數個鞍點時，最佳策略就非唯一了．而無鞍點的矩陣則為混合策略競賽，求解方法將留待以後各節討論．

定義 8-2-1

具有鞍點的對策矩陣我們稱之為**完全確定的對策** (strictly determined games)．

【例題 1】試求下列報酬矩陣之鞍點．

$$\begin{array}{c} C \text{ 方策略} \\ \begin{array}{c} \\ R \text{ 方} \\ \text{策略} \end{array} \begin{array}{c} \\ S_1 \\ S_2 \\ S_3 \\ S_4 \end{array} \begin{array}{ccccc} T_1 & T_2 & T_3 & T_4 & T_5 \\ \left[\begin{array}{ccccc} 21 & 13 & 11 & 20 & 6 \\ 17 & 15 & 14 & 16 & 17 \\ 10 & 14 & 13 & 13 & 18 \\ 15 & 16 & 12 & 12 & 11 \end{array}\right] \end{array} \end{array}$$

【解】

$$\begin{array}{c} \\ \\ \\ \\ \max \end{array} \begin{array}{c} \\ \left[\begin{array}{ccccc} 21 & 13 & 11 & 20 & 6 \\ 17 & 15 & ⑭ & 16 & 17 \\ 10 & 14 & 13 & 13 & 18 \\ 15 & 16 & 12 & 12 & 11 \end{array}\right] \\ \begin{array}{ccccc} 21 & 16 & ⑭ & 20 & 18 \\ & & \uparrow & & \end{array} \\ \text{minimax} \end{array} \begin{array}{c} \min \\ \begin{array}{c} 6 \\ ⑭ \leftarrow \text{maximin} \\ 10 \\ 11 \end{array} \end{array}$$

由上述報酬矩陣知鞍點為 14，即 R、C 雙方會採取單純策略，R 方採取策略 S_2，C 方採取策略 T_3，在此情況下，R 方利益 14，而 C 方損失也是 14，雙方獲得均衡之競賽值為 14．

【例題 2】下列各報酬矩陣何者有鞍點？何者無鞍點？

(1) $A = \begin{bmatrix} -4 & -2 & 6 \\ 2 & 0 & 2 \\ 8 & -2 & -4 \end{bmatrix}$ 　　(2) $B = \begin{bmatrix} 6 & -2 & 3 & -4 \\ 3 & 2 & 1 & 4 \\ -3 & -1 & 2 & -5 \end{bmatrix}$

【解】(1) R 方 (列) 依小中取大原則，各列最小值依次為 -4，0，-4，因此 R 方應取第二列的 0．相反地，C 方依大中取小原則，各行最大值依次為 8，0，6，因此 C 方應取第二行的 0，雙方所選取的同是 $a_{22} = 0$ 元素，故為有鞍點的競賽，報酬矩陣之鞍點為 0．

$$\begin{bmatrix} -4 & -2 & 6 \\ 2 & 0 & 2 \\ 8 & -2 & -4 \end{bmatrix} \begin{matrix} \min \\ -4 \\ \text{⓪} \leftarrow \text{maximin} \\ -4 \end{matrix}$$

$$\max \quad 8 \quad \text{⓪} \quad 6$$
$$\uparrow$$
$$\text{minimax}$$

(2) R 方 (列) 依小中取大原則，各列最小值依次為 $-4, 1, -5$，因此 R 方應取第二列的 1. 相反地，C 方依大中取小原則，各行最大值依次為 $6, 2, 3, 4$，因此 C 方應取第二行的 2，因 $1 \neq 2$，故報酬矩陣無鞍點。

$$\begin{bmatrix} 6 & -2 & 3 & -4 \\ 3 & 2 & 1 & 4 \\ -3 & -1 & 2 & -5 \end{bmatrix} \begin{matrix} \min \\ -4 \\ \text{①} \leftarrow \text{maximin} \\ -5 \end{matrix}$$

$$\max \quad 6 \quad \text{②} \quad 3 \quad 4$$
$$\uparrow$$
$$\text{minimax}$$

【例題 3】設兩人零和競賽報酬矩陣

$$\begin{array}{c} C\ 方策略 \\ \begin{array}{cccc} T_1 & T_2 & T_3 & T_4 \end{array} \\ R\ 方\ \begin{array}{c} S_1 \\ S_2 \\ S_3 \\ S_4 \end{array} \begin{bmatrix} 2 & -2 & 0 & -1 \\ 18 & -5 & 1 & 6 \\ 10 & 8 & 5 & 7 \\ 6 & 11 & -3 & 2 \end{bmatrix} \end{array}$$

試求雙方的最佳決策及競賽值.

【解】R 方依小中取大原則，C 方依大中取小原則為

$$\begin{array}{c}
\phantom{\text{max}}\begin{array}{cccc} & & & \text{min} \end{array}\\
\phantom{\text{max}}\left[\begin{array}{cccc} 2 & -2 & 0 & -1 \\ 18 & -5 & 1 & 6 \\ 10 & 8 & \boxed{5} & 7 \\ 6 & 11 & -3 & 2 \end{array}\right]\begin{array}{c} -2 \\ -5 \\ \boxed{5} \leftarrow \text{maximin} \\ -3 \end{array}\\
\begin{array}{ccccc} \text{max} & 18 & 11 & \boxed{5} & 7 \end{array}\\
\phantom{\text{max XX XX}}\uparrow\\
\phantom{\text{max XX}}\text{minimax}
\end{array}$$

R 方最佳純策略為 $\mathbf{P}^* = [0, 0, 1, 0]$，即為 S_3 策略．C 方最佳純策略 $\mathbf{Q}^* = [0, 0, 1, 0]^T$，即為 T_3 策略．此競賽之競賽值為 $a_{33} = 5$，且為鞍點．　◢

§8-3　混合策略競賽

本節主要在討論無鞍點的策略競賽與最佳純策略．我們先介紹混合策略之概念，先考慮下列之報酬矩陣

$$\begin{array}{c}
\phantom{R\text{方}}\begin{array}{c} C\ \text{方策略} \end{array}\\
\phantom{R\text{方}}\begin{array}{ccc} T_1 & T_2 & \text{min} \end{array}\\
\begin{array}{c} R\ \text{方} \\ \text{策略} \end{array}\begin{array}{c} S_1 \\ S_2 \end{array}\left[\begin{array}{cc} 4 & -15 \\ -6 & 9 \end{array}\right]\begin{array}{c} -15 \\ \boxed{-6} \leftarrow \text{maximin} \end{array}\\
\phantom{R\text{方策略}}\begin{array}{ccc} \text{max} & \boxed{4} & 9 \end{array}\\
\phantom{R\text{方策略XXX}}\uparrow\\
\phantom{R\text{方策略X}}\text{minimax}
\end{array}$$

由於 $\max\limits_{1\leqslant i\leqslant 2}(\min\limits_{1\leqslant j\leqslant 2} a_{ij}) = -6 \neq \min\limits_{1\leqslant j\leqslant 2}(\max\limits_{1\leqslant i\leqslant 2} a_{ij}) = 4$，故此報酬矩陣無鞍點存在．但依據選擇最佳策略的原則，競賽者 C 自然會選取策略 T_1，可是競賽者 R 必不甘心每次都損失 6，故他不想採用策略 S_2，因此，他會出其不意地採用策略 S_1，希望得到 4，如果 C 方能猜想到 R 方的這個心理，C 方也會出策略 T_2 來對付，而使 R 方得不到 4，反而要損失 15．在這種對策中，雙方競賽者 R、C 都互相猜測對方之策略，而設法製造出自己將採取某一策略之假象，使對方做出錯誤之判斷，從而措手不及．在這種競賽過程中，由於雙方競賽者之策略都不想被對方猜測到，因而必須隨機地選取策略．於是引進了**混合策略** (mixed strategy) 的概念，即是每個競賽者在做出自己的決策時，並不是永遠採用某一個策略，而是依機率值的大小來選取每個策略．例如

在上述的報酬矩陣中競賽者 C 用 $\dfrac{1}{5}$ 的機率選取策略 T_1，$\dfrac{4}{5}$ 的機率選取策略 T_2，那麼，競賽者 C 的混合策略 (簡稱策略) 就是機率向量 $\begin{bmatrix}\dfrac{1}{5}\\\dfrac{4}{5}\end{bmatrix}$。同理，如果競賽者 R 用 $\dfrac{2}{3}$ 的機率選取策略 S_1，$\dfrac{1}{3}$ 的機率選取策略 S_2，則競賽者 R 的混合策略就是機率向量 $\left[\dfrac{2}{3}, \dfrac{1}{3}\right]$。

一般而言，假如報酬矩陣為一 $m \times n$ 階矩陣，如式 (8-1-1)，競賽者 R 的策略集我們通常用

$$S_R = \left\{ \mathbf{P} = [p_1, p_2, \cdots, p_m] \,\Big|\, p_i \geqslant 0, \sum_{i=1}^{m} p_i = 1 \right\}$$

來表示競賽者 R 的混合策略集，其中 $i = 1, 2, \cdots, m$。同理，對競賽者 C 的策略集我們通常用

$$S_C = \left\{ \mathbf{Q} = \begin{bmatrix} q_1 \\ q_2 \\ \vdots \\ q_n \end{bmatrix} \,\Bigg|\, q_j \geqslant 0, \sum_{j=1}^{n} q_j = 1 \right\}$$

來表示競賽者 C 的混合策略集，其中 $j = 1, 2, \cdots, n$。

如果我們可以找到 R 方的某個混合策略 $\mathbf{P}^*$ 及 C 方的某個混合策略 $\mathbf{Q}^*$，滿足下式

$$\max_{\mathbf{P} \in S_R} \min_{\mathbf{Q} \in S_C} E(\mathbf{P}, \mathbf{Q}) = \min_{\mathbf{P} \in S_R} \max_{\mathbf{Q} \in S_C} E(\mathbf{P}, \mathbf{Q}) = E(\mathbf{P}^*, \mathbf{Q}^*)$$

(即 $\max\limits_{\mathbf{P} \in S_R} \min\limits_{\mathbf{Q} \in S_C} \mathbf{PAQ} = \min\limits_{\mathbf{P} \in S_R} \max\limits_{\mathbf{Q} \in S_C} \mathbf{PAQ} = \mathbf{P}^* A\, \mathbf{Q}^*$)，

則 $(\mathbf{P}^*, \mathbf{Q}^*)$ 就稱為 A 的**對策鞍點** (strategic saddle point)。策略 $\mathbf{P}^*$、$\mathbf{Q}^*$ 分別稱為競賽者 R 及競賽者 C 的**最佳混合策略** (optimal strategy)，而 $v = E(\mathbf{P}^*, \mathbf{Q}^*)$，則稱為**競賽值** (或**對策值**)。

【例題 1】試求下面報酬矩陣之競賽值 (或對策值)。

$$A = \begin{array}{c} \\ R \text{ 方} \\ \text{策略} \end{array} \begin{array}{c} \\ S_1 \\ S_2 \end{array} \overset{\begin{array}{c} C \text{ 方策略} \\ T_1 \quad T_2 \end{array}}{\begin{bmatrix} 5 & 1 \\ 3 & 4 \end{bmatrix}}$$

【解】

$$\begin{array}{c} & & \min \\ & \begin{bmatrix} 5 & 1 \\ 3 & 4 \end{bmatrix} & \begin{array}{c} 1 \\ ③ \end{array} \leftarrow \text{maximin} \\ \max & 5 \quad ④ \\ & \uparrow \\ & \text{minimax} \end{array}$$

由於 $\max\limits_{1 \leq i \leq 2}(\min\limits_{1 \leq j \leq 2} a_{ij}) = 3 \neq \min\limits_{1 \leq j \leq 2}(\max\limits_{1 \leq i \leq 2} a_{ij}) = 4$，故報酬矩陣無鞍點存在.

令競賽者 R 的某個混合策略爲 $\mathbf{P}^* = [p_1, \ p_2]$，競賽者 C 的某個混合策略爲 $\mathbf{Q}^* = \begin{bmatrix} q_1 \\ q_2 \end{bmatrix}$，則 R 方的期望支付（或報酬）爲

$$\begin{aligned} E(\mathbf{P}^*, \ \mathbf{Q}^*) &= \mathbf{P}^* \mathbf{A} \mathbf{Q}^* = [p_1, \ p_2] \begin{bmatrix} 5 & 1 \\ 3 & 4 \end{bmatrix} \begin{bmatrix} q_1 \\ q_2 \end{bmatrix} \\ &= [5p_1 + 3p_2 \quad p_1 + 4p_2] \begin{bmatrix} q_1 \\ q_2 \end{bmatrix} \\ &= 5p_1 q_1 + 3p_2 q_1 + p_1 q_2 + 4p_2 q_2 \end{aligned}$$

因爲 $p_1 + p_2 = 1$，$q_1 + q_2 = 1$，所以

$$\begin{aligned} E(\mathbf{P}^*, \ \mathbf{Q}^*) &= 5p_1 q_1 + 3(1 - p_1) q_1 + p_1(1 - q_1) + 4(1 - p_1)(1 - q_1) \\ &= 5p_1 q_1 + 3q_1 - 3p_1 q_1 + p_1 - p_1 q_1 + 4(1 - q_1 - p_1 + p_1 q_1) \\ &= 5p_1 q_1 - 3p_1 - q_1 + 4 \\ &= 5\left(p_1 - \frac{1}{5}\right)\left(q_1 - \frac{3}{5}\right) + \frac{17}{5} \end{aligned}$$

由上面的等式知，當機率 $p_1 = \frac{1}{5}$ 時，R 方取策略 S_1，此時 R 方的期望支付不少於 $\frac{17}{5}$，因爲無論 q_1 是任何值，$E(\mathbf{P}^*, \ \mathbf{Q}^*)$ 都是 $\frac{17}{5}$. 但若 p_1 不取

$\dfrac{1}{5}$，例如取 $p_1 = \dfrac{2}{5}$，則當 q_1 取 $\dfrac{1}{5}$ 時，$E(\mathbf{P}^*, \mathbf{Q}^*) = \dfrac{15}{5} < \dfrac{17}{5}$，所以 R 方的最佳混合策略就是取 $\mathbf{P}^* = \left[\dfrac{1}{5}, \dfrac{4}{5}\right]$. 相對地，對 C 方而言，他要付出 $\dfrac{17}{5}$. 為了抱著敗中求勝的希望，他的最佳混合策略就是取 $\mathbf{Q}^* = \begin{bmatrix} \dfrac{3}{5} \\ \dfrac{2}{5} \end{bmatrix}$.

當 C 方取策略 $\mathbf{Q}^* = \begin{bmatrix} \dfrac{3}{5} \\ \dfrac{2}{5} \end{bmatrix}$ 時，不管 R 方取什麼策略，R 方也無法令 C 方的支出多於 $\dfrac{17}{5}$. 反而，當 R 方所採取的策略出錯時，C 方的支出就會小於 $\dfrac{17}{5}$，甚至可以反敗為勝. 因此 $\dfrac{17}{5}$ 這個數就是上述報酬矩陣的競賽值.

我們不難發現

$$\mathbf{P}^*\mathbf{A}\mathbf{Q}^* = \left[\dfrac{1}{5}, \dfrac{4}{5}\right]\begin{bmatrix} 5 & 1 \\ 3 & 4 \end{bmatrix}\begin{bmatrix} \dfrac{3}{5} \\ \dfrac{2}{5} \end{bmatrix} = \dfrac{17}{5}.$$

由上述之例題，我們給出下列最佳混合策略的定義.

定義 8-3-1

令 $\mathbf{A} = [a_{ij}]_{m \times n}$ 為一 $m \times n$ 階之對策矩陣 (或報酬矩陣).

(1) 若對競賽者 R，可以找到一個極大的數 V_R 及策略 $\mathbf{P}^*$，使得無論競賽者 C 採取任何的策略 $\mathbf{Q}$，皆有 $\mathbf{P}^*\mathbf{A}\mathbf{Q} \geqslant V_R$，則 R 的這個策略 $\mathbf{P}^* = [p_1^*, p_2^*, \cdots, p_m^*]$ 就稱為 R 方的最佳混合策略.

(2) 若對競賽者 C，可以找到一個極小的數 V_C 及策略 $\mathbf{Q}^*$，使得無論競賽者 R 採取任何的策略 $\mathbf{P}$，皆有 $\mathbf{P}\mathbf{A}\mathbf{Q}^* \leqslant V_C$，則 C 的這個策略 $\mathbf{Q}^* = \begin{bmatrix} q_1^* \\ q_2^* \\ \vdots \\ q_n^* \end{bmatrix}$ 就稱為 C 方的最佳混合策略.

當 $\mathbf{P}^*$ 及 $\mathbf{Q}^*$ 皆為最佳混合策略時，則 $V_R = V_C = v$. 這個 v 就是對策矩陣 $\mathbf{A}$ 的競賽值 (或對策值).

定理 8-3-1　基本定理

設 $A=[a_{ij}]_{m\times n}$ 為 $m\times n$ 階對策矩陣（或報酬矩陣），競賽者 R 及 C 之策略集分別為 S_R 及 S_C，則

$$\max_{\mathbf{P}\in S_R}\min_{\mathbf{Q}\in S_C} E(\mathbf{P},\ \mathbf{Q}) \text{ 及 } \min_{\mathbf{P}\in S_R}\max_{\mathbf{Q}\in S_C} E(\mathbf{P},\ \mathbf{Q}) \text{ 均存在並相等}$$

即

$$\max_{\mathbf{P}\in S_R}\min_{\mathbf{Q}\in S_C} E(\mathbf{P},\ \mathbf{Q}) = \min_{\mathbf{P}\in S_R}\max_{\mathbf{Q}\in S_C} E(\mathbf{P},\ \mathbf{Q}) = \mathbf{P}^*A\mathbf{Q}^*$$

【例題 2】某一對局之報酬矩陣為

$$A = \begin{array}{c} R\text{ 方} \\ \text{策略} \end{array} \begin{bmatrix} 2 & -3 \\ -2 & -4 \end{bmatrix} \quad \begin{array}{c} C\text{ 方策略} \end{array}$$

試計算下列由 (1) 至 (4) 一對混合策略之對策值 v。這些混合策略當中，哪些策略對 R 方最為有利．

(1) $\mathbf{P}^* = \begin{bmatrix} \dfrac{1}{2} & \dfrac{1}{2} \end{bmatrix}$，$\mathbf{Q}^* = \begin{bmatrix} \dfrac{1}{2} \\ \dfrac{1}{2} \end{bmatrix}$

(2) $\mathbf{P}^* = \begin{bmatrix} \dfrac{1}{3} & \dfrac{2}{3} \end{bmatrix}$，$\mathbf{Q}^* = \begin{bmatrix} \dfrac{1}{4} \\ \dfrac{3}{4} \end{bmatrix}$

(3) $\mathbf{P}^* = \begin{bmatrix} \dfrac{2}{5} & \dfrac{3}{5} \end{bmatrix}$，$\mathbf{Q}^* = \begin{bmatrix} \dfrac{2}{7} \\ \dfrac{5}{7} \end{bmatrix}$

(4) $\mathbf{P}^* = \begin{bmatrix} \dfrac{3}{8} & \dfrac{5}{8} \end{bmatrix}$，$\mathbf{Q}^* = \begin{bmatrix} \dfrac{2}{9} \\ \dfrac{7}{9} \end{bmatrix}$

【解】(1) $v = \mathbf{P}^*\mathbf{A}\mathbf{Q}^* = \begin{bmatrix} \frac{1}{2} & \frac{1}{2} \end{bmatrix} \begin{bmatrix} 2 & -3 \\ -2 & 4 \end{bmatrix} \begin{bmatrix} \frac{1}{2} \\ \frac{1}{2} \end{bmatrix} = \begin{bmatrix} 0 & \frac{1}{2} \end{bmatrix} \begin{bmatrix} \frac{1}{2} \\ \frac{1}{2} \end{bmatrix}$

$= \begin{bmatrix} \frac{1}{4} \end{bmatrix} = [0.25] = 0.25$

(2) $v = \mathbf{P}^*\mathbf{A}\mathbf{Q}^* = \begin{bmatrix} \frac{1}{3} & \frac{2}{3} \end{bmatrix} \begin{bmatrix} 2 & -3 \\ -2 & 4 \end{bmatrix} \begin{bmatrix} \frac{1}{4} \\ \frac{3}{4} \end{bmatrix} = \begin{bmatrix} -\frac{2}{3} & \frac{5}{3} \end{bmatrix} \begin{bmatrix} \frac{1}{4} \\ \frac{3}{4} \end{bmatrix}$

$= \begin{bmatrix} \frac{13}{12} \end{bmatrix} = \frac{13}{12}$

(3) $v = \mathbf{P}^*\mathbf{A}\mathbf{Q}^* = \begin{bmatrix} \frac{2}{5} & \frac{3}{5} \end{bmatrix} \begin{bmatrix} 2 & -3 \\ -2 & 4 \end{bmatrix} \begin{bmatrix} \frac{2}{7} \\ \frac{5}{7} \end{bmatrix} = \begin{bmatrix} -\frac{2}{5} & \frac{6}{5} \end{bmatrix} \begin{bmatrix} \frac{2}{7} \\ \frac{5}{7} \end{bmatrix}$

$= \begin{bmatrix} \frac{26}{35} \end{bmatrix} = \frac{26}{35}$

(4) $v = \mathbf{P}^*\mathbf{A}\mathbf{Q}^* = \begin{bmatrix} \frac{3}{8} & \frac{5}{8} \end{bmatrix} \begin{bmatrix} 2 & -3 \\ -2 & 4 \end{bmatrix} \begin{bmatrix} \frac{2}{9} \\ \frac{7}{9} \end{bmatrix} = \begin{bmatrix} -\frac{4}{8} & \frac{11}{8} \end{bmatrix} \begin{bmatrix} \frac{2}{9} \\ \frac{7}{9} \end{bmatrix}$

$= \begin{bmatrix} \frac{23}{24} \end{bmatrix} = \frac{23}{24}$

策略 (2) 對 R 方最為有利，因為 R 方與 C 方依混合策略 (2) 經過一段較長時間的對局之後，R 方平均每一局贏得 $1.08。

最佳混合策略與對策值有下面的關係。

定理 8-3-2

令 $\mathbf{A} = [a_{ij}]_{m \times n}$ 為一 $m \times n$ 階對策矩陣 (零和對策)，$\mathbf{P}^*$ 及 $\mathbf{Q}^*$ 分別為競賽者

R 及 C 之最佳混合策略.

令 $\mathbf{V}=[v,\ v,\ \cdots,\ v]$ 及 $\mathbf{V'}=\begin{bmatrix}v\\v\\\vdots\\v\end{bmatrix}$ 分別是具有 n 個 v 分量的列向量及具

有 m 個 v 分量的行向量，則 v 為**競賽值** (或**對策值**) 的充要條件為

$$\mathbf{P}^*\mathbf{A}\geqslant\mathbf{V} \qquad 與 \qquad \mathbf{A}\mathbf{Q}^*\leqslant\mathbf{V'}$$

定理 8-3-3

若 a_{11} 是報酬矩陣 $\mathbf{A}=[a_{ij}]_{m\times n}$ 的一個鞍點，顯然，a_{11} 就是 $\mathbf{A}$ 的競賽值. 並且競賽者 R 的最佳純策略是對應於矩陣 $\mathbf{A}$ 第一列的策略，競賽者 C 的最佳純策略是對應於矩陣 $\mathbf{A}$ 中第一行的策略.

推論：設 a_{ij} 是 $m\times n$ 階報酬矩陣 $\mathbf{A}$ 的一個鞍點，則競賽者 R 的最佳純策略是對應於矩陣 $\mathbf{A}$ 第 i 列的策略，競賽者 C 的最佳純策略是對應於矩陣 $\mathbf{A}$ 第 j 行的策略.

§8-4　2×2 矩陣型混合策略競賽

我們在本節中將討論無鞍點的兩人零和競賽. 有關無鞍點之競賽又稱之為一**非完全確定的對策**. 一般而言，無鞍點的競賽不能採用單純策略，必須使用混合策略. 但是對於 2×2 之無鞍點矩陣我們可使用下列一些方法求解.

1. 圖解法
2. 公式解法
3. 代數法
4. 算術簡便法

圖解法

考慮一 2×2 矩陣競賽，若其中一方僅有二種策略之混合策略，假設這一方為 R 方，其混合策略為 $\mathbf{P}=[p_1, 1-p_1]$，故僅需解 p_1 值。這種情況下只要繪出 p_1 函數的期望報酬，然後，可藉此圖加以辨認找出最小期望報酬最大之點，對方之大中取小原則亦可由此圖看出，我們用下面的例子予以說明．

【例題 1】考慮具有下列之報酬矩陣，以圖解法求出雙方之最佳策略．

$$\begin{array}{c} \qquad\qquad C\text{ 方策略} \\ \begin{array}{cc} & \begin{array}{cc} T_1 & T_2 \end{array} \\ \begin{matrix} R\text{ 方} \\ \text{策略} \end{matrix} \begin{matrix} S_1 \\ S_2 \end{matrix} & \begin{bmatrix} -1 & 3 \\ 4 & 2 \end{bmatrix} \end{array} \end{array}$$

【解】因 R 方有兩種策略可用，假設會使用策略 S_1 的機率為 p_1，則會使用策略 S_2 的機率為 $1-p_1$（因 $p_1+p_2=1$）．

故
$$\begin{matrix} p_1 \\ 1-p_1 \end{matrix} \begin{bmatrix} -1 & 3 \\ 4 & 2 \end{bmatrix}$$

$$[p_1, 1-p_1]\begin{bmatrix} -1 & 3 \\ 4 & 2 \end{bmatrix}=[-p_1+4(1-p_1),\ 3p_1+2(1-p_1)]$$

若 C 方採取不同策略下，R 方之期望報酬為

C 方採取之策略	R 方之期望報酬
T_1	$E_1=-p_1+4(1-p_1)=4-5p_1$
T_2	$E_2=3p_1+2(1-p_1)=2+p_1$

直線 $E_1=4-5p_1$ 與 $E_2=2+p_1$，如圖 8-1 所示．

由圖 8-1 可知 R 方之 max(min)（即小中取大原則）是粗線中找其最大，其最佳選擇應該是兩直線之交點 E．即

$$4-5p_1=2+p_1$$

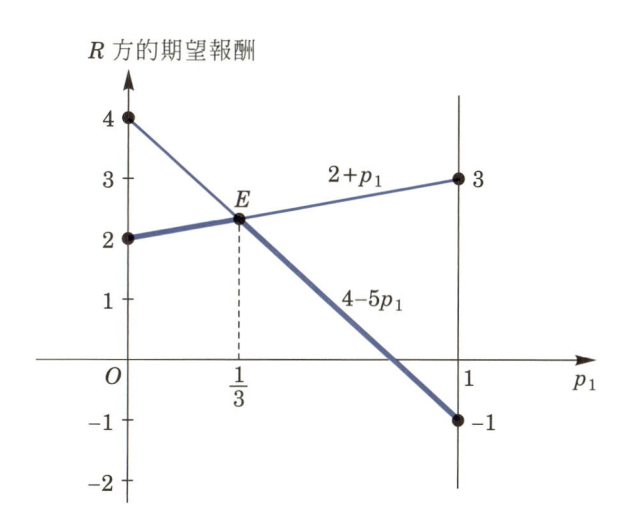

圖 8-1

解得，$\qquad p_1=\dfrac{1}{3}, \qquad p_2=1-\dfrac{1}{3}=\dfrac{2}{3}$

故 R 方有 $\dfrac{1}{3}$ 的機會選擇策略 S_1，$\dfrac{2}{3}$ 的機會選擇策略 S_2，所以 R 方之最佳混合策略為 $\mathbf{P}^*=\left[\dfrac{1}{3},\ \dfrac{2}{3}\right]$。對此最佳策略之期望報酬 (或競賽值) 為

$$v=4-5p_1=4-\dfrac{5}{3}=\dfrac{7}{3} \qquad \text{或} \qquad v=2+p_1=2+\dfrac{1}{3}=\dfrac{7}{3}$$

因為期望報酬為 $\dfrac{7}{3}$，對 R 方有利，為不公平競賽。

同理，C 方也有兩種策略可供選擇，假設 C 方會使用策略 T_1 之機率為 q_1，則會使用策略 T_2 之機率為 $1-q_1$ (因 $q_1+q_2=1$)

故
$$\begin{array}{cc} q_1 & 1-q_1 \end{array} \\ \begin{bmatrix} -1 & 3 \\ 4 & 2 \end{bmatrix}$$

$$\begin{bmatrix} -1 & 3 \\ 4 & 2 \end{bmatrix}\begin{bmatrix} q_1 \\ 1-q_1 \end{bmatrix}=\begin{bmatrix} -q_1+3(1-q_1) \\ 4q_1+2(1-q_1) \end{bmatrix}$$

若 R 方採取不同策略下，C 方之期望損失為

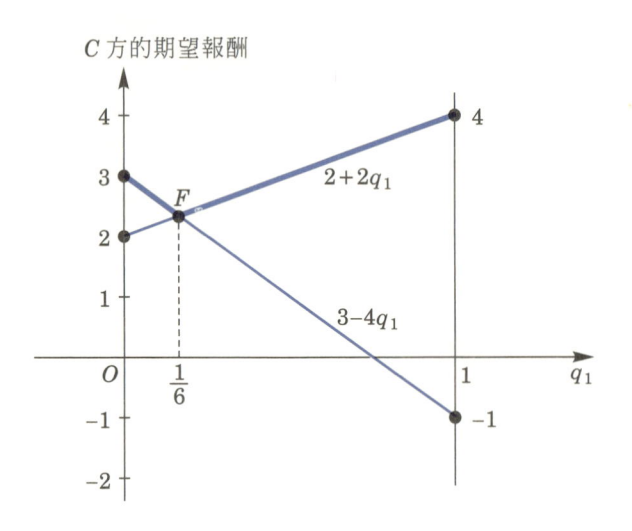

圖 8-2

R 方採取之策略	C 方之期望損失
S_1	$E_1 = -q_1 + 3(1-q_1) = 3 - 4q_1$
S_2	$E_2 = 4q_1 + 2(1-q_1) = 2 + 2q_1$

直線 $E_1 = 3 - 4q_1$ 與 $E_2 = 2 + 2q_1$，如圖 8-2 所示．
由圖 8-2 可知 C 方之 min(max)（即大中取小原則）是粗線中找其最小，其最佳選擇應該是兩直線之交點 F，即

$$3 - 4q_1 = 2 + 2q_1$$

解得 $\quad q_1 = \dfrac{1}{6}, \quad q_2 = 1 - q_1 = 1 - \dfrac{1}{6} = \dfrac{5}{6}$

故 C 方有 $\dfrac{1}{6}$ 的機會選擇策略 T_1，有 $\dfrac{5}{6}$ 的機會選擇策略 T_2，所以 C 方之最佳策略為 $\mathbf{Q}^* = \begin{bmatrix} \dfrac{1}{6} \\ \dfrac{5}{6} \end{bmatrix}$．對此一最佳混合策略之期望損失（或競賽值）為

$$v = 3 - 4q_1 = 3 - \dfrac{4}{6} = \dfrac{7}{3} \quad 或 \quad v = 2 + 2q_1 = 2 + 2 \cdot \dfrac{1}{6} = \dfrac{7}{3}$$

因為期望損失為 $\dfrac{7}{3}$，對 C 方不利，為不公平競賽．

公式解法

定理 8-4-1

設報酬矩陣 $A=\begin{bmatrix} a_{11} & a_{12} \\ a_{21} & a_{22} \end{bmatrix}$ 不含鞍點，則 R 方與 C 方之最佳策略分別為

$$\mathbf{P}^*=\left[\frac{a_{22}-a_{21}}{a_{11}+a_{22}-a_{12}-a_{21}},\ \frac{a_{11}-a_{12}}{a_{11}+a_{22}-a_{12}-a_{21}}\right]$$

$$\mathbf{Q}^*=\left[\frac{a_{22}-a_{12}}{a_{11}+a_{22}-a_{12}-a_{21}},\ \frac{a_{11}-a_{21}}{a_{11}+a_{22}-a_{12}-a_{21}}\right]^T$$

且此競賽值為

$$v=\frac{a_{11}a_{22}-a_{12}a_{21}}{a_{11}+a_{22}-a_{12}-a_{21}}.$$

在上述定理中，可知 v 為鞍點且為競賽值，同時為 R 方之相對最大期望報酬與 C 方之相對最小期望報酬。但讀者應注意，如果 $a_{11}+a_{22}-a_{12}-a_{21}=0$ 時，代表其為單純策略情形，必有鞍點存在，這時只需以大中取小原則加以求解即可。

【例題 2】已知報酬矩陣如下，試求雙方的最佳策略與競賽值。

$$A=\begin{bmatrix} 2 & -3 \\ -2 & 1 \end{bmatrix}$$

【解】我們先利用小中取大、大中取小原則，決定是否有鞍點存在。

$$\begin{array}{c} & & \min \\ & \begin{bmatrix} 2 & -3 \\ -2 & 1 \end{bmatrix} & \begin{array}{l} -3 \\ \boxed{-2} \leftarrow \text{maximin} \end{array} \\ \max & 2 \quad \textcircled{1} & \\ & \uparrow & \\ & \text{minimax} & \end{array}$$

因 $\max\limits_{1\leq i\leq 2}(\min\limits_{1\leq j\leq 2} a_{ij})=-2 \neq \min\limits_{1\leq j\leq 2}(\max\limits_{1\leq i\leq 2} a_{ij})=1$，故無鞍點存在，所以為一混合策略競賽．令 $a_{11}=2$，$a_{12}=-3$，$a_{21}=-2$，$a_{22}=1$ 代入

$$p=\frac{a_{22}-a_{21}}{a_{11}+a_{22}-a_{12}-a_{21}} \quad 與 \quad q=\frac{a_{22}-a_{12}}{a_{11}+a_{22}-a_{12}-a_{21}} \quad 中，$$

得

$$p=\frac{1-(-2)}{2+1-(-3)-(-2)}=\frac{3}{8}, \quad 1-p=1-\frac{3}{8}=\frac{5}{8}$$

$$q=\frac{1-(-3)}{2+1-(-3)-(-2)}=\frac{4}{8}=\frac{1}{2}, \quad 1-q=1-\frac{1}{2}=\frac{1}{2}$$

故 R 方之最佳策略為 $\mathbf{P}^*=\left[\dfrac{3}{8}, \dfrac{5}{8}\right]$

C 方之最佳策略為 $\mathbf{Q}^*=\left[\dfrac{1}{2}, \dfrac{1}{2}\right]^T$

將 $a_{11}=2$，$a_{12}=-3$，$a_{21}=-2$，$a_{22}=1$，代入 $v=\dfrac{a_{11}a_{22}-a_{12}a_{21}}{a_{11}+a_{22}-a_{12}-a_{21}}$ 中，可求得競賽值，

$$v=\frac{(2)(1)-(-3)(-2)}{2+1-(-3)-(-2)}=\frac{2-6}{8}=-\frac{1}{2}$$

或 $v=E(\mathbf{P}^*, \mathbf{Q}^*)=\begin{bmatrix}\dfrac{3}{8} & \dfrac{5}{8}\end{bmatrix}\begin{bmatrix}2 & -3 \\ -2 & 1\end{bmatrix}\begin{bmatrix}\dfrac{1}{2} \\ \dfrac{1}{2}\end{bmatrix}=\begin{bmatrix}-\dfrac{1}{2}\end{bmatrix}=-\dfrac{1}{2}.$ ⊿

代數法

考慮下列之報酬矩陣

$$\begin{array}{c} \quad\quad\quad\quad C\ 方策略 \\ \quad\quad\quad\quad T_1 \quad\ T_2 \\ \begin{array}{cc} R\ 方 & S_1 \\ 策略 & S_2 \end{array}\begin{bmatrix} -20 & 10 \\ 30 & -40 \end{bmatrix} \end{array}$$

由於該報酬矩陣無鞍點存在，故不能採用單純策略．若 R 方採用策略 S_1 的機率為

p_1，則其採用 S_2 的機率為 $p_2 = 1 - p_1$．

$$\begin{array}{c} p_1 \\ 1-p_1 \end{array} \begin{bmatrix} -20 & 10 \\ 30 & -40 \end{bmatrix}$$

如果 R 方採用混合策略得當，無論 C 方如何採用策略 T_1 及 T_2，R 方之期望報酬均相等．

$$[p_1, \ 1-p_1] \begin{bmatrix} -20 & 10 \\ 30 & -40 \end{bmatrix} = [-20p_1 + 30(1-p_1), \ 10p_1 - 40(1-p_1)]$$

$$E(T_1) = -20p_1 + 30(1-p_1)$$

$$E(T_2) = 10p_1 - 40(1-p_1)$$

令 $$E(T_1) = E(T_2)$$

所以， $$-20p_1 + 30(1-p_1) = 10p_1 - 40(1-p_1)$$

$$-50p_1 + 30 = 50p_1 - 40$$

解得 $$p_1 = \frac{7}{10}$$

$$p_2 = 1 - p_1 = 1 - \frac{7}{10} = \frac{3}{10}$$

故 R 方之最佳混合策略為 $\mathbf{P}^* = \left[\dfrac{7}{10}, \ \dfrac{3}{10} \right]$．

同理．若 C 方採用策略 T_1 的機率為 q_1，則其採用 T_2 之機率為 $q_2 = 1 - q_1$．

$$\begin{array}{cc} q_1 & 1-q_1 \end{array}$$
$$\begin{bmatrix} -20 & 10 \\ 30 & -40 \end{bmatrix}$$

如果 C 方採用混合策略適宜，無論 R 方採用其策略 S_1 及 S_2，C 方之期望報酬均相等，

$$\begin{bmatrix} -20 & 10 \\ 30 & -40 \end{bmatrix} \begin{bmatrix} q_1 \\ 1-q_1 \end{bmatrix} = \begin{bmatrix} -20q_1 + 10(1-q_1) \\ 30q_1 - 40(1-q_1) \end{bmatrix}$$

$$E(S_1) = -20q_1 + 10(1-q_1) = -30q_1 + 10$$

$$E(S_2) = 30q_1 - 40(1-q_1) = 70q_1 - 40$$

令
$$E(S_1) = E(S_2)$$

所以，
$$-30q_1 + 10 = 70q_1 - 40$$

$$100q_1 = 50$$

解得
$$q_1 = \frac{1}{2}, \qquad q_2 = 1 - q_1 = \frac{1}{2}$$

故 C 方之最佳混合策略為
$$\mathbf{Q}^* = \begin{bmatrix} \frac{1}{2} \\ \frac{1}{2} \end{bmatrix}$$

$$\text{競賽值} = \begin{bmatrix} \frac{7}{10}, & \frac{3}{10} \end{bmatrix} \begin{bmatrix} -20 & 10 \\ 30 & -40 \end{bmatrix} \begin{bmatrix} \frac{1}{2} \\ \frac{1}{2} \end{bmatrix} = -5$$

我們分別就 R 方及 C 方之觀點考慮，說明如下

1. 由 R 方的觀點考慮，C 方採用策略 T_1 或 T_2。R 方的損失均為

$$\text{競賽值} = -20 \times \left(\frac{7}{10}\right) + 30 \times \left(\frac{3}{10}\right) = -5$$

2. 由 C 方的觀點考慮，R 方採用策略 S_1 或 S_2。C 方的報酬均為

$$\text{競賽值} = -20 \times \left(\frac{1}{2}\right) + 10 \times \left(\frac{1}{2}\right) = -5$$

當雙方利用此項最佳混合策略 $\mathbf{P}^*$ 與 $\mathbf{Q}^*$ 時，R 方無法將其損失再行減少，C 方亦無法再將其報酬加大，此一競賽即告穩定，故競賽值為 -5。

【例題 3】試求下列報酬矩陣的最佳混合策略與競賽值。

$$\begin{array}{c} C\ 方策略 \\ \begin{array}{c} \\ R\ 方 \\ 策\ 略 \end{array} \begin{array}{c} \\ S_1 \\ S_2 \\ S_3 \end{array} \begin{array}{c} T_1 \quad T_2 \quad T_3 \\ \begin{bmatrix} 3 & -1 & 2 \\ 6 & 1 & -3 \\ -1 & 3 & 5 \end{bmatrix} \end{array} \end{array}$$

【解】此一報酬矩陣無鞍點存在，故不能採用單純策略. 若 R 方採用策略 S_1 的機率為 p_1，採用策略 S_2 的機率為 p_2，則採用策略 S_3 的機率為 $p_3=1-p_1-p_2$.

$$\begin{array}{c} p_1 \\ p_2 \\ 1-p_1-p_2 \end{array} \begin{bmatrix} 3 & -1 & 2 \\ 6 & 1 & -3 \\ -1 & 3 & 5 \end{bmatrix}$$

如果 R 方混合策略得當，無論 C 方採用其策略 T_1、T_2 及 T_3 中之任何一種策略，R 方期望報酬均相等.

$$[p_1,\ p_2,\ 1-p_1-p_2]\begin{bmatrix} 3 & -1 & 2 \\ 6 & 1 & -3 \\ -1 & 3 & 5 \end{bmatrix}$$

$$=[3p_1+6p_2-(1-p_1-p_2),\ -p_1+p_2+3(1-p_1-p_2),\ 2p_1-3p_2+5(1-p_1-p_2)]$$

$$E(T_1)=3p_1+6p_2-1+p_1+p_2$$

$$E(T_2)=-p_1+p_2+3-3p_1-3p_2$$

$$E(T_3)=2p_1-3p_2+5-5p_1-5p_2$$

令 $E(T_1)=E(T_2)$，並整理得

$$3p_1+6p_2-1+p_1+p_2=-p_1+p_2+3-3p_1-3p_2$$

$$8p_1+9p_2=4 \quad \cdots\cdots\cdots\cdots\cdots\cdots\cdots\cdots\cdots\cdots\cdots ①$$

令 $E(T_2)=E(T_3)$，並整理得

$$-p_1+p_2+3-3p_1-3p_2=2p_1-3p_2+5-5p_1-5p_2$$

$$-p_1+6p_2=2 \quad \cdots\cdots\cdots\cdots\cdots\cdots\cdots\cdots\cdots\cdots\cdots ②$$

解下列之聯立方程式

$$\begin{cases} 8p_1+9p_2=4 \\ -p_1+6p_2=2 \end{cases}$$

得

$$p_2=\frac{20}{57}, \quad p_1=\frac{6}{57}$$

$$p_3=1-p_1-p_2=1-\frac{6}{57}-\frac{20}{57}=\frac{31}{57}$$

故 R 方之最佳混合策略為 $\mathbf{P}^*=\left[\frac{6}{57}, \frac{20}{57}, \frac{31}{57}\right]$.

同理，若 C 方採用策略 T_1 的機率為 q_1，採用策略 T_2 的機率為 q_2，則採用策略 T_3 的機率為 $q_3=1-q_1-q_2$.

$$\begin{array}{ccc} q_1 & q_2 & 1-q_1-q_2 \end{array}$$
$$\begin{bmatrix} 3 & -1 & 2 \\ 6 & 1 & -3 \\ -1 & 3 & 5 \end{bmatrix}$$

如果 C 方採用混合策略適宜，無論 R 方採用其策略 S_1、S_2 及 S_3 中之任何一種策略，R 方期望報酬均相等.

$$\begin{bmatrix} 3 & -1 & 2 \\ 6 & 1 & -3 \\ -1 & 3 & 5 \end{bmatrix}\begin{bmatrix} q_1 \\ q_2 \\ 1-q_1-q_2 \end{bmatrix}=\begin{bmatrix} 3q_1-q_2+2(1-q_1-q_2) \\ 6q_1+q_2-3(1-q_1-q_2) \\ -q_1+3q_2+5(1-q_1-q_2) \end{bmatrix}$$

$$E(S_1)=3q_1-q_2+2(1-q_1-q_2)$$

$$E(S_2)=6q_1+q_2-3(1-q_1-q_2)$$

$$E(S_3)=-q_1+3q_2+5(1-q_1-q_2)$$

令 $E(S_1)=E(S_2)$，並整理得

$$3q_1-q_2+2(1-q_1-q_2)=6q_1+q_2-3(1-q_1-q_2)$$

$$8q_1+7q_2=5 \cdots\cdots\cdots\cdots\cdots\cdots\cdots\cdots\cdots\cdots\cdots\cdots ③$$

令 $E(S_2)=E(S_3)$，並整理得

$$6q_1+q_2-3(1-q_1-q_2)=-q_1+3q_2+5(1-q_1-q_2)$$

$$15q_1+6q_2=8 \cdots\cdots\cdots\cdots\cdots\cdots\cdots\cdots\cdots\cdots\cdots ④$$

解下列之聯立方程式

$$\begin{cases} 8q_1+7q_2=5 \\ 15q_1+6q_2=8 \end{cases}$$

得

$$q_1=\frac{26}{57}, \qquad q_2=\frac{11}{57},$$

$$q_3=1-q_1-q_2=1-\frac{26}{57}-\frac{11}{57}=\frac{20}{57}$$

故 R 方之最佳混合策略為 $\mathbf{Q}^*=\left[\dfrac{26}{57},\ \dfrac{11}{57},\ \dfrac{20}{57}\right]^T$

$$競賽值=3\times\frac{6}{57}+6\times\frac{20}{57}+(-1)\times\frac{31}{57}=\frac{107}{57}$$

或

$$3\times\frac{26}{57}+(-1)\times\frac{11}{57}+2\times\frac{20}{57}=\frac{107}{57}$$

競賽值亦可由下式求得

$$競賽值=\begin{bmatrix}\dfrac{6}{57}, & \dfrac{20}{57}, & \dfrac{31}{57}\end{bmatrix}\begin{bmatrix} 3 & -1 & 2 \\ 6 & 1 & -3 \\ -1 & 3 & 5 \end{bmatrix}\begin{bmatrix}\dfrac{26}{57}\\ \dfrac{11}{57}\\ \dfrac{20}{57}\end{bmatrix}$$

$$=\frac{107}{57}.$$

算術簡便法

算術簡便法的步驟如下

步驟 1 首先，若報酬矩陣中之元素皆為正值，則將各行、列中最大值減去最小值．

但若報酬矩陣中之元素出現負值，則採同列 (行) 兩數相減之絕對值．

步驟 2 將步驟 1 中第一列及第二列所計算之結果，第一行及第二行所計算之結果分別互換其位置．

步驟 3 將步驟 2 之各數值除其總和，以求得一分數值．

步驟 4 由第一列及第二列之兩個分數值，以及第一行及第二行之兩個分數值，可分別決定 R 方與 C 方之最佳混合策略 $\mathbf{P}^*$ 與 $\mathbf{Q}^*$．

【例題 4】已知報酬矩陣如下，試求雙方的最佳策略與競賽值．

$$A = \begin{bmatrix} 2 & -3 \\ -2 & 1 \end{bmatrix}$$

【解】

$$\begin{bmatrix} 2 & -3 \\ -2 & 1 \end{bmatrix} \quad \begin{matrix} |2-(-3)|=5 \\ |-2-1|=3 \end{matrix} \quad \begin{matrix} 3 \\ 5 \end{matrix} \quad \begin{matrix} \dfrac{3}{3+5}=\dfrac{3}{8} \\ \dfrac{5}{3+5}=\dfrac{5}{8} \end{matrix} \quad \mathbf{P}^* = \begin{bmatrix} \dfrac{3}{8}, & \dfrac{5}{8} \end{bmatrix}$$

同列之兩數相減之絕對值　互換位置　分數值　R 方之最佳混合策略

$$\begin{matrix} |2-(-2)| & |-3-1| \\ = & = \\ 4 & 4 \\ 4 & 4 \end{matrix}$$

同行之兩數相減之絕對值 ← ①

互換位置 ← ②

$$\begin{matrix} \dfrac{4}{4+4} & \dfrac{4}{4+4} \\ = & = \\ \dfrac{1}{2} & \dfrac{1}{2} \end{matrix}$$

分數值 ← ③

$$\mathbf{Q}^* = \begin{bmatrix} \dfrac{1}{2} \\ \dfrac{1}{2} \end{bmatrix}$$

C 方之最佳混合策略 ← ④

競賽值為　　　$v = \dfrac{3}{8} \times 2 + \dfrac{5}{8} \times (-2) = -\dfrac{1}{2}$

或 $$\frac{1}{2}\times 2+\frac{1}{2}\times(-3)=-\frac{1}{2}.$$

§8-5 凌越規則

我們在前面所討論的兩人零和競賽，競賽者雙方所能夠採取之策略個數皆同為 2，故賽局均是 (2×2) 的報酬矩陣。但如果競賽者 R、C 雙方，若 R 方所採行的列策略有兩種策略，而 C 方所採行的行策略有兩種以上之策略，則此種競賽稱之為 $2\times M$ 競賽；另一方面，若 R 方所採行的列策略有兩種以上之策略，而 C 方所採行的行策略有兩種策略，則此種競賽稱之為 $M\times 2$ 競賽。

【例題 1】下列為 $2\times M$ 競賽

$$\begin{array}{c} C\ 方策略 \\ \begin{array}{c} R\ 方 \\ 策略 \end{array} \begin{bmatrix} 2 & 1 & 4 \\ 1 & -2 & 3 \end{bmatrix}. \end{array}$$

【例題 2】下列為 $M\times 2$ 競賽

$$\begin{array}{c} C\ 方策略 \\ \begin{array}{c} R\ 方 \\ 策略 \end{array} \begin{bmatrix} 1 & 4 \\ 3 & -1 \\ 4 & 2 \end{bmatrix}. \end{array}$$

下面的例題是 R 方有三種策略可供選擇，C 方有四種策略可供選擇的報酬矩陣。我們如何選取較佳的策略而刪除較差的策略以簡化報酬矩陣。

【例題 3】設競賽矩陣

$$A=\begin{array}{c} C\ 方策略 \\ \begin{array}{c} R\ 方 \\ 策略 \end{array} \begin{bmatrix} 0 & -1 & -2 & 5 \\ 2 & 3 & 5 & 3 \\ 7 & 6 & 10 & 4 \end{bmatrix} \end{array}$$

試刪除絕對不會被競賽者選用的任何列或行。

【解】由於 R 方的目標是將報酬極大化，因此 R 方絕對不會選用第二列，因為第三列中每個數值均大於第二列中相對位置的數，因此可刪除第二列。

故
$$B = \begin{bmatrix} 0 & -1 & -2 & 5 \\ 7 & 6 & 10 & 4 \end{bmatrix}$$

另一方面，由於 C 方的目標是將損失極小化，C 方絕對不會選用第一行取代第二行。因為第一行中每個數均大於第二行中相對位置的數。因此無論 R 方如何選擇，C 方若選第一行卻不取第二行，則 C 方會損失更多，所以可刪除第一行，其他各行各有優劣故不可刪除，於是得

$$C = \begin{bmatrix} -1 & -2 & 5 \\ 6 & 10 & 4 \end{bmatrix}.$$ ∎

任何競賽問題求解時首先得檢查是否為零和之單純策略，如果非單純策略則為混合策略。此時，應嘗試使用**凌越規則**，將報酬矩陣縮小，再利用前面的方法求解。所謂凌越規則，就是對競賽者雙方可使用的策略均多於二種以上時，如果 A 策略較 B 策略為佳的話，則較差之 B 策略一定不會被競賽者所採用，因此我們可以將較差之 B 策略予以刪除，以簡化報酬矩陣。凌越規則可見下述之定義。

定義 8-5-1

設 $[a_{ij}]_{m \times n}$ 為一報酬矩陣。

(1) 凌越列：若報酬矩陣的第 i 列中每個數均小於或等於第 k 列中相對位置的數，即

$$a_{ij} \leq a_{kj}, \quad j = 1, 2, \cdots, n$$

則策略 k 凌越策略 i，可將策略 i 予以刪除。因此第 k 列稱之為**優勢列** (dominant row)。

(2) 凌越行：若報酬矩陣的第 j 行中每個數均小於或等於第 k 行中相對位置的數，即

$$a_{ij} \leq a_{ik} \quad i = 1, 2, \cdots, m$$

則策略 j 凌越策略 k，可將策略 k 予以刪除。因此第 j 行稱之為**優勢行** (dominant column)。

最佳策略絕對不會是被刪除列或被刪除行，因此這些列與行可以刪除．

【例題 4】設有一報酬矩陣

$$R \text{ 方策略} \begin{array}{c} \\ S_1 \\ S_2 \\ S_3 \end{array} \begin{array}{c} C \text{ 方策略} \\ \begin{array}{cccc} T_1 & T_2 & T_3 & T_4 \end{array} \\ \begin{bmatrix} 1 & -3 & 3 & -1 \\ 3 & 1 & 5 & 2 \\ -1 & 4 & 2 & 0 \end{bmatrix} \end{array}$$

此一報酬矩陣無鞍點存在，R 方和 C 方各有三種及四種策略可供選擇．由於 R 方的目標是報酬愈大愈好，現將 R 方之三種策略依凌越列規則兩兩比較，將較差之策略予以刪除．由於第一列中每個數均小於或等於第二列中相對位置的數，亦即，不論 C 方採用何種策略，對 R 方而言，S_2 永遠較 S_1 的報酬大，因此 S_2 策略凌越 S_1 策略，將 S_1 予以刪除．又 S_2 與 S_3 比較因各有優劣，不可刪除，故其報酬矩陣簡化為一 (2×4) 矩陣．

$$R \text{ 方策略} \begin{array}{c} \\ S_2 \\ S_3 \end{array} \begin{array}{c} C \text{ 方策略} \\ \begin{array}{cccc} T_1 & T_2 & T_3 & T_4 \end{array} \\ \begin{bmatrix} 3 & 1 & 5 & 2 \\ -1 & 4 & 2 & 0 \end{bmatrix} \end{array}$$

另一方面，由於 C 方的目標是損失愈小愈好，在報酬矩陣中之元素，正數對 C 方而言為損失，負數對 C 方而言反而是報酬，因此報酬矩陣中之元素愈小對 C 方愈有利．現將 C 方之四種可行策略依凌越行原則兩兩互相比較，將較差之行策略予以刪除．就 T_1 及 T_2 策略而言，因 $3>1$，$-1<4$，故 C 方採用策略 T_1 和 T_2 各有優劣，不能刪除．再比較 C 方採用 T_1 及 T_3 策略，因 $3<5$，$-1<2$，亦即，不論 R 方採用何種策略，對 C 方而言 T_1 策略永遠比 T_3 策略的損失小，因此 T_1 策略凌越 T_3 策略，將 T_3 策略予以刪除．最後比較 T_1 策略及 T_4 策略，因 $3>2$，$-1<0$，故 T_1 和 T_4 各有優劣，不可刪除．因此報酬矩陣由 (3×4) 階簡化為 (2×3) 階．

$$\begin{bmatrix} 3 & 1 & 2 \\ -1 & 4 & 0 \end{bmatrix}.$$

【例題 5】設有一報酬矩陣如下

$$C \text{ 方策略}$$

$$\begin{array}{c} \\ R \text{ 方} \\ \text{策略} \end{array} \begin{array}{c} \\ S_1 \\ S_2 \\ S_3 \\ S_4 \end{array} \begin{array}{c} T_1 \quad T_2 \quad T_3 \quad T_4 \\ \begin{bmatrix} 2 & 2 & 1 & -2 \\ 4 & 3 & 2 & 6 \\ 1 & 0 & 4 & 3 \\ 4 & -2 & -1 & 4 \end{bmatrix} \end{array}$$

試求雙方之最佳混合策略及競賽值.

【解】

$$\begin{bmatrix} 2 & 2 & 1 & -2 \\ 4 & 3 & 2 & 6 \\ 1 & 0 & 4 & 3 \\ 4 & -2 & -1 & 4 \end{bmatrix} \begin{array}{l} \min \\ -2 \\ ② \leftarrow \text{maximin} \\ 0 \\ -2 \end{array}$$

$$\max \quad 4 \quad ③ \quad 4 \quad 6$$
$$\uparrow$$
$$\text{minimax}$$

因 $2 \neq 3$，故無鞍點存在，因此不能採用單純策略。
利用凌越規則，比較第一、二列，刪去第一列，其餘各有優劣不可再予刪除，簡化為 (3×4) 報酬矩陣。

$$\begin{bmatrix} \cancel{2} & \cancel{2} & \cancel{1} & \cancel{-2} \\ 4 & 3 & 2 & 6 \\ 1 & 0 & 4 & 3 \\ 4 & -2 & -1 & 4 \end{bmatrix}$$

就 C 方而言，第二行優於第一行，第二行優於第四行，將第一行與第四行刪除得

$$\begin{bmatrix} \cancel{2} & 2 & 1 & \cancel{-2} \\ \cancel{4} & 3 & 2 & \cancel{6} \\ \cancel{1} & 0 & 4 & \cancel{3} \\ \cancel{4} & -2 & -1 & \cancel{4} \end{bmatrix}$$

$$\begin{array}{c} C\ 方策略 \\ \begin{array}{cc} & T_2 \quad T_3 \end{array} \\ 故 \quad \begin{array}{c} R\ 方 \\ 策略 \end{array} \begin{array}{c} S_2 \\ S_3 \\ S_4 \end{array} \left[\begin{array}{cc} 3 & 2 \\ 0 & 4 \\ -2 & -1 \end{array} \right] \end{array}$$

再就 R 方觀點，S_2 優於 S_4，將 S_4 刪除得一 (2×2) 報酬矩陣為

$$\begin{array}{c} \quad T_2 \quad T_3 \\ \begin{array}{c} S_2 \\ S_3 \end{array} \left[\begin{array}{cc} 3 & 2 \\ 0 & 4 \end{array} \right] \end{array}$$

(1) 利用公式解

令 $a_{11}=3$，$a_{12}=2$，$a_{21}=0$，$a_{22}=4$ 代入

$$p=\frac{a_{22}-a_{21}}{a_{11}+a_{22}-a_{12}-a_{21}} \quad 與 \quad q=\frac{a_{22}-a_{12}}{a_{11}+a_{22}-a_{12}-a_{21}}$$

得

$$p=\frac{4-0}{3+4-2-0}=\frac{4}{5}, \quad 1-p=1-\frac{4}{5}=\frac{1}{5}$$

$$q=\frac{4-2}{3+4-2-0}=\frac{2}{5}, \quad 1-q=1-\frac{2}{5}=\frac{3}{5}$$

所以 R 方之最佳混合策略為 $\mathbf{P}^*=\left[0,\ \frac{4}{5},\ \frac{1}{5},\ 0 \right]$

C 方之最佳混合策略為 $\mathbf{Q}^*=\left[0,\ \frac{2}{5},\ \frac{3}{5},\ 0 \right]^T$

競賽值 $=\frac{4}{5}\times 3+\frac{1}{5}\times 0=\frac{12}{5}$，對 R 方有利．

(2) 利用代數法

若 R 方採用策略 S_2 的機率為 p_1，則其採用策略 S_3 的機率為 $p_2=1-p_1$。

$$\begin{array}{c} \begin{array}{c} p_1 \\ 1-p_1 \end{array} \left[\begin{array}{cc} 3 & 2 \\ 0 & 4 \end{array} \right] \end{array}$$

如果 R 方採用混合策略得當，無論 C 方如何採用策略 T_2 及 T_3，R 方之

期望報酬相等.

$$[p_1,\ 1-p_1]\begin{bmatrix} 3 & 2 \\ 0 & 4 \end{bmatrix}=[3p_1,\ 2p_1+4(1-p_1)]$$

$$E(T_2)=3p_1,\qquad E(T_3)=2p_1+4(1-p_1)$$

令 $\qquad E(T_2)=E(T_3)$

所以， $\qquad 3p_1=2p_1+4(1-p_1),\qquad 5p_1=4$

故 $\qquad p_1=\dfrac{4}{5},\ p_2=1-p_1=1-\dfrac{4}{5}=\dfrac{1}{5}$

故求得 R 方之最佳混合策略為 $\mathbf{P}^*=\begin{bmatrix} 0, & \dfrac{4}{5}, & \dfrac{1}{5}, & 0 \end{bmatrix}$

同理，可求得 C 方之最佳混合策略為 $\mathbf{Q}^*=\begin{bmatrix} 0, & \dfrac{2}{5}, & \dfrac{3}{5}, & 0 \end{bmatrix}^T$

$$\text{競賽值}=\dfrac{4}{5}\times 3+\dfrac{1}{5}\times 0=\dfrac{12}{5}$$

(3) 利用算術簡便法

$$\begin{bmatrix} 3 & 2 \\ 0 & 4 \end{bmatrix}\quad \begin{matrix} 3-2=1 \\ 4-0=4 \end{matrix} \quad \begin{matrix} 4 \\ 1 \end{matrix} \quad \begin{matrix} \dfrac{4}{4+1}=\dfrac{4}{5} \\ \dfrac{1}{4+1}=\dfrac{1}{5} \end{matrix}$$

$$\begin{matrix} 3-0=3 & 4-2=2 \\ 2 & 3 \\ \dfrac{2}{2+3} & \dfrac{3}{2+3} \\ \| & \| \\ \dfrac{2}{5} & \dfrac{3}{5} \end{matrix}$$

故得 R 方之最佳混合策略為 $\mathbf{P}^*=\begin{bmatrix} 0, & \dfrac{4}{5}, & \dfrac{1}{5}, & 0 \end{bmatrix}$,

C 方之最佳混合策略為 $\mathbf{Q}^* = \begin{bmatrix} 0, & \dfrac{2}{5}, & \dfrac{3}{5}, & 0 \end{bmatrix}^T$

競賽值 $= \dfrac{4}{5} \times 3 + \dfrac{1}{5} \times 0 = \dfrac{12}{5}$.

讀者應注意例題 5 之 $(m \times n)$ 報酬矩陣，$m > 2$，$n > 2$，可簡化為 (2×2) 的報酬矩陣，但並非所有的 $(m \times n)$ 矩陣皆可化簡為 (2×2) 矩陣。如果原報酬矩陣可簡化為 $(2 \times n)$ 或 $(m \times 2)$ 矩陣，我們可使用**次競賽解法** (solution by method of subgames)，將 $(2 \times n)$ 或 $(m \times 2)$ 矩陣寫成 C_2^n 或 C_2^m 個 (2×2) 矩陣，逐一檢驗 (2×2) 報酬矩陣。

例如，下列之報酬矩陣

$$\begin{bmatrix} 1 & -2 & 3 & -1 \\ 2 & 0 & 3 & 1 \\ -1 & 4 & 2 & 0 \end{bmatrix}$$

利用凌越規則化成一 (2×3) 矩陣如下

$$\begin{array}{c} \\ S_2 \\ S_3 \end{array} \begin{array}{ccc} T_1 & T_2 & T_4 \\ \begin{bmatrix} 2 & 0 & 1 \\ -1 & 4 & 0 \end{bmatrix} \end{array}$$

我們可將此 (2×3) 矩陣分割為 $C_2^3 = 3$ 個 (2×2) 矩陣如下。

1. 次競賽 (1)：$\begin{bmatrix} 2 & 0 \\ -1 & 4 \end{bmatrix}$

因無鞍點，使用算術簡便法求解如下

$\begin{bmatrix} 2 & 0 \\ -1 & 4 \end{bmatrix} \begin{array}{l} 2-0=2 \\ |-1-4|=5 \end{array} \begin{array}{c} 5 \\ 2 \end{array} \begin{array}{l} \dfrac{5}{5+2} = \dfrac{5}{7} = p_1 \\ \dfrac{2}{5+2} = \dfrac{2}{7} = p_2 \end{array}$

$$\begin{array}{cc} |2-(-1)| & 4-0 \\ \| & \| \\ 3 & 4 \\ & \searrow\swarrow \\ 4 & 3 \\ \dfrac{4}{3+4} & \dfrac{3}{3+4} \\ \| & \| \\ \dfrac{4}{7} & \dfrac{3}{7} \\ \| & \| \\ q_1 & q_2 \end{array}$$

$$競賽值 = \frac{5}{7} \times 2 + \frac{2}{7} \times (-1) = \frac{8}{7}$$

2. 次競賽 (2)：$\begin{bmatrix} 2 & 1 \\ -1 & 0 \end{bmatrix}$

$$\begin{array}{c} \text{min} \\ \begin{bmatrix} 2 & ① \\ -1 & 0 \end{bmatrix} \begin{array}{l} ① \leftarrow \text{maximin} \\ -1 \end{array} \begin{array}{l} p_1=1 \\ p_2=0 \end{array} \\ \text{max} \quad 2 \quad ① \\ \uparrow \\ \text{minimax} \\ q_1=0 \quad q_2=1 \end{array}$$

競賽值＝1

3. 次競賽 (3)：$\begin{bmatrix} 0 & 1 \\ 4 & 0 \end{bmatrix}$

因無鞍點，使用算術簡便法求解如下

$$\begin{bmatrix} 0 & 1 \\ 4 & 0 \end{bmatrix} \begin{array}{l} 1-0=1 \\ 4-0=4 \end{array} \begin{array}{c} \searrow \\ \nearrow \end{array} \begin{array}{l} 4 \\ 1 \end{array} \quad \begin{array}{l} \dfrac{4}{1+4}=\dfrac{4}{5}=p_1 \\ \dfrac{1}{1+4}=\dfrac{1}{5}=p_2 \end{array}$$

$$\begin{matrix} 4-0 & 1-0 \\ \| & \| \\ 4 & 1 \\ \searrow & \swarrow \\ 1 & 4 \\ \dfrac{1}{1+4} & \dfrac{4}{1+4} \\ \| & \| \\ \dfrac{1}{5} & \dfrac{4}{5} \\ \| & \| \\ q_1 & q_2 \end{matrix}$$

$$競賽值 = \frac{4}{5}\times 0 + \frac{1}{5}\times 4 = \frac{4}{5}$$

由以上得知 C 方雖然有三種策略可以選擇，但並不需要三種策略均採用，由於次競賽 (3) 之競賽值 $\dfrac{4}{5}$ 最小，亦即對 C 方的損失最低，較為有利．

因此 R 方的最佳混合策略應選 $\mathbf{P}^{*} = \left[0, \dfrac{4}{5}, \dfrac{1}{5} \right]$，

C 方的最佳混合策略應選 $\mathbf{Q}^{*} = \left[0, \dfrac{1}{5}, 0, \dfrac{4}{5} \right]^{T}$，

競賽值為 $\dfrac{4}{5}$．

§8-6　線性規劃法求解報酬矩陣

當我們在求兩人零和競賽之策略與競賽值時，我們首先找出報酬矩陣是否有鞍點存在，如果有鞍點存在時，則毫無任何困難就可獲得競賽者雙方之最佳 (單純) 策略與競賽值，因其競賽值等於鞍點之值．在本節中我們先考慮一 (2×2) 的競賽矩陣，若該競賽矩陣無鞍點存在，我們如何利用線性規劃法求雙方之最佳混合策略．

例如我們考慮下面的報酬矩陣

$$\begin{array}{cc} & C\ 方策略 \\ & \begin{array}{cc} T_1 & T_2 \end{array} \\ \begin{array}{cc} R\ 方 & S_1 \\ 策略 & S_2 \end{array} & \begin{bmatrix} 5 & 1 \\ 2 & 4 \end{bmatrix} \end{array}$$

此一報酬矩陣無鞍點，設它的競賽值 (或對策值) 為 v，如果競賽者 R 所採取的策略 $\mathbf{P}^* = [p_1, p_2]$ 為最佳混合策略 (即有 p_1 的機率選取策略 S_1，p_2 的機率選取策略 S_2)，則依定理 8-3-2，得知

$$[p_1, p_2] \begin{bmatrix} 5 & 1 \\ 2 & 4 \end{bmatrix} \geq [v, v]$$

故
$$\begin{cases} 5p_1 + 2p_2 \geq v \\ p_1 + 4p_2 \geq v \end{cases}$$

顯然 $p_1 + p_2 = 1$，$p_1 \geq 0$，$p_2 \geq 0$。又因這報酬矩陣的每個元素都是正數，故競賽值 $v \geq 0$。因此求得，

$$\begin{cases} 5\left(\dfrac{p_1}{v}\right) + 2\left(\dfrac{p_2}{v}\right) \geq 1 \\ \dfrac{p_1}{v} + 4\left(\dfrac{p_2}{v}\right) \geq 1 \\ \dfrac{p_1}{v} + \dfrac{p_2}{v} = \dfrac{1}{v} \\ p_1 \geq 0,\ p_2 \geq 0,\ 及\ v \geq 0. \end{cases}$$

對競賽者 R 而言，他希望盡最大可能增加報酬，因此希望 v 的值是極大值。現在假設

$$x_1 = \dfrac{p_1}{v}, \qquad x_2 = \dfrac{p_2}{v}$$

於是求 v 的極大值問題，就變成求 $\dfrac{1}{v}$ 的極小值問題，即得下列之線性規劃模式，

$$\text{Min.}\quad f = x_1 + x_2$$

受制於
$$\begin{cases} 5x_1 + 2x_2 \geq 1 \\ x_1 + 4x_2 \geq 1 \\ x_1 \geq 0,\ x_2 \geq 0 \end{cases}$$

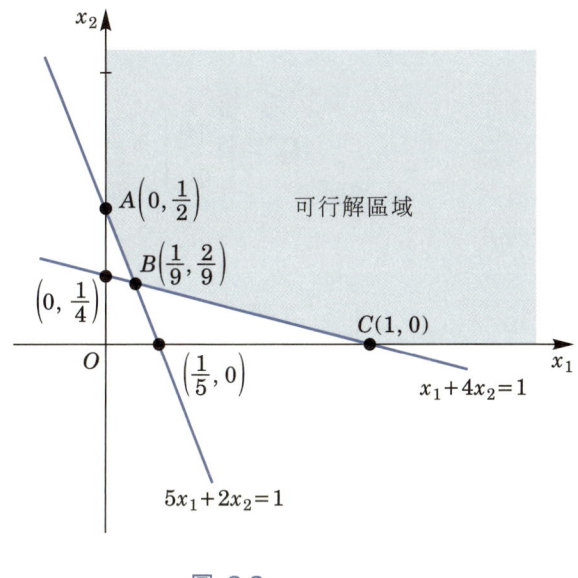

圖 8-3

因此求最佳策略的問題，也就變成線性規劃的問題．

由圖 8-3 可知其可行解區域為由 ABC 所圍成，凸集合各頂點 (或極點) 及目標函數的值分別為

$$A\left(0, \frac{1}{2}\right) \qquad f=\frac{1}{2}$$

$$B\left(\frac{1}{9}, \frac{2}{9}\right) \qquad f=\frac{1}{9}+\frac{2}{9}=\frac{1}{3}$$

$$C(1, 0) \qquad f=1$$

因此，最佳解為 $x_1=\frac{1}{9}$，$x_2=\frac{2}{9}$，極小值為 $\frac{1}{3}$，即 $v=3$ 是競賽者 R 所期望的競賽值．此時，

$$p_1=x_1\times v=\frac{1}{9}\times 3=\frac{1}{3}, \qquad p_2=x_2\times v=\frac{2}{9}\times 3=\frac{2}{3}$$

故 $\mathbf{P}^*=\left[\dfrac{1}{3}, \dfrac{2}{3}\right]$ 為競賽者 R 的最佳混合策略．

同理，我們可以求競賽者 C 的最佳混合策略。設競賽者 C 所採取的最佳混合策略為

$$\mathbf{Q}^* = \begin{bmatrix} q_1 \\ q_2 \end{bmatrix}$$

則依定理 8-3-2，得知

$$\begin{bmatrix} 5 & 1 \\ 2 & 4 \end{bmatrix} \begin{bmatrix} q_1 \\ q_2 \end{bmatrix} \leqslant \begin{bmatrix} v \\ v \end{bmatrix}$$

得

$$\begin{bmatrix} 5q_1+q_2 \\ 2q_1+4q_2 \end{bmatrix} \leqslant \begin{bmatrix} v \\ v \end{bmatrix}$$

所以，

$$\begin{cases} 5q_1+q_2 \leqslant v \\ 2q_1+4q_2 \leqslant v \\ q_1+q_2 = 1 \\ q_1 \geqslant 0,\ q_2 \geqslant 0,\ \text{及}\ v \geqslant 0 \end{cases}$$

令 $y_1 = \dfrac{q_1}{v}$，$y_2 = \dfrac{q_2}{v}$，重新寫成

$$\begin{cases} 5y_1+y_2 \leqslant 1 \\ 2y_1+4y_2 \leqslant 1 \\ y_1+y_2 = \dfrac{1}{v} \\ y_1 \geqslant 0,\ y_2 \geqslant 0 \end{cases}$$

對競賽者 C 而言，他希望盡可能減少他的損失，因此，他希望 v 的值是極小值。若想要求得 v 的極小值，就等於求 $\dfrac{1}{v}$ 的極大值，於是就變成下述之線性規劃問題，即

$$\text{Max.} \quad g = y_1 + y_2$$

$$\text{受制於} \begin{cases} 5y_1+y_2 \leqslant 1 \\ 2y_1+4y_2 \leqslant 1 \\ y_1 \geqslant 0,\ y_2 \geqslant 0 \end{cases}$$

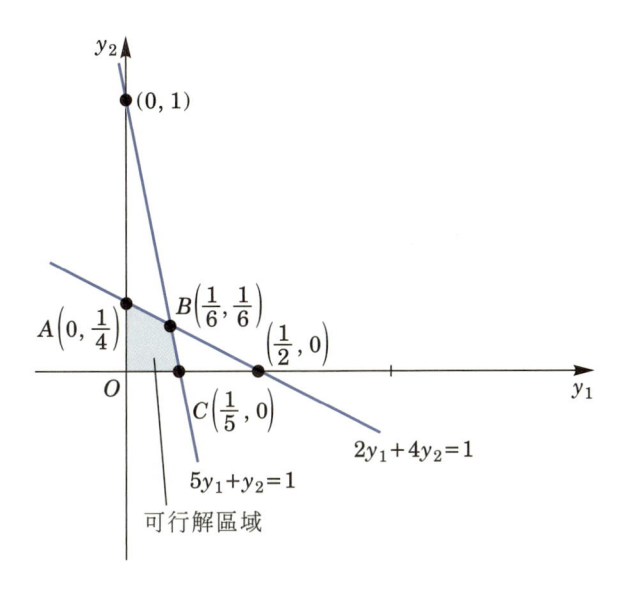

圖 8-4

利用圖解法，求得頂點在 $(y_1, y_2) = \left(\dfrac{1}{6}, \dfrac{1}{6}\right)$ 處，$\dfrac{1}{v} = \dfrac{1}{3}$ 是極大值.

由圖 8-4 可知其可行解區域為由 ABC 所圍成，凸集合各頂點 (或極點) 及目標函數的值分別為

$$A\left(0, \dfrac{1}{4}\right) \qquad f = \dfrac{1}{4}$$

$$B\left(\dfrac{1}{6}, \dfrac{1}{6}\right) \qquad f = \dfrac{1}{3}$$

$$C\left(\dfrac{1}{5}, 0\right) \qquad f = \dfrac{1}{5}$$

因此，最佳解為 $y_1 = \dfrac{1}{6}$，$y_2 = \dfrac{1}{6}$，極大值為 $\dfrac{1}{3}$，即 $v = 3$ 是競賽者 C 所期望的競賽值. 此時，

$$q_1 = y_1 \times v = \dfrac{1}{6} \times 3 = \dfrac{1}{2}$$

$$q_2 = y_2 \times v = \dfrac{1}{6} \times 3 = \dfrac{1}{2}$$

故 $\mathbf{Q}^* = \begin{bmatrix} \frac{1}{2} \\ \frac{1}{2} \end{bmatrix}$ 為競賽者 C 的最佳混合策略.

一般而言，若有一無鞍點之報酬矩陣，且競賽者雙方可以選擇之策略皆超過二個以上，我們介紹如何利用線性規劃中的**單純形法**以求雙方之最佳混合策略.

考慮下列之 $(m \times n)$ 報酬矩陣,

$$\begin{array}{c} C \text{ 方策略} \\ R \text{ 方策略} \begin{array}{c} \\ \\ \\ \\ \\ \end{array} \begin{array}{c} S_1 \\ S_2 \\ S_3 \\ \vdots \\ S_m \end{array} \begin{bmatrix} \begin{array}{ccccc} T_1 & T_2 & T_3 & \cdots & T_n \end{array} \\ \begin{array}{ccccc} a_{11} & a_{12} & a_{13} & \cdots & a_{1n} \\ a_{21} & a_{22} & a_{23} & \cdots & a_{2n} \\ a_{31} & a_{32} & a_{33} & \cdots & a_{3n} \\ \vdots & \vdots & \vdots & & \vdots \\ a_{m1} & a_{m2} & a_{m3} & \cdots & a_{mn} \end{array} \end{bmatrix} \end{array}$$

設 R 方於此競賽中的最佳混合策略為 $\mathbf{P}^* = [x_1, x_2, x_3, \cdots, x_m]$；

C 方於此競賽中的最佳混合策略為 $\mathbf{Q}^* = [y_1, y_2, y_3, \cdots, y_n]^T$

且競賽者雙方運用各自的最佳混合策略時之競賽值為 v，當 R 方的競賽值若為正，則由定理 8-3-2 知競賽雙方最佳混合策略之線性規劃模式分別為

對 R 方

$$\mathbf{P}^*\mathbf{A} = [x_1, x_2, x_3, \cdots, x_m]_{1 \times m} \begin{bmatrix} a_{11} & a_{12} & \cdots & a_{1n} \\ a_{21} & a_{22} & \cdots & a_{2n} \\ \vdots & \vdots & & \vdots \\ a_{m1} & a_{m2} & \cdots & a_{mn} \end{bmatrix} \geq [v, v, \cdots, v]_{1 \times n} \tag{8-6-1}$$

即

$$\begin{cases} a_{11}x_1 + a_{21}x_2 + \cdots + a_{m1}x_m \geq v \\ a_{12}x_1 + a_{22}x_2 + \cdots + a_{m2}x_m \geq v \\ \quad \vdots \quad\quad\quad \vdots \quad\quad\quad\quad\quad \vdots \\ a_{1n}x_1 + a_{2n}x_2 + \cdots + a_{mn}x_m \geq v \\ x_1 + x_2 + \cdots + x_m = 1 \\ x_i \geq 0, \quad i = 1, 2, \cdots, m \end{cases}$$

對 C 方

$$AQ^* = \begin{bmatrix} a_{11} & a_{12} & \cdots & a_{1n} \\ a_{21} & a_{22} & \cdots & a_{2n} \\ \vdots & \vdots & & \vdots \\ a_{m1} & a_{m2} & \cdots & a_{mn} \end{bmatrix} \begin{bmatrix} y_1 \\ y_2 \\ \vdots \\ y_n \end{bmatrix}_{n \times 1} \leqslant \begin{bmatrix} v \\ v \\ \vdots \\ v \end{bmatrix}_{m \times 1} \quad (8\text{-}6\text{-}2)$$

即
$$\begin{cases} a_{11}y_1 + a_{12}y_2 + \cdots + a_{1n}y_n \leqslant v \\ a_{21}y_1 + a_{22}y_2 + \cdots + a_{2n}y_n \leqslant v \\ \quad\vdots \qquad\quad \vdots \qquad\qquad \vdots \\ a_{m1}y_1 + a_{m2}y_2 + \cdots + a_{mn}y_n \leqslant v \\ y_1 + y_2 + \cdots + y_n = 1 \\ y_j \geqslant 0, \ j = 1, \ 2, \ \cdots, \ n \end{cases}$$

以 v 遍除各式，且令

$$X_i = \frac{x_i}{v}, \qquad Y_j = \frac{y_j}{v}$$

故
$$\sum X_i = \frac{1}{v} \sum x_i = \frac{1}{v}$$

$$\sum Y_j = \frac{1}{v} \sum y_j = \frac{1}{v}$$

1. 對 R 方而言，欲求最大 v 值，即求 Min. $\sum X_i$，故 R 方的線性規劃模式為

$$\text{Min. } \sum X_i = X_1 + X_2 + \cdots + X_m$$

受制於
$$\begin{cases} a_{11}X_1 + a_{21}X_2 + \cdots + a_{m1}X_m \geqslant 1 \\ a_{12}X_1 + a_{22}X_2 + \cdots + a_{m2}X_m \geqslant 1 \\ \quad\vdots \qquad\quad \vdots \qquad\qquad \vdots \\ a_{1n}X_1 + a_{2n}X_2 + \cdots + a_{mn}X_m \geqslant 1 \\ X_i \geqslant 0, \ i = 1, \ 2, \ \cdots, \ m \end{cases}$$

2. 對 C 方而言，欲使其損失 v 最小，即求 Max. $\sum Y_j$，故 C 方的線性規劃模式為

$$\text{Max.} \quad \sum Y_j = Y_1 + Y_2 + \cdots + Y_n$$

$$\text{受制於} \begin{cases} a_{11}Y_1 + a_{12}Y_2 + \cdots + a_{1n}Y_n \leqslant 1 \\ a_{21}Y_1 + a_{22}Y_2 + \cdots + a_{2n}Y_n \leqslant 1 \\ \vdots \qquad \vdots \qquad \vdots \\ a_{m1}Y_1 + a_{m2}Y_2 + \cdots + a_{mn}Y_n \leqslant 1 \\ Y_j \geqslant 0, \ j = 1, \ 2, \ \cdots, \ n \end{cases}$$

【例題 1】試以線性規劃法求解下列之競賽.

$$R \text{ 方策略} \begin{array}{c} \\ S_1 \\ S_2 \\ S_3 \end{array} \begin{array}{c} C \text{ 方策略} \\ T_1 \ T_2 \ T_3 \\ \begin{bmatrix} 3 & 2 & 3 \\ 2 & 3 & 4 \\ 5 & 4 & 2 \end{bmatrix} \end{array}$$

【解】因報酬矩陣中各數值皆為正數，利用小中取大原則得其值為正，故 R 方之競賽值 v 為正. 就 C 方求解，並假設 C 方於此競賽中的最佳混合策略為 $\mathbf{Q}^* = [y_1, \ y_2, \ y_3]^T$，則

$$\begin{bmatrix} 3 & 2 & 3 \\ 2 & 3 & 4 \\ 5 & 4 & 2 \end{bmatrix} \begin{bmatrix} y_1 \\ y_2 \\ y_3 \end{bmatrix} \leqslant \begin{bmatrix} v \\ v \\ v \end{bmatrix}$$

則

$$\begin{cases} 3y_1 + 2y_2 + 3y_3 \leqslant v \\ 2y_1 + 3y_2 + 4y_3 \leqslant v \\ 5y_1 + 4y_2 + 2y_3 \leqslant v \\ y_1 + y_2 + y_3 = 1 \end{cases}$$

以 v 遍除上面各式得 C 方的線性規劃模式，

同時令

$$Y_j = \frac{y_j}{v}$$

可得

$$\text{Max.} \quad \sum Y_j = Y_1 + Y_2 + Y_3$$

第八章　對局理論　**367**

$$\text{受制於} \begin{cases} 3Y_1+2Y_2+3Y_3 \leqslant 1 \\ 2Y_1+3Y_2+4Y_3 \leqslant 1 \\ 5Y_1+4Y_2+2Y_3 \leqslant 1 \\ Y_j \geqslant 0, \ j=1, 2, 3 \end{cases}$$

引入差額變數 Y_4、Y_5、Y_6，並以單純形法求解下列之線性規劃問題.

$$\text{Max.} \quad f(Y) = Y_1 + Y_2 + Y_3 + 0Y_4 + 0Y_5 + 0Y_6$$

$$\text{受制於} \begin{cases} 3Y_1+2Y_2+3Y_3+Y_4=1 \\ 2Y_1+3Y_2+4Y_3+Y_5=1 \\ 5Y_1+4Y_2+2Y_3+Y_6=1 \\ Y_i \geqslant 0 \ (i=1, 2, 3, 4, 5, 6) \end{cases}$$

$$A = \begin{bmatrix} Y_1 & Y_2 & Y_3 & Y_4 & Y_5 & Y_6 & f \\ 3 & 2 & 3 & 1 & 0 & 0 & 0 & \vdots & 1 \\ 2 & 3 & 4 & 0 & 1 & 0 & 0 & \vdots & 1 \\ ⑤ & 4 & 2 & 0 & 0 & 1 & 0 & \vdots & 1 \\ \cdots & \cdots & \cdots & \cdots & \cdots & \cdots & \cdots & \cdots & \cdots \\ -1 & -1 & -1 & 0 & 0 & 0 & 1 & \vdots & 0 \end{bmatrix} \begin{matrix} \text{商值} \\ \frac{1}{3} \\ \frac{1}{2} \\ \frac{1}{5} \end{matrix} \underset{\sim}{\frac{1}{5}R_3}$$

↑
(主軸行)　　(主軸列)

$$B = \begin{bmatrix} Y_1 & Y_2 & Y_3 & Y_4 & Y_5 & Y_6 & f \\ 3 & 2 & 3 & 1 & 0 & 0 & 0 & \vdots & 1 \\ 2 & 3 & 4 & 0 & 1 & 0 & 0 & \vdots & 1 \\ 1 & \frac{4}{5} & \frac{2}{5} & 0 & 0 & \frac{1}{5} & 0 & \vdots & \frac{1}{5} \\ \cdots & \cdots & \cdots & \cdots & \cdots & \cdots & \cdots & \cdots & \cdots \\ -1 & -1 & -1 & 0 & 0 & 0 & 1 & \vdots & 0 \end{bmatrix} \underset{\sim}{\begin{matrix} -3R_3+R_1 \\ -2R_3+R_2 \\ 1R_3+R_4 \end{matrix}}$$

$$C = \begin{bmatrix} 0 & -\dfrac{2}{5} & \dfrac{9}{5} & 1 & 0 & -\dfrac{3}{5} & 0 & \vdots & \dfrac{2}{5} \\ 0 & \dfrac{7}{5} & \boxed{\dfrac{16}{5}} & 0 & 1 & -\dfrac{2}{5} & 0 & \vdots & \dfrac{3}{5} \\ 1 & \dfrac{4}{5} & \dfrac{2}{5} & 0 & 0 & \dfrac{1}{5} & 0 & \vdots & \dfrac{1}{5} \\ \hdashline 0 & -\dfrac{1}{5} & -\dfrac{3}{5} & 0 & 0 & \dfrac{1}{5} & 1 & \vdots & \dfrac{1}{5} \end{bmatrix}$$

商值

$\dfrac{2}{5} \Big/ \dfrac{9}{5} = 0.22$

$\dfrac{3}{5} \Big/ \dfrac{16}{5} = 0.1875 \quad \dfrac{5}{16} R_2$

$\dfrac{1}{5} \Big/ \dfrac{2}{5} = 0.5$

(主軸列)

↑
(主軸行)

$$D = \begin{bmatrix} 0 & -\dfrac{2}{5} & \dfrac{9}{5} & 1 & 0 & -\dfrac{3}{5} & 0 & \vdots & \dfrac{2}{5} \\ 0 & \dfrac{7}{16} & 1 & 0 & \dfrac{5}{16} & -\dfrac{1}{8} & 0 & \vdots & \dfrac{3}{16} \\ 1 & \dfrac{4}{5} & \dfrac{2}{5} & 0 & 0 & \dfrac{1}{5} & 0 & \vdots & \dfrac{1}{5} \\ \hdashline 0 & -\dfrac{1}{5} & -\dfrac{3}{5} & 0 & 0 & \dfrac{1}{5} & 1 & \vdots & \dfrac{1}{5} \end{bmatrix}$$

$-\dfrac{9}{5} R_2 + R_1$

$-\dfrac{2}{5} R_2 + R_3$

$\dfrac{3}{5} R_2 + R_4$

$$E = \begin{bmatrix} 0 & -\dfrac{19}{16} & 0 & 1 & -\dfrac{9}{16} & -\dfrac{3}{8} & 0 & \vdots & \dfrac{1}{16} \\ 0 & \dfrac{7}{16} & 1 & 0 & \dfrac{5}{16} & -\dfrac{1}{8} & 0 & \vdots & \dfrac{3}{16} \\ 1 & \dfrac{5}{8} & 0 & 0 & -\dfrac{1}{8} & \dfrac{1}{4} & 0 & \vdots & \dfrac{1}{8} \\ \hdashline 0 & \dfrac{1}{16} & 0 & 0 & \dfrac{3}{16} & \dfrac{1}{8} & 1 & \vdots & \dfrac{5}{16} \end{bmatrix}$$

E 矩陣的最後一列不是 0 就是正數，故單純形法求解已完成.

故得 $Y_1 = \dfrac{1}{8}$, $Y_2 = 0$, $Y_3 = \dfrac{3}{16}$

因為 $\text{Max.} \sum Y_j = \dfrac{5}{16} = \dfrac{1}{v}$

故 $v = \dfrac{16}{5}$

所以， $y_1 = Y_1 v = \dfrac{1}{8} \times \dfrac{16}{5} = \dfrac{2}{5}$

$y_2 = 0$

$y_3 = Y_3 v = \dfrac{3}{16} \times \dfrac{16}{5} = \dfrac{3}{5}$

故 C 方之最佳混合策略為 $\mathbf{Q}^* = \left[\dfrac{2}{5},\ 0,\ \dfrac{3}{5} \right]^T$.

由於雙方的線性規劃互為**原函數** (primal function) 與**對偶函數** (dual function)，故由 E 矩陣最後一列知 $X_1 = 0$, $X_2 = \dfrac{3}{16}$, $X_3 = \dfrac{1}{8}$.

所以，

$x_1 = 0$

$x_2 = X_2 v = \dfrac{3}{16} \times \dfrac{16}{5} = \dfrac{3}{5}$

$x_3 = X_3 v = \dfrac{1}{8} \times \dfrac{16}{5} = \dfrac{2}{5}$

故 R 方之最佳混合策略為 $\mathbf{P}^* = \left[0,\ \dfrac{3}{5},\ \dfrac{2}{5} \right]$.

讀者應特別注意該例題的報酬矩陣中的數值全為正數 (即 $a_{ij} > 0$)，則其競賽值 v 必為正數，但若報酬矩陣中的數值有正數和負數時，則其競賽值有可能為負數. 為了避免產生競賽值 $v < 0$，此時必須將競賽矩陣元素全部加上一個常數 k 值，以使所有元素均大於零，再行求解；最後將所得結果再減 k 值，以獲得真正答案.

【例題 2】試以線性規劃法求解下列之競賽

$$\begin{array}{c} C\ \text{方策略} \\ \begin{array}{c} R\ \text{方} \\ \text{策略} \end{array} \begin{array}{c} S_1 \\ S_2 \\ S_3 \end{array} \begin{bmatrix} T_1 & T_2 & T_3 \\ -1 & -1 & 2 \\ 1 & 0 & -1 \\ 2 & 1 & -2 \end{bmatrix} \end{array}$$

【解】以小中取大原則得知其值為負，R 方之競賽值可能為負值或零．令 $k=3$ 加於各元素．

$$\begin{array}{c} C\ \text{方策略} \\ \begin{array}{c} R\ \text{方} \\ \text{策略} \end{array} \begin{array}{c} S_1 \\ S_2 \\ S_3 \end{array} \begin{bmatrix} T_1 & T_2 & T_3 \\ 2 & 2 & 5 \\ 4 & 3 & 2 \\ 5 & 4 & 1 \end{bmatrix} \end{array}$$

就 C 方求解，並假設 C 方於此競賽中的最佳混合策略為 $\mathbf{Q}^* = [y_1,\ y_2,\ y_3]^T$，則

$$\begin{bmatrix} 2 & 2 & 5 \\ 4 & 3 & 2 \\ 5 & 4 & 1 \end{bmatrix} \begin{bmatrix} y_1 \\ y_2 \\ y_3 \end{bmatrix} \leqslant \begin{bmatrix} v' \\ v' \\ v' \end{bmatrix}$$

則

$$\begin{cases} 2y_1 + 2y_2 + 5y_3 \leqslant v' \\ 4y_1 + 3y_2 + 2y_3 \leqslant v' \\ 5y_1 + 4y_2 + y_3 \leqslant v' \end{cases}$$

以 v' 遍除上面各式得 C 方線性規劃模式

令 $$Y_j = \frac{y_j}{v'}$$

可得 Max. $\sum Y_j = Y_1 + Y_2 + Y_3$

受制於 $$\begin{cases} 2Y_1 + 2Y_2 + 5Y_3 \leqslant 1 \\ 4Y_1 + 3Y_2 + 2Y_3 \leqslant 1 \\ 5Y_1 + 4Y_2 + Y_3 \leqslant 1 \\ Y_j \geqslant 0,\ j=1,\ 2,\ 3 \end{cases}$$

引入差額變數 Y_4、Y_5、Y_6，並以單純形法求解下列之線性規劃問題。

$$\text{Max.} \quad f(Y) = Y_1 + Y_2 + Y_3 + 0Y_4 + 0Y_5 + 0Y_6$$

$$\text{受制於} \begin{cases} 2Y_1 + 2Y_2 + 5Y_3 + Y_4 = 1 \\ 4Y_1 + 3Y_2 + 2Y_3 + Y_5 = 1 \\ 5Y_1 + 4Y_2 + Y_3 + Y_6 = 1 \\ Y_i \geq 0 \ (i = 1, 2, 3, 4, 5, 6) \end{cases}$$

$$A = \begin{bmatrix} Y_1 & Y_2 & Y_3 & Y_4 & Y_5 & Y_6 & f & & \\ 2 & 2 & 5 & 1 & 0 & 0 & 0 & \vdots & 1 \\ 4 & 3 & 2 & 0 & 1 & 0 & 0 & \vdots & 1 \\ 5 & ④ & 1 & 0 & 0 & 1 & 0 & \vdots & 1 \\ \cdots & \cdots & \cdots & \cdots & \cdots & \cdots & \cdots & \cdots & \cdots \\ -1 & -1 & -1 & 0 & 0 & 0 & 1 & \vdots & 0 \end{bmatrix} \begin{array}{l} \text{商值} \\ \frac{1}{2} = 0.5 \\ \frac{1}{3} = 0.33 \\ \frac{1}{4} = 0.25 \\ \\ \text{(主軸列)} \end{array} \quad \underset{\sim}{\frac{1}{4}R_3}$$

↑
(主軸行)

$$B = \begin{bmatrix} Y_1 & Y_2 & Y_3 & Y_4 & Y_5 & Y_6 & f & & \\ 2 & 2 & 5 & 1 & 0 & 0 & 0 & \vdots & 1 \\ 4 & 3 & 2 & 0 & 1 & 0 & 0 & \vdots & 1 \\ \dfrac{5}{4} & 1 & \dfrac{1}{4} & 0 & 0 & \dfrac{1}{4} & 0 & \vdots & \dfrac{1}{4} \\ \cdots & \cdots & \cdots & \cdots & \cdots & \cdots & \cdots & \cdots & \cdots \\ -1 & -1 & -1 & 0 & 0 & 0 & 1 & \vdots & 0 \end{bmatrix} \underset{\sim}{\begin{array}{l} -2R_3 + R_1 \\ -3R_3 + R_2 \\ 1R_3 + R_4 \end{array}}$$

$$C = \begin{bmatrix} -\dfrac{1}{2} & 0 & \boxed{\dfrac{9}{2}} & 1 & 0 & -\dfrac{1}{2} & 0 & \vdots & \dfrac{1}{2} \\ \dfrac{1}{4} & 0 & \dfrac{5}{4} & 0 & 1 & -\dfrac{3}{4} & 0 & \vdots & \dfrac{1}{4} \\ \dfrac{5}{4} & 1 & \dfrac{1}{4} & 0 & 0 & \dfrac{1}{4} & 0 & \vdots & \dfrac{1}{4} \\ \hdashline \dfrac{1}{4} & 0 & -\dfrac{3}{4} & 0 & 0 & \dfrac{1}{4} & 1 & \vdots & \dfrac{1}{4} \end{bmatrix}$$

columns: $Y_1, Y_2, Y_3, Y_4, Y_5, Y_6, f$

商值:
$\dfrac{1}{2} \Big/ \dfrac{9}{2} = \dfrac{1}{9}$
$\dfrac{1}{4} \Big/ \dfrac{5}{4} = \dfrac{1}{5}$
$\dfrac{1}{4} \Big/ \dfrac{1}{4} = 1$

(主軸列) ← ; (主軸行) ↑

$\underset{\sim}{\dfrac{2}{9}R_1}$

$$D = \begin{bmatrix} -\dfrac{1}{9} & 0 & 1 & \dfrac{2}{9} & 0 & -\dfrac{1}{9} & 0 & \vdots & \dfrac{1}{9} \\ \dfrac{1}{4} & 0 & \dfrac{5}{4} & 0 & 1 & -\dfrac{3}{4} & 0 & \vdots & \dfrac{1}{4} \\ \dfrac{5}{4} & 1 & \dfrac{1}{4} & 0 & 0 & \dfrac{1}{4} & 0 & \vdots & \dfrac{1}{4} \\ \hdashline \dfrac{1}{4} & 0 & -\dfrac{3}{4} & 0 & 0 & \dfrac{1}{4} & 1 & \vdots & \dfrac{1}{4} \end{bmatrix}$$

$-\dfrac{5}{4}R_1 + R_2$
$-\dfrac{1}{4}R_1 + R_3$
$\dfrac{3}{4}R_1 + R_4$

$$E = \begin{bmatrix} -\dfrac{1}{9} & 0 & 1 & \dfrac{2}{9} & 0 & -\dfrac{1}{9} & 0 & \vdots & \dfrac{1}{9} \\ \dfrac{7}{18} & 0 & 0 & -\dfrac{5}{18} & 1 & -\dfrac{11}{18} & 0 & \vdots & \dfrac{1}{9} \\ \dfrac{23}{18} & 1 & 0 & -\dfrac{1}{18} & 0 & \dfrac{5}{18} & 0 & \vdots & \dfrac{2}{9} \\ \hdashline \dfrac{1}{6} & 0 & 0 & \dfrac{1}{6} & 0 & \dfrac{1}{6} & 1 & \vdots & \dfrac{1}{3} \end{bmatrix}$$

E 矩陣的最後一列不是 0 就是正數，故單純形法求解已完成。故得

$$Y_1 = 0, \quad Y_2 = \frac{2}{9}, \quad Y_3 = \frac{1}{9}$$

$$X_1 = \frac{1}{6}, \quad X_2 = 0, \quad X_3 = \frac{1}{6}$$

因為 $\quad$ Max. $\sum Y_j = \dfrac{1}{3} = \dfrac{1}{v'}$

故 $\quad v' = 3$

所以，
$$\begin{cases} y_1 = 0 \\ y_2 = \dfrac{2}{9} \times 3 = \dfrac{2}{3} \\ y_3 = \dfrac{1}{9} \times 3 = \dfrac{1}{3} \end{cases}$$

$$\begin{cases} x_1 = \dfrac{1}{6} \times 3 = \dfrac{1}{2} \\ x_2 = 0 \\ x_3 = \dfrac{1}{6} \times 3 = \dfrac{1}{2} \end{cases}$$

故求得 C 方之最佳混合策略為 $\mathbf{Q}^* = \begin{bmatrix} 0, & \dfrac{2}{3}, & \dfrac{1}{3} \end{bmatrix}^T$

R 方之最佳混合策略為 $\mathbf{P}^* = \begin{bmatrix} \dfrac{1}{2}, & 0, & \dfrac{1}{2} \end{bmatrix}$

而原競賽值為 $\quad v = v' - k = 3 - 3 = 0$.

習題 8-1

1. 試就下列之報酬矩陣，說明其意義.

(1) R 方策略 $\begin{array}{c} \\ X \\ Y \end{array}$ $\begin{array}{c} C \text{ 方策略} \\ \begin{array}{ccc} A & B & C \end{array} \\ \begin{bmatrix} -2 & 0 & 4 \\ 2 & -3 & -6 \end{bmatrix} \end{array}$

(2) R 方策略 $\begin{array}{c} \\ X \\ Y \\ Z \end{array}$ $\begin{array}{c} C \text{ 方策略} \\ \begin{array}{ccc} A & B & C \end{array} \\ \begin{bmatrix} 2 & -1 & 7 \\ 3 & -3 & 1 \\ 3 & 4 & 5 \end{bmatrix} \end{array}$

2. 下列各報酬矩陣何者有鞍點？何者則無？若有鞍點，則把鞍點求出，並求其競賽值.

(1) $\begin{bmatrix} 1 & -2 & 3 \\ 4 & 1 & 2 \end{bmatrix}$
(2) $\begin{bmatrix} -5 & 3 & 4 \\ -2 & -3 & -6 \\ -3 & -4 & 0 \end{bmatrix}$
(3) $\begin{bmatrix} 6 & 5 \\ -2 & 3 \\ 8 & -4 \end{bmatrix}$

(4) $\begin{bmatrix} -1 & 0 & 1 \\ 1 & 2 & 2 \\ -2 & 3 & -1 \\ 0 & -1 & -2 \end{bmatrix}$
(5) $\begin{bmatrix} 0 & -2 & 3 \\ -1 & 2 & 2 \\ 1 & -4 & 0 \end{bmatrix}$

3. 在上述習題 2 中，若報酬矩陣有鞍點，則求出雙方最佳純策略.

4. 李先生經營舊車生意。他有三種方法處理舊車：(1) 拆車，售賣零件；(2) 運往鄰埠；(3) 修理後登報出售。楊先生現有舊車甲、乙、丙、丁四輛，欲將其中一輛賣給李氏車店。已知李氏車店對甲、乙、丙、丁四種汽車的獲利如下

	甲	乙	丙	丁
(1) 拆車	300 元	400 元	300 元	700 元
(2) 運埠	300 元	700 元	300 元	400 元
(3) 登報	200 元	−200 元	200 元	400 元

現在楊先生欲使李先生的車店獲利最少，而李先生方面則希望獲得最大的利益，問雙方應如何對策？

5. 在下列報酬矩陣 A 中，競賽者 R 及 C 的混合策略分別為

$$\mathbf{P}^* = [p_1^*, \ p_2^*], \qquad \mathbf{Q}^* = [q_1^*, \ q_2^*]^T$$

求競賽者 R 的期望支付 (或報酬).

(1) $A = \begin{bmatrix} 3 & -2 \\ 1 & 3 \end{bmatrix}$, $\mathbf{P}^* = \left[\dfrac{1}{2}, \ \dfrac{1}{2}\right]$, $\mathbf{Q}^* = \left[\dfrac{1}{3}, \ \dfrac{2}{3}\right]^T$

(2) $A = \begin{bmatrix} 3 & -2 & -1 \\ 2 & -3 & 1 \\ -2 & 1 & 3 \end{bmatrix}$, $\mathbf{P}^* = \left[\dfrac{2}{5}, \ \dfrac{1}{5}, \ \dfrac{2}{5}\right]$, $\mathbf{Q}^* = \left[\dfrac{1}{3}, \ \dfrac{4}{9}, \ \dfrac{2}{9}\right]^T$

6. 給出下列的競賽矩陣 A、競賽者 R 的策略 $\mathbf{P}^*$，及競賽者 C 的策略 $\mathbf{Q}^*$. 試驗

證 $\mathbf{P}^*$ 及 $\mathbf{Q}^*$ 是否為競賽者雙方的最佳純策略．

$$A=\begin{bmatrix} -4 & 1 & -3 \\ 3 & 2 & 4 \\ 5 & -2 & -1 \end{bmatrix}, \quad \mathbf{P}^*=[0,\ 1,\ 0], \quad \mathbf{Q}^*=[0,\ 1,\ 0]^T$$

7. (1) 試求報酬矩陣 $A=\begin{bmatrix} 3 & 4 & 3 & 6 \\ 3 & 7 & 3 & 5 \\ 2 & -5 & 1 & 4 \end{bmatrix}$ 的解．

(2) 試驗證

$$\mathbf{P}^*=\left[\frac{1}{2},\ \frac{1}{2},\ 0\right] \quad 及 \quad \mathbf{Q}^*=\left[\frac{1}{3},\ 0,\ \frac{2}{3},\ 0\right]^T$$

是否也是矩陣 A 雙方的最佳混合策略．

8. 試利用圖解法求雙方之最佳混合策略及競賽值．

(1) R 方策略 $\begin{array}{c} \\ S_1 \\ S_2 \end{array}$ C 方策略 $\begin{bmatrix} T_1 & T_2 \\ 12 & 9 \\ 10 & 11 \end{bmatrix}$

(2) R 方策略 $\begin{array}{c} \\ S_1 \\ S_2 \end{array}$ C 方策略 $\begin{bmatrix} T_1 & T_2 \\ 4 & 6 \\ 5 & -2 \end{bmatrix}$

(3) R 方策略 $\begin{array}{c} S_1 \\ S_2 \\ S_3 \\ S_4 \end{array}$ C 方策略 $\begin{bmatrix} T_1 & T_2 & T_3 \\ 4 & -1 & 6 \\ -2 & 7 & -1 \\ 2 & 0 & 3 \\ 1 & 5 & 3 \end{bmatrix}$

(4) R 方策略 $\begin{array}{c} S_1 \\ S_2 \end{array}$ C 方策略 $\begin{bmatrix} T_1 & T_2 & T_3 \\ 2 & 1 & 5 \\ 3 & 4 & 2 \end{bmatrix}$

9. 試利用公式解和算術簡便法求雙方之最佳混合策略與競賽值．

(1) R 方策略 $\begin{array}{c} S_1 \\ S_2 \end{array}$ C 方策略 $\begin{bmatrix} T_1 & T_2 \\ 12 & 9 \\ 10 & 11 \end{bmatrix}$

(2) R 方策略 $\begin{array}{c} S_1 \\ S_2 \end{array}$ C 方策略 $\begin{bmatrix} T_1 & T_2 \\ -1 & 2 \\ 4 & -2 \end{bmatrix}$

(3) $\begin{array}{c} \\ R\text{方} \\ \text{策略} \end{array} \begin{array}{c} \\ S_1 \\ S_2 \end{array} \begin{array}{c} C\text{ 方策略} \\ \begin{array}{cc} T_1 & T_2 \end{array} \\ \begin{bmatrix} 2 & -3 \\ -2 & 1 \end{bmatrix} \end{array}$

10. 試先使用凌越規則，再求出雙方之最佳混合策略與競賽值．

(1) $\begin{array}{c} \\ R\text{方} \\ \text{策略} \end{array} \begin{array}{c} \\ S_1 \\ S_2 \\ S_3 \end{array} \begin{array}{c} C\text{ 方策略} \\ \begin{array}{ccc} T_1 & T_2 & T_3 \end{array} \\ \begin{bmatrix} 3 & 2 & 0 \\ 5 & 4 & 1 \\ -4 & 2 & 2 \end{bmatrix} \end{array}$
(2) $\begin{array}{c} \\ R\text{方} \\ \text{策略} \end{array} \begin{array}{c} \\ S_1 \\ S_2 \\ S_3 \\ S_4 \end{array} \begin{array}{c} C\text{ 方策略} \\ \begin{array}{cccc} T_1 & T_2 & T_3 & T_4 \end{array} \\ \begin{bmatrix} -1 & 0 & 1 & 3 \\ 1 & 3 & 4 & 2 \\ 3 & 2 & 2 & 4 \\ 0 & -1 & 3 & 1 \end{bmatrix} \end{array}$

(3) $\begin{array}{c} \\ R\text{方} \\ \text{策略} \end{array} \begin{array}{c} \\ S_1 \\ S_2 \end{array} \begin{array}{c} C\text{ 方策略} \\ \begin{array}{cccccc} T_1 & T_2 & T_3 & T_4 & T_5 & T_6 \end{array} \\ \begin{bmatrix} -6 & -1 & 0 & 2 & 2 & 2 \\ 5 & -2 & 4 & 1 & -5 & 6 \end{bmatrix} \end{array}$

11. 某城市有兩家大型超商 R 與 C 瓜分該城市所有日用品生意，如果每月各超商選用且僅選用如下列之一種廣告方式：車廂廣告、電視、郵寄宣傳品，以及平面媒體．永大市調公司提供下列之資訊，報酬矩陣中每一元素代表 R 方所獲 50% 以上市場佔有百分率．

$$R\text{ 超商} \begin{array}{c} \\ \text{車廂廣告} \\ \text{電視} \\ \text{郵寄} \\ \text{平面媒體} \end{array} \begin{array}{c} C\text{ 超商} \\ \begin{array}{cccc} \text{車廂廣告} & \text{電視} & \text{郵寄} & \text{平面媒體} \end{array} \\ \begin{bmatrix} -1 & -4 & -13 & 3 \\ 2 & 1 & -3 & 8 \\ -6 & 2 & 5 & -6 \\ 9 & 4 & 6 & 7 \end{bmatrix} \end{array}$$

(1) 試分別求 R 方與 C 方的最佳混合策略及競賽值．
(2) 若 R 方經常選用平面媒體，而 C 方用其最佳策略，則 R 方的期望值為何？
(3) 若 R 方用其最佳策略，而 C 方經常選用電視廣告，則 R 方的期望值為何？
12. 設競賽的報酬矩陣如下

$$\begin{array}{c} C \text{ 方策略} \\ \begin{array}{cc} T_1 & T_2 \end{array} \\ \begin{array}{c} R \text{ 方} \\ \text{策略} \end{array} \begin{array}{c} S_1 \\ S_2 \end{array} \begin{bmatrix} 5 & 3 \\ 1 & 4 \end{bmatrix} \end{array}$$

(1) 試以線性規劃模式決定 R 方的最佳混合策略.
(2) 若 C 方用最佳對策, 試決定 R 方的競賽值.
(3) 試以線性規劃模式決定 C 方的最佳策略.

13. 試以線性規劃法求解下列之競賽.

$$\begin{array}{c} C \text{ 方策略} \\ \begin{array}{ccc} T_1 & T_2 & T_3 \end{array} \\ \begin{array}{c} R \text{ 方} \\ \text{策略} \end{array} \begin{array}{c} S_1 \\ S_2 \end{array} \begin{bmatrix} 2 & 1 & 5 \\ 3 & 4 & 2 \end{bmatrix} \end{array}$$

附　表

表一　標準常態分配機率表

表二　本金為 1 元之複利終值

表三　本金為 1 元，期數非整數之複利終值

表四　複利終值為 1 元之現值

表五　每期末支付 1 元之年金終值

表六　每期末支付 1 元之年金現值

表七　年金終值為 1 元之年金額

表一　標準常態分配機率表

$$P(Z \leq z) = \Phi(z) = \frac{1}{\sqrt{2\pi}} \int_{-\infty}^{z} e^{-u^2/2} dx$$

$$\Phi(-z) = 1 - \Phi(z), \quad \Phi(0) = 0.500$$

z	Φ(z)	z	Φ(z)	z	Φ(z)	z	Φ(z)	z	Φ(z)	z	Φ(z)
	0.		0.		0.		0.		0.		0.
0.01	5040	0.51	6950	1.01	8438	1.51	9345	2.01	9778	2.51	9940
0.02	5080	0.52	6985	1.02	8461	1.52	9357	2.02	9783	2.52	9941
0.03	5120	0.53	7019	1.03	8485	1.53	9370	2.03	9788	2.53	9943
0.04	5160	0.54	7054	1.04	8508	1.54	9382	2.04	9793	2.54	9945
0.05	5199	0.55	7088	1.05	8531	1.55	9394	2.05	9798	2.55	9946
0.06	5239	0.56	7123	1.06	8554	1.56	9406	2.06	9803	2.56	9948
0.07	5279	0.57	7157	1.07	8577	1.57	9418	2.07	9808	2.57	9949
0.08	5319	0.58	7190	1.08	8599	1.58	9429	2.08	9812	2.58	9951
0.09	5359	0.59	7224	1.09	8621	1.59	9441	2.09	9817	2.59	9952
0.10	5398	0.60	7257	1.10	8643	1.60	9452	2.10	9821	2.60	9953
0.11	5438	0.61	7291	1.11	8665	1.61	9463	2.11	9826	2.61	9955
0.12	5478	0.62	7324	1.12	8686	1.62	9474	2.12	9830	2.62	9956
0.13	5517	0.63	7357	1.13	8708	1.63	9484	2.13	9834	2.63	9957
0.14	5557	0.64	7389	1.14	8729	1.64	9495	2.14	9838	2.64	9959
0.15	5596	0.65	7422	1.15	8749	1.65	9505	2.15	9842	2.65	9960
0.16	5636	0.66	7454	1.16	8770	1.66	9515	2.16	9846	2.66	9961
0.17	5675	0.67	7486	1.17	8790	1.67	9525	2.17	9850	2.67	9962
0.18	5714	0.68	7517	1.18	8810	1.68	9535	2.18	9854	2.68	9963
0.19	5753	0.69	7549	1.19	8830	1.69	9545	2.19	9857	2.69	9964
0.20	5793	0.70	7580	1.20	8849	1.70	9554	2.20	9861	2.70	9965
0.21	5832	0.71	7611	1.21	8869	1.71	9564	2.21	9864	2.71	9966
0.22	5871	0.72	7642	1.22	8888	1.72	9573	2.22	9868	2.72	9967
0.23	5910	0.73	7673	1.23	8907	1.73	9582	2.23	9871	2.73	9968
0.24	5948	0.74	7704	1.24	8925	1.74	9591	2.24	9875	2.74	9969
0.25	5987	0.75	7734	1.25	8944	1.75	9599	2.25	9878	2.75	9970
0.26	6026	0.76	7764	1.26	8962	1.76	9608	2.26	9881	2.76	9971
0.27	6064	0.77	7794	1.27	8980	1.77	9616	2.27	9884	2.77	9972
0.28	6103	0.78	7823	1.28	8997	1.78	9625	2.28	9887	2.78	9973
0.29	6141	0.79	7852	1.29	9015	1.79	9633	2.29	9890	2.79	9974
0.30	6179	0.80	7881	1.30	9032	1.80	9641	2.30	9893	2.80	9974
0.31	6217	0.81	7910	1.31	9049	1.81	9649	2.31	9896	2.81	9975
0.32	6255	0.82	7939	1.32	9066	1.82	9656	2.32	9898	2.82	9976
0.33	6293	0.83	7967	1.33	9082	1.83	9664	2.33	9901	2.83	9977
0.34	6331	0.84	7995	1.34	9099	1.84	9671	2.34	9904	2.84	9977
0.35	6368	0.85	8023	1.35	9115	1.85	9678	2.35	9906	2.85	9978
0.36	6406	0.86	8051	1.36	9131	1.86	9686	2.36	9909	2.86	9979
0.37	6443	0.87	8078	1.37	9147	1.87	9693	2.37	9911	2.87	9979
0.38	6480	0.88	8106	1.38	9162	1.88	9699	2.38	9913	2.88	9980
0.39	6517	0.89	8133	1.39	9177	1.89	9706	2.39	9916	2.89	9981
0.40	6554	0.90	8159	1.40	9192	1.90	9713	2.40	9918	2.90	9981
0.41	6591	0.91	8186	1.41	9207	1.91	9719	2.41	9920	2.91	9982
0.42	6628	0.92	8212	1.42	9222	1.92	9726	2.42	9922	2.92	9982
0.43	6664	0.93	8238	1.43	9236	1.93	9732	2.43	9925	2.93	9983
0.44	6700	0.94	8264	1.44	9251	1.94	9738	2.44	9927	2.94	9984
0.45	6736	0.95	8289	1.45	9265	1.95	9744	2.45	9929	2.95	9984
0.46	6772	0.96	8315	1.46	9279	1.96	9750	2.46	9931	2.96	9985
0.47	6808	0.97	8340	1.47	9292	1.97	9756	2.47	9932	2.97	9985
0.48	6844	0.98	8365	1.48	9306	1.98	9761	2.48	9934	2.98	9986
0.49	6879	0.99	8389	1.49	9319	1.99	9767	2.49	9936	2.99	9986
0.50	6915	1.00	8413	1.50	9332	2.00	9772	2.50	9938	3.00	9987

表二 本金爲 1 元之複利終值

$$S=(1+i)^n$$

n	$\frac{1}{6}$ %	$\frac{1}{4}$ %	$\frac{1}{3}$ %	$\frac{5}{12}$ %	$\frac{11}{24}$ %	n
1	1.00166	1.00250	1.00333	1.00416	1.00458	1
2	1.00333	1.00500	1.00667	1.00835	1.00918	2
3	1.00500	1.00751	1.01003	1.01255	1.01381	3
4	1.00668	1.01003	1.01340	1.01677	1.01845	4
5	1.00836	1.01256	1.01677	1.02100	1.02312	5
6	1.01004	1.01509	1.02016	1.02526	1.02781	6
7	1.01172	1.01763	1.02356	1.02953	1.03252	7
8	1.01341	1.02017	1.02697	1.03382	1.03726	8
9	1.01510	1.02272	1.03040	1.03813	1.04201	9
10	1.01679	1.02528	1.03383	1.04245	1.04679	10
11	1.01848	1.02784	1.03728	1.04680	1.05158	11
12	1.02018	1.03041	1.04074	1.05116	1.05640	12
13	1.02188	1.03299	1.04421	1.05554	1.06124	13
14	1.02358	1.03557	1.04769	1.05993	1.06611	14
15	1.02529	1.03816	1.05118	1.06435	1.07100	15
16	1.02700	1.04075	1.05468	1.06879	1.07590	16
17	1.02871	1.04336	1.05820	1.07324	1.08084	17
18	1.03042	1.04596	1.06173	1.07771	1.08579	18
19	1.03214	1.04858	1.06526	1.08220	1.09077	19
20	1.03386	1.05120	1.06882	1.08671	1.09576	20
21	1.03558	1.05383	1.07238	1.09124	1.10079	21
22	1.03731	1.05646	1.07595	1.09579	1.10583	22
23	1.03904	1.05910	1.07954	1.10035	1.11090	23
24	1.04077	1.06175	1.08314	1.10494	1.11599	24
25	1.04251	1.06441	1.08675	1.10954	1.12111	25
26	1.04424	1.06707	1.09037	1.11416	1.12625	26
27	1.04598	1.06974	1.09401	1.11881	1.13141	27
28	1.04773	1.07241	1.09765	1.12347	1.13659	28
29	1.04947	1.07509	1.10131	1.12815	1.14180	29
30	1.05122	1.07778	1.10498	1.13285	1.14704	30
31	1.05297	1.08047	1.10867	1.13757	1.15229	31
32	1.05473	1.08317	1.11236	1.14231	1.15757	32
33	1.05649	1.08588	1.11607	1.14707	1.16288	33
34	1.05825	1.08860	1.11979	1.15185	1.16821	34
35	1.06001	1.09132	1.12352	1.15665	1.17356	35
36	1.06178	1.09405	1.12727	1.16147	1.17894	36
37	1.06355	1.09678	1.13102	1.16631	1.18435	37
38	1.06532	1.09952	1.13479	1.17117	1.18978	38
39	1.06710	1.10227	1.13858	1.17605	1.19523	39
40	1.06837	1.10503	1.14237	1.18095	1.20071	40
41	1.07066	1.10779	1.14618	1.18587	1.20621	41
42	1.07244	1.11056	1.15000	1.19081	1.21174	42
43	1.07423	1.11334	1.15383	1.19577	1.21729	43
44	1.07602	1.11612	1.15768	1.20075	1.22287	44
45	1.07781	1.11891	1.16154	1.20576	1.22848	45
46	1.07961	1.12171	1.16541	1.21078	1.23411	46
47	1.08141	1.12451	1.16930	1.21582	1.23976	47
48	1.08321	1.12732	1.17319	1.22089	1.24545	48
49	1.08502	1.13014	1.17710	1.22598	1.25115	49
50	1.08682	1.13297	1.18103	1.23109	1.25689	50
51	1.08864	1.13580	1.18496	1.23622	1.26265	51
52	1.09045	1.13864	1.18891	1.24137	1.26844	52
53	1.09227	1.14149	1.19288	1.24654	1.27425	53
54	1.09409	1.14434	1.19685	1.25173	1.28009	54
55	1.09591	1.14720	1.20084	1.25695	1.28596	55
56	1.09774	1.15007	1.20485	1.26219	1.29185	56
57	1.09957	1.15294	1.20886	1.26744	1.29777	57
58	1.10140	1.15583	1.21289	1.27273	1.30372	58
59	1.10324	1.15871	1.21694	1.27803	1.30970	59
60	1.10507	1.16161	1.22099	1.28335	1.31570	60

表二　本金爲 1 元之複利終值

$$S = (1+i)^n$$

n	$\frac{1}{2}$ %	$\frac{13}{24}$ %	$\frac{7}{12}$ %	$\frac{5}{8}$ %	$\frac{2}{3}$ %	n
1	1.00500	1.00541	1.00583	1.00625	1.00666	1
2	1.01002	1.01086	1.01170	1.01253	1.01337	2
3	1.01507	1.01633	1.01760	1.01886	1.02013	3
4	1.02015	1.02184	1.02353	1.02523	1.02693	4
5	1.02525	1.02737	1.02950	1.03164	1.03378	5
6	1.03037	1.03294	1.03551	1.03809	1.04067	6
7	1.03552	1.03853	1.04155	1.04457	1.04761	7
8	1.04070	1.04416	1.04763	1.05110	1.05459	8
9	1.04591	1.04981	1.05374	1.05767	1.06162	9
10	1.05114	1.05550	1.05988	1.06428	1.06870	10
11	1.05639	1.06122	1.06607	1.07093	1.07582	11
12	1.06167	1.06697	1.07229	1.07763	1.08299	12
13	1.06698	1.07275	1.07854	1.08436	1.09021	13
14	1.07232	1.07856	1.08483	1.09114	1.09748	14
15	1.07768	1.08440	1.09116	1.09796	1.10480	15
16	1.08307	1.09027	1.09752	1.10482	1.11216	16
17	1.08848	1.09618	1.10393	1.11173	1.11958	17
18	1.09392	1.10212	1.11037	1.11868	1.12704	18
19	1.09939	1.10809	1.11684	1.12567	1.13456	19
20	1.10489	1.11409	1.12336	1.13270	1.14212	20
21	1.11042	1.12012	1.12991	1.13978	1.14973	21
22	1.11597	1.12619	1.13650	1.14691	1.15740	22
23	1.12155	1.13229	1.14313	1.15407	1.16512	23
24	1.12715	1.13842	1.14980	1.16129	1.17288	24
25	1.13279	1.14459	1.15651	1.16855	1.18070	25
26	1.13845	1.15079	1.16325	1.17585	1.18857	26
27	1.14415	1.15702	1.17004	1.18320	1.19650	27
28	1.14987	1.16329	1.17687	1.19059	1.20447	28
29	1.15562	1.16959	1.18373	1.19803	1.21250	29
30	1.16140	1.17593	1.19064	1.20552	1.22059	30
31	1.16720	1.18230	1.19758	1.21306	1.22872	31
32	1.17304	1.18870	1.20457	1.22064	1.23692	32
33	1.17890	1.19514	1.21159	1.22827	1.24516	33
34	1.18480	1.20161	1.21866	1.23594	1.25346	34
35	1.19072	1.20812	1.22577	1.24367	1.26182	35
36	1.19668	1.21467	1.23292	1.25144	1.27023	36
37	1.20266	1.22125	1.24011	1.25926	1.27870	37
38	1.20867	1.22786	1.24735	1.26713	1.28723	38
39	1.21472	1.23451	1.25462	1.27505	1.29581	39
40	1.22079	1.24120	1.26194	1.28302	1.30445	40
41	1.22689	1.24792	1.26930	1.29104	1.31314	41
42	1.23303	1.25468	1.27671	1.29911	1.32190	42
43	1.23919	1.26148	1.28415	1.30723	1.33071	43
44	1.24539	1.26831	1.29165	1.31540	1.33958	44
45	1.25162	1.27518	1.29918	1.32362	1.34851	45
46	1.25787	1.28209	1.30676	1.33189	1.35750	46
47	1.26416	1.28903	1.31438	1.34022	1.36655	47
48	1.27048	1.29602	1.32205	1.34859	1.37566	48
49	1.27684	1.30304	1.32976	1.35702	1.38483	49
50	1.28322	1.31009	1.33752	1.36550	1.39406	50
51	1.28964	1.31719	1.34532	1.37404	1.40336	51
52	1.29609	1.32432	1.35317	1.38263	1.41271	52
53	1.30257	1.33150	1.36106	1.39127	1.42213	53
54	1.30908	1.33871	1.36900	1.39996	1.43161	54
55	1.31562	1.34596	1.37699	1.40871	1.44116	55
56	1.32220	1.35325	1.38502	1.41752	1.45076	56
57	1.32881	1.36058	1.39310	1.42638	1.46044	57
58	1.33546	1.36795	1.40122	1.43529	1.47017	58
59	1.34213	1.37536	1.40940	1.44426	1.47997	59
60	1.34885	1.38281	1.41762	1.45329	1.48984	60

表二 本金爲 1 元之複利終值

$$S = (1+i)^n$$

n	$\frac{3}{4}$ %	$\frac{7}{8}$ %	1 %	$1\frac{1}{8}$ %	n
1	1.00750	1.00875	1.01000	1.01125	1
2	1.01505	1.01757	1.02010	1.02262	2
3	1.02266	1.02648	1.03030	1.03413	3
4	1.03033	1.03546	1.04060	1.04576	4
5	1.03806	1.04452	1.05101	1.05752	5
6	1.04585	1.05366	1.06152	1.06942	6
7	1.05369	1.06288	1.07213	1.08145	7
8	1.06159	1.07218	1.08285	1.09362	8
9	1.06956	1.08156	1.09368	1.10592	9
10	1.07758	1.09102	1.10462	1.11836	10
11	1.08566	1.10057	1.11566	1.13095	11
12	1.09380	1.11020	1.12682	1.14367	12
13	1.10201	1.11991	1.13809	1.15654	13
14	1.11027	1.12971	1.14947	1.16955	14
15	1.11860	1.13960	1.16096	1.18270	15
16	1.12699	1.14957	1.17257	1.19601	16
17	1.13544	1.15963	1.18430	1.20946	17
18	1.14396	1.16977	1.19614	1.22307	18
19	1.15254	1.18001	1.20810	1.23683	19
20	1.16118	1.19033	1.22019	1.25075	20
21	1.16989	1.20075	1.23239	1.26482	21
22	1.17866	1.21126	1.24471	1.27905	22
23	1.18750	1.22186	1.25716	1.29344	23
24	1.19641	1.23255	1.26973	1.30799	24
25	1.20538	1.24333	1.28243	1.32270	25
26	1.21442	1.25421	1.29525	1.33758	26
27	1.22353	1.26519	1.30820	1.35263	27
28	1.23271	1.27626	1.32129	1.36785	28
29	1.24195	1.28742	1.33450	1.38323	29
30	1.25127	1.29869	1.34784	1.39880	30
31	1.26065	1.31005	1.36132	1.41453	31
32	1.27011	1.32151	1.37494	1.43045	32
33	1.27963	1.33308	1.38869	1.44654	33
34	1.28923	1.34474	1.40257	1.46281	34
35	1.29890	1.35651	1.41660	1.47927	35
36	1.30864	1.36838	1.43076	1.49591	36
37	1.31846	1.38035	1.44507	1.51274	37
38	1.32834	1.39243	1.45952	1.52976	38
39	1.33831	1.40461	1.47412	1.54697	39
40	1.34834	1.41690	1.48886	1.56437	40
41	1.35846	1.42930	1.50375	1.58197	41
42	1.36864	1.44181	1.51878	1.59977	42
43	1.37891	1.45442	1.53397	1.61777	43
44	1.38925	1.46715	1.54931	1.63597	44
45	1.39967	1.47999	1.56481	1.65437	45
46	1.41017	1.49294	1.58045	1.67298	46
47	1.42074	1.50600	1.59626	1.69180	47
48	1.43140	1.51918	1.61222	1.71084	48
49	1.44214	1.53247	1.62834	1.73008	49
50	1.45295	1.54588	1.64463	1.74955	50

表二　本金爲 1 元之複利終值

$$S=(1+i)^n$$

n	$1\frac{1}{4}\%$	$1\frac{3}{8}\%$	$1\frac{1}{2}\%$	$1\frac{5}{8}\%$	n
1	1.01250	1.01375	1.01500	1.01625	1
2	1.02515	1.02768	1.03022	1.03276	2
3	1.03797	1.04181	1.04567	1.04954	3
4	1.05094	1.05614	1.06136	1.06660	4
5	1.06408	1.07066	1.07728	1.08393	5
6	1.07738	1.08538	1.09344	1.10154	6
7	1.09085	1.10031	1.10984	1.11944	7
8	1.10448	1.11544	1.12649	1.13763	8
9	1.11829	1.13077	1.14338	1.15612	9
10	1.13227	1.14632	1.16054	1.17491	10
11	1.14642	1.16208	1.17794	1.19400	11
12	1.16075	1.17806	1.19561	1.21340	12
13	1.17526	1.19426	1.21355	1.23312	13
14	1.18995	1.21068	1.23175	1.25316	14
15	1.20482	1.22733	1.25023	1.27352	15
16	1.21988	1.24421	1.26898	1.29422	16
17	1.23513	1.26131	1.28802	1.31525	17
18	1.25057	1.27866	1.30734	1.33662	18
19	1.26620	1.29624	1.32695	1.35834	19
20	1.28203	1.31406	1.34685	1.38041	20
21	1.29806	1.33213	1.36705	1.40285	21
22	1.31428	1.35045	1.38756	1.42564	22
23	1.33071	1.36902	1.40837	1.44881	23
24	1.34735	1.38784	1.42950	1.47235	24
25	1.36419	1.40692	1.45094	1.49628	25
26	1.38124	1.42627	1.47270	1.52059	26
27	1.39851	1.44588	1.49480	1.54530	27
28	1.41599	1.46576	1.51722	1.57041	28
29	1.43369	1.48591	1.53998	1.59593	29
30	1.45161	1.50635	1.56308	1.62187	30
31	1.46975	1.52706	1.58652	1.64822	31
32	1.48813	1.54805	1.61032	1.67501	32
33	1.50673	1.56934	1.63447	1.70223	33
34	1.52556	1.59092	1.65899	1.72989	34
35	1.54463	1.61279	1.68388	1.75800	35
36	1.56394	1.63497	1.70913	1.78657	36
37	1.58349	1.65745	1.73477	1.81560	37
38	1.60328	1.68024	1.76079	1.84510	38
39	1.62332	1.70334	1.78721	1.87508	39
40	1.64361	1.72677	1.81401	1.90555	40
41	1.66416	1.75051	1.84122	1.93652	41
42	1.68496	1.77458	1.86884	1.96799	42
43	1.70602	1.79898	1.89687	1.99997	43
44	1.72735	1.82371	1.92533	2.03247	44
45	1.74894	1.84879	1.95421	2.06549	45
46	1.77080	1.87421	1.98352	2.09906	46
47	1.79294	1.89998	2.01327	2.13317	47
48	1.81535	1.92611	2.04347	2.16783	48
49	1.83804	1.95259	2.07413	2.20306	49
50	1.86102	1.97944	2.10524	2.23886	50

表二　本金爲 1 元之複利終值

$$S=(1+i)^n$$

n	$1\frac{3}{4}$ %	$1\frac{7}{8}$ %	2 %	$2\frac{1}{4}$ %	n
1	1.01750	1.01875	1.02000	1.02250	1
2	1.03530	1.03785	1.04040	1.04550	2
3	1.05342	1.05731	1.06120	1.06903	3
4	1.07185	1.07713	1.08243	1.09308	4
5	1.09061	1.09733	1.10408	1.11767	5
6	1.10970	1.11790	1.12616	1.14282	6
7	1.12912	1.13886	1.14868	1.16853	7
8	1.14888	1.16022	1.17165	1.19483	8
9	1.16898	1.18197	1.19509	1.22171	9
10	1.18944	1.20413	1.21899	1.24920	10
11	1.21025	1.22671	1.24337	1.27731	11
12	1.23143	1.24971	1.26824	1.30604	12
13	1.25298	1.27314	1.29360	1.33543	13
14	1.27491	1.29702	1.31947	1.36548	14
15	1.29722	1.32133	1.34586	1.39620	15
16	1.31992	1.34611	1.37278	1.42762	16
17	1.34302	1.37135	1.40024	1.45974	17
18	1.36653	1.39706	1.42824	1.49258	18
19	1.39044	1.42326	1.45681	1.52617	19
20	1.41477	1.44994	1.48594	1.56050	20
21	1.43953	1.47713	1.51566	1.59562	21
22	1.46472	1.50483	1.54597	1.63152	22
23	1.49036	1.53304	1.57689	1.66823	23
24	1.51644	1.56179	1.60843	1.70576	24
25	1.54298	1.59107	1.64060	1.74414	25
26	1.56998	1.62090	1.67341	1.78338	26
27	1.59745	1.65129	1.70688	1.82351	27
28	1.62541	1.68226	1.74102	1.86454	28
29	1.65385	1.71380	1.77584	1.90649	29
30	1.68280	1.74593	1.81136	1.94939	30
31	1.71224	1.77867	1.84758	1.99325	31
32	1.74221	1.81202	1.88454	2.03810	32
33	1.77270	1.84599	1.92223	2.08396	33
34	1.80372	1.88061	1.96067	2.13084	34
35	1.83528	1.91587	1.99988	2.17879	35
36	1.86740	1.95179	2.03988	2.22781	36
37	1.90008	1.98839	2.08068	2.27794	37
38	1.93333	2.02567	2.12229	2.32919	38
39	1.96717	2.06365	2.16474	2.38160	39
40	2.00159	2.10234	2.20803	2.43518	40
41	2.03662	2.14176	2.25220	2.48998	41
42	2.07226	2.18192	2.29724	2.54600	42
43	2.10853	2.22283	2.34318	2.60329	43
44	2.14543	2.26451	2.39005	2.66186	44
45	2.18297	2.30697	2.43785	2.72175	45
46	2.22117	2.35023	2.48661	2.78299	46
47	2.26004	2.39429	2.53634	2.84561	47
48	2.29959	2.43919	2.58707	2.90963	48
49	2.33984	2.48492	2.63881	2.97510	49
50	2.38078	2.53151	2.69158	3.04204	50

表二　本金爲 1 元之複利終值

$$S=(1+i)^n$$

n	$2\frac{1}{2}$ %	$2\frac{3}{4}$ %	3 %	$3\frac{1}{4}$ %	n
1	1.02500	1.02750	1.03000	1.03250	1
2	1.05062	1.05575	1.06090	1.06605	2
3	1.07689	1.08478	1.09272	1.10070	3
4	1.10381	1.11462	1.12550	1.13647	4
5	1.13140	1.14527	1.15927	1.17341	5
6	1.15969	1.17676	1.19405	1.21154	6
7	1.18868	1.20912	1.22987	1.25092	7
8	1.21840	1.24238	1.26677	1.29157	8
9	1.24886	1.27654	1.30477	1.33355	9
10	1.28008	1.31165	1.34391	1.37689	10
11	1.31208	1.34772	1.38423	1.42164	11
12	1.34488	1.38478	1.42576	1.46784	12
13	1.37851	1.42286	1.46853	1.51555	13
14	1.41297	1.46199	1.51258	1.56480	14
15	1.44829	1.50219	1.55796	1.61566	15
16	1.48450	1.54350	1.60470	1.66817	16
17	1.52161	1.58595	1.65284	1.72238	17
18	1.55965	1.62956	1.70243	1.77836	18
19	1.59865	1.67438	1.75350	1.83616	19
20	1.63861	1.72042	1.80611	1.89583	20
21	1.67958	1.76774	1.86029	1.95745	21
22	1.72157	1.81635	1.91610	2.02106	22
23	1.76461	1.86630	1.97358	2.08675	23
24	1.80872	1.91762	2.03279	2.15457	24
25	1.85394	1.97036	2.09377	2.22459	25
26	1.90029	2.02454	2.15659	2.29689	26
27	1.94780	2.08022	2.22128	2.37154	27
28	1.99649	2.13742	2.28792	2.44862	28
29	2.04640	2.19620	2.35656	2.52820	29
30	2.09756	2.25660	2.42726	2.61036	30
31	2.15000	2.31865	2.50008	2.69520	31
32	2.20375	2.38242	2.57508	2.78279	32
33	2.25885	2.44793	2.65233	2.87324	33
34	2.31532	2.51525	2.73190	2.96662	34
35	2.37320	2.58442	2.81386	3.06303	35
36	2.43253	2.65549	2.89827	3.16258	36
37	2.49334	2.72852	2.98522	3.26536	37
38	2.55568	2.80355	3.07478	3.37149	38
39	2.61957	2.88065	3.16702	3.48106	39
40	2.68506	2.95987	3.26203	3.59420	40
41	2.75219	3.04127	3.35989	3.71101	41
42	2.82099	3.12490	3.46069	3.83162	42
43	2.89152	3.21084	3.56451	3.95614	43
44	2.96380	3.29913	3.67145	4.08472	44
45	3.03790	3.38986	3.78159	4.21747	45
46	3.11385	3.48308	3.89504	4.35454	46
47	3.19169	3.57887	4.01189	4.49606	47
48	3.27148	3.67728	4.13225	4.64218	48
49	3.35327	3.77841	4.25621	4.79306	49
50	3.43710	3.88232	4.38390	4.94883	50

表二 本金爲 1 元之複利終值

$$S=(1+i)^n$$

n	$3\frac{1}{2}$ %	$3\frac{3}{4}$ %	4 %	$4\frac{1}{2}$ %	n
1	1.03500	1.03750	1.04000	1.04500	1
2	1.07122	1.07640	1.08160	1.09202	2
3	1.10871	1.11677	1.12486	1.14116	3
4	1.14752	1.15865	1.16985	1.19251	4
5	1.18768	1.20209	1.21665	1.24618	5
6	1.22925	1.24717	1.26531	1.30226	6
7	1.27227	1.29394	1.31593	1.36086	7
8	1.31680	1.34247	1.36856	1.42210	8
9	1.36289	1.39281	1.42331	1.48609	9
10	1.41059	1.44504	1.48024	1.55296	10
11	1.45996	1.49923	1.53945	1.62285	11
12	1.51106	1.55545	1.60103	1.69588	12
13	1.56395	1.61378	1.66507	1.77219	13
14	1.61869	1.67430	1.73167	1.85194	14
15	1.67534	1.73708	1.80094	1.93528	15
16	1.73398	1.80222	1.87298	2.02237	16
17	1.79467	1.86981	1.94790	2.11337	17
18	1.85748	1.93992	2.02581	2.20847	18
19	1.92250	2.01267	2.10684	2.30786	19
20	1.98978	2.08815	2.19112	2.41171	20
21	2.05943	2.16645	2.27876	2.52024	21
22	2.13151	2.24769	2.36991	2.63365	22
23	2.20611	2.33198	2.46471	2.75216	23
24	2.28332	2.41943	2.56330	2.87601	24
25	2.36324	2.51016	2.66583	3.00543	25
26	2.44595	2.60429	2.77246	3.14067	26
27	2.53156	2.70195	2.88336	3.28200	27
28	2.62017	2.80328	2.99870	3.42969	28
29	2.71187	2.90840	3.11865	3.58403	29
30	2.80679	3.01747	3.24339	3.74531	30
31	2.90503	3.13062	3.37313	3.91385	31
32	3.00670	3.24802	3.50805	4.08998	32
33	3.11194	3.36982	3.64838	4.27403	33
34	3.22086	3.49619	3.79431	4.46636	34
35	3.33359	3.62730	3.94608	4.66734	35
36	3.45026	3.76332	4.10393	4.87737	36
37	3.57102	3.90445	4.26808	5.09686	37
38	3.69601	4.05086	4.43881	5.32621	38
39	3.82537	4.20277	4.61636	5.56589	39
40	3.95925	4.36037	4.80102	5.81636	40
41	4.09783	4.52389	4.99306	6.07810	41
42	4.24125	4.69353	5.19278	6.35161	42
43	4.38970	4.86954	5.40049	6.63743	43
44	4.54334	5.05215	5.61651	6.93612	44
45	4.70235	5.24161	5.84117	7.24824	45
46	4.86694	5.43817	6.07482	7.57441	46
47	5.03728	5.64210	6.31781	7.91526	47
48	5.21358	5.85368	6.57052	8.27145	48
49	5.39606	6.07319	6.83334	8.64367	49
50	5.58492	6.30093	7.10668	9.03263	50

表二　本金爲 1 元之複利終值

$$S=(1+i)^n$$

n	5 %	$5\frac{1}{2}$ %	6 %	$6\frac{1}{2}$ %	n
1	1.05000	1.05500	1.06000	1.06500	1
2	1.10250	1.11302	1.12360	1.13422	2
3	1.15762	1.17424	1.19101	1.20794	3
4	1.21550	1.23882	1.26247	1.28646	4
5	1.27628	1.30696	1.33822	1.37008	5
6	1.34009	1.37884	1.41851	1.45914	6
7	1.40710	1.45467	1.50363	1.55398	7
8	1.47745	1.53468	1.59384	1.65499	8
9	1.55132	1.61909	1.68947	1.76257	9
10	1.62889	1.70814	1.79084	1.87713	10
11	1.71033	1.80209	1.89829	1.99915	11
12	1.79585	1.90120	2.01219	2.12909	12
13	1.88564	2.00577	2.13292	2.26748	13
14	1.97993	2.11609	2.26090	2.41487	14
15	2.07892	2.23247	2.39655	2.57184	15
16	2.18287	2.35526	2.54035	2.73901	16
17	2.29201	2.48480	2.69277	2.91704	17
18	2.40661	2.62146	2.85433	3.10665	18
19	2.52695	2.76564	3.02559	3.30858	19
20	2.65329	2.91775	3.20713	3.52364	20
21	2.78596	3.07823	3.39956	3.75268	21
22	2.92526	3.24753	3.60353	3.99660	22
23	3.07152	3.42615	3.81974	4.25638	23
24	3.22509	3.61458	4.04893	4.53305	24
25	3.38635	3.81339	4.29187	4.82769	25
26	3.55567	4.02312	4.54938	5.14149	26
27	3.73345	4.24440	4.82234	5.47569	27
28	3.92012	4.47784	5.11168	5.83161	28
29	4.11613	4.72412	5.41838	6.21067	29
30	4.32194	4.98395	5.74349	6.61436	30
31	4.53803	5.25806	6.08810	7.04429	31
32	4.76494	5.54726	6.45338	7.50217	32
33	5.00318	5.85236	6.84058	7.98982	33
34	5.25334	6.17424	7.25102	8.50915	34
35	5.51601	6.51382	7.68608	9.06225	35
36	5.79181	6.87208	8.14725	9.65130	36
37	6.08140	7.25005	8.63608	10.27863	37
38	6.38547	7.64880	9.15425	10.94674	38
39	6.70475	8.06948	9.70350	11.65828	39
40	7.03998	8.51330	10.28571	12.41607	40
41	7.39198	8.98154	10.90286	13.22311	41
42	7.76158	9.47552	11.55703	14.08262	42
43	8.14966	9.99667	12.25045	14.99799	43
44	8.55715	10.54649	12.98548	15.97286	44
45	8.98500	11.12655	13.76461	17.01109	45
46	9.43425	11.73851	14.59048	18.11681	46
47	9.90597	12.38413	15.46591	19.29441	47
48	10.40126	13.06526	16.39387	20.54854	48
49	10.92133	13.78384	17.37750	21.88420	49
50	11.46739	14.54196	18.42015	23.30667	50

表二　本金爲 1 元之複利終值

$$S=(1+i)^n$$

n	7 %	7 $\frac{1}{2}$ %	8 %	8 $\frac{1}{2}$ %	n
1	1.07000	1.07500	1.08000	1.08500	1
2	1.14490	1.15562	1.16640	1.17722	2
3	1.22504	1.24229	1.25971	1.27728	3
4	1.31079	1.33546	1.36048	1.38585	4
5	1.40255	1.43562	1.46932	1.50365	5
6	1.50073	1.54330	1.58687	1.63146	6
7	1.60578	1.65904	1.71382	1.77014	7
8	1.71818	1.78347	1.85093	1.92060	8
9	1.83845	1.91723	1.99900	2.08385	9
10	1.96715	2.06103	2.15892	2.26098	10
11	2.10485	2.21560	2.33163	2.45316	11
12	2.25219	2.38177	2.51817	2.66168	12
13	2.40984	2.56041	2.71962	2.88792	13
14	2.57853	2.75244	2.93719	3.13340	14
15	2.75903	2.95887	3.17216	3.39974	15
16	2.95216	3.18079	3.42594	3.68872	16
17	3.15881	3.41935	3.70001	4.00226	17
18	3.37993	3.67580	3.99601	4.34245	18
19	3.61652	3.95148	4.31570	4.71156	19
20	3.86968	4.24785	4.66095	5.11204	20
21	4.14056	4.56643	5.03383	5.54657	21
22	4.43040	4.90892	5.43654	6.01802	22
23	4.74052	5.27709	5.87146	6.52956	23
24	5.07236	5.67287	6.34118	7.08457	24
25	5.42743	6.09833	6.84847	7.68676	25
26	5.80735	6.55571	7.39635	8.34013	26
27	6.21386	7.04739	7.98806	9.04904	27
28	6.64883	7.57594	8.62710	9.81821	28
29	7.11425	8.14414	9.31727	10.65276	29
30	7.61225	8.75495	10.06265	11.55825	30
31	8.14511	9.41157	10.86766	12.54070	31
32	8.71527	10.11744	11.73708	13.60666	32
33	9.32533	10.87625	12.67604	14.76322	33
34	9.97811	11.69197	13.69013	16.01810	34
35	10.67658	12.56887	14.78534	17.37964	35
36	11.42394	13.51153	15.96817	18.85691	36
37	12.22361	14.52490	17.24562	20.45974	37
38	13.07927	15.61426	18.62527	22.19882	38
39	13.99482	16.78533	20.11529	24.08572	39
40	14.97445	18.04423	21.72452	26.13301	40
41	16.02266	19.39755	23.46248	28.35432	41
42	17.14425	20.85237	25.33948	30.76443	42
43	18.34435	22.41630	27.36664	33.37941	43
44	19.62845	24.09752	29.55597	36.21666	44
45	21.00245	25.90483	31.92044	39.29508	45
46	22.47262	27.84770	34.47408	42.63516	46
47	24.04570	29.93627	37.23201	46.25915	47
48	25.72890	32.18150	40.21057	50.19118	48
49	27.52992	34.59511	43.42741	54.45743	49
50	29.45702	37.18974	46.90161	59.08631	50

表三 本金爲 1 元，期數非整數之複利終值

$$S=(1+i)^{\frac{1}{p}}$$

p	$\frac{1}{6}$ %	$\frac{1}{4}$ %	$\frac{1}{3}$ %	$\frac{5}{12}$ %	$\frac{11}{24}$ %	p
2	1.00083	1.00124	1.00166	1.00208	1.00228	2
3	1.00055	1.00083	1.00110	1.00138	1.00152	3
4	1.00041	1.00062	1.00083	1.00104	1.00114	4
6	1.00027	1.00041	1.00055	1.00069	1.00076	6
12	1.00013	1.00020	1.00027	1.00034	1.00038	12

p	$\frac{1}{2}$ %	$\frac{13}{24}$ %	$\frac{7}{12}$ %	$\frac{5}{8}$ %	$\frac{2}{3}$ %	p
2	1.00249	1.00270	1.00291	1.00312	1.00332	2
3	1.00166	1.00180	1.00194	1.00207	1.00221	3
4	1.00124	1.00135	1.00145	1.00155	1.00166	4
6	1.00083	1.00090	1.00096	1.00103	1.00110	6
12	1.00041	1.00045	1.00048	1.00051	1.00055	12

p	$\frac{3}{4}$ %	$\frac{7}{8}$ %	1 %	$1\frac{1}{8}$ %	p
2	1.00374	1.00436	1.00493	1.00560	2
3	1.00249	1.00290	1.00332	1.00373	3
4	1.00186	1.00218	1.00249	1.00280	4
6	1.00124	1.00145	1.00165	1.00186	6
12	1.00062	1.00072	1.00082	1.00093	12

p	$1\frac{1}{4}$ %	$1\frac{3}{8}$ %	$1\frac{1}{2}$ %	$1\frac{5}{8}$ %	p
2	1.00623	1.00685	1.00747	1.00809	2
3	1.00414	1.00456	1.00497	1.00538	3
4	1.00311	1.00341	1.00372	1.00403	4
6	1.00207	1.00227	1.00248	1.00269	6
12	1.00103	1.00113	1.00124	1.00134	12

p	$1\frac{3}{4}$ %	$1\frac{7}{8}$ %	2 %	$2\frac{1}{4}$ %	p
2	1.00871	1.00933	1.00995	1.01118	2
3	1.00579	1.00621	1.00662	1.00744	3
4	1.00434	1.00465	1.00496	1.00557	4
6	1.00289	1.00310	1.00330	1.00371	6
12	1.00144	1.00154	1.00165	1.00185	12

p	$2\frac{1}{2}$ %	$2\frac{3}{4}$ %	3 %	$3\frac{1}{4}$ %	p
2	1.01242	1.01365	1.01488	1.01612	2
3	1.00826	1.00908	1.00990	1.01071	3
4	1.00619	1.00680	1.00741	1.00802	4
6	1.00412	1.00453	1.00493	1.00534	6
12	1.00205	1.00226	1.00246	1.00266	12

p	$3\frac{1}{2}$ %	$3\frac{3}{4}$ %	4 %	$4\frac{1}{2}$ %	p
2	1.01734	1.01857	1.01980	1.02225	2
3	1.01153	1.01234	1.01315	1.01478	3
4	1.00863	1.00924	1.00985	1.01106	4
6	1.00575	1.00615	1.00655	1.00736	6
12	1.00287	1.00307	1.00327	1.00367	12

p	5 %	$5\frac{1}{2}$ %	6 %	$6\frac{1}{2}$ %	p
2	1.02469	1.02713	1.02596	1.03198	2
3	1.01639	1.01800	1.01961	1.02121	3
4	1.01227	1.01347	1.01467	1.01586	4
6	1.00816	1.00896	1.00975	1.01055	6
12	1.00407	1.00447	1.00486	1.00526	12

p	7 %	$7\frac{1}{2}$ %	8 %	$8\frac{1}{2}$ %	p
2	1.03440	1.03682	1.03923	1.04163	2
3	1.02280	1.02439	1.02598	1.02756	3
4	1.01705	1.01824	1.01942	1.02060	4
6	1.01134	1.01212	1.01290	1.01368	6
12	1.00565	1.00604	1.00643	1.00682	12

p	9 %	10 %	11 %	12 %	13 %	14 %	15 %
2	1.04403	1.04880	1.05356	1.05830	1.06301	1.06770	1.07238
3	1.02914	1.03228	1.03539	1.03849	1.04158	1.04464	1.01768
4	1.02177	1.02411	1.02643	1.02873	1.03102	1.03329	1.03555
6	1.01446	1.01601	1.01754	1.01906	1.02057	1.02207	1.02356
12	1.00720	1.00797	1.00873	1.00948	1.01023	1.01097	1.01171
13	1.00665	1.00735	1.00806	1.00875	1.00944	1.01013	1.01080
26	1.00332	1.00367	1.00402	1.00436	1.00471	1.00505	1.00538
52	1.00165	1.00183	1.00200	1.00218	1.00235	1.00252	1.00269

表四　複利終值爲 1 元之現值

$$P = (1+i)^{-n}$$

n	$\frac{1}{6}$%	$\frac{1}{4}$%	$\frac{1}{3}$%	$\frac{5}{12}$%	$\frac{11}{24}$%	n
1	0.99833	0.99750	0.99667	0.99585	0.99543	1
2	0.99667	0.99501	0.99336	0.99171	0.99089	2
3	0.99501	0.99253	0.99006	0.98760	0.98637	3
4	0.99336	0.99006	0.98677	0.98350	0.98187	4
5	0.99170	0.98759	0.98349	0.97942	0.97739	5
6	0.99005	0.98513	0.98023	0.97536	0.97293	6
7	0.98841	0.98267	0.97697	0.97131	0.96849	7
8	0.98676	0.98022	0.97372	0.96728	0.96407	8
9	0.98512	0.97777	0.97049	0.96326	0.95967	9
10	0.98348	0.97534	0.96726	0.95927	0.95530	10
11	0.98184	0.97290	0.96405	0.95529	0.95094	11
12	0.98021	0.97048	0.96085	0.95132	0.94660	12
13	0.97858	0.96806	0.95766	0.94738	0.94228	13
14	0.97695	0.96564	0.95447	0.94344	0.93798	14
15	0.97533	0.96323	0.95130	0.93953	0.93370	15
16	0.97370	0.96083	0.94814	0.93563	0.92944	16
17	0.97208	0.95844	0.94499	0.93175	0.92520	17
18	0.97046	0.95605	0.94185	0.92788	0.92098	18
19	0.96885	0.95366	0.93872	0.92403	0.91678	19
20	0.96724	0.95128	0.93561	0.92020	0.91260	20
21	0.96563	0.94891	0.93250	0.91638	0.90843	21
22	0.96402	0.94655	0.92940	0.91258	0.90429	22
23	0.96242	0.94418	0.92631	0.90879	0.90016	23
24	0.96082	0.94183	0.92323	0.90502	0.89605	24
25	0.95922	0.93948	0.92017	0.90127	0.89197	25
26	0.95762	0.93714	0.91711	0.89753	0.88790	26
27	0.95603	0.93480	0.91406	0.89380	0.88385	27
28	0.95444	0.93247	0.91103	0.89009	0.87981	28
29	0.95285	0.93014	0.90800	0.88640	0.87580	29
30	0.95126	0.92783	0.90498	0.88272	0.87180	30
31	0.94968	0.92551	0.90198	0.87906	0.86783	31
32	0.94810	0.92320	0.89898	0.87541	0.86387	32
33	0.94652	0.92090	0.89599	0.87178	0.85992	33
34	0.94495	0.91860	0.89302	0.86816	0.85600	34
35	0.94338	0.91631	0.89005	0.86456	0.85210	35
36	0.94181	0.91403	0.88709	0.86097	0.84821	36
37	0.94024	0.91175	0.88415	0.85740	0.84434	37
38	0.93868	0.90948	0.88121	0.85384	0.84049	38
39	0.93711	0.90721	0.87828	0.85030	0.83665	39
40	0.93555	0.90495	0.87536	0.84677	0.83283	40
41	0.93400	0.90269	0.87245	0.84326	0.82903	41
42	0.93244	0.90044	0.86956	0.83976	0.82525	42
43	0.93089	0.89819	0.86667	0.83627	0.82149	43
44	0.92934	0.89595	0.86379	0.83280	0.81774	44
45	0.92780	0.89372	0.86092	0.82935	0.81401	45
46	0.92625	0.89149	0.85806	0.82591	0.81029	46
47	0.92471	0.88927	0.85521	0.82248	0.80660	47
48	0.92317	0.88705	0.85237	0.81907	0.80292	48
49	0.92164	0.88484	0.84953	0.81567	0.79925	49
50	0.92010	0.88263	0.84671	0.81228	0.79561	50
51	0.91857	0.88043	0.84390	0.80891	0.79198	51
52	0.91704	0.87823	0.84109	0.80556	0.78836	52
53	0.91552	0.87604	0.83830	0.80221	0.78477	53
54	0.91399	0.87386	0.83552	0.79888	0.78119	54
55	0.91247	0.87168	0.83274	0.79557	0.77762	55
56	0.91096	0.86951	0.82997	0.79227	0.77407	56
57	0.90944	0.86734	0.82722	0.78898	0.77054	57
58	0.90793	0.86517	0.82447	0.78571	0.76703	58
59	0.90642	0.86302	0.82173	0.78245	0.76353	59
60	0.90491	0.86086	0.81900	0.77920	0.76004	60

表四 複利終值爲 1 元之現值

$$P=(1+i)^{-n}$$

n	$\frac{1}{2}$ %	$\frac{13}{24}$ %	$\frac{7}{12}$ %	$\frac{5}{8}$ %	$\frac{2}{3}$ %	n
1	0.99502	0.99461	0.99420	0.99378	0.99337	1
2	0.99007	0.98925	0.98843	0.98761	0.98679	2
3	0.98514	0.98392	0.98270	0.98148	0.98026	3
4	0.98024	0.97862	0.97700	0.97538	0.97377	4
5	0.97537	0.97335	0.97133	0.96932	0.96732	5
6	0.97051	0.96810	0.96570	0.96330	0.96091	6
7	0.96568	0.96289	0.96010	0.95732	0.95455	7
8	0.96088	0.95770	0.95453	0.95137	0.94823	8
9	0.95610	0.95254	0.94899	0.94546	0.94195	9
10	0.95134	0.94741	0.94349	0.93959	0.93571	10
11	0.94661	0.94230	0.93802	0.93375	0.92951	11
12	0.94190	0.93723	0.93258	0.92796	0.92336	12
13	0.93721	0.93218	0.92717	0.92219	0.91724	13
14	0.93255	0.92716	0.92179	0.91646	0.91117	14
15	0.92791	0.92216	0.91645	0.91077	0.90513	15
16	0.92330	0.91719	0.91113	0.90511	0.89914	16
17	0.91870	0.91225	0.90585	0.89949	0.89318	17
18	0.91413	0.90734	0.90059	0.89391	0.88727	18
19	0.90958	0.90245	0.89537	0.88835	0.88139	19
20	0.90506	0.89759	0.89018	0.88284	0.87556	20
21	0.90056	0.89275	0.88502	0.87735	0.86976	21
22	0.89607	0.88794	0.87988	0.87190	0.86400	22
23	0.89162	0.88316	0.87478	0.86649	0.85828	23
24	0.88718	0.87840	0.86971	0.86110	0.85259	24
25	0.88277	0.87367	0.86466	0.85576	0.84695	25
26	0.87837	0.86896	0.85965	0.85044	0.84134	26
27	0.87400	0.86428	0.85466	0.84516	0.83576	27
28	0.86966	0.85962	0.84971	0.83991	0.83023	28
29	0.86533	0.85499	0.84478	0.83469	0.82473	29
30	0.86102	0.85038	0.83988	0.82951	0.81927	30
31	0.85674	0.84580	0.83501	0.82436	0.81384	31
32	0.85248	0.84125	0.83017	0.81924	0.80845	32
33	0.84824	0.83671	0.82535	0.81415	0.80310	33
34	0.84402	0.83221	0.82056	0.80909	0.79778	34
35	0.83982	0.82772	0.81581	0.80406	0.79250	35
36	0.83564	0.82326	0.81107	0.79907	0.78725	36
37	0.83148	0.81883	0.80637	0.79411	0.78204	37
38	0.82735	0.81442	0.80169	0.78917	0.77686	38
39	0.82323	0.81003	0.79704	0.78427	0.77171	39
40	0.81913	0.80566	0.79242	0.77940	0.76660	40
41	0.81506	0.80132	0.78783	0.77456	0.76152	41
42	0.81100	0.79701	0.78326	0.76975	0.75648	42
43	0.80697	0.79271	0.77871	0.76497	0.75147	43
44	0.80295	0.78844	0.77420	0.76022	0.74649	44
45	0.79896	0.78419	0.76971	0.75550	0.74155	45
46	0.79498	0.77997	0.76524	0.75080	0.73664	46
47	0.79103	0.77577	0.76081	0.74614	0.73176	47
48	0.78709	0.77159	0.75639	0.74151	0.72692	48
49	0.78318	0.76743	0.75201	0.73690	0.72210	49
50	0.77928	0.76330	0.74765	0.73232	0.71732	50
51	0.77540	0.75918	0.74331	0.72777	0.71257	51
52	0.77155	0.75509	0.73900	0.72325	0.70785	52
53	0.76771	0.75103	0.73471	0.71876	0.70316	53
54	0.76389	0.74698	0.73045	0.71430	0.69851	54
55	0.76009	0.74296	0.72622	0.70986	0.69388	55
56	0.75631	0.73895	0.72200	0.70545	0.68928	56
57	0.75254	0.73497	0.71782	0.70107	0.68472	57
58	0.74880	0.73101	0.71365	0.69671	0.68018	58
59	0.74507	0.72707	0.70951	0.69239	0.67568	59
60	0.74137	0.72316	0.70540	0.68809	0.67121	60

表四　複利終值爲 1 元之現值

$$P=(1+i)^{-n}$$

n	$\frac{3}{4}$ %	$\frac{7}{8}$ %	1 %	$1\frac{1}{8}$ %	n
1	0.99255	0.99132	0.99009	0.98887	1
2	0.98516	0.98272	0.98029	0.97787	2
3	0.97783	0.97420	0.97059	0.96699	3
4	0.97055	0.96575	0.96098	0.95623	4
5	0.96332	0.95737	0.95146	0.94559	5
6	0.95615	0.94907	0.94204	0.93508	6
7	0.94904	0.94083	0.93271	0.92467	7
8	0.94197	0.93267	0.92348	0.91439	8
9	0.93496	0.92458	0.91433	0.90421	9
10	0.92800	0.91656	0.90528	0.89415	10
11	0.92109	0.90861	0.89632	0.88421	11
12	0.91423	0.90073	0.88744	0.87437	12
13	0.90743	0.89292	0.87866	0.86464	13
14	0.90067	0.88517	0.86996	0.85502	14
15	0.89397	0.87749	0.86134	0.84551	15
16	0.88731	0.86988	0.85282	0.83611	16
17	0.88071	0.86234	0.84437	0.82680	17
18	0.87415	0.85486	0.83601	0.81761	18
19	0.86764	0.84744	0.82773	0.80851	19
20	0.86118	0.84009	0.81954	0.79951	20
21	0.85477	0.83280	0.81143	0.79062	21
22	0.84841	0.82558	0.80339	0.78182	22
23	0.84210	0.81842	0.79544	0.77313	23
24	0.83583	0.81132	0.78756	0.76453	24
25	0.82960	0.80428	0.77976	0.75602	25
26	0.82343	0.79731	0.77204	0.74761	26
27	0.81730	0.79039	0.76440	0.73929	27
28	0.81121	0.78353	0.75683	0.73107	28
29	0.80518	0.77674	0.74934	0.72294	29
30	0.79918	0.77000	0.74192	0.71489	30
31	0.79323	0.76332	0.73457	0.70694	31
32	0.78733	0.75670	0.72730	0.69908	32
33	0.78147	0.75014	0.72010	0.69130	33
34	0.77565	0.74363	0.71297	0.68361	34
35	0.76988	0.73718	0.70591	0.67600	35
36	0.76414	0.73078	0.69892	0.66848	36
37	0.75846	0.72445	0.69200	0.66104	37
38	0.75281	0.71816	0.68515	0.65369	38
39	0.74721	0.71193	0.67836	0.64642	39
40	0.74164	0.70576	0.67165	0.63923	40
41	0.73612	0.69963	0.66500	0.63212	41
42	0.73064	0.69357	0.65841	0.62508	42
43	0.72520	0.68755	0.65189	0.61813	43
44	0.71980	0.68159	0.64544	0.61125	44
45	0.71445	0.67567	0.63905	0.60445	45
46	0.70913	0.66981	0.63272	0.59773	46
47	0.70385	0.66400	0.62646	0.59108	47
48	0.69861	0.65824	0.62026	0.58450	48
49	0.69341	0.65253	0.61411	0.57800	49
50	0.68825	0.64687	0.60803	0.57157	50

表四　複利終值爲 1 元之現值

$$P=(1+i)^{-n}$$

n	$1\frac{1}{4}$ %	$1\frac{3}{8}$ %	$1\frac{1}{2}$ %	$1\frac{5}{8}$ %	n
1	0.98765	0.98643	0.98522	0.98400	1
2	0.97546	0.97305	0.97066	0.96827	2
3	0.96341	0.95985	0.95631	0.95279	3
4	0.95152	0.94683	0.94218	0.93755	4
5	0.93977	0.93399	0.92826	0.92256	5
6	0.92817	0.92132	0.91454	0.90781	6
7	0.91671	0.90883	0.90102	0.89329	7
8	0.90539	0.89650	0.88771	0.87901	8
9	0.89422	0.88434	0.87459	0.86495	9
10	0.88318	0.87235	0.86166	0.85112	10
11	0.87227	0.86051	0.84893	0.83751	11
12	0.86150	0.84884	0.83638	0.82412	12
13	0.85087	0.83733	0.82402	0.81094	13
14	0.84036	0.82597	0.81184	0.79798	14
15	0.82999	0.81477	0.79985	0.78522	15
16	0.81974	0.80372	0.78803	0.77266	16
17	0.80962	0.79282	0.77638	0.76030	17
18	0.79963	0.78206	0.76491	0.74815	18
19	0.78975	0.77146	0.75360	0.73618	19
20	0.78000	0.76099	0.74247	0.72441	20
21	0.77037	0.75067	0.73149	0.71283	21
22	0.76086	0.74049	0.72068	0.70143	22
23	0.75147	0.73044	0.71003	0.69021	23
24	0.74219	0.72054	0.69954	0.67918	24
25	0.73303	0.71076	0.68920	0.66832	25
26	0.72398	0.70112	0.67902	0.65763	26
27	0.71504	0.69161	0.66898	0.64712	27
28	0.70621	0.68223	0.65909	0.63677	28
29	0.69749	0.67298	0.64935	0.62659	29
30	0.68888	0.66385	0.63976	0.61657	30
31	0.68038	0.65485	0.63030	0.60671	31
32	0.67198	0.64596	0.62099	0.59701	32
33	0.66368	0.63720	0.61181	0.58746	33
34	0.65549	0.62856	0.60277	0.57807	34
35	0.64740	0.62003	0.59386	0.56882	35
36	0.63940	0.61163	0.58508	0.55973	36
37	0.63151	0.60333	0.57644	0.55078	37
38	0.62371	0.59515	0.56792	0.54197	38
39	0.61601	0.58707	0.55953	0.53330	39
40	0.60841	0.57911	0.55126	0.52478	40
41	0.60090	0.57126	0.54311	0.51638	41
42	0.59348	0.56351	0.53508	0.50813	42
43	0.58615	0.55586	0.52718	0.50000	43
44	0.57892	0.54832	0.51939	0.49201	44
45	0.57177	0.54089	0.51171	0.48414	45
46	0.56471	0.53355	0.50415	0.47640	46
47	0.55774	0.52631	0.49670	0.46878	47
48	0.55085	0.51918	0.48936	0.46128	48
49	0.54405	0.51213	0.48212	0.45391	49
50	0.53733	0.50519	0.47500	0.44665	50

表四 複利終值爲 1 元之現值

$$P=(1+i)^{-n}$$

n	$1\frac{3}{4}$ %	$1\frac{7}{8}$ %	2 %	$2\frac{1}{4}$ %	n
1	0.98280	0.98159	0.98039	0.97799	1
2	0.96589	0.96352	0.96116	0.95647	2
3	0.94928	0.94579	0.94232	0.93542	3
4	0.93295	0.92838	0.92384	0.91484	4
5	0.91691	0.91130	0.90573	0.89471	5
6	0.90114	0.89452	0.88797	0.87502	6
7	0.88564	0.87806	0.87056	0.85576	7
8	0.87041	0.86190	0.85349	0.83693	8
9	0.85544	0.84604	0.83675	0.81852	9
10	0.84072	0.83046	0.82034	0.80051	10
11	0.82626	0.81518	0.80426	0.78289	11
12	0.81205	0.80018	0.78849	0.76566	12
13	0.79809	0.78545	0.77303	0.74881	13
14	0.78436	0.77099	0.75787	0.73234	14
15	0.77087	0.75680	0.74301	0.71622	15
16	0.75761	0.74287	0.72844	0.70046	16
17	0.74458	0.72920	0.71416	0.68505	17
18	0.73177	0.71578	0.70015	0.66997	18
19	0.71919	0.70261	0.68643	0.65523	19
20	0.70682	0.68967	0.67297	0.64081	20
21	0.69466	0.67698	0.65977	0.62671	21
22	0.68272	0.66452	0.64683	0.61292	22
23	0.67097	0.65229	0.63415	0.59943	23
24	0.65943	0.64029	0.62172	0.58624	24
25	0.64809	0.62850	0.60953	0.57334	25
26	0.63694	0.61693	0.59757	0.56072	26
27	0.62599	0.60558	0.58586	0.54839	27
28	0.61522	0.59443	0.57437	0.53632	28
29	0.60464	0.58349	0.56311	0.52452	29
30	0.59424	0.57275	0.55207	0.51298	30
31	0.58402	0.56221	0.54124	0.50169	31
32	0.57398	0.55186	0.53063	0.49065	32
33	0.56411	0.54171	0.52022	0.47985	33
34	0.55440	0.53174	0.51002	0.46929	34
35	0.54487	0.52195	0.50002	0.45896	35
36	0.53550	0.51234	0.49022	0.44887	36
37	0.52629	0.50291	0.48061	0.43899	37
38	0.51724	0.49366	0.47118	0.42933	38
39	0.50834	0.48457	0.46194	0.41988	39
40	0.49960	0.47565	0.45289	0.41064	40
41	0.49100	0.46690	0.44401	0.40160	41
42	0.48256	0.45831	0.43530	0.39277	42
43	0.47426	0.44987	0.42676	0.38412	43
44	0.46610	0.44159	0.41840	0.37567	44
45	0.45809	0.43346	0.41019	0.36740	45
46	0.45021	0.42549	0.40215	0.35932	46
47	0.44246	0.41765	0.39426	0.35141	47
48	0.43485	0.40997	0.38653	0.34368	48
49	0.42737	0.40242	0.37895	0.33612	49
50	0.42002	0.39501	0.37152	0.32872	50

表四　複利終值爲 1 元之現值

$$P=(1+i)^{-n}$$

n	$2\frac{1}{2}$ %	$2\frac{3}{4}$ %	3 %	$3\frac{1}{4}$ %	n
1	0.97560	0.97323	0.97087	0.96852	1
2	0.95181	0.94718	0.94259	0.93803	2
3	0.92859	0.92183	0.91514	0.90851	3
4	0.90595	0.89716	0.88848	0.87991	4
5	0.88385	0.87315	0.86260	0.85221	5
6	0.86229	0.84978	0.83748	0.82539	6
7	0.84126	0.82704	0.81309	0.79941	7
8	0.82074	0.80490	0.78940	0.77424	8
9	0.80072	0.78336	0.76641	0.74987	9
10	0.78119	0.76239	0.74409	0.72627	10
11	0.76214	0.74199	0.72242	0.70341	11
12	0.74355	0.72213	0.70137	0.68127	12
13	0.72542	0.70280	0.68095	0.65982	13
14	0.70772	0.68399	0.66111	0.63905	14
15	0.69046	0.66569	0.64186	0.61894	15
16	0.67362	0.64787	0.62316	0.59945	16
17	0.65719	0.63053	0.60501	0.58058	17
18	0.64116	0.61365	0.58739	0.56231	18
19	0.62552	0.59723	0.57028	0.54461	19
20	0.61027	0.58125	0.55367	0.52747	20
21	0.59538	0.56569	0.53754	0.51086	21
22	0.58086	0.55055	0.52189	0.49478	22
23	0.56669	0.53581	0.50669	0.47921	23
24	0.55287	0.52147	0.49193	0.46412	24
25	0.53939	0.50752	0.47760	0.44951	25
26	0.52623	0.49393	0.46369	0.43536	26
27	0.51339	0.48071	0.45018	0.42166	27
28	0.50087	0.46785	0.43707	0.40839	28
29	0.48866	0.45533	0.42434	0.39553	29
30	0.47674	0.44314	0.41198	0.38308	30
31	0.46511	0.43128	0.39998	0.37102	31
32	0.45377	0.41974	0.38833	0.35935	32
33	0.44270	0.40850	0.37702	0.34803	33
34	0.43190	0.39757	0.36604	0.33708	34
35	0.42137	0.38693	0.35538	0.32647	35
36	0.41109	0.37657	0.34503	0.31619	36
37	0.40106	0.36649	0.33498	0.30624	37
38	0.39128	0.35668	0.32522	0.29660	38
39	0.38174	0.34714	0.31575	0.28726	39
40	0.37243	0.33785	0.30655	0.27822	40
41	0.36334	0.32880	0.29762	0.26946	41
42	0.35448	0.32000	0.28895	0.26098	42
43	0.34583	0.31144	0.28054	0.25277	43
44	0.33740	0.30310	0.27237	0.24481	44
45	0.32917	0.29499	0.26443	0.23710	45
46	0.32114	0.28710	0.25673	0.22964	46
47	0.31331	0.27941	0.24925	0.22241	47
48	0.30567	0.27193	0.24199	0.21541	48
49	0.29821	0.26466	0.23495	0.20863	49
50	0.29094	0.25757	0.22810	0.20206	50

表四　複利終值為 1 元之現值

$$P=(1+i)^{-n}$$

n	$3\frac{1}{2}$ %	$3\frac{3}{4}$ %	4 %	$4\frac{1}{2}$ %	n
1	0.96618	0.96385	0.96153	0.95693	1
2	0.93351	0.92901	0.92455	0.91572	2
3	0.90194	0.89543	0.88899	0.87629	3
4	0.87144	0.86307	0.85480	0.83856	4
5	0.84197	0.83187	0.82192	0.80245	5
6	0.81350	0.80180	0.79031	0.76789	6
7	0.78599	0.77282	0.75991	0.73482	7
8	0.75941	0.74489	0.73069	0.70318	8
9	0.73373	0.71797	0.70258	0.67290	9
10	0.70891	0.69202	0.67556	0.64392	10
11	0.68494	0.66700	0.64958	0.61619	11
12	0.66178	0.64289	0.62459	0.58966	12
13	0.63940	0.61966	0.60057	0.56427	13
14	0.61778	0.59726	0.57747	0.53997	14
15	0.59689	0.57567	0.55526	0.51672	15
16	0.57670	0.55486	0.53390	0.49446	16
17	0.55720	0.53481	0.51337	0.47317	17
18	0.53836	0.51548	0.49362	0.45280	18
19	0.52015	0.49685	0.47464	0.43330	19
20	0.50256	0.47889	0.45638	0.41464	20
21	0.48557	0.46158	0.43883	0.39678	21
22	0.46915	0.44489	0.42195	0.37970	22
23	0.45328	0.42881	0.40572	0.36335	23
24	0.43795	0.41331	0.39012	0.34770	24
25	0.42314	0.39837	0.37511	0.33273	25
26	0.40883	0.38398	0.36068	0.31840	26
27	0.39501	0.37010	0.34681	0.30469	27
28	0.38165	0.35672	0.33347	0.29157	28
29	0.36874	0.34383	0.32065	0.27901	29
30	0.35627	0.33140	0.30831	0.26700	30
31	0.34423	0.31942	0.29646	0.25550	31
32	0.33258	0.30787	0.28505	0.24449	32
33	0.32134	0.29675	0.27409	0.23397	33
34	0.31047	0.28602	0.26355	0.22389	34
35	0.29997	0.27568	0.25341	0.21425	35
36	0.28983	0.26572	0.24366	0.20502	36
37	0.28003	0.25611	0.23429	0.19619	37
38	0.27056	0.24686	0.22528	0.18775	38
39	0.26141	0.23793	0.21662	0.17966	39
40	0.25257	0.22933	0.20828	0.17192	40
41	0.24403	0.22104	0.20027	0.16452	41
42	0.23577	0.21305	0.19257	0.15744	42
43	0.22780	0.20535	0.18516	0.15066	43
44	0.22010	0.19793	0.17804	0.14417	44
45	0.21265	0.19078	0.17119	0.13796	45
46	0.20546	0.18388	0.16461	0.13202	46
47	0.19851	0.17723	0.15828	0.12633	47
48	0.19180	0.17083	0.15219	0.12089	48
49	0.18532	0.16465	0.14634	0.11569	49
50	0.17905	0.15870	0.14071	0.11070	50

表四 複利終值為 1 元之現值

$$P=(1+i)^{-n}$$

n	5 %	$5\frac{1}{2}$ %	6 %	$6\frac{1}{2}$ %	n
1	0.95238	0.94786	0.94339	0.93896	1
2	0.90702	0.89845	0.88999	0.88165	2
3	0.86383	0.85161	0.83961	0.82784	3
4	0.82270	0.80721	0.79209	0.77732	4
5	0.78352	0.76513	0.74725	0.72988	5
6	0.74621	0.72524	0.70496	0.68533	6
7	0.71068	0.68743	0.66505	0.64350	7
8	0.67683	0.65159	0.62741	0.60423	8
9	0.64460	0.61762	0.59189	0.56735	9
10	0.61391	0.58543	0.55839	0.53272	10
11	0.58467	0.55491	0.52678	0.50021	11
12	0.55683	0.52598	0.49696	0.46968	12
13	0.53032	0.49856	0.46883	0.44101	13
14	0.50506	0.47256	0.44230	0.41410	14
15	0.48101	0.44793	0.41726	0.38882	15
16	0.45811	0.42458	0.39364	0.36509	16
17	0.43629	0.40244	0.37136	0.34281	17
18	0.41552	0.38146	0.35034	0.32188	18
19	0.39573	0.36157	0.33051	0.30224	19
20	0.37688	0.34272	0.31180	0.28379	20
21	0.35894	0.32486	0.29415	0.26647	21
22	0.34184	0.30792	0.27750	0.25021	22
23	0.32557	0.29187	0.26179	0.23494	23
24	0.31006	0.27665	0.24697	0.22060	24
25	0.29530	0.26223	0.23299	0.20713	25
26	0.28124	0.24856	0.21981	0.19449	26
27	0.26784	0.23560	0.20736	0.18262	27
28	0.25509	0.22332	0.19563	0.17147	28
29	0.24294	0.21167	0.18455	0.16101	29
30	0.23137	0.20064	0.17411	0.15118	30
31	0.22035	0.19018	0.16425	0.14195	31
32	0.20986	0.18026	0.15495	0.13329	32
33	0.19987	0.17087	0.14618	0.12515	33
34	0.19035	0.16196	0.13791	0.11752	34
35	0.18129	0.15351	0.13010	0.11034	35
36	0.17265	0.14551	0.12274	0.10361	36
37	0.16443	0.13793	0.11579	0.09728	37
38	0.15660	0.13073	0.10923	0.09135	38
39	0.14914	0.12392	0.10305	0.08577	39
40	0.14204	0.11746	0.09722	0.08054	40
41	0.13528	0.11133	0.09171	0.07562	41
42	0.12883	0.10553	0.08652	0.07100	42
43	0.12270	0.10003	0.08162	0.06667	43
44	0.11686	0.09481	0.07700	0.06260	44
45	0.11129	0.08987	0.07265	0.05878	45
46	0.10599	0.08518	0.06853	0.05519	46
47	0.10094	0.08074	0.06465	0.05182	47
48	0.09614	0.07653	0.06099	0.04866	48
49	0.09156	0.07254	0.05754	0.04569	49
50	0.08720	0.06876	0.05428	0.04290	50

表四　複利終值爲 1 元之現值

$$P=(1+i)^{-n}$$

n	7 %	7 $\frac{1}{2}$ %	8 %	8 $\frac{1}{2}$ %	n
1	0.93457	0.93023	0.92592	0.92165	1
2	0.87343	0.86533	0.85733	0.84945	2
3	0.81629	0.80496	0.79383	0.78290	3
4	0.76289	0.74880	0.73502	0.72157	4
5	0.71298	0.69655	0.68058	0.66504	5
6	0.66634	0.64796	0.63016	0.61294	6
7	0.62274	0.60275	0.58349	0.56492	7
8	0.58200	0.56070	0.54026	0.52066	8
9	0.54393	0.52158	0.50024	0.47987	9
10	0.50834	0.48519	0.46319	0.44228	10
11	0.47509	0.45134	0.42888	0.40763	11
12	0.44401	0.41985	0.39711	0.37570	12
13	0.41496	0.39056	0.36769	0.34626	13
14	0.38781	0.36331	0.34046	0.31914	14
15	0.36244	0.33796	0.31524	0.29413	15
16	0.33873	0.31438	0.29189	0.27109	16
17	0.31657	0.29245	0.27026	0.24985	17
18	0.29586	0.27204	0.25024	0.23028	18
19	0.27650	0.25306	0.23171	0.21224	19
20	0.25841	0.23541	0.21454	0.19561	20
21	0.24151	0.21898	0.19865	0.18029	21
22	0.22571	0.20371	0.18394	0.16616	22
23	0.21094	0.18949	0.17031	0.15314	23
24	0.19714	0.17627	0.15769	0.14115	24
25	0.18424	0.16397	0.14601	0.13009	25
26	0.17219	0.15253	0.13520	0.11990	26
27	0.16093	0.14189	0.12518	0.11050	27
28	0.15040	0.13199	0.11591	0.10185	28
29	0.14056	0.12278	0.10732	0.09387	29
30	0.13136	0.11422	0.09937	0.08651	30
31	0.12277	0.10625	0.09201	0.07974	31
32	0.11474	0.09883	0.08520	0.07349	32
33	0.10723	0.09194	0.07888	0.06773	33
34	0.10021	0.08552	0.07304	0.06242	34
35	0.09366	0.07956	0.06763	0.05753	35
36	0.08753	0.07401	0.06262	0.05303	36
37	0.08180	0.06884	0.05798	0.04887	37
38	0.07645	0.06404	0.05369	0.04504	38
39	0.07145	0.05957	0.04971	0.04151	39
40	0.06678	0.05541	0.04603	0.03826	40
41	0.06241	0.05155	0.04262	0.03526	41
42	0.05832	0.04795	0.03946	0.03250	42
43	0.05451	0.04461	0.03654	0.02995	43
44	0.05094	0.04149	0.03383	0.02761	44
45	0.04761	0.03860	0.03132	0.02544	45
46	0.04449	0.03590	0.02900	0.02345	46
47	0.04158	0.03340	0.02685	0.02161	47
48	0.03886	0.03107	0.02486	0.01992	48
49	0.03632	0.02890	0.02302	0.01836	49
50	0.03394	0.02688	0.02132	0.01692	50

表五 每期末支付 1 元之年金終值

$$S_{\overline{n}|i} = \frac{(1+i)^n - 1}{i}$$

n	$\frac{1}{6}$%	$\frac{1}{4}$%	$\frac{1}{3}$%	$\frac{5}{12}$%	$\frac{11}{24}$%	n
1	1.00000	1.00000	1.00000	1.00000	1.00000	1
2	2.00166	2.00250	2.00333	2.00416	2.00458	2
3	3.00500	3.00750	3.01001	3.01251	3.01377	3
4	4.01001	4.01502	4.02004	4.02506	4.02758	4
5	5.01669	5.02506	5.03344	5.04184	5.04604	5
6	6.02505	6.03762	6.05022	6.06284	6.06917	6
7	7.03509	7.05271	7.07039	7.08811	7.09698	7
8	8.04682	8.07035	8.09395	8.11764	8.12951	8
9	9.06023	9.09052	9.12093	9.15146	9.16677	9
10	10.07533	10.11325	10.15134	10.18959	10.20879	10
11	11.09212	11.13853	11.18517	11.23205	11.25558	11
12	12.11061	12.16638	12.22246	12.27885	12.30716	12
13	13.13079	13.19679	13.26320	13.33001	13.36357	13
14	14.15268	14.22979	14.30741	14.38555	14.42482	14
15	15.17627	15.26536	15.35510	15.44549	15.49094	15
16	16.20156	16.30352	16.40629	16.50985	16.56194	16
17	17.22856	17.34428	17.46097	17.57864	17.63784	17
18	18.25728	18.38764	18.51918	18.65189	18.71869	18
19	19.28770	19.43361	19.58091	19.72960	19.80448	19
20	20.31985	20.48220	20.64618	20.81181	20.89525	20
21	21.35372	21.53340	21.71500	21.89852	21.99102	21
22	22.38931	22.58724	22.78738	22.98977	23.09181	22
23	23.42662	23.64370	23.86334	24.08556	24.19765	23
24	24.46567	24.70281	24.94288	25.18592	25.30856	24
25	25.50644	25.76457	26.02603	26.29086	26.42455	25
26	26.54895	26.82898	27.11278	27.40040	27.54567	26
27	27.59320	27.89605	28.20316	28.51457	28.67192	27
28	28.63919	28.96579	29.29717	29.63338	29.80333	28
29	29.68692	30.03821	30.39482	30.75685	30.93993	29
30	30.73640	31.11330	31.49614	31.88501	32.08174	30
31	31.78763	32.19109	32.60113	33.01786	33.22878	31
32	32.84061	33.27156	33.70980	34.15544	34.38108	32
33	33.89534	34.35474	34.82216	35.29775	35.53866	33
34	34.95183	35.44063	35.93824	36.44482	36.70154	34
35	36.01009	36.52923	37.05803	37.59668	37.86976	35
36	37.07010	37.62056	38.18156	38.75333	39.04333	36
37	38.13189	38.71461	39.30883	39.91480	40.22228	37
38	39.19544	39.81139	40.43986	41.08111	41.40663	38
39	40.26077	40.91092	41.57466	42.25229	42.59641	39
40	41.32787	42.01320	42.71324	43.42834	43.79164	40
41	42.39675	43.11823	43.85562	44.60929	44.99235	41
42	43.46741	44.22603	45.00180	45.79516	46.19857	42
43	44.53985	45.33659	46.15181	46.98597	47.41031	43
44	45.61409	46.44993	47.30565	48.18175	48.62761	44
45	46.69011	47.56606	48.16333	49.38251	49.85049	45
46	47.76793	48.68497	49.62488	50.58827	51.07897	46
47	48.84754	49.80669	50.79029	51.79905	52.31308	47
48	49.92895	50.93120	51.95960	53.01488	53.55285	48
49	51.01217	52.05853	53.13279	54.23578	54.79830	49
50	52.09719	53.18868	54.30990	55.46176	56.04946	50
51	53.18402	54.32165	55.49094	56.69285	57.30635	51
52	54.27266	55.45745	56.67591	57.92907	58.56900	52
53	55.36311	56.59610	57.86483	59.17044	59.83745	53
54	56.45538	57.73759	59.05771	60.41698	61.11170	54
55	57.54948	58.88193	60.25457	61.66872	62.39180	55
56	58.64539	60.02914	61.45542	62.92567	63.67776	56
57	59.74313	61.17921	62.66027	64.18786	64.96961	57
58	60.84271	62.33216	63.86914	65.45531	66.26739	58
59	61.94411	63.48799	65.08203	66.72804	67.57112	59
60	63.04735	64.64671	66.29897	68.00608	68.88082	60

表五　每期末支付 1 元之年金終值

$$S_{\overline{n}|i} = \frac{(1+i)^n - 1}{i}$$

n	$\frac{1}{2}$%	$\frac{13}{24}$%	$\frac{7}{12}$%	$\frac{5}{8}$%	$\frac{2}{3}$%	n
1	1.00000	1.00000	1.00000	1.00000	1.00000	1
2	2.00500	2.00541	2.00583	2.00625	2.00666	2
3	3.01502	3.01627	3.01753	3.01878	3.02004	3
4	4.03010	4.03261	4.03513	4.03765	4.04017	4
5	5.05025	5.05446	5.05867	5.06289	5.06711	5
6	6.07550	6.08183	6.08818	6.09453	6.10089	6
7	7.10587	7.11478	7.12369	7.13262	7.14156	7
8	8.14140	8.15332	8.16525	8.17720	8.18917	8
9	9.18211	9.19748	9.21288	9.22831	9.24377	9
10	10.22802	10.24730	10.26662	10.28598	10.30539	10
11	11.27916	11.30281	11.32651	11.35027	11.37409	11
12	12.33556	12.36403	12.39258	12.42121	12.44992	12
13	13.39724	13.43100	13.46487	13.49884	13.53292	13
14	14.46422	14.50375	14.54342	14.58321	14.62314	14
15	15.53654	15.58231	15.62825	15.67436	15.72063	15
16	16.61423	16.66672	16.71942	16.77232	16.82543	16
17	17.69730	17.75700	17.81695	17.87715	17.93760	17
18	18.78578	18.85318	18.92088	18.98888	19.05719	18
19	19.87971	19.95530	20.03125	20.10756	20.18423	19
20	20.97911	21.06339	21.14810	21.23323	21.31880	20
21	22.08401	22.17749	22.27146	22.36594	22.46092	21
22	23.19443	23.29761	23.40138	23.50573	23.61066	22
23	24.31040	24.42381	24.53789	24.65264	24.76806	23
24	25.43195	25.55611	25.68103	25.80672	25.93318	24
25	26.55911	26.69453	26.83066	26.96801	27.10607	25
26	27.69191	27.83913	27.98735	28.13656	28.28678	26
27	28.83037	28.98993	29.15061	29.31241	29.47536	27
28	29.97452	30.14695	30.32065	30.49562	30.67186	28
29	31.12439	31.31025	31.49752	31.68621	31.87634	29
30	32.28001	32.47985	32.68126	32.88425	33.08885	30
31	33.44141	33.65578	33.87190	34.08978	34.30944	31
32	34.60862	34.83808	35.06948	35.30284	35.53817	32
33	35.78166	36.02679	36.27406	36.52348	36.77509	33
34	36.96057	37.22193	37.48565	37.75176	38.02026	34
35	38.14537	38.42355	38.70432	38.98770	39.27373	35
36	39.33610	39.63168	39.93010	40.23138	40.53555	36
37	40.53278	40.84635	41.16302	41.48282	41.80579	37
38	41.73544	42.06760	42.40314	42.74209	43.08450	38
39	42.94412	43.29547	43.65049	44.00923	44.37173	39
40	44.15884	44.52999	44.90512	45.28429	45.66754	40
41	45.37964	45.77119	46.16707	46.56731	46.97199	41
42	46.60653	47.01912	47.43637	47.85836	48.28513	42
43	47.83957	48.27380	48.71309	49.15747	49.60703	43
44	49.07877	49.53529	49.99724	50.46471	50.93775	44
45	50.32416	50.80360	51.28890	51.78011	52.27733	45
46	51.57578	52.07879	52.58808	53.10374	53.62585	46
47	52.83366	53.36088	53.89484	54.43564	54.98335	47
48	54.09783	54.64992	55.20923	55.77586	56.34991	48
49	55.36832	55.94594	56.53129	57.12446	57.72558	49
50	56.64516	57.24898	57.86105	58.48149	59.11041	50
51	57.92838	58.55908	59.19857	59.84700	60.50448	51
52	59.21803	59.87628	60.54390	61.22104	61.90785	52
53	60.51412	61.20061	61.89707	62.60367	63.32057	53
54	61.81669	62.53211	63.25814	63.99494	64.74270	54
55	63.12577	63.87083	64.62714	65.39491	66.17432	55
56	64.44140	65.21679	66.00414	66.80363	67.61548	56
57	65.76361	66.57005	67.38916	68.22115	69.06625	57
58	67.09242	67.93064	68.78226	69.64754	70.52669	58
59	68.42789	69.29860	70.18349	71.08283	71.99687	59
60	69.77003	70.67396	71.59290	72.52710	73.47685	60

表五　每期末支付 1 元之年金終值

$$S_{\overline{n}|i} = \frac{(1+i)^n - 1}{i}$$

n	$\frac{3}{4}$ %	$\frac{7}{8}$ %	1 %	$1\frac{1}{8}$ %	n
1	1.00000	1.00000	1.00000	1.00000	1
2	2.00750	2.00875	2.01000	2.01125	2
3	3.02255	3.02632	3.03010	3.03387	3
4	4.04522	4.05280	4.06040	4.06800	4
5	5.07556	5.08826	5.10100	5.11377	5
6	6.11363	6.13279	6.15201	6.17130	6
7	7.15948	7.18645	7.21353	7.24072	7
8	8.21317	8.24933	8.28567	8.32218	8
9	9.27477	9.32151	9.36852	9.41581	9
10	10.34433	10.40307	10.46221	10.52174	10
11	11.42192	11.49410	11.56683	11.64011	11
12	12.50758	12.59468	12.68250	12.77106	12
13	13.60139	13.70488	13.80932	13.91473	13
14	14.70340	14.82480	14.94742	15.07127	14
15	15.81367	15.95451	16.09689	16.24082	15
16	16.93228	17.09412	17.25786	17.42353	16
17	18.05927	18.24369	18.43044	18.61955	17
18	19.19471	19.40332	19.61474	19.82902	18
19	20.33867	20.57310	20.81089	21.05209	19
20	21.49121	21.75311	22.01900	22.28893	20
21	22.65240	22.94345	23.23919	23.53968	21
22	23.82229	24.14421	24.47158	24.80450	22
23	25.00096	25.35547	25.71630	26.08355	23
24	26.18847	26.57733	26.97346	27.37699	24
25	27.38488	27.80988	28.24319	28.68498	25
26	28.59027	29.05322	29.52563	30.00769	26
27	29.80469	30.30744	30.82088	31.34528	27
28	31.02823	31.57263	32.12909	32.69791	28
29	32.26094	32.84889	33.45038	34.06576	29
30	33.50290	34.13631	34.78489	35.44900	30
31	34.75417	35.43501	36.13274	36.84780	31
32	36.01482	36.74506	37.49406	38.26234	32
33	37.28494	38.06658	38.86900	39.69279	33
34	38.56457	39.39967	40.25769	41.13934	34
35	39.85381	40.74441	41.66027	42.60215	35
36	41.15271	42.10093	43.07687	44.08143	36
37	42.46136	43.46931	44.50764	45.57735	37
38	43.77982	44.84967	45.95272	47.09009	38
39	45.10817	46.24210	47.41225	48.61985	39
40	46.44648	47.64672	48.88637	50.16683	40
41	47.79483	49.06363	50.37523	51.73120	41
42	49.15329	50.49293	51.87898	53.31318	42
43	50.52194	51.93475	53.39777	54.91295	43
44	51.90085	53.38918	54.93175	56.53072	44
45	53.29011	54.85633	56.48107	58.16670	45
46	54.68978	56.33633	58.04588	59.82107	46
47	56.09996	57.82927	59.62634	61.49406	47
48	57.52071	59.33527	61.22260	63.18587	48
49	58.95211	60.85446	62.83483	64.89671	49
50	60.39425	62.38693	64.46318	66.62680	50

表五　每期末支付 1 元之年金終值

$$S_{\overline{n}|i} = \frac{(1+i)^n - 1}{i}$$

n	$1\frac{1}{4}$ %	$1\frac{3}{8}$ %	$1\frac{1}{2}$ %	$1\frac{5}{8}$ %	n
1	1.00000	1.00000	1.00000	1.00000	1
2	2.01250	2.01375	2.01500	2.01625	2
3	3.03765	3.04143	3.04522	3.04901	3
4	4.07562	4.08325	4.09090	4.09856	4
5	5.12657	5.13940	5.15226	5.16516	5
6	6.19065	6.21007	6.22955	6.24909	6
7	7.26803	7.29545	7.32299	7.35064	7
8	8.35888	8.39577	8.43283	8.47009	8
9	9.46337	9.51121	9.55933	9.60773	9
10	10.58166	10.64199	10.70272	10.76385	10
11	11.71393	11.78831	11.86326	11.93876	11
12	12.86036	12.95040	13.04121	13.13277	12
13	14.02111	14.12847	14.23682	14.34618	13
14	15.19637	15.32274	15.45038	15.57930	14
15	16.38633	16.53343	16.68213	16.83247	15
16	17.59116	17.76076	17.93236	18.10599	16
17	18.81105	19.00497	19.20135	19.40022	17
18	20.04619	20.26629	20.48937	20.71547	18
19	21.29676	21.54495	21.79671	22.05210	19
20	22.56297	22.84120	23.12366	23.41044	20
21	23.84501	24.15526	24.47052	24.79086	21
22	25.14307	25.48740	25.83757	26.19371	22
23	26.45736	26.83785	27.22514	27.61936	23
24	27.78808	28.20687	28.63352	29.06818	24
25	29.13543	29.59471	30.06302	30.54053	25
26	30.49962	31.00164	31.51396	32.03682	26
27	31.88087	32.42791	32.98667	33.55742	27
28	33.27938	33.87380	34.48147	35.10272	28
29	34.69537	35.33956	35.99870	36.67314	29
30	36.12906	36.82548	37.53868	38.26908	30
31	37.58068	38.33183	39.10176	39.89096	31
32	39.05044	39.85889	40.68828	41.53918	32
33	40.53857	41.40695	42.29861	43.21420	33
34	42.04530	42.97630	43.93309	44.91643	34
35	43.57086	44.56722	45.59208	46.64632	35
36	45.11550	46.18002	47.27596	48.40432	36
37	46.67944	47.81500	48.98510	50.19089	37
38	48.26294	49.47246	50.71988	52.00649	38
39	49.86622	51.15270	52.48068	53.85160	39
40	51.48955	52.85605	54.26789	55.72669	40
41	53.13317	54.58282	56.08191	57.63225	41
42	54.79734	56.33334	57.92314	59.56877	42
43	56.48230	58.10792	59.79198	61.53676	43
44	58.18833	59.90690	61.68886	63.53674	44
45	59.91569	61.73062	63.61420	65.56921	45
46	61.66463	63.57942	65.56841	67.63471	46
47	63.43544	65.45364	67.55194	69.73377	47
48	65.22838	67.35362	69.56521	71.86695	48
49	67.04374	69.27974	71.60869	74.03478	49
50	68.88178	71.23233	73.68282	76.23785	50

表五　每期末支付 1 元之年金終值

$$S_{\overline{n}|i} = \frac{(1+i)^n - 1}{i}$$

n	$1\frac{3}{4}$ %	$1\frac{7}{8}$ %	2 %	$2\frac{1}{4}$ %	n
1	1.00000	1.00000	1.00000	1.00000	1
2	2.01750	2.01875	2.02000	2.02250	2
3	3.05280	3.05660	3.06040	3.06800	3
4	4.10623	4.11391	4.12160	4.13703	4
5	5.17808	5.19104	5.20404	5.23011	5
6	6.26870	6.28838	6.30812	6.34779	6
7	7.37840	7.40628	7.43428	7.49062	7
8	8.50753	8.54515	8.58296	8.65916	8
9	9.65641	9.70537	9.75462	9.85399	9
10	10.82539	10.88735	10.94972	11.07570	10
11	12.01484	12.09149	12.16871	12.32491	11
12	13.22510	13.31820	13.41208	13.60222	12
13	14.45654	14.56792	14.68033	14.90827	13
14	15.70953	15.84107	15.97393	16.24370	14
15	16.98444	17.13809	17.29341	17.60919	15
16	18.28167	18.45943	18.63928	19.00539	16
17	19.60110	19.80554	20.01207	20.43301	17
18	20.94463	21.17689	21.41231	21.89276	18
19	22.31116	22.57396	22.84055	23.38534	19
20	23.70161	23.99722	24.29736	24.91152	20
21	25.11638	25.44717	25.78331	26.47202	21
22	26.55592	26.92431	27.29898	28.06764	22
23	28.02065	28.42914	28.84496	29.69917	23
24	29.51101	29.96218	30.42186	31.36740	24
25	31.02745	31.52397	32.03029	33.07316	25
26	32.57043	33.11505	33.67090	34.81731	26
27	34.14842	34.73596	35.34432	36.60070	27
28	35.73787	36.38725	37.05121	38.42422	28
29	37.36329	38.06952	38.79223	40.28876	29
30	39.01715	39.78332	40.56807	42.19526	30
31	40.69995	41.52926	42.37944	44.14465	31
32	42.41219	43.30793	44.22702	46.13791	32
33	44.15441	45.11995	46.11157	48.17601	33
34	45.92711	46.96595	48.03380	50.25997	34
35	47.73083	48.84657	49.99447	52.39082	35
36	49.56612	50.76244	51.99436	54.56961	36
37	51.43353	52.71423	54.03425	56.79743	37
38	53.33362	54.70263	56.11493	59.07537	38
39	55.26696	56.72830	58.23723	61.40457	39
40	57.23413	58.79196	60.40198	63.78617	40
41	59.23573	60.89431	62.61002	66.22136	41
42	61.27235	63.03607	64.86222	68.71134	42
43	63.34462	65.21800	67.15946	71.25735	43
44	65.45315	67.44084	69.50265	73.86064	44
45	67.59858	69.70535	71.89271	76.52250	45
46	69.78155	72.01233	74.33056	79.24426	46
47	72.00273	74.36256	76.81717	82.02725	47
48	74.26278	76.75686	79.35351	84.87287	48
49	76.56238	79.19605	81.94058	87.78251	49
50	78.90222	81.68098	84.57940	90.75761	50

表五　每期末支付 1 元之年金終值

$$S_{\overline{n}|i} = \frac{(1+i)^n - 1}{i}$$

n	$2\frac{1}{2}$ %	$2\frac{3}{4}$ %	3 %	$3\frac{1}{4}$ %	n
1	1.00000	1.00000	1.00000	1.00000	1
2	2.02500	2.02750	2.03000	2.03250	2
3	3.07562	3.08325	3.09090	3.09855	3
4	4.15251	4.16804	4.18362	4.19925	4
5	5.25632	5.28266	5.30913	5.33573	5
6	6.38773	6.42794	6.46840	6.50914	6
7	7.54743	7.60470	7.66246	7.72069	7
8	8.73611	8.81383	8.89233	8.97161	8
9	9.95451	10.05621	10.15910	10.26319	9
10	11.20338	11.33276	11.46387	11.59674	10
11	12.48346	12.64441	12.80779	12.97364	11
12	13.79555	13.99213	14.19202	14.39528	12
13	15.14044	15.37692	15.61779	15.86313	13
14	16.51895	16.79978	17.08632	17.37868	14
15	17.93192	18.26178	18.59891	18.94349	15
16	19.38022	19.76397	20.15688	20.55915	16
17	20.86473	21.30748	21.76158	22.22732	17
18	22.38634	22.89344	23.41443	23.94971	18
19	23.94600	24.52301	25.11686	25.72808	19
20	25.54465	26.19739	26.87037	27.56424	20
21	27.18327	27.91782	28.67648	29.46008	21
22	28.86285	29.68556	30.53678	31.41753	22
23	30.58442	31.50191	32.45288	33.43860	23
24	32.34903	33.36822	34.42647	35.52535	24
25	34.15776	35.28584	36.45926	37.67993	25
26	36.01170	37.25620	38.55304	39.90453	26
27	37.91200	39.28075	40.70963	42.20142	27
28	39.85980	41.36097	42.93092	44.57297	28
29	41.85629	43.49840	45.21885	47.02159	29
30	43.90270	45.69460	47.57541	49.54979	30
31	46.00027	47.95121	50.00267	52.16016	31
32	48.15027	50.26986	52.50275	54.85537	32
33	50.35403	52.65228	55.07784	57.63817	33
34	52.61288	55.10022	57.73017	60.51141	34
35	54.92820	57.61548	60.46208	63.47803	35
36	57.30141	60.19990	63.27594	66.54106	36
37	59.73394	62.85540	66.17422	69.70365	37
38	62.22729	65.58393	69.15944	72.96902	38
39	64.78297	68.38748	72.23423	76.34051	39
40	67.40255	71.26814	75.40125	79.82158	40
41	70.08761	74.22801	78.66329	83.41578	41
42	72.83980	77.26928	82.02319	87.12679	42
43	75.66080	80.39419	85.48389	90.95841	43
44	78.55232	83.60503	89.04840	94.91456	44
45	81.51613	86.90417	92.71986	98.99928	45
46	84.55403	90.29403	96.50145	103.21676	46
47	87.66788	93.77712	100.39650	107.57131	47
48	90.85958	97.35599	104.40839	112.06737	48
49	94.13107	101.03328	108.54064	116.70956	49
50	97.48434	104.81170	112.79686	121.50263	50

表五　每期末支付 1 元之年金終值

$$S_{\overline{n}|i} = \frac{(1+i)^n - 1}{i}$$

n	$3\frac{1}{2}$ %	$3\frac{3}{4}$ %	4 %	$4\frac{1}{2}$ %	n
1	1.00000	1.00000	1.00000	1.00000	1
2	2.03500	2.03750	2.04000	2.04500	2
3	3.10622	3.11390	3.12160	3.13702	3
4	4.21494	4.23067	4.24646	4.27819	4
5	5.36246	5.38932	5.41632	5.47070	5
6	6.55015	6.59142	6.63297	6.71689	6
7	7.77940	7.83860	7.89829	8.01915	7
8	9.05168	9.13255	9.21422	9.38001	8
9	10.36849	10.47502	10.58279	10.80211	9
10	11.73139	11.86783	12.00610	12.28820	10
11	13.14199	13.31288	13.48635	13.84117	11
12	14.60196	14.81211	15.02580	15.46403	12
13	16.11303	16.36756	16.62683	17.15991	13
14	17.67698	17.98135	18.29191	18.93210	14
15	19.29568	19.65565	20.02358	20.78405	15
16	20.97102	21.39274	21.82453	22.71933	16
17	22.70501	23.19496	23.69751	24.74170	17
18	24.49969	25.06478	25.64541	26.85508	18
19	26.35718	27.00470	27.67122	29.06356	19
20	28.27968	29.01738	29.77807	31.37142	20
21	30.26947	31.10553	31.96920	33.78313	21
22	32.32890	33.27199	34.24796	36.30337	22
23	34.46041	35.51969	36.61788	38.93702	23
24	36.66652	37.85168	39.08260	41.68919	24
25	38.94985	40.27112	41.64590	44.56521	25
26	41.31310	42.78129	44.31174	47.57064	26
27	43.75906	45.38558	47.08421	50.71132	27
28	46.29062	48.08754	49.96758	53.99333	28
29	48.91079	50.89083	52.96628	57.42303	29
30	51.62267	53.79923	56.08493	61.00706	30
31	54.42947	56.81670	59.32833	64.75238	31
32	57.33450	59.94733	62.70146	68.66624	32
33	60.34121	63.19536	66.20952	72.75622	33
34	63.45315	66.56518	69.85790	77.03025	34
35	66.67401	70.06138	73.65222	81.49661	35
36	70.00760	73.68868	77.59831	86.16396	36
37	73.45786	77.45200	81.70224	91.04134	37
38	77.02889	81.35645	85.97033	96.13820	38
39	80.72490	85.40732	90.40914	101.46442	39
40	84.55027	89.61010	95.02551	107.03032	40
41	88.50953	93.97047	99.82653	112.84668	41
42	92.60737	98.49437	104.81959	118.92478	42
43	96.84862	103.18791	110.01238	125.27640	43
44	101.23833	108.05745	115.41287	131.91384	44
45	105.78167	113.10961	121.02939	138.84996	45
46	110.48403	118.35122	126.87056	146.09821	46
47	115.35097	123.78939	132.94539	153.67263	47
48	120.38825	129.43149	139.26320	161.58790	48
49	125.60184	135.28517	145.83373	169.85935	49
50	130.99791	141.35837	152.66708	178.50302	50

表五　每期末支付 1 元之年金終值

$$S_{\overline{n}|i} = \frac{(1+i)^n - 1}{i}$$

n	5 %	5½ %	6 %	6½ %	n
1	1.00000	1.00000	1.00000	1.00000	1
2	2.05000	2.05500	2.06000	2.06500	2
3	3.15250	3.16802	3.18360	3.19922	3
4	4.31012	4.34226	4.37461	4.40717	4
5	5.52563	5.58109	5.63709	5.69364	5
6	6.80191	6.88805	6.97531	7.06372	6
7	8.14200	8.26689	8.39383	8.52286	7
8	9.54910	9.72157	9.89746	10.07685	8
9	11.02656	11.25625	11.49131	11.73185	9
10	12.57789	12.87535	13.18079	13.49442	10
11	14.20678	14.58349	14.97164	15.37156	11
12	15.91712	16.38559	16.86994	17.37071	12
13	17.71298	18.28679	18.88213	19.49980	13
14	19.59863	20.29257	21.01506	21.76729	14
15	21.57856	22.40866	23.27596	24.18216	15
16	23.65749	24.64113	25.67252	26.75401	16
17	25.84036	26.99640	28.21287	29.49302	17
18	28.13238	29.48120	30.90565	32.41006	18
19	30.53900	32.10267	33.75999	35.51672	19
20	33.06595	34.86831	36.78559	38.82530	20
21	35.71925	37.78607	39.99272	42.34895	21
22	38.50521	40.86430	43.39229	46.10163	22
23	41.43047	44.11184	46.99582	50.09824	23
24	44.50199	47.53799	50.81557	54.35462	24
25	47.72709	51.15258	54.86451	58.88767	25
26	51.11345	54.96598	59.15638	63.71537	26
27	54.66912	58.98910	63.70576	68.85687	27
28	58.40258	63.23351	68.52811	74.33257	28
29	62.32271	67.71135	73.63979	80.16419	29
30	66.43884	72.43547	79.05818	86.37486	30
31	70.76078	77.41942	84.80167	92.98923	31
32	75.29882	82.67749	90.88977	100.03353	32
33	80.06377	88.22476	97.34316	107.53570	33
34	85.06695	94.07712	104.18375	115.52553	34
35	90.32030	100.25136	111.43477	124.03469	35
36	95.83632	106.76518	119.12086	133.09694	36
37	101.62813	113.63727	127.26811	142.74824	37
38	107.70954	120.88732	135.90420	153.02688	38
39	114.09502	128.53612	145.05845	163.97362	39
40	120.79977	136.60561	154.76196	175.63191	40
41	127.83976	145.11892	165.04768	188.04799	41
42	135.23175	154.10046	175.95054	201.27110	42
43	142.99333	163.57598	187.50757	215.35373	43
44	151.14300	173.57266	199.75803	230.35172	44
45	159.70015	184.11916	212.74351	246.32458	45
46	168.68516	195.24571	226.50812	263.33568	46
47	178.11942	206.98423	241.09861	281.45250	47
48	188.02539	219.36836	256.56452	300.74691	48
49	198.42666	232.43362	272.95840	321.29546	49
50	209.34799	246.21747	290.33590	343.17967	50

表五　每期末支付 1 元之年金終值

$$S_{\overline{n}|i} = \frac{(1+i)^n - 1}{i}$$

n	7 %	7 $\frac{1}{2}$ %	8 %	8 $\frac{1}{2}$ %	n
1	1.00000	1.00000	1.00000	1.00000	1
2	2.07000	2.07500	2.08000	2.08500	2
3	3.21490	3.23062	3.24640	3.26222	3
4	4.43994	4.47292	4.50611	4.53951	4
5	5.75073	5.80839	5.86660	5.92537	5
6	7.15329	7.24402	7.33592	7.42902	6
7	8.65402	8.78732	8.92280	9.06049	7
8	10.25980	10.44637	10.63662	10.83063	8
9	11.97798	12.22984	12.48755	12.75124	9
10	13.81644	14.14708	14.48656	14.83509	10
11	15.78359	16.20811	16.64548	17.09608	11
12	17.88845	18.42372	18.97712	19.54924	12
13	20.14064	20.80550	21.49529	22.21093	13
14	22.55048	23.36592	24.21492	25.09886	14
15	25.12902	26.11836	27.15211	28.23226	15
16	27.88805	29.07724	30.32428	31.63201	16
17	30.84021	32.25803	33.75022	35.32073	17
18	33.99903	35.67738	37.45024	39.32299	18
19	37.37896	39.35319	41.44626	43.66544	19
20	40.99549	43.30468	45.76196	48.37701	20
21	44.86517	47.55253	50.42292	53.48905	21
22	49.00573	52.11897	55.45675	59.03562	22
23	53.43614	57.02798	60.89329	65.05365	23
24	58.17667	62.30498	66.76475	71.58321	24
25	63.24903	67.97786	73.10593	78.66779	25
26	68.67647	74.07620	79.95441	86.35455	26
27	74.48382	80.63191	87.35076	94.69469	27
28	80.69769	87.67930	95.33882	103.74374	28
29	87.34652	95.25525	103.96593	113.56195	29
30	94.46078	103.39940	113.28321	124.21472	30
31	102.07304	112.15435	123.34586	135.77297	31
32	110.21815	121.56593	134.21353	148.31367	32
33	118.93342	131.68337	145.95062	161.92034	33
34	128.25876	142.55963	158.62667	176.68357	34
35	138.23687	154.25160	172.31680	192.70167	35
36	148.91345	166.82047	187.10214	210.08131	36
37	160.33740	180.33201	203.07031	228.93822	37
38	172.56102	194.85691	220.31594	249.39797	38
39	185.64029	210.47118	238.94122	271.59680	39
40	199.63511	227.25651	259.05651	295.68253	40
41	214.60956	245.30075	280.78104	321.81555	41
42	230.63223	264.69831	304.24352	350.16987	42
43	247.77649	285.55068	329.58300	380.93431	43
44	266.12085	307.96699	356.94964	414.31372	44
45	285.74931	332.06451	386.50561	450.53039	45
46	306.75176	357.96935	418.42606	489.82548	46
47	329.22438	385.81705	452.90015	532.46064	47
48	353.27009	415.75333	490.13216	578.71980	48
49	378.99899	447.93483	530.34273	628.91098	49
50	406.52892	482.52994	573.77015	683.36841	50

表六　每期末支付 1 元之年金現值

$$a_{\overline{n}|i} = \frac{1-(1+i)^{-n}}{i}$$

n	$\frac{1}{6}$ %	$\frac{1}{4}$ %	$\frac{1}{3}$ %	$\frac{5}{12}$ %	$\frac{11}{24}$ %	n
1	0.99833	0.99750	0.99667	0.99585	0.99543	1
2	1.99501	1.99252	1.99004	1.98756	1.98633	2
3	2.99002	2.98506	2.98011	2.97517	2.97270	3
4	3.98338	3.97512	3.96688	3.95867	3.95458	4
5	4.97509	4.96271	4.95038	4.93810	4.93197	5
6	5.96515	5.94784	5.93061	5.91346	5.90491	6
7	6.95356	6.93052	6.90759	6.88477	6.87341	7
8	7.94033	7.91074	7.88132	7.85205	7.83748	8
9	8.92545	8.88852	8.85181	8.81532	8.79716	9
10	9.90894	9.86386	9.81908	9.77460	9.75247	10
11	10.89078	10.83677	10.78314	10.72989	10.70341	11
12	11.87100	11.80725	11.74399	11.68122	11.65001	12
13	12.84958	12.77531	12.70165	12.62860	12.59230	13
14	13.82654	13.74096	13.65613	13.57205	13.53028	14
15	14.80187	14.70420	14.60744	14.51158	14.46399	15
16	15.77558	15.66504	15.55559	15.44722	15.39344	16
17	16.74766	16.62348	16.50058	16.37897	16.31864	17
18	17.71813	17.57953	17.44244	17.30686	17.23963	18
19	18.68699	18.53319	18.38117	18.23090	18.15641	19
20	19.65423	19.48448	19.31678	19.15110	19.06901	20
21	20.61987	20.43340	20.24929	20.06749	19.97745	21
22	21.58389	21.37995	21.17869	20.98007	20.88174	22
23	22.54632	22.32414	22.10501	21.88887	21.78191	23
24	23.50714	23.26597	23.02825	22.79389	22.67797	24
25	24.46636	24.20546	23.94842	23.69516	23.56994	25
26	25.42399	25.14260	24.86553	24.59269	24.45784	26
27	26.38002	26.07741	25.77960	25.48650	25.34169	27
28	27.33446	27.00989	26.69063	26.37660	26.22151	28
29	28.28732	27.94004	27.59864	27.26300	27.09731	29
30	29.23859	28.86787	28.50362	28.14573	27.96912	30
31	30.18827	29.79338	29.40561	29.02479	28.83695	31
32	31.13638	30.71659	30.30459	29.90021	29.70082	32
33	32.08291	31.63750	31.20059	30.77199	30.56075	33
34	33.02786	32.55611	32.09361	31.64016	31.41676	34
35	33.97124	33.47243	32.98366	32.50472	32.26886	35
36	34.91305	34.38646	33.87076	33.36570	33.11707	36
37	35.85330	35.29821	34.75491	34.22310	33.96142	37
38	36.79198	36.20770	35.63612	35.07695	34.80191	38
39	37.72910	37.11491	36.51441	35.92725	35.63856	39
40	38.66465	38.01986	37.38978	36.77402	36.47140	40
41	39.59866	38.92255	38.26224	37.61729	37.30044	41
42	40.53110	39.82299	39.13180	38.45705	38.12570	42
43	41.46200	40.72119	39.99847	39.29333	38.94719	43
44	42.39135	41.61715	40.86226	40.12613	39.76494	44
45	43.31915	42.51087	41.72318	40.95549	40.57895	45
46	44.24541	43.40237	42.58125	41.78140	41.38925	46
47	45.17012	44.29164	43.43646	42.60388	42.19585	47
48	46.09330	45.17869	44.28883	43.42295	42.99877	48
49	47.01494	46.06353	45.13837	44.23862	43.79803	49
50	47.93505	46.94617	45.98508	45.05091	44.59364	50
51	48.85363	47.82660	46.82899	45.85983	45.38563	51
52	49.77068	48.70484	47.67009	46.66539	46.17400	52
53	50.68620	49.58088	48.50839	47.46761	46.95877	53
54	51.60020	50.45475	49.34391	48.26650	47.73996	54
55	52.51268	51.32643	50.17666	49.06207	48.51759	55
56	53.42364	52.19594	51.00663	49.85435	49.29167	56
57	54.33309	53.06328	51.83386	50.64333	50.06222	57
58	55.24102	53.92846	52.65833	51.42904	50.82925	58
59	56.14744	54.79148	53.48006	52.21150	51.59278	59
60	57.05235	55.65235	54.29906	52.99070	52.35283	60

表六　每期末支付 1 元之年金現值

$$a_{\overline{n}|i} = \frac{1-(1+i)^{-n}}{i}$$

n	$\frac{1}{2}$ %	$\frac{13}{24}$ %	$\frac{7}{12}$ %	$\frac{5}{8}$ %	$\frac{2}{3}$ %	n
1	0.99502	0.99461	0.99420	0.99378	0.99337	1
2	1.98509	1.98386	1.98263	1.98140	1.98017	2
3	2.97024	2.96779	2.96533	2.96288	2.96044	3
4	3.95049	3.94641	3.94234	3.93827	3.93421	4
5	4.92586	4.91976	4.91367	4.90760	4.90153	5
6	5.89638	5.88787	5.87938	5.87090	5.86245	6
7	6.86207	6.85076	6.83948	6.82823	6.81700	7
8	7.82295	7.80846	7.79401	7.77960	7.76523	8
9	8.77906	8.76101	8.74301	8.72507	8.70718	9
10	9.73041	9.70842	9.68651	9.66467	9.64290	10
11	10.67702	10.65073	10.62453	10.59843	10.57242	11
12	11.61893	11.58796	11.55712	11.52639	11.49578	12
13	12.55615	12.52014	12.48429	12.44858	12.41302	13
14	13.48870	13.44730	13.40609	13.36505	13.32420	14
15	14.41662	14.36947	14.32254	14.27583	14.22933	15
16	15.33992	15.28667	15.23368	15.18095	15.12848	16
17	16.25863	16.19892	16.13953	16.08044	16.02167	17
18	17.17276	17.10626	17.04013	16.97435	16.90894	18
19	18.08235	18.00872	17.93550	17.86271	17.79034	19
20	18.98741	18.90631	18.82569	18.74555	18.66590	20
21	19.88797	19.79906	19.71071	19.62291	19.53566	21
22	20.78405	20.68701	20.59060	20.49482	20.39966	22
23	21.67568	21.57017	21.46538	21.36131	21.25794	23
24	22.56286	22.44857	22.33509	22.22242	22.11054	24
25	23.44563	23.32224	23.19976	23.07818	22.95749	25
26	24.32401	24.19121	24.05942	23.92863	23.79883	26
27	25.19802	25.05549	24.91408	24.77379	24.63460	27
28	26.06768	25.91512	25.76379	25.61370	25.46483	28
29	26.93302	26.77011	26.60858	26.44840	26.28957	29
30	27.79405	27.62050	27.44846	27.27791	27.10884	30
31	28.65079	28.46631	28.28347	28.10228	27.92269	31
32	29.50328	29.30756	29.11365	28.92152	28.73115	32
33	30.35152	30.14428	29.93900	29.73567	29.53426	33
34	31.19554	30.97649	30.75957	30.54476	30.33204	34
35	32.03537	31.80422	31.57538	31.34883	31.12455	35
36	32.87101	32.62748	32.38646	32.14791	31.91180	36
37	33.70250	33.44632	33.19283	32.94202	32.69384	37
38	34.52985	34.26074	33.99453	33.73120	33.47070	38
39	35.35308	35.07077	34.79158	34.51548	34.24242	39
40	36.17222	35.87644	35.58401	35.29489	35.00903	40
41	36.98729	36.67777	36.37184	36.06945	35.77056	41
42	37.79829	37.47478	37.15510	36.83921	36.52704	42
43	38.60527	38.26750	37.93382	37.60418	37.27852	43
44	39.40823	39.05594	38.70802	38.36440	38.02502	44
45	40.20719	39.84014	39.47774	39.11990	38.76658	45
46	41.00218	40.62012	40.24299	39.87071	39.50322	46
47	41.79321	41.39589	41.00380	40.61686	40.23499	47
48	42.58031	42.16748	41.76020	41.35837	40.96191	48
49	43.36350	42.93492	42.51221	42.09527	41.68401	49
50	44.14278	43.69822	43.25986	42.82760	42.40134	50
51	44.91819	44.45741	44.00317	43.55538	43.11391	51
52	45.68974	45.21251	44.74218	44.27864	43.82177	52
53	46.45745	45.96354	45.47690	44.99740	44.52493	53
54	47.22135	46.71052	46.20735	45.71170	45.22345	54
55	47.98144	47.45348	46.93357	46.42157	45.91733	55
56	48.73775	48.19244	47.65558	47.12702	46.60662	56
57	49.49030	48.92742	48.37340	47.82810	47.29134	57
58	50.23910	49.65843	49.08706	48.52482	47.97153	58
59	50.98418	50.38551	49.79658	49.21721	48.64722	59
60	51.72556	51.10867	50.50199	49.90530	49.31843	60

表六　每期末支付 1 元之年金現值

$$a_{\overline{n}|i} = \frac{1-(1+i)^{-n}}{i}$$

n	$\frac{3}{4}$ %	$\frac{7}{8}$ %	1 %	$1\frac{1}{8}$ %	n
1	0.99255	0.99132	0.99009	0.98887	1
2	1.97772	1.97405	1.97039	1.96674	2
3	2.95555	2.94825	2.94098	2.93374	3
4	3.92611	3.91400	3.90196	3.88998	4
5	4.88943	4.87138	4.85343	4.83558	5
6	5.84559	5.82045	5.79547	5.77066	6
7	6.79463	6.76129	6.72819	6.69533	7
8	7.73661	7.69397	7.65167	7.60973	8
9	8.67157	8.61855	8.56601	8.51394	9
10	9.59957	9.53512	9.47130	9.40810	10
11	10.52067	10.44374	10.36762	10.29231	11
12	11.43491	11.34447	11.25507	11.16669	12
13	12.34234	12.23740	12.13374	12.03134	13
14	13.24302	13.12257	13.00370	12.88636	14
15	14.13699	14.00007	13.86505	13.73188	15
16	15.02431	14.86996	14.71787	14.56799	16
17	15.90502	15.73230	15.56225	15.39480	17
18	16.77918	16.58717	16.39826	16.21241	18
19	17.64682	17.43461	17.22600	17.02092	19
20	18.50801	18.27471	18.04555	17.82044	20
21	19.36279	19.10752	18.85698	18.61107	21
22	20.21121	19.93310	19.66037	19.39290	22
23	21.05331	20.75153	20.45582	20.16603	23
24	21.88914	21.56285	21.24338	20.93056	24
25	22.71875	22.36714	22.02315	21.68659	25
26	23.54218	23.16445	22.79520	22.43420	26
27	24.35949	23.95485	23.55960	23.17350	27
28	25.17071	24.73839	24.31644	23.90457	28
29	25.97589	25.51513	25.06578	24.62751	29
30	26.77508	26.28513	25.80770	25.34241	30
31	27.56831	27.04846	26.54228	26.04936	31
32	28.35565	27.80516	27.26958	26.74844	32
33	29.13712	28.55530	27.98969	27.43974	33
34	29.91277	29.29894	28.70266	28.12335	34
35	30.68265	30.03612	29.40858	28.79936	35
36	31.44680	30.76691	30.10750	29.46785	36
37	32.20526	31.49136	30.79950	30.12890	37
38	32.95808	32.20953	31.48466	30.78259	38
39	33.70529	32.92147	32.16303	31.42902	39
40	34.44693	33.62723	32.83468	32.06825	40
41	35.18306	34.32687	33.49968	32.79037	41
42	35.91371	35.02044	34.15810	33.32546	42
43	36.63892	35.70799	34.81000	33.94359	43
44	37.35873	36.38959	35.45545	34.55485	44
45	38.07318	37.06526	36.09450	35.15931	45
46	38.78231	37.73508	36.72723	35.75704	46
47	39.48616	38.39909	37.35369	36.34812	47
48	40.18478	39.05734	37.97395	36.93263	48
49	40.87819	39.70988	38.58807	37.51064	49
50	41.56644	40.35676	39.19611	38.08221	50

表六　每期末支付 1 元之年金現值

$$a_{\overline{n}|i} = \frac{1-(1+i)^{-n}}{i}$$

n	$1\frac{1}{4}$ %	$1\frac{3}{8}$ %	$1\frac{1}{2}$ %	$1\frac{5}{8}$ %	n
1	0.98765	0.98643	0.98522	0.98400	1
2	1.96311	1.95949	1.95588	1.95228	2
3	2.92653	2.91935	2.91220	2.90507	3
4	3.87805	3.86619	3.85438	3.84263	4
5	4.81783	4.80018	4.78264	4.76520	5
6	5.74600	5.72151	5.69718	5.67301	6
7	6.66272	6.63035	6.59821	6.56631	7
8	7.56812	7.52685	7.48592	7.44532	8
9	8.46234	8.41120	8.36051	8.31028	9
10	9.34552	9.28355	9.22218	9.16140	10
11	10.21780	10.14407	10.07111	9.99892	11
12	11.07931	10.99292	10.90750	10.82305	12
13	11.93018	11.83025	11.73153	11.63400	13
14	12.77055	12.65623	12.54338	12.43198	14
15	13.60054	13.47100	13.34323	13.21720	15
16	14.42029	14.27472	14.13126	13.98986	16
17	15.22991	15.06754	14.90764	14.75017	17
18	16.02954	15.84961	15.67256	15.49832	18
19	16.81930	16.62107	16.42616	16.23451	19
20	17.59931	17.38207	17.16863	16.95893	20
21	18.36969	18.13274	17.90013	17.67176	21
22	19.13056	18.87324	18.62082	18.37320	22
23	19.88203	19.60369	19.33086	19.06342	23
24	20.62423	20.32423	20.03040	19.74260	24
25	21.35726	21.03500	20.71961	20.41092	25
26	22.08125	21.73612	21.39863	21.06856	26
27	22.79629	22.42774	22.06761	21.71568	27
28	23.50251	23.10998	22.72671	22.35245	28
29	24.20001	23.78296	23.37607	22.97904	29
30	24.88890	24.44682	24.01583	23.59561	30
31	25.56929	25.10167	24.64614	24.20232	31
32	26.24127	25.74764	25.26713	24.79934	32
33	26.90496	26.38485	25.87895	25.38680	33
34	27.56045	27.01342	26.48172	25.96487	34
35	28.20785	27.63346	27.07559	26.53370	35
36	28.84726	28.24509	27.66068	27.09343	36
37	29.47878	28.84842	28.23712	27.64421	37
38	30.10250	29.44357	28.80505	28.18619	38
39	30.71851	30.03065	29.36458	28.71949	39
40	31.32693	30.60976	29.91584	29.24427	40
41	31.92783	31.18103	30.45896	29.76066	41
42	32.52131	31.74454	30.99405	30.25880	42
43	33.10747	32.30041	31.52123	30.76880	43
44	33.68639	32.84874	32.04062	31.26081	44
45	34.25816	33.38963	32.55233	31.74496	45
46	34.82288	33.92319	33.05648	32.22136	46
47	35.38062	34.44951	33.55319	32.69015	47
48	35.93148	34.96869	34.04255	33.15144	48
49	36.47553	35.48082	34.52468	33.60535	49
50	37.01287	35.98602	34.99968	34.05200	50

表六 每期末支付 1 元之年金現值

$$a_{\overline{n}|i} = \frac{1-(1+i)^{-n}}{i}$$

n	$1\frac{3}{4}$ %	$1\frac{7}{8}$ %	2 %	$2\frac{1}{4}$ %	n
1	0.98280	0.98159	0.98039	0.97799	1
2	1.94869	1.94512	1.94156	1.93446	2
3	2.89798	2.89091	2.88388	2.86989	3
4	3.83094	3.81930	3.80772	3.78474	4
5	4.74785	4.73060	4.71345	4.67945	5
6	5.64899	5.62513	5.60143	5.55447	6
7	6.53464	6.50320	6.47199	6.41024	7
8	7.40505	7.36510	7.32548	7.24718	8
9	8.26049	8.21114	8.16223	8.06570	9
10	9.10122	9.04161	8.98258	8.86621	10
11	9.92749	9.85680	9.78684	9.64911	11
12	10.73954	10.65698	10.57534	10.41477	12
13	11.53764	11.44243	11.34837	11.16359	13
14	12.32200	12.21343	12.10624	11.89593	14
15	13.09288	12.97024	12.84926	12.61216	15
16	13.85049	13.71312	13.57770	13.31263	16
17	14.59508	14.44232	14.29187	13.99768	17
18	15.32686	15.15811	14.99203	14.66766	18
19	16.04605	15.86072	15.67846	15.32289	19
20	16.75288	16.55040	16.35143	15.96371	20
21	17.44754	17.22739	17.01120	16.59042	21
22	18.13026	17.89191	17.65804	17.20335	22
23	18.80124	18.54421	18.29220	17.80278	23
24	19.46068	19.18450	18.91392	18.38903	24
25	20.10878	19.81301	19.52345	18.96238	25
26	20.74573	20.42994	20.12104	19.52311	26
27	21.37172	21.03553	20.70689	20.07150	27
28	21.98695	21.62997	21.28127	20.60782	28
29	22.59160	22.21346	21.84438	21.13234	29
30	23.18584	22.78622	22.39645	21.64532	30
31	23.76987	23.34844	22.93770	22.14702	31
32	24.34385	23.90031	23.46833	22.63767	32
33	24.90796	24.44202	23.98856	23.11752	33
34	25.46237	24.97376	24.49859	23.58682	34
35	26.00725	25.49572	24.99861	24.04579	35
36	26.54275	26.00807	25.48884	24.49466	36
37	27.06904	26.51098	25.96945	24.93365	37
38	27.58628	27.00465	26.44064	25.36299	38
39	28.09462	27.48922	26.90258	25.78287	39
40	28.59422	27.96488	27.35547	26.19352	40
41	29.08523	28.43179	27.79948	26.59513	41
42	29.56780	28.89010	28.23479	26.98790	42
43	30.04206	29.33997	28.66156	27.37203	43
44	30.50817	29.78157	29.07996	27.74770	44
45	30.96626	30.21504	29.49015	28.11511	45
46	31.41647	30.64053	29.89231	28.47444	46
47	31.85894	31.05819	30.28658	28.82586	47
48	32.29380	31.46816	30.67311	29.16954	48
49	32.72118	31.87058	31.05207	29.50567	49
50	33.14120	32.26560	31.42360	29.83439	50

表六　每期末支付 1 元之年金現值

$$a_{\overline{n}|i} = \frac{1-(1+i)^{-n}}{i}$$

n	$2\frac{1}{2}$ %	$2\frac{3}{4}$ %	3 %	$3\frac{1}{4}$ %	n
1	0.97560	0.97323	0.97087	0.96852	1
2	1.92742	1.92042	1.91346	1.90655	2
3	2.85602	2.84226	2.82861	2.81507	3
4	3.76197	3.73942	3.71709	3.69498	4
5	4.64582	4.61258	4.57970	4.54719	5
6	5.50812	5.46236	5.41719	5.37258	6
7	6.34939	6.28940	6.23028	6.17199	7
8	7.17013	7.09431	7.01969	6.94624	8
9	7.97086	7.87767	7.78610	7.69612	9
10	8.75206	8.64007	8.53020	8.42239	10
11	9.51420	9.38206	9.25262	9.12580	11
12	10.25776	10.10420	9.95400	9.80707	12
13	10.98318	10.80701	10.62495	10.46690	13
14	11.69091	11.49100	11.29607	11.10595	14
15	12.38137	12.15669	11.93793	11.72489	15
16	13.05500	12.80457	12.56110	12.32435	16
17	13.71219	13.43510	13.16611	12.90494	17
18	14.35336	14.04876	13.75351	13.46726	18
19	14.97889	14.64600	14.32379	14.01187	19
20	15.58916	15.22725	14.87747	14.53934	20
21	16.18454	15.79294	15.41502	15.05021	21
22	16.76541	16.34349	15.93691	15.54500	22
23	17.33211	16.87931	16.44360	16.02421	23
24	17.88498	17.40079	16.93554	16.48834	24
25	18.42437	17.90831	17.41314	16.93786	25
26	18.95061	18.40225	17.87684	17.37323	26
27	19.46401	18.88297	18.32703	17.79489	27
28	19.96488	19.35082	18.76410	18.20329	28
29	20.45354	19.80615	19.18845	18.59882	29
30	20.93029	20.24930	19.60044	18.98191	30
31	21.39540	20.68058	20.00042	19.35294	31
32	21.84917	21.10032	20.38876	19.71229	32
33	22.29188	21.50883	20.76579	20.06033	33
34	22.72378	21.90640	21.13183	20.39741	34
35	23.14515	22.29334	21.48722	20.72389	35
36	23.55625	22.66991	21.83225	21.04009	36
37	23.95731	23.03641	22.16723	21.34633	37
38	24.34860	23.39310	22.49246	21.64293	38
39	24.73034	23.74024	22.80821	21.93020	39
40	25.10277	24.07810	23.11477	22.20843	40
41	25.46612	24.40691	23.41239	22.47790	41
42	25.82060	24.72692	23.70135	22.73888	42
43	26.16644	25.03836	23.98190	22.99165	43
44	26.50384	25.34147	24.25427	23.23647	44
45	26.83302	25.63647	24.51871	23.47358	45
46	27.15416	25.92357	24.77544	23.70322	46
47	27.46748	26.20299	25.02470	23.92564	47
48	27.77315	26.47493	25.26670	24.14105	48
49	28.07136	26.73959	25.50165	24.34969	49
50	28.36231	26.99716	25.72976	24.55176	50

表六　每期末支付 1 元之年金現值

$$a_{\overline{n}|i} = \frac{1-(1+i)^{-n}}{i}$$

n	$3\frac{1}{2}$ %	$3\frac{3}{4}$ %	4 %	$4\frac{1}{2}$ %	n
1	0.96618	0.96385	0.96153	0.95693	1
2	1.89969	1.89287	1.88609	1.87266	2
3	2.80163	2.78831	2.77509	2.74896	3
4	3.67307	3.65138	3.62989	3.58752	4
5	4.51505	4.48326	4.45182	4.38997	5
6	5.32855	5.28507	5.24213	5.15787	6
7	6.11454	6.05790	6.00205	5.89270	7
8	6.87395	6.80279	6.73274	6.59588	8
9	7.60768	7.52076	7.43533	7.26879	9
10	8.31660	8.21278	8.11089	7.91271	10
11	9.00155	8.87979	8.76047	8.52891	11
12	9.66333	9.52269	9.38507	9.11858	12
13	10.30273	10.14235	9.98564	9.68285	13
14	10.92052	10.73961	10.56312	10.22282	14
15	11.51741	11.31529	11.11838	10.73954	15
16	12.09411	11.87016	11.65229	11.23401	16
17	12.65132	12.40497	12.16566	11.70719	17
18	13.18968	12.92046	12.65929	12.15999	18
19	13.70983	13.41731	13.13393	12.59329	19
20	14.21240	13.89620	13.59032	13.00793	20
21	14.69797	14.35778	14.02915	13.40472	21
22	15.16712	14.80268	14.45111	13.78442	22
23	15.62041	15.23150	14.85684	14.14777	23
24	16.05836	15.64482	15.24696	14.49547	24
25	16.48151	16.04320	15.62207	14.82820	25
26	16.89035	16.42718	15.98276	15.14661	26
27	17.28536	16.79728	16.32958	15.45130	27
28	17.66701	17.15401	16.66306	15.74287	28
29	18.03576	17.49784	16.98371	16.02188	29
30	18.39204	17.82924	17.29203	16.28888	30
31	18.73627	18.14867	17.58849	16.54439	31
32	19.06886	18.45654	17.87355	16.78889	32
33	19.39020	18.75330	18.14764	17.02286	33
34	19.70068	19.03932	18.41119	17.24675	34
35	20.00066	19.31501	18.66461	17.46101	35
36	20.29049	19.58073	18.90828	17.66604	36
37	20.57052	19.83685	19.14257	17.86223	37
38	20.84108	20.08371	19.36786	18.04999	38
39	21.10249	20.32165	19.58448	18.22965	39
40	21.35507	20.55098	19.79277	18.40158	40
41	21.59910	20.77203	19.99305	18.56610	41
42	21.83488	20.98509	20.18562	18.72354	42
43	22.06268	21.19045	20.37079	18.87421	43
44	22.28279	21.38839	20.54884	19.01838	44
45	22.49545	21.57917	20.72003	19.15634	45
46	22.70091	21.76305	20.88465	19.28837	46
47	22.89943	21.94029	21.04293	19.41470	47
48	23.09124	22.11112	21.19513	19.53560	48
49	23.27656	22.27578	21.34147	19.65129	49
50	23.45561	22.43449	21.48218	19.76200	50

表六　每期末支付 1 元之年金現值

$$a_{\overline{n}|i} = \frac{1-(1+i)^{-n}}{i}$$

n	5 %	5 $\frac{1}{2}$ %	6 %	6 $\frac{1}{2}$ %	n
1	0.95238	0.94786	0.94339	0.93896	1
2	1.85941	1.84631	1.83339	1.82062	2
3	2.72324	2.69793	2.67301	2.64847	3
4	3.54595	3.50515	3.46510	3.42579	4
5	4.32947	4.27028	4.21236	4.15567	5
6	5.07569	4.99553	4.91732	4.84101	6
7	5.78637	5.68296	5.58238	5.48451	7
8	6.46321	6.33456	6.20979	6.08875	8
9	7.10782	6.95219	6.80169	6.65610	9
10	7.72173	7.53762	7.36008	7.18883	10
11	8.30641	8.09253	7.88687	7.68904	11
12	8.86325	8.61851	8.38384	8.15872	12
13	9.39357	9.11707	8.85268	8.59974	13
14	9.89864	9.58964	9.29498	9.01384	14
15	10.37965	10.03758	9.71224	9.40266	15
16	10.83776	10.46216	10.10589	9.76776	16
17	11.27406	10.86460	10.47725	10.11057	17
18	11.68958	11.24607	10.82760	10.43246	18
19	12.08532	11.60765	11.15811	10.73471	19
20	12.46221	11.95038	11.46992	11.01850	20
21	12.82115	12.27524	11.76407	11.28498	21
22	13.16300	12.58316	12.04158	11.53519	22
23	13.48857	12.87504	12.30337	11.77013	23
24	13.79864	13.15169	12.55035	11.99073	24
25	14.09394	13.41393	12.78335	12.19787	25
26	14.37518	13.66249	13.00316	12.39237	26
27	14.64303	13.89809	13.21053	12.57499	27
28	14.89812	14.12142	13.40616	12.74647	28
29	15.14107	14.33310	13.59072	12.90748	29
30	15.37245	14.53374	13.76483	13.05867	30
31	15.59281	14.72392	13.92908	13.20063	31
32	15.80267	14.90419	14.08404	13.33392	32
33	16.00254	15.07506	14.23022	13.45908	33
34	16.19290	15.23703	14.36814	13.57660	34
35	16.37419	15.39055	14.49824	13.68695	35
36	16.54685	15.53606	14.62098	13.79056	36
37	16.71128	15.67399	14.73678	13.88785	37
38	16.86789	15.80473	14.84601	13.97921	38
39	17.01704	15.92866	14.94907	14.06498	39
40	17.15908	16.04612	15.04629	14.14552	40
41	17.29436	16.15746	15.13801	14.22115	41
42	17.42320	16.26299	15.22454	14.29216	42
43	17.54591	16.36303	15.30617	14.35883	43
44	17.66277	16.45785	15.38318	14.42144	44
45	17.77406	16.54772	15.45583	14.48022	45
46	17.88006	16.63291	15.52436	14.53542	46
47	17.98101	16.71366	15.58902	14.58725	47
48	18.07715	16.79020	15.65002	14.63591	48
49	18.16872	16.86275	15.70757	14.68161	49
50	18.25592	16.93151	15.76186	14.72452	50

表六　每期末支付 1 元之年金現值

$$a_{\overline{n}|i} = \frac{1-(1+i)^{-n}}{i}$$

n	7 %	7½ %	8 %	8½ %	n
1	0.93457	0.93023	0.92592	0.92165	1
2	1.80801	1.79556	1.78326	1.77111	2
3	2.62431	2.60052	2.57709	2.55402	3
4	3.38721	3.34932	3.31212	3.27559	4
5	4.10019	4.04588	3.99271	3.94064	5
6	4.76653	4.69384	4.62287	4.55358	6
7	5.38928	5.29660	5.20637	5.11851	7
8	5.97129	5.85730	5.74663	5.63918	8
9	6.51523	6.37888	6.24688	6.11906	9
10	7.02358	6.86408	6.71008	6.56134	10
11	7.49867	7.31542	7.13896	6.96898	11
12	7.94268	7.73527	7.53607	7.34468	12
13	8.35765	8.12584	7.90377	7.69095	13
14	8.74546	8.48915	8.24423	8.01009	14
15	9.10791	8.82711	8.55947	8.30423	15
16	9.44664	9.14150	8.85136	8.57533	16
17	9.76322	9.43395	9.12163	8.82519	17
18	10.05908	9.70600	9.37188	9.05547	18
19	10.33559	9.95907	9.60359	9.26772	19
20	10.59401	10.19449	9.81814	9.46333	20
21	10.83552	10.41348	10.01680	9.64362	21
22	11.06124	10.61719	10.20074	9.80979	22
23	11.27218	10.80668	10.37105	9.96294	23
24	11.46933	10.98296	10.52875	10.10409	24
25	11.65358	11.14694	10.67477	10.23419	25
26	11.82577	11.29948	10.80997	10.35409	26
27	11.98670	11.44138	10.93516	10.46460	27
28	12.13711	11.57337	11.05107	10.56645	28
29	12.27767	11.69616	11.15840	10.66032	29
30	12.40904	11.81038	11.25778	10.74684	30
31	12.53181	11.91663	11.34979	10.82658	31
32	12.64655	12.01547	11.43499	10.90007	32
33	12.75379	12.10742	11.51388	10.96781	33
34	12.85400	12.19294	11.58693	11.03024	34
35	12.94767	12.27251	11.65456	11.08778	35
36	13.03520	12.34652	11.71719	11.14081	36
37	13.11701	12.41536	11.77517	11.18968	37
38	13.19347	12.47941	11.82886	11.23473	38
39	13.26492	12.53898	11.87858	11.27625	39
40	13.33170	12.59440	11.92461	11.31452	40
41	13.39412	12.64596	11.96723	11.34978	41
42	13.45244	12.69391	12.00669	11.38229	42
43	13.50696	12.73852	12.04323	11.41225	43
44	13.55790	12.78002	12.07707	11.43986	44
45	13.60552	12.81862	12.10840	11.46531	45
46	13.65002	12.85453	12.13740	11.48876	46
47	13.69160	12.88794	12.16426	11.51038	47
48	13.73047	12.91901	12.18913	11.53030	48
49	13.76679	12.94792	12.21216	11.54867	49
50	13.80074	12.97481	12.23348	11.56559	50

表七　年金終值爲 1 元之年金額

$$S^{-1}_{\overline{n}|i}=\frac{i}{(1+i)^n-1} \qquad \text{Note}: a^{-1}_{\overline{n}|i} = S^{-1}_{\overline{n}|i}+i$$

n	$\frac{1}{4}$%	$\frac{1}{2}$%	$\frac{2}{3}$%	$\frac{3}{4}$%	$\frac{7}{8}$%	n
1	1.00000	1.00000	1.00000	1.00000	1.00000	1
2	0.49937	0.49875	0.49833	0.49813	0.49782	2
3	0.33250	0.33167	0.33112	0.33084	0.33043	3
4	0.24906	0.24813	0.24751	0.24720	0.24674	4
5	0.19900	0.19801	0.19735	0.19702	0.19653	5
6	0.16562	0.16459	0.16391	0.16356	0.16305	6
7	0.14178	0.14072	0.14002	0.13967	0.13915	7
8	0.12391	0.12282	0.12211	0.12175	0.12122	8
9	0.11000	0.10890	0.10818	0.10781	0.10727	9
10	0.09888	0.09777	0.09703	0.09667	0.09612	10
11	0.08977	0.08865	0.08791	0.08755	0.08700	11
12	0.08219	0.08106	0.08032	0.07995	0.07939	12
13	0.07577	0.07464	0.07389	0.07352	0.07296	13
14	0.07027	0.06913	0.06838	0.06801	0.06745	14
15	0.05550	0.06436	0.06361	0.06323	0.06267	15
16	0.06133	0.06018	0.05943	0.05905	0.05849	16
17	0.05765	0.05650	0.05574	0.05537	0.05481	17
18	0.05438	0.05323	0.05247	0.05209	0.05153	18
19	0.05145	0.05030	0.04954	0.04916	0.04860	19
20	0.04882	0.04766	0.04690	0.04653	0.04597	20
21	0.04643	0.04528	0.04452	0.04414	0.04358	21
22	0.04427	0.04311	0.04235	0.04197	0.04141	22
23	0.04229	0.04113	0.04037	0.03999	0.03943	23
24	0.04048	0.03932	0.03856	0.03818	0.03762	24
25	0.03881	0.03765	0.03689	0.03651	0.03595	25
26	0.03727	0.03611	0.03535	0.03497	0.03441	26
27	0.03584	0.03468	0.03392	0.03355	0.03299	27
28	0.03452	0.03336	0.03260	0.03222	0.03167	28
29	0.03329	0.03212	0.03137	0.03099	0.03044	29
30	0.03214	0.03097	0.03022	0.02984	0.02929	30
31	0.03106	0.02990	0.02914	0.02877	0.02822	31
32	0.03005	0.02889	0.02813	0.02776	0.02721	32
33	0.02910	0.02794	0.02719	0.02682	0.02626	33
34	0.02821	0.02705	0.02630	0.02593	0.02538	34
35	0.02737	0.02621	0.02546	0.02509	0.02454	35
36	0.02658	0.02542	0.02466	0.02429	0.02375	36
37	0.02583	0.02467	0.02392	0.02355	0.02300	37
38	0.02511	0.02396	0.02321	0.02284	0.02229	38
39	0.02444	0.02328	0.02253	0.02216	0.02162	39
40	0.02380	0.02264	0.02189	0.02153	0.02098	40
41	0.02319	0.02203	0.02128	0.02092	0.02038	41
42	0.02261	0.02145	0.02071	0.02034	0.01980	42
43	0.02205	0.02090	0.02015	0.01979	0.01925	43
44	0.02152	0.02037	0.01963	0.01926	0.01873	44
45	0.02102	0.01987	0.01912	0.01876	0.01822	45
46	0.02054	0.01938	0.01864	0.01828	0.01775	46
47	0.02007	0.01892	0.01818	0.01782	0.01729	47
48	0.01963	0.01848	0.01774	0.01738	0.01685	48
49	0.01920	0.01806	0.01732	0.01696	0.01643	49
50	0.01880	0.01765	0.01691	0.01655	0.01602	50
60	0.01546	0.01433	0.01360	0.01325	0.01274	60
70	0.01309	0.01196	0.01125	0.01091	0.01041	70
80	0.01130	0.01019	0.00950	0.00916	0.00868	80
90	0.00992	0.00882	0.00814	0.00781	0.00735	90
100	0.00881	0.00773	0.00706	0.00675	0.00629	100

表七　年金終值爲 1 元之年金額

$$S_{\overline{n}|i}^{-1} = \frac{i}{(1+i)^n - 1} \qquad \text{Note}: a_{\overline{n}|i}^{-1} = S_{\overline{n}|i}^{-1} + i$$

n	1 %	$1\frac{1}{4}$ %	$1\frac{1}{2}$ %	$1\frac{3}{4}$ %	2 %	n
1	1.00000	1.00000	1.00000	1.00000	1.00000	1
2	0.49751	0.49689	0.49627	0.49566	0.49504	2
3	0.33002	0.32920	0.32838	0.32756	0.32675	3
4	0.24628	0.24536	0.24444	0.24353	0.24262	4
5	0.19603	0.19506	0.19408	0.19312	0.19215	5
6	0.16254	0.16153	0.16052	0.15952	0.15852	6
7	0.13862	0.13758	0.13655	0.13553	0.13451	7
8	0.12069	0.11963	0.11858	0.11754	0.11650	8
9	0.10674	0.10567	0.10460	0.10355	0.10251	9
10	0.09558	0.09450	0.09343	0.09237	0.09132	10
11	0.08645	0.08536	0.08429	0.08323	0.08217	11
12	0.07884	0.07775	0.07668	0.07561	0.07455	12
13	0.07241	0.07132	0.07024	0.06917	0.06811	13
14	0.06690	0.06580	0.06472	0.06365	0.06260	14
15	0.06212	0.06102	0.05994	0.05887	0.05782	15
16	0.05794	0.05684	0.05576	0.05469	0.05365	16
17	0.05425	0.05316	0.05207	0.05101	0.04996	17
18	0.05098	0.04988	0.04880	0.04774	0.04670	18
19	0.04805	0.04695	0.04587	0.04482	0.04378	19
20	0.04541	0.04432	0.04324	0.04219	0.04115	20
21	0.04303	0.04193	0.04086	0.03981	0.03878	21
22	0.04086	0.03977	0.03870	0.03765	0.03663	22
23	0.03888	0.03779	0.03673	0.03568	0.03466	23
24	0.03707	0.03598	0.03492	0.03388	0.03287	24
25	0.03540	0.03432	0.03326	0.03222	0.03122	25
26	0.03386	0.03278	0.03173	0.03070	0.02969	26
27	0.03244	0.03136	0.03031	0.02929	0.02829	27
28	0.03112	0.03004	0.02900	0.02798	0.02698	28
29	0.02989	0.02882	0.02777	0.02676	0.02577	29
30	0.02874	0.02767	0.02663	0.02562	0.02464	30
31	0.02767	0.02660	0.02557	0.02457	0.02359	31
32	0.02667	0.02560	0.02457	0.02357	0.02261	32
33	0.02572	0.02466	0.02364	0.02264	0.02168	33
34	0.02484	0.02378	0.02276	0.02177	0.02081	34
35	0.02400	0.02295	0.02193	0.02095	0.02000	35
36	0.02321	0.02216	0.02115	0.02017	0.01923	36
37	0.02246	0.02142	0.02041	0.01944	0.01850	37
38	0.02176	0.02071	0.01971	0.01874	0.01782	38
39	0.02109	0.02005	0.01905	0.01809	0.01717	39
40	0.02045	0.01942	0.01842	0.01747	0.01655	40
41	0.01985	0.01882	0.01783	0.01688	0.01591	41
42	0.01927	0.01824	0.01726	0.01632	0.01546	42
43	0.01872	0.01770	0.01672	0.01578	0.01488	43
44	0.01820	0.01718	0.01621	0.01527	0.01438	44
45	0.01770	0.01669	0.01571	0.01479	0.01390	45
46	0.01722	0.01621	0.01525	0.01433	0.01345	46
47	0.01677	0.01576	0.01480	0.01388	0.01301	47
48	0.01633	0.01533	0.01437	0.01346	0.01260	48
49	0.01591	0.01491	0.01396	0.01306	0.01220	49
50	0.01551	0.01451	0.01357	0.01267	0.01182	50
60	0.01224	0.01128	0.01039	0.00955	0.00876	60
70	0.00993	0.00901	0.00817	0.00738	0.00666	70
80	0.00821	0.00734	0.00654	0.00582	0.00516	80
90	0.00690	0.00607	0.00532	0.00464	0.00404	90
100	0.00586	0.00507	0.00437	0.00374	0.00320	100

表七　年金終值爲 1 元之年金額

$$S^{-1}_{\overline{n}|i} = \frac{i}{(1+i)^n - 1} \qquad \text{Note}: a^{-1}_{\overline{n}|i} = S^{-1}_{\overline{n}|i} + i$$

n	$2\frac{1}{2}$ %	3 %	$3\frac{1}{2}$ %	4 %	$4\frac{1}{2}$ %	n
1	1.00000	1.00000	1.00000	1.00000	1.00000	1
2	0.49382	0.49261	0.49140	0.49019	0.48899	2
3	0.32513	0.32353	0.32193	0.32034	0.31877	3
4	0.24081	0.23902	0.23725	0.23549	0.23374	4
5	0.19024	0.18835	0.18648	0.10462	0.18279	5
6	0.15655	0.15459	0.15266	0.15076	0.14887	6
7	0.13249	0.13050	0.12854	0.12660	0.12470	7
8	0.11446	0.11245	0.11047	0.10852	0.10660	8
9	0.10045	0.09843	0.09644	0.09449	0.09257	9
10	0.08925	0.08723	0.08524	0.08329	0.08137	10
11	0.08010	0.07807	0.07609	0.07414	0.07224	11
12	0.07248	0.07046	0.06848	0.06655	0.06466	12
13	0.06604	0.06402	0.06206	0.06014	0.05827	13
14	0.06053	0.05852	0.05657	0.05466	0.05282	14
15	0.05576	0.05376	0.05182	0.04994	0.04811	15
16	0.05159	0.04961	0.04768	0.04582	0.04401	16
17	0.04792	0.04595	0.04404	0.04219	0.04041	17
18	0.04467	0.04270	0.04081	0.03899	0.03723	18
19	0.04176	0.03981	0.03794	0.03613	0.03440	19
20	0.03914	0.03721	0.03536	0.03358	0.03187	20
21	0.03678	0.03487	0.03303	0.03128	0.02960	21
22	0.03464	0.03274	0.03093	0.02919	0.02754	22
23	0.03269	0.03081	0.02901	0.02730	0.02568	23
24	0.03091	0.02904	0.02727	0.02558	0.02398	24
25	0.02927	0.02742	0.02567	0.02401	0.02243	25
26	0.02776	0.02593	0.02420	0.02256	0.02102	26
27	0.02637	0.02456	0.02285	0.02123	0.01971	27
28	0.02508	0.02329	0.02160	0.02001	0.01852	28
29	0.02389	0.02211	0.02044	0.01887	0.01741	29
30	0.02277	0.02101	0.01937	0.01783	0.01639	30
31	0.02173	0.01999	0.01837	0.01685	0.01544	31
32	0.02076	0.01904	0.01744	0.01594	0.01456	32
33	0.01985	0.01815	0.01657	0.01510	0.01374	33
34	0.01900	0.01732	0.01575	0.01431	0.01298	34
35	0.01820	0.01653	0.01499	0.01357	0.01227	35
36	0.01745	0.01580	0.01428	0.01288	0.01160	36
37	0.01674	0.01511	0.01361	0.01223	0.01098	37
38	0.01607	0.01445	0.01298	0.01163	0.01040	38
39	0.01543	0.01384	0.01238	0.01106	0.00985	39
40	0.01453	0.01326	0.01182	0.01052	0.00934	40
41	0.01426	0.01271	0.01129	0.01001	0.00886	41
42	0.01372	0.01219	0.01079	0.00954	0.00840	42
43	0.01321	0.01169	0.01032	0.00908	0.00798	43
44	0.01273	0.01122	0.00987	0.00866	0.00758	44
45	0.01226	0.01078	0.00945	0.00826	0.00720	45
46	0.01182	0.01036	0.00905	0.00788	0.00684	46
47	0.01140	0.00996	0.00866	0.00752	0.00650	47
48	0.01100	0.00957	0.00830	0.00718	0.00618	48
49	0.01062	0.00921	0.00796	0.00685	0.00588	49
50	0.01025	0.00886	0.00763	0.00655	0.00560	50
60	0.00735	0.00613	0.00508	0.00420	0.00345	60
70	0.00539	0.00433	0.00346	0.00274	0.00216	70
80	0.00402	0.00311	0.00238	0.00181	0.00137	80
90	0.00303	0.00225	0.00165	0.00120	0.00087	90
100	0.00231	0.00164	0.00115	0.00080	0.00055	100

表七　年金終值為 1 元之年金額

$$S^{-1}_{\overline{n}|i} = \frac{i}{(1+i)^n - 1} \qquad \text{Note}: a^{-1}_{\overline{n}|i} = S^{-1}_{\overline{n}|i} + i$$

n	5 %	$5\frac{1}{2}$ %	6 %	7 %	8 %	n
1	1.00000	1.00000	1.00000	1.00000	1.00000	1
2	0.48780	0.48661	0.48543	0.48309	0.48076	2
3	0.31720	0.31565	0.31410	0.31105	0.30803	3
4	0.23201	0.23029	0.22859	0.22522	0.22192	4
5	0.18097	0.17917	0.17739	0.17389	0.17045	5
6	0.14701	0.14517	0.14336	0.13979	0.13631	6
7	0.12281	0.12096	0.11913	0.11555	0.11207	7
8	0.10472	0.10286	0.10103	0.09746	0.09401	8
9	0.09069	0.08883	0.08702	0.08348	0.08007	9
10	0.07950	0.07766	0.07586	0.07237	0.06902	10
11	0.07038	0.06857	0.06679	0.06335	0.06007	11
12	0.06282	0.06102	0.05927	0.05590	0.05269	12
13	0.05645	0.05468	0.05296	0.04965	0.04652	13
14	0.05102	0.04927	0.04758	0.04434	0.04129	14
15	0.04634	0.04462	0.04296	0.03979	0.03682	15
16	0.04226	0.04058	0.03895	0.03585	0.03297	16
17	0.03869	0.03704	0.03544	0.03242	0.02962	17
18	0.03554	0.03391	0.03235	0.02941	0.02670	18
19	0.03274	0.03115	0.02962	0.02675	0.02412	19
20	0.03024	0.02867	0.02718	0.02439	0.02185	20
21	0.02799	0.02646	0.02500	0.02228	0.01983	21
22	0.02597	0.02447	0.02304	0.02040	0.01803	22
23	0.02413	0.02266	0.02127	0.01871	0.01642	23
24	0.02247	0.02103	0.01967	0.01718	0.01497	24
25	0.02095	0.01954	0.01822	0.01581	0.01367	25
26	0.01956	0.01819	0.01690	0.01456	0.01250	26
27	0.01829	0.01695	0.01569	0.01342	0.01144	27
28	0.01712	0.01581	0.01459	0.01239	0.01048	28
29	0.01604	0.01476	0.01357	0.01144	0.00961	29
30	0.01505	0.01380	0.01264	0.01058	0.00882	30
31	0.01413	0.01291	0.01179	0.00979	0.00810	31
32	0.01328	0.01209	0.01100	0.00907	0.00745	32
33	0.01249	0.01133	0.01027	0.00840	0.00685	33
34	0.01175	0.01062	0.00959	0.00779	0.00630	34
35	0.01107	0.00997	0.00897	0.00723	0.00580	35
36	0.01043	0.00936	0.00839	0.00671	0.00534	36
37	0.00983	0.00879	0.00785	0.00623	0.00492	37
38	0.00928	0.00827	0.00735	0.00579	0.00453	38
39	0.00876	0.00777	0.00689	0.00538	0.00418	39
40	0.00827	0.00732	0.00646	0.00500	0.00386	40
41	0.00782	0.00689	0.00605	0.00465	0.00356	41
42	0.00739	0.00648	0.00568	0.00433	0.00328	42
43	0.00699	0.00611	0.00533	0.00403	0.00303	43
44	0.00661	0.00576	0.00500	0.00375	0.00280	44
45	0.00626	0.00543	0.00470	0.00349	0.00258	45
46	0.00592	0.00512	0.00441	0.00326	0.00238	46
47	0.00561	0.00483	0.00414	0.00303	0.00220	47
48	0.00531	0.00455	0.00389	0.00283	0.00204	48
49	0.00503	0.00430	0.00366	0.00263	0.00188	49
50	0.00477	0.00406	0.00344	0.00245	0.00174	50
60	0.00282	0.00230	0.00187	0.00122	0.00079	60
70	0.00169	0.00132	0.00103	0.00061	0.00036	70
80	0.00102	0.00076	0.00057	0.00031	0.00016	80
90	0.00062	0.00044	0.00031	0.00015	0.00007	90
100	0.00038	0.00026	0.00017	0.00008	0.00003	100

表七　年金終值爲 1 元之年金額

$$S^{-1}_{\overline{n}|i} = \frac{i}{(1+i)^n - 1} \qquad \text{Note}: a^{-1}_{\overline{n}|i} = S^{-1}_{\overline{n}|i} + i$$

n	9 %	10 %	11 %	12 %	13 %	14 %	15 %
1	1.00000	1.00000	1.00000	1.00000	1.00000	1.00000	1.00000
2	0.47846	0.47619	0.47393	0.47169	0.46948	0.46728	0.46511
3	0.30505	0.30211	0.29921	0.29634	0.29352	0.29073	0.28797
4	0.21866	0.21547	0.21232	0.20923	0.20619	0.20320	0.20026
5	0.16709	0.16379	0.16057	0.15740	0.15431	0.15128	0.14831
6	0.13291	0.12960	0.12637	0.12322	0.12015	0.11715	0.11423
7	0.10869	0.10540	0.10221	0.09911	0.09611	0.09319	0.09036
8	0.09067	0.08744	0.08432	0.08130	0.07838	0.07557	0.07285
9	0.07679	0.07364	0.07060	0.06767	0.06486	0.06216	0.05957
10	0.06582	0.06274	0.05980	0.05698	0.05428	0.05171	0.04925
11	0.05694	0.05396	0.05112	0.04841	0.04584	0.04339	0.04106
12	0.04965	0.04676	0.04402	0.04143	0.03898	0.03666	0.03448
13	0.04356	0.04077	0.03815	0.03567	0.03335	0.03116	0.02911
14	0.03843	0.03574	0.03322	0.03087	0.02866	0.02660	0.02468
15	0.03405	0.03147	0.02906	0.02682	0.02474	0.02280	0.02101
16	0.03029	0.02781	0.02551	0.02339	0.02142	0.01961	0.01794
17	0.02704	0.02466	0.02247	0.02045	0.01860	0.01691	0.01536
18	0.02421	0.02193	0.01984	0.01793	0.01620	0.01462	0.01318
19	0.02173	0.01954	0.01756	0.01576	0.01413	0.01266	0.01133
20	0.01954	0.01745	0.01557	0.01387	0.01235	0.01098	0.00976
21	0.01761	0.01562	0.01383	0.01224	0.01081	0.00954	0.00841
22	0.01590	0.01400	0.01231	0.01081	0.00947	0.00830	0.00726
23	0.01438	0.01257	0.01097	0.00956	0.00831	0.00723	0.00627
24	0.01302	0.01129	0.00978	0.00846	0.00730	0.00630	0.00542
25	0.01180	0.01016	0.00874	0.00750	0.00642	0.00549	0.00469
26	0.01071	0.00915	0.00781	0.00665	0.00565	0.00480	0.00406
27	0.00973	0.00825	0.00698	0.00590	0.00497	0.00419	0.00352
28	0.00885	0.00745	0.00625	0.00524	0.00438	0.00366	0.00305
29	0.00805	0.00672	0.00560	0.00466	0.00386	0.00320	0.00265
30	0.00733	0.00607	0.00502	0.00414	0.00341	0.00280	0.00230
31	0.00663	0.00549	0.00450	0.00368	0.00300	0.00245	0.00199
32	0.00609	0.00497	0.00404	0.00328	0.00265	0.00214	0.00173
33	0.00556	0.00449	0.00362	0.00292	0.00234	0.00187	0.00150
34	0.00507	0.00407	0.00325	0.00260	0.00207	0.00164	0.00130
35	0.00463	0.00368	0.00292	0.00231	0.00182	0.00144	0.00113
36	0.00423	0.00334	0.00263	0.00206	0.00161	0.00126	0.00098
37	0.00387	0.00302	0.00236	0.00183	0.00142	0.00110	0.00085
38	0.00353	0.00274	0.00212	0.00103	0.00126	0.00096	0.00074
39	0.00323	0.00249	0.00191	0.00146	0.00111	0.00085	0.00064
40	0.00295	0.00225	0.00171	0.00130	0.00098	0.00074	0.00056
41	0.00270	0.00204	0.00154	0.00116	0.00087	0.00065	0.00048
42	0.00247	0.00186	0.00139	0.00103	0.00077	0.00057	0.00042
43	0.00226	0.00168	0.00125	0.00092	0.00068	0.00050	0.00036
44	0.00207	0.00153	0.00112	0.00082	0.00060	0.00044	0.00032
45	0.00191	0.00139	0.00101	0.00073	0.00053	0.00038	0.00027
46	0.00174	0.00126	0.00091	0.00065	0.00047	0.00033	0.00024
47	0.00159	0.00114	0.00082	0.00058	0.00041	0.00029	0.00021
48	0.00146	0.00104	0.00073	0.00052	0.00036	0.00026	0.00018
49	0.00133	0.00094	0.00066	0.00046	0.00032	0.00022	0.00015
50	0.00122	0.00085	0.00059	0.00041	0.00028	0.00020	0.00013
60	0.00051	0.00032	0.00021	0.00013	0.00008	0.00005	0.00003
70	0.00021	0.00012	0.00007	0.00004	0.00002	0.00001	0.00000
80	0.00009	0.00004	0.00002	0.00001	0.00000	0.00000	0.00000
90	0.00003	0.00001	0.00000	0.00000	0.00000	0.00000	0.00000
100	0.00001	0.00000	0.00000	0.00000	0.00000	0.00000	0.00000

習題答案

第一章

習題 1-1

1. $A = \begin{bmatrix} 1 & 0 & 0 & 0 \\ 0 & 1 & 0 & 0 \\ 0 & 0 & 1 & 0 \\ 0 & 0 & 0 & 1 \end{bmatrix}$ 2. $A = \begin{bmatrix} 1 & 4 \\ 4 & 7 \\ 9 & 12 \end{bmatrix}$

3. $A = \begin{bmatrix} 1 & -2 & -2 \\ 2 & 1 & -2 \\ 2 & 2 & 1 \end{bmatrix}, A^T = \begin{bmatrix} 1 & 2 & 2 \\ -2 & 1 & 2 \\ -2 & -2 & 1 \end{bmatrix}$ 4. $A^T = \begin{bmatrix} 2 & 3 & 0 \\ 1 & 7 & -1 \\ 4 & 5 & 9 \end{bmatrix}$

5. A、B、C 均非斜對稱矩陣，D 為斜對稱矩陣.

6. $[1], [2], [3], [4], \begin{bmatrix} 1 \\ 2 \end{bmatrix}, \begin{bmatrix} 3 \\ 4 \end{bmatrix}, [1, 3], [2, 4], \begin{bmatrix} 1 & 3 \\ 2 & 4 \end{bmatrix}$.

7. $x = -2, y = 3$ 8. $X = -\dfrac{1}{4} \begin{bmatrix} 11 & 24 & 27 \\ 13 & 15 & -103 \end{bmatrix}$

9. 390   10. (1) $\begin{bmatrix} 4 & -1 \\ -5 & -11 \end{bmatrix}$ (2) $\begin{bmatrix} 1 & 9 & -9 \\ -5 & 4 & -2 \\ 8 & 5 & -11 \end{bmatrix}$ (3) $\begin{bmatrix} 12 & 23 \\ -7 & 17 \\ 0 & 52 \end{bmatrix}$

11. $AB = \begin{bmatrix} 15 & -5 & -10 \\ -5 & 21 & 6 \\ -10 & 6 & 11 \end{bmatrix}, BA = \begin{bmatrix} 21 & -9 & -2 & -7 \\ -9 & 10 & -3 & 0 \\ -2 & -3 & 2 & 3 \\ -7 & 0 & 3 & 6 \end{bmatrix}$ 12. 相等

13. 略   14. $X = \begin{bmatrix} 1 & -2 \\ 3 & 1 \end{bmatrix}$ 15. 略

425

426 管理數學導論（管理決策的工具）

習題 1-2

1. (1) A 為不可逆　(2) $B^{-1}=\begin{bmatrix} \dfrac{1}{5} & \dfrac{2}{5} \\ -\dfrac{1}{5} & \dfrac{3}{5} \end{bmatrix}$　(3) $C^{-1}=\begin{bmatrix} -\dfrac{1}{11} & \dfrac{2}{11} \\ \dfrac{4}{11} & \dfrac{3}{11} \end{bmatrix}$

2. $A^{-1}=\begin{bmatrix} \cos\theta & -\sin\theta \\ \sin\theta & \cos\theta \end{bmatrix}$　**3.** $A=\begin{bmatrix} \dfrac{2}{7} & 1 \\ \dfrac{1}{7} & \dfrac{3}{7} \end{bmatrix}$　**4.** 略

5. $A=\begin{bmatrix} -\dfrac{1}{4} & \dfrac{1}{4} \\ -\dfrac{3}{16} & \dfrac{1}{8} \end{bmatrix}$　**6.** $x=2$

7. $(A^T)^{-1}=\begin{bmatrix} 7 & -2 \\ -3 & 1 \end{bmatrix}$, $(A^{-1})^T=\begin{bmatrix} 7 & -2 \\ -3 & 1 \end{bmatrix}$, $(A^T)^{-1}=(A^{-1})^T$

習題 1-3

1. (1) 是基本矩陣　(2) 非基本矩陣　(3) 是基本矩陣
　　(4) 是基本矩陣　(5) 非基本矩陣

2. (1) $\begin{bmatrix} 1 & 0 \\ 0 & 1 \end{bmatrix}$　(2) $\begin{bmatrix} 1 & 0 & 0 \\ 0 & 1 & 0 \\ 0 & 0 & 1 \end{bmatrix}$　(3) $\begin{bmatrix} 1 & 0 & 0 & 0 \\ 0 & 1 & 0 & 0 \\ 0 & 0 & 1 & 0 \\ 0 & 0 & 0 & 1 \end{bmatrix}$　(4) $\begin{bmatrix} 1 & 0 & 0 & 0 \\ 0 & 1 & 0 & 0 \\ 0 & 0 & 1 & 0 \\ 0 & 0 & 0 & 1 \end{bmatrix}$

3. (1) $E_1=\begin{bmatrix} 0 & 0 & 1 \\ 0 & 1 & 0 \\ 1 & 0 & 0 \end{bmatrix}$　(2) $E_2=\begin{bmatrix} 0 & 0 & 1 \\ 0 & 1 & 0 \\ 1 & 0 & 0 \end{bmatrix}$　(3) $E_3=\begin{bmatrix} 1 & 0 & 0 \\ 0 & 1 & 0 \\ -2 & 0 & 1 \end{bmatrix}$　(4) $E_4=\begin{bmatrix} 1 & 0 & 0 \\ 0 & 1 & 0 \\ 2 & 0 & 1 \end{bmatrix}$

4. (1) $A^{-1}=\begin{bmatrix} 7 & -3 \\ -2 & 1 \end{bmatrix}$　(2) $B^{-1}=\begin{bmatrix} \dfrac{1}{6} & \dfrac{1}{2} & -\dfrac{5}{6} \\ -\dfrac{1}{6} & \dfrac{1}{2} & -\dfrac{2}{3} \\ \dfrac{1}{6} & -\dfrac{1}{2} & \dfrac{7}{6} \end{bmatrix}$

(3) $C^{-1}=\begin{bmatrix} -\frac{1}{2} & 1 & \frac{3}{2} \\ \frac{1}{2} & 0 & -\frac{1}{2} \\ -\frac{1}{2} & 1 & \frac{1}{2} \end{bmatrix}$ (4) $D^{-1}=\begin{bmatrix} 1 & -\frac{1}{2} & 0 & -\frac{1}{2} \\ 1 & 0 & 0 & -1 \\ 0 & \frac{1}{2} & 0 & \frac{1}{2} \\ -1 & 0 & 1 & 1 \end{bmatrix}$

5. (1) A 為不可逆　(2) B 為不可逆
6. A 是簡約列梯陣．B 是簡約列梯陣．C 不是簡約列梯陣．D 不是簡約列梯陣．

7. $C=\begin{bmatrix} 0 & 1 & 0 & 0 & 0 \\ 0 & 0 & 1 & 0 & 0 \\ 0 & 0 & 0 & 1 & 0 \\ 0 & 0 & 0 & 0 & 1 \end{bmatrix}$　**8.** $a=1$, $A^{-1}=\begin{bmatrix} 0 & 1 & 0 \\ 1 & -1 & 0 \\ -2 & 1 & 1 \end{bmatrix}$

習題 1-4

1. (1) $x_1=-\frac{3}{4}$, $x_2=-\frac{5}{4}$, $x_3=\frac{13}{4}$

(2) $x_1=2t$, $x_2=\frac{5t}{3}-\frac{1}{3}$, $x_3=t$, $t \in \mathbb{R}$

(3) $x_1=\frac{1}{2}+s$, $x_2=1+2s-t$, $x_3=s$, $x_4=t$, $s \in \mathbb{R}$, $t \in \mathbb{R}$

(4) $x_1=1$, $x_2=2$, $x_3=2$

2. (1) $x_1=-\frac{3}{4}$, $x_2=-\frac{5}{4}$, $x_3=\frac{13}{4}$　(2) $x_1=1$, $x_2=-1$, $x_3=2$

3. (1) 無解, $a=-3$. (2) 唯一解, 除 $a=\pm 3$ 之外的所有 a 值. (3) 無限多解, $a=3$.
4. (1) $AX=0$ 具有非必然解　(2) $AX=0$ 具有必然解　(3) $AX=0$ 具有非必然解

5. (1) $x_1=5$, $x_2=4$, $x_3=7$　(2) $x_1=\frac{3}{2}$, $x_2=\frac{1}{2}$, $x_3=\frac{3}{2}$

6. $\begin{cases} x_1=-\frac{t}{3} \\ x_2=\frac{2}{3}t \qquad t \in \mathbb{R} \\ x_3=t \end{cases}$　**7.** $X=\begin{bmatrix} 11 & 12 & -3 & 27 & 26 \\ -6 & -8 & 1 & -18 & -17 \\ -15 & -21 & 9 & -38 & -35 \end{bmatrix}$

8. $\lambda=3$ 或 $\lambda=-2$

習題 1-5

1. (1) $\det(A)=-40$　(2) $\det(A)=-66$　(3) $\det(A)=-240$

2. (1) 0　　(2) 0　　(3) 2　　(4) -78

3. $A_{13}=-9$, $A_{23}=0$, $A_{33}=3$, $A_{43}=-2$

4. $\lambda=-4$ 或 $\lambda=-1$ 或 $\lambda=0$

5. 略　**6.** 略　**7.** (1) adj $A=\begin{bmatrix} -7 & 8 & -13 \\ 5 & 4 & -15 \\ -4 & -10 & 12 \end{bmatrix}$　(2) $\det(A)=-34$　(3) 略

8. $\lambda=-5$ 或 $\lambda=0$ 或 $\lambda=3$　**9.** $\lambda=4$ 或 $\lambda=0$

10. $x_1=\dfrac{15}{34}$, $x_2=-\dfrac{1}{34}$, $x_3=-\dfrac{6}{34}$

11. (1) 方程組有一非必然解　(2) 方程組僅有必然解

12. (1) $x_1=4$, $x_2=8$, $x_3=19$　(2) $x_1=3$, $x_2=-2$, $x_3=1$, $x_4=2$

第二章

習題 2-1

1. 36 種　**2.** P^{15}_{10} 種　**3.** P^{15}_{10} 種　**4.** 480 種　**5.** $P^{10}_5 \times P^8_5 \times P^{10}_5$ 種

6. (1) 720 種　(2) 240 種　(3) 2880 種

7. (1) 360　(2) 240　**8.** 210 種　**9.** 720 種

10. (1) 14400 種　(2) 2880 種　**11.** (1) 9! 種　(2) 768 種　(3) 2880 種　(4) 48 種

12. (1) 315　(2) 680　**13.** 420 種　**14.** 2200 種　**15.** 352800 種

習題 2-2

1. $S=\{HHH, HHT, HTH, HTT, THH, THT, TTH, TTT\}$

2. $S=\{(1,1), (1,2), (1,3), (1,4), (1,5), (1,6), (2,1), (2,2), (2,3), \cdots, (6,6)\}$

3. 略　**4.** $S=\{t\,|\,t\geq 0\}$, $E=\{t\,|\,0\leq t\leq 10\}$　**5.** 略

6. (1) $\dfrac{2}{3}$　(2) $\dfrac{1}{12}$　**7.** (1) $P(A\cup B\cup C)=\dfrac{1}{2}$　(2) $P(A'\cap B')=\dfrac{7}{10}$

8. (1) $\dfrac{5}{8}$　(2) $\dfrac{3}{8}$　**9.** $\dfrac{255}{496}$　**10.** (1) $\dfrac{3}{10}$　(2) $\dfrac{3}{5}$　**11.** (1) $\dfrac{1}{11}$　(2) $\dfrac{6}{11}$

12. $\dfrac{37}{55}$　**13.** $\dfrac{5}{54}$　**14.** 0.205

習題 2-3

1. (1) $\dfrac{1}{10}$　(2) $\dfrac{1}{6}$　(3) $\dfrac{3}{8}$　**2.** $\dfrac{7}{15}$　**3.** $\dfrac{2}{5}$, $\dfrac{1}{3}$　**4.** $\dfrac{3}{4}$, $\dfrac{3}{4}$　**5.** $\dfrac{1}{6}$, $\dfrac{3}{5}$

6. $\dfrac{1}{3}$, $\dfrac{1}{5}$　**7.** $\dfrac{3}{4}$　**8.** (1) $\dfrac{1}{6}$　(2) $\dfrac{11}{14}$　**9.** $\dfrac{35}{1024}$　**10.** $\dfrac{2}{5}$　**11.** $\dfrac{3}{8}$

12. (1) $\dfrac{11}{32}$ (2) $\dfrac{4}{11}$ **13.** $\dfrac{2}{143}$ **14.** (1) $\dfrac{1}{22}$ (2) $\dfrac{1}{3}$ **15.** (1) $\dfrac{1}{20}$ (2) $\dfrac{53}{120}$

16. $\dfrac{19}{45}$ **17.** A 與 B 為獨立事件 **18.** 統計獨立事件 **19.** A 與 B 為獨立事件

20. (1) $\dfrac{1}{3}$ (2) $\dfrac{1}{2}$ (3) $\dfrac{2}{3}$ **21.** (1) $\dfrac{1}{12}$ (2) $\dfrac{1}{2}$ (3) $\dfrac{1}{2}$

22. 0.7 **23.** (1) $\dfrac{231}{1600}$ (2) $\dfrac{1369}{1600}$

❖ 習題 2-4

1. $\dfrac{41}{200}$ **2.** $\dfrac{77}{100}$ **3.** (1) $\dfrac{47}{1000}$ (2) $\dfrac{12}{47}$

4. $\dfrac{95}{491}$ **5.** $\dfrac{1}{2}$ **6.** (1) $\dfrac{37}{1000}$ (2) $\dfrac{15}{37}$, $\dfrac{12}{37}$, $\dfrac{10}{37}$ **7.** (1) $\dfrac{39}{100}$ (2) $\dfrac{10}{39}$

8. $\dfrac{15}{59}$ **9.** $\dfrac{1323}{5000}$ **10.** (1) $\dfrac{1}{1000}$ (2) $\dfrac{13}{640}$

11. 95 元，購買此種彩券是不利的． **12.** 5.15 元，購買此種彩券並不利．

13. 7 (點) **14.** 22.5 (元) **15.** 3

第三章

❖ 習題 3-1

1.
$$F(x)=\begin{cases} 0, & x<10 \\ \dfrac{1}{6}, & 10\leqslant x<20 \\ \dfrac{2}{6}, & 20\leqslant x<30 \\ \dfrac{3}{6}, & 30\leqslant x<40 \\ \dfrac{4}{6}, & 40\leqslant x<50 \\ \dfrac{5}{6}, & 50\leqslant x<60 \\ 1, & x\geqslant 60 \end{cases}$$

2. (1) $\mu=3$, $\sigma=1$ (2)

z	-2	-1	0	1
$f(z)$	0.1	0.2	0.3	0.4

3. (1) $\mu=4$, $\sigma=2$ (2)

z	-1	0	1	2
$p(z)$	0.4	0.3	0.2	0.1

4. (1) 0.9375   (2) [50, 150]

5. (1) $P(X \leqslant 40) \geqslant 0.96$ (2) $P(X \geqslant 20) \geqslant 0.96$ **6.** 25   **7.** 1

8. (1) $f(x)=\begin{cases} x, & 0 \leqslant x \leqslant 1 \\ -x+2, & 1 \leqslant x \leqslant 2 \\ 0, & 其他 \end{cases}$ (2) 1

9. (1) 略   (2) $1-(1-p)^{x+1}$

10. 1   **11.** $n=25$, $p=\dfrac{1}{5}$

12. (1) 略   (2) $F(x)=\begin{cases} 1-e^{-\lambda x}, & x \geqslant 0 \\ 0, & x<0 \end{cases}$

13. (1) 0.3085   (2) 0.8413   (3) 0.0440   (4) 0.9544
14. (1) 116.45   (2) 87.17   (3) 16.45
15. $E(X)=73.146$, $\text{Var}(X)=104.981$

第四章

❖❖ 習題 4-1

1. (1)   (2)

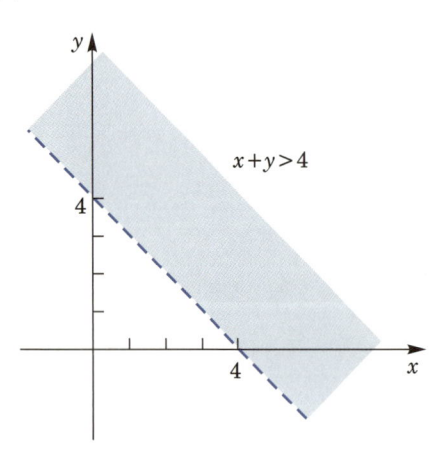

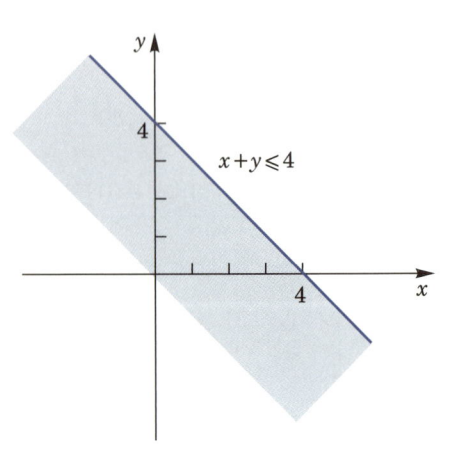

2. 極大值為 30, 極小值為 0.

3.

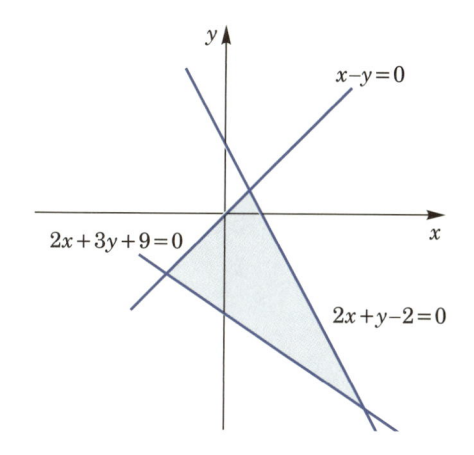

4. $x+y$ 的最大值為 5. 　5. 最大值為 5，最小值為 0.
6. 甲、乙兩種作物各種 20 畝，可得最大利潤.
7. 購買甲種肥料 30 公斤，乙種肥料 5 公斤，花費 370 元最少.
8. 甲種維他命丸 3 粒，乙種維他命丸 3 粒，才能使消費最少.
9. 甲機器開動 3 天，乙機器開動 2 天，可使成本減至最輕 700 元.
10. 略　　11. 略　　12. 可行解區域為無界限

第五章

習題 5-1

1. 略　　2. $x_1=2$, $x_2=0$ 為最適解，可得 Min. $f=6$.
3. (1) f 的極大值為 32，最適解為 $x_1=4$, $x_2=2$.
   (2) f 的極大值為 51，最適解為 $x_1=9$, $x_2=12$.
   (3) $f(X)$ 的極小值為 -23，最適解為 $x_1=1$, $x_2=5$.
4. 略　　5. 略
6. 最適解為 $x_1=\dfrac{5}{4}$, $x_2=\dfrac{5}{8}$，$f(X)$ 的最小值為 15.
7. 正大書局的最高生產值每天為 $\dfrac{1400}{3}$ 元.
8. 甲產品之生產量為 250，丙產品之生產量為 250，乙產品之生產量為零時，可得最大利潤 15,000 元.
9. 對偶問題為

$$\text{Max.} \quad g(Y)=2y_1+5y_2$$

$$\text{受制於} \begin{cases} 2y_1 & \leqslant 4 \\ & y_2 \leqslant 3 \\ y_1+2y_2 \leqslant 7 \\ y_1 \geqslant 0, \ y_2 \geqslant 0 \end{cases}$$

10. 對偶問題為

$$\text{Min.} \quad g(Y) = 90y_1 + 80y_2 - 10y_3 + 25y_4 - 25y_5$$

受制於 $\begin{cases} 2y_1 + 4y_2 + 5y_4 - 5y_5 \leqslant 9 \\ 3y_1 + 2y_2 - y_3 + y_4 - y_5 \leqslant 6 \\ y_1 \geqslant 0,\ y_2 \geqslant 0,\ y_3 \geqslant 0,\ y_4 \geqslant 0,\ y_5 \geqslant 0 \end{cases}$

第六章

習題 6-1

1. (1) $\dfrac{3}{7}$ (2) -0.083 **2.** 1724 **3.** 139,708 元
4. (1) 收斂 (2) 發散 (3) 收斂 (4) 發散 (5) 收斂
5. (1) 3 (2) 發散 (3) 發散 **6.** 4 **7.** 1

習題 6-2

1. 58,306.68 元 **2.** 4,477.12 元 **3.** 9.04% **4.** 7.77% **5.** 12.55%
6. (1) 6.09% (2) 6.14% (3) 6.17% **7.** 8.33% **8.** 6.8%
9. 21,499.94 元 **10.** 2661.01 元

習題 6-3

1. 60,734.42 (元)
2. $S = 678,611.34$ (元), $P = 208,032.95$ (元) **3.** 略
4. $S = 92,598.02$ (元) **5.** $P = 78,016.92$ (元) **6.** $R = 2,017.49$ (元)
7. $P = 94,809.51$ (元)
8. 存款後兩年半末開始支取，即延期二年 **9.** $P = 625,000$ (元)
10. 223,864.62 (元) **11.** $S = 1,394,551.41$ (元), $P = 397,527.99$ (元)
12. $S = 924,349.20$ (元), $P = 348,377.42$ (元) **13.** $i = 10\%$

第七章

習題 7-1

1. (1) $P = \begin{array}{c} \\ 1 \\ 2 \\ 3 \end{array} \begin{array}{c} \begin{array}{ccc} 1 & 2 & 3 \end{array} \\ \left[\begin{array}{ccc} 1 & 0 & 0 \\ 0 & 1 & 0 \\ \dfrac{1}{3} & \dfrac{1}{3} & \dfrac{1}{3} \end{array} \right] \end{array}$

(2) $P = \begin{array}{c} \\ 1 \\ 2 \\ 3 \end{array} \begin{array}{c} \begin{array}{ccc} 1 & 2 & 3 \end{array} \\ \left[\begin{array}{ccc} \dfrac{1}{2} & \dfrac{1}{4} & \dfrac{1}{4} \\ \dfrac{1}{2} & 0 & \dfrac{1}{2} \\ \dfrac{1}{4} & \dfrac{1}{2} & \dfrac{1}{4} \end{array} \right] \end{array}$

(3) $P = \begin{array}{c} \\ 1 \\ 2 \\ 3 \\ 4 \end{array} \begin{array}{cccc} 1 & 2 & 3 & 4 \\ \left[\begin{array}{cccc} 0 & \frac{1}{4} & \frac{1}{2} & \frac{1}{4} \\ 0 & \frac{1}{2} & \frac{1}{2} & 0 \\ \frac{1}{3} & \frac{1}{3} & 0 & \frac{1}{3} \\ \frac{1}{2} & 0 & \frac{1}{4} & \frac{1}{4} \end{array} \right] \end{array}$

2. u_1 與 u_2 為機率向量.

3. $P = \begin{bmatrix} \frac{1}{2} & \frac{1}{2} & 0 & 0 \\ 0 & \frac{1}{2} & \frac{1}{4} & \frac{1}{4} \\ 0 & 0 & \frac{1}{4} & \frac{3}{4} \\ \frac{1}{3} & \frac{1}{3} & \frac{1}{3} & 0 \end{bmatrix}$ 為轉移矩陣.

4.

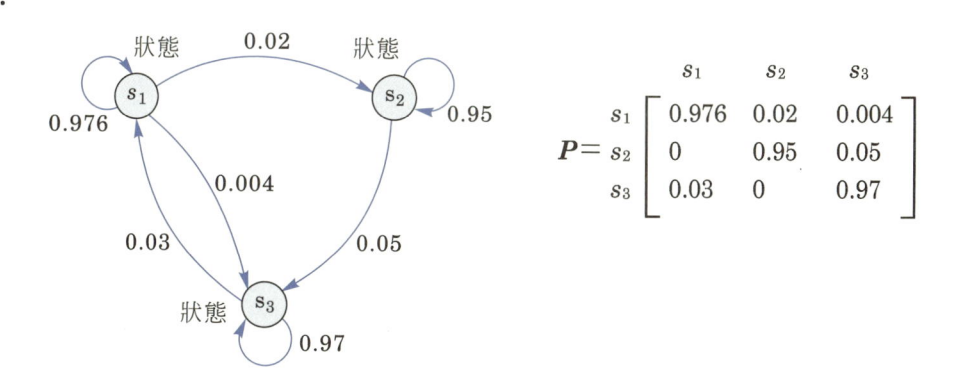

$P = \begin{array}{c} \\ s_1 \\ s_2 \\ s_3 \end{array} \begin{array}{ccc} s_1 & s_2 & s_3 \\ \left[\begin{array}{ccc} 0.976 & 0.02 & 0.004 \\ 0 & 0.95 & 0.05 \\ 0.03 & 0 & 0.97 \end{array} \right] \end{array}$

5. (1) $\mathbf{u} = \left[\dfrac{3}{5}, \dfrac{2}{5} \right]$ (2) $\mathbf{u} = \left[\dfrac{4}{7}, \dfrac{3}{7} \right]$

6. $\mathbf{u} = \left[\dfrac{1}{3}, 0, \dfrac{2}{3} \right]$

7. (1) $P_{21}^{(3)}$ 由狀態 2 經移動 3 期 (或 3 步) 到狀態 1 的機率, 且 $P_{21}^{(3)} = \dfrac{7}{8}$.

(2) $\mathbf{u}_3 = \left[\dfrac{11}{12}, \dfrac{1}{12} \right]$ (3) $P_2^{(3)} = \dfrac{1}{12}$

8. (1) $P_{23}^{(2)}=\dfrac{1}{4}$, $P_{13}^{(2)}=0$ (2) $\mathbf{u}_2=\left[\dfrac{1}{3},\ \dfrac{2}{3},\ 0\right]$

(3) $\mathbf{u}_0 P^{(n)}$ 趨近於 P 的唯一固定機率向量 $\mathbf{u}=\left[\dfrac{2}{7},\ \dfrac{4}{7},\ \dfrac{1}{7}\right]$.

9. (1) P_1 非正規轉移矩陣. (2) P_2 是正規轉移矩陣.

10. $\mathbf{u}=\left[\dfrac{6}{17},\ \dfrac{5}{17},\ \dfrac{6}{17}\right]$

11. (ⅰ) 三家超商之市場佔有率分別為 24.2%，30.6%，45.2%.

(ⅱ) 三家超商在穩定狀態下之市場佔有率分別為 $\dfrac{5}{34},\ \dfrac{7}{34},\ \dfrac{22}{34}$.

12. (1) 兩年後，A 品牌佔市場銷售量的 40%，B 品牌佔市場銷售量的 36%，C 品牌佔市場銷售量的 24%.

(2) A、B、C 品牌的罐頭長期之銷售量為 40.9%、36.4%、22.7%.

13. (1) P_1 為吸收性馬克夫鏈，其中狀態 1，狀態 2，狀態 3，皆為吸收狀態.
(2) P_2 為吸收性馬克夫鏈，其中狀態 1 及狀態 3 為吸收狀態.
(3) P_3 為吸收性馬克夫鏈，其中僅有狀態 3 為吸收狀態.
(4) P_4 為吸收性馬克夫鏈，其中狀態 2 及狀態 3 為吸收狀態.
(5) P_5 為非吸收性馬克夫鏈，因若進入狀態 2，下一期必到達狀態 3，最後造成在狀態 2 和狀態 3 兩個狀態間迴轉，無法進入吸收狀態.

14. (1) 若在狀態 1，在每一個非吸收狀態 1，2，3 上平均停留 $\dfrac{7}{5},\ \dfrac{3}{5},\ \dfrac{1}{5}$ 次；

若在狀態 2，在每一個非吸收狀態 1，2，3 上平均停留 $\dfrac{6}{5},\ \dfrac{9}{5},\ \dfrac{3}{5}$ 次；

若在狀態 3，在每一個非吸收狀態 1，2，3 上平均停留 $\dfrac{4}{5},\ \dfrac{6}{5},\ \dfrac{7}{5}$ 次.

(2) 在非吸收狀態 1，2，3 平均要經過 $\dfrac{11}{5},\ \dfrac{18}{5},\ \dfrac{17}{5}$ 次轉移才會被吸收.

(3) 若在狀態 1，被吸收狀態 0，4 吸收的機率分別為 $\dfrac{14}{15},\ \dfrac{1}{15}$；

若在狀態 2，被吸收狀態 0，4 吸收的機率分別為 $\dfrac{12}{15},\ \dfrac{3}{15}$；

若在狀態 3，被吸收狀態 0，4 吸收的機率分別為 $\dfrac{8}{15},\ \dfrac{7}{15}$.

第八章

習題 8-1

1. (1)

		競賽者 C 所採取之策略		
		A	B	C
競賽者 R 所	X	R 賠 2, C 贏 2	R, C 不輸不贏	R 贏 4, C 賠 4
採取之策略	Y	R 贏 2, C 賠 2	R 賠 3, C 贏 3	R 賠 6, C 贏 6

(2)

		競賽者 C 所採取之策略		
		A	B	C
競賽者 R 所	X	R 贏 2, C 賠 2	R 賠 1, C 贏 1	R 贏 7, C 賠 7
採取之策略	Y	R 贏 3, C 賠 3	R 賠 3, C 贏 3	R 贏 1, C 賠 1
	Z	R 贏 3, C 賠 3	R 贏 4, C 賠 4	R 贏 5, C 賠 5

2. (1) 鞍點為 1，競賽值為 1． (2) 無鞍點存在．
(3) 鞍點為 5，競賽值為 5． (4) 鞍點為 1，競賽值為 1．
(5) 無鞍點存在．

3. (1) 鞍點為 1，R 方之最佳純策略為 $\mathbf{P}^* = [0, 1]$；C 方之最佳純策略為 $\mathbf{Q}^* = [0, 1, 0]^T$．
(3) 鞍點為 5，R 方之最佳純策略為 $\mathbf{P}^* = [1, 0, 0]$；C 方之最佳純策略為 $\mathbf{Q}^* = [0, 1]^T$．
(4) 鞍點為 1，R 方之最佳純策略為 $\mathbf{P}^* = [0, 1, 0, 0]$；$C$ 方之最佳純策略為
$\mathbf{Q}^* = [1, 0, 0]^T$．

4. 李先生的策略為 $[1, 0, 0]$ 或 $[0, 1, 0]$．
楊先生的策略為 $[1, 0, 0, 0]^T$ 或 $[0, 0, 1, 0]^T$．
李先生欲得到最大利益，他必須採用拆車或運往鄰埠來處理楊先生的舊車．
楊先生欲使李先生獲利最少，則必須出售舊車甲或舊車丙予以李氏車店．

5. (1) R 的期望支付為 1　(2) R 的期望支付為 $\dfrac{2}{45}$

6. 略　**7.** 略

8. (1) R 方之最佳混合策略為 $\mathbf{P}^* = \left[\dfrac{1}{4}, \dfrac{3}{4}\right]$，競賽值為 10.5．

C 方之最佳混合策略為 $\mathbf{Q}^* = \begin{bmatrix} \dfrac{1}{2} \\ \dfrac{1}{2} \end{bmatrix}$，期望損失為 10.5．

(2) R 方之最佳混合策略為 $\mathbf{P}^* = \begin{bmatrix} \dfrac{7}{9}, & \dfrac{2}{9} \end{bmatrix}$，競賽值為 $\dfrac{38}{9}$.

C 方之最佳混合策略為 $\mathbf{Q}^* = \begin{bmatrix} \dfrac{8}{9} \\ \dfrac{1}{9} \end{bmatrix}$，期望損失為 $\dfrac{38}{9}$.

(3) C 方之最佳混合策略為 $\mathbf{Q}^* = \begin{bmatrix} \dfrac{2}{3} \\ \dfrac{1}{3} \\ 0 \end{bmatrix}$，期望值為 $\dfrac{7}{3}$.

R 方之最佳混合策略為 $\mathbf{P}^* = \begin{bmatrix} \dfrac{4}{9}, & 0, & 0, & \dfrac{5}{9} \end{bmatrix}$.

(4) R 方之最佳混合策略為 $\mathbf{P}^* = \begin{bmatrix} \dfrac{1}{4}, & \dfrac{3}{4} \end{bmatrix}$，期望值為 $\dfrac{11}{4}$.

C 方之最佳混合策略為 $\mathbf{Q}^* = \begin{bmatrix} \dfrac{3}{4} \\ 0 \\ \dfrac{1}{4} \end{bmatrix}$，競賽值為 $\dfrac{11}{4}$.

9. (1) R 方之最佳混合策略為 $\mathbf{P}^* = \begin{bmatrix} \dfrac{1}{4}, & \dfrac{3}{4} \end{bmatrix}$；

C 方之最佳混合策略為 $\mathbf{Q}^* = \begin{bmatrix} \dfrac{1}{2}, & \dfrac{1}{2} \end{bmatrix}^T$，競賽值為 10.5.

(2) R 方之最佳混合策略為 $\mathbf{P}^* = \begin{bmatrix} \dfrac{2}{3}, & \dfrac{1}{3} \end{bmatrix}$；

C 方之最佳混合策略為 $\mathbf{Q}^* = \begin{bmatrix} \dfrac{4}{9} \\ \dfrac{5}{9} \end{bmatrix}$，競賽值為 $\dfrac{2}{3}$.

(3) R 方之最佳混合策略為 $\mathbf{P}^* = \begin{bmatrix} \dfrac{3}{8}, & \dfrac{5}{8} \end{bmatrix}$；

C 方之最佳混合策略為 $\mathbf{Q}^* = \begin{bmatrix} \dfrac{1}{2} \\ \dfrac{1}{2} \end{bmatrix}$，競賽值為 $-\dfrac{1}{2}$.

10. (1) R 方之最佳混合策略為 $\mathbf{P}^* = \begin{bmatrix} 0, & \dfrac{3}{5}, & \dfrac{2}{5} \end{bmatrix}$；

C 方之最佳混合策略為 $\mathbf{Q}^* = \begin{bmatrix} \dfrac{1}{10}, & 0, & \dfrac{9}{10} \end{bmatrix}^T$，競賽值為 $\dfrac{7}{5}$.

(2) R 方之最佳混合策略為 $\mathbf{P}^* = \begin{bmatrix} 0, & \dfrac{1}{3}, & \dfrac{2}{3}, & 0 \end{bmatrix}$；

C 方之最佳混合策略為 $\mathbf{Q}^* = \begin{bmatrix} \dfrac{1}{3}, & \dfrac{2}{3}, & 0, & 0 \end{bmatrix}^T$，競賽值為 $\dfrac{7}{3}$.

(3) R 方之最佳混合策略為 $\mathbf{P}^* = \begin{bmatrix} \dfrac{7}{12}, & \dfrac{5}{12} \end{bmatrix}$；

C 方之最佳混合策略為 $\mathbf{Q}^* = \begin{bmatrix} \dfrac{1}{12}, & \dfrac{11}{12}, & 0, & 0, & 0, & 0 \end{bmatrix}^T$，競賽值為 $-\dfrac{17}{12}$.

11. (1) R 方之最佳混合策略為 $\mathbf{P}^* = \begin{bmatrix} 0, & \dfrac{1}{4}, & 0, & \dfrac{3}{4} \end{bmatrix}$，競賽值為 $\dfrac{29}{4}$；

C 方之最佳混合策略為 $\mathbf{Q}^* = \begin{bmatrix} \dfrac{1}{8}, & 0, & 0, & \dfrac{7}{8} \end{bmatrix}^T$，競賽值為 $\dfrac{29}{4}$.

(2) R 方之期望值為 $\dfrac{29}{4}$.

(3) R 方之期望值為 $\dfrac{13}{4}$.

12. (1) R 方之最佳混合策略為 $\mathbf{P}^* = \begin{bmatrix} \dfrac{3}{5}, & \dfrac{2}{5} \end{bmatrix}$.

(2) R 方之競賽值為 $\dfrac{17}{5}$.

(3) C 方之最佳混合策略為 $\mathbf{Q}^* = \begin{bmatrix} \dfrac{1}{5}, & \dfrac{4}{5} \end{bmatrix}^T$.

13. C 方之最佳混合策略為 $\mathbf{Q}^* = \begin{bmatrix} \dfrac{3}{4}, & 0, & \dfrac{1}{4} \end{bmatrix}^T$.

R 方之最佳混合策略為 $\mathbf{P}^* = \begin{bmatrix} \dfrac{1}{4}, & \dfrac{3}{4} \end{bmatrix}$.

參考書目

1. Anton, *Elementary Linear Algebra Application*, Version 8/e, Inc., New York, 2000.
2. Anton, *Contemporary Linear Algebra*, 2003.
3. Walter G. Kelley, Allan C. Peterson, *Difference Equations, An Introduction with Applications*, 2001.
4. Ronald E. Walpole, Raymond H. Myers, Sharon L. Myers, Keying Ye, *Probability & Statistics for Engineers & Scientists*, Seventh Edition, 2002.
5. Michael Hoy, John Livernois, Chris Mckenna, Ray Rees, Thanasis Stengos, *Mathematics for Economics*, Second Edition, 2001.
6. James P. Ignizio, Tom M. Cavalier, *Linear Programming*, Englewood Cliffs, New Jersey, 1994.
7. Peter Hess, *Using Mathematics In Economic Analysis*, 2002.
8. Bill Armstrong, Don Davis, *Finite Mathematics*, Pearson Education, Inc., 2003.
9. Waner Costenoble, *Finite Mathematics*, Third Edition, 2004.
10. Stephen G. Kellison, *The Theory of Interest*, Second Edition, 1991.
11. 杜詩統，應用線性代數，東華書局，1989 年。
12. 楊錦洲，管理數學，華泰書局，1984 年。
13. 黃錦川，朱美珍，管理數學，五南圖書出版公司，1996 年。
14. 張保隆，現代管理數學，華泰書局，2000 年。
15. 葉丁鴻，林義貴，吳炎崑合譯，管理數學，滄海書局，2001 年。
16. 葉維彰，管理數學，五南圖書出版公司，1998 年。
17. 陳坤茂，作業研究，華泰書局。
18. 廖慶榮，作業研究，三民書局，2003 年。
19. 林吉仁，管理數學，高立圖書有限公司，2000 年。
20. 戴久永，管理數學，三民書局，2001 年。

索　引

一　劃

一步轉移機率　294
一般年金　260
一階馬克夫鏈　286

二　劃

二項分配　131
二項式分佈定理　109
二項實驗　132
二項隨機變數　132
人為變數　207, 209

三　劃

下三角矩陣　5
上三角矩陣　4
大 M 法　207
大中取小原則　329
子行列式　46
子矩陣　6
子集　76
小中取大原則　329

四　劃

不可行解　164
不可能事件　76
不可嚴格決定的競賽　323
不相連　77
不盡相異物的排列　70
不穩定馬克夫鏈　284
互斥　77
互斥事件　77, 81
互補事件　77

五　劃

元素　3
內點　151
公平競賽　329
分割　101
支付期間　259
方陣　3

主軸列　184, 187
主軸行　184, 187
出象　74, 327
凸集合　150
加法反元素　8
加法交換律　8
加法原理　68
加法單位元素　8
加法結合律　8
可行解　147, 152
可行解區域　146, 147, 152
可逆方陣　18
可嚴格決定的競賽　323
必然事件　76
必然解　37, 38
正規轉移矩陣　298, 318
永續年金　260, 268
白努利分配　132
白努利定理　108
白努利試驗　108, 131
目標函數　147, 152, 182
目標函數值　149

六　劃

交集　77

441

列同義　24
列矩陣　4
名目利率　253
多人零和對局　320
多面凸集合　149, 151
年金　242
年金時期　259
年金現值　260
年金終值　259
有限年金　260
有限馬克夫鏈　284, 286
有限樣本空間　75
次競賽解法　357
收斂　247
收斂數列　244
行列式　45
行矩陣　4

七　劃

伴隨矩陣　56
每次年金額　259
每期年金總額　260
每期利率　249
克雷莫法則　60
吸收性馬克夫鏈　304
吸收狀態　304
均勻分配　129
完全確定的對策　330
貝士一般定理　103
貝士定理　100

八　劃

事件　76
事前機率　100
事後機率　100
兩人零和對局　320
兩人對策　323
到期年金　260
和事件　78
固定點　285
奇異方陣　18, 38

定額年金　260
延期有限年金　260
延期永續年金　260, 268
波瓦松分配　133
或有年金　260
狀態　283
狀態空間　283
直線排列　68
空集合　76
非必然解　37, 40
非奇異　38
非奇異方陣　18
非負條件　147
非基本變數　171, 183
非零和對局　322
非零和對策　323

九　劃

係數矩陣　34
查普曼-柯默哥羅夫方程式　295
相容的　37
相等矩陣　7
相對次數　80
相關事件　93
限制條件　147
計息期間　259

十　劃

乘法原理　68
凌越規則　352
原函數　369
原始問題　218
差額變數　182, 209
息力　255
時間線　249
效用　323
柴比雪夫定理　128
矩陣　3
逆方陣　18
馬克夫過程　283
馬克夫鏈　280, 286, 295

高斯分配　135
高斯後代法　35, 44
高斯-約旦消去法　36, 44

十一劃

基本可行解　170, 171, 183
基本事件　76
基本矩陣　24
基本解　171, 183, 184
基本變數　171, 183, 184
基準元素　180, 184
常態分配　135
常態曲線　135
常態隨機變數　135
得失　323
斜對稱矩陣　6
條件機率　86, 87
條件機率的乘法定理　92
混合策略　333
混合策略競賽　323
累積分配函數　120, 123
連續　116
連續複利　255
連續隨機變數　116
頂點　151

十二劃

最佳純策略　328
最佳混合策略　328
最適解　147, 149, 153, 163, 177
單位方陣　4
單純形法　179, 181, 183, 364
單純策略競賽　323
報酬　323
報酬矩陣　323, 324
幾何分配　140
幾何級數　242
期望值　111, 124
普通年金　260
期數　249
無限馬克夫鏈　284

無限樣本空間　75
無窮數列　243
無鞍點競賽　323
策略　323
策略集　323
策略對局　322
虛利率　252
超額變數　170, 171, 173, 209
軸元素　184, 185, 187
極大值　152
極小值　152
極點　151
發散　247
發散數列　244
等比級數　242
等比數列　242
等比變額年金　273
等利率　253
等差變額永續年金　272
等差變額年金　269

十三劃

節點　284
補集合　77
解　170
路徑　284
零矩陣　4

十四劃

對局　322
對角線方陣　4
對角線矩陣　4
對偶函數　369
對偶定理　218
對偶價格　231
對策函數　323
對策值　329, 330, 334, 339
對策鞍點　334
對稱矩陣　6
實利率　249
齊次方程組　37

十五劃

影子價格　231, 237
數學期望值　111, 124
樣本空間　75
樣本點　75
標準化　136
標準形式　170
標準差　127
標準常態分配　135
確實年金　260
線性系統　34
線性函數　150
複合事件　76
複利次數　249
複利法　249
複利息　249
複利現值　249
複利終值　249
複利期　249
調入變數　184, 185
調出變數　184, 185
鞍點　323, 330
餘因式　46
餘事件　77

十六劃

機率向量　284
機率函數　118
機率固定點　291
機率密度函數　116
機率質量函數　118
機率總和定理　101
機會成本　237
機會對局　322
獨立事件　93
積事件　77
輸入價格　237
隨機矩陣　287
隨機試驗　74
隨機過程　280
隨機變數　116

十七劃

優勢列　352
優勢行　352
環狀排列　70
聯合事件　78
聯集　78

十八　劃

擴增矩陣　34
簡約列梯陣　30
簡單年金　260
簡單事件　76
轉移矩陣　287
轉移機率　283, 284, 286, 297
轉置矩陣　5, 14, 289, 297
離散　116
離散均勻分配　129
離散隨機變數　116
額外資訊　100
穩定狀態向量　285
穩定狀態機率　299
穩定馬克夫鏈　284

十九劃以後

邊際價值　237
競賽者　322
競賽值　329, 330, 334, 339
鐘形曲線　135
變異數　127
變額年金　260

字母

k 步轉移矩陣　295